Springer-Lehrbuch

W0259295

Peter Schmüser

Theoretische Physik für Studierende des Lehramts 2

Elektrodynamik und Spezielle Relativitätstheorie

Prof. Dr. Peter Schmüser
Institut für Experimentalphysik der Universität Hamburg und DESY
Notkestr. 85
22607 Hamburg
Deutschland
Peter.Schmueser@desy.de

ISSN 0937-7433
ISBN 978-3-642-25394-2 ISBN 978-3-642-25395-9 (eBook)
DOI 10.1007/978-3-642-25395-9

Die Deutsche Nationalbibliothek verzeichnet diese Publikation in der Deutschen Nationalbibliografie; detaillierte bibliografische Daten sind im Internet über http://dnb.d-nb.de abrufbar.

Springer Spektrum
© Springer-Verlag Berlin Heidelberg 2013
Das Werk einschließlich aller seiner Teile ist urheberrechtlich geschützt. Jede Verwertung, die nicht ausdrücklich vom Urheberrechtsgesetz zugelassen ist, bedarf der vorherigen Zustimmung des Verlags. Das gilt insbesondere für Vervielfältigungen, Bearbeitungen, Übersetzungen, Mikroverfilmungen und die Einspeicherung und Verarbeitung in elektronischen Systemen.

Die Wiedergabe von Gebrauchsnamen, Handelsnamen, Warenbezeichnungen usw. in diesem Werk berechtigt auch ohne besondere Kennzeichnung nicht zu der Annahme, dass solche Namen im Sinne der Warenzeichen- und Markenschutz-Gesetzgebung als frei zu betrachten wären und daher von jedermann benutzt werden dürften.

Planung und Lektorat: Vera Spillner, Ute Heuser
Einbandabbildung: Elektrische Feldlinien eines langsamen und eines relativistischen Elektrons
Einbandentwurf: WMXDesign GmbH, Heidelberg

Gedruckt auf säurefreiem und chlorfrei gebleichtem Papier

Springer Spektrum ist eine Marke von Springer DE. Springer DE ist Teil der Fachverlagsgruppe Springer Science+Business Media
www.springer-spektrum.de

Vorwort

An der Universität Hamburg wird seit dem Jahr 2002 eine eigenständige zweisemestrige Vorlesung *Theoretische Physik für Studierende des Lehramts* angeboten mit dem Ziel, zukünftigen Physiklehrern/innen die Grundlagen der theoretischen Physik zu vermitteln und dabei besonders die Gebiete zu betonen, die für den Unterricht in der Oberstufe des Gymnasiums und in den Physikleistungskursen von besonderem Wert sind. Das vorliegende zweibändige Lehrbuch ist aus den Vorlesungen und Übungen hervorgegangen, die ich – in enger Absprache mit anderen Professoren des Departments Physik, dem Institut für Lehrerbildung in Hamburg, dem Lehrerprüfungsamt, Physiklehrern und Studierenden – speziell für die Lehramtsstudierenden konzipiert und mehrfach gehalten habe. Da die *moderne Physik* im Curriculum der Oberstufe eine herausragende Rolle spielt, bestand Einigkeit darin, dass die Quantenmechanik und die Relativitätstheorie einen zentralen Platz einnehmen sollten. Dazu kommt die Elektrodynamik, die die theoretische Grundlage elektrischer Maschinen sowie der Radiotechnik und Optik ist. Die Vorlesungen bauen auf dem Physik-Kurs des Grundstudiums auf. In Hamburg werden in der Physik I und II die Mechanik, Wärmelehre, Elektrizität, Magnetismus und Optik behandelt. Die Physik III ist eine Einführung in die Quanten- und Atomphysik.

Im zweiten Band der Theoretischen Physik für Studierende des Lehramts werden die Elektrodynamik und die Spezielle Relativitätstheorie behandelt. Die Elektrodynamik, die ihren Höhepunkt in den vier Maxwell'schen Gleichungen fand, ist eine der erstaunlichsten Theorien des 19. Jahrhunderts. Im Unterschied zur Newton'schen Mechanik ist sie voll relativistisch und brauchte daher nach der Entdeckung der Speziellen Relativitätstheorie nicht modifiziert zu werden. Die Maxwell-Gleichungen sind auch heute noch uneingeschränkt gültig, solange man Quanteneffekte außer Acht lassen kann.

Wie auch schon Band 1 (Quantenmechanik) ist das Lehrbuch folgendermaßen aufgebaut: in den Hauptkapiteln wird der für das Examen relevante Stoff in möglichst einfacher und klarer Form dargestellt. Die didaktischen Anmerkungen am Ende der Kapitel haben das Ziel, den zukünftigen Lehrern/innen Verständnishilfen zu geben und auch Hinweise, wie sie die physikalischen Konzepte in der Schule vermitteln könnten. Zu diesem Zweck gibt es auch eine Vielzahl von Abbildungen. Mathematische Ergänzungen und kompliziertere theoretische Herleitungen sind in den Anhängen zu finden. Diese Anhänge sollen interessierten Studierenden helfen, die Theorie besser zu verstehen und Rechnungen selbst durchführen zu können. Das dort präsentierte Material gehört aber in Hamburg nicht zum Examensstoff.

Im einleitenden Kapitel 1 werden die Grundbegriffe von Elektrizität und Magnetismus wiederholt, um eine Basis für die theoretische Formulierung der Elektrodynamik zu schaffen. Kapitel 2 und 3 befassen sich mit statischen und zeitabhängigen elektrischen und magnetischen Feldern. Das Konzept des Feldes wird erklärt, und es wird gezeigt, dass statische elektrische Felder wirbelfrei sind und als (negativer) Gradient eines Potentials geschrieben werden können. Der Gauß'sche Satz wird in integraler Form für elektrische und magnetische Felder diskutiert und auf diverse Probleme angewandt, die Divergenz eines Vektorfeldes wird erklärt. Weitere Themen sind der Satz von Stokes und die Rotation eines Vektorfeldes. Es folgen Biot-Savart-Gesetz, Randbedingungen an Grenzflächen, Induktionsgesetz und Lenz'sche Regel. Die Kontinuitätsgleichung wird aus dem Gesetz von der Erhaltung der elektrischen Ladung hergeleitet, und das Konzept des Verschiebungsstroms wird erklärt. Die Maxwell'schen Gleichungen in Materie und im Vakuum werden in integraler und differentieller Form vorgestellt. Es folgt die Darstellung der Felder durch das skalare und das Vektor-Potential. Wichtige Querverbindungen zur Quantentheorie sind die Eichinvarianz und der Aharonov-Bohm-Effekt.

In den Kapiteln 4 und 5 wird die Wellengleichung aus den Maxwell-Gleichungen hergeleitet und für Spezialfälle (ebene Wellen und Kugelwellen) gelöst. Die charakteristischen Eigenschaften elektromagnetischer Wellen werden hergeleitet. Die Abstrahlung eines Hertz'schen Dipols wird besprochen und in Anhang B explizit berechnet. Wellen in dielektrischen Medien, Reflexion und Brechung, Beugung und Interferenz werden in knapper Form behandelt. Weitere Themen sind Wellen in Hohlleitern und Koaxialkabeln.

Die relativistische Mechanik wird in Kap. 6 besprochen. Die Themen sind Inertialsysteme, Lorentztransformation, Zeitdilatation und Längenkontraktion, Zwillingsparadoxon, Addition von Geschwindigkeiten, relativistische Masse und Energie, Doppler-Effekt, Vierervektoren und relativistische Invarianten, Anwendungen der relativistischen Kinematik in der Beschleuniger- und Elementarteilchenphysik. In Kap. 7 wird die enge Verknüpfung der elektromagnetischen Erscheinungen mit der Relativitätstheorie herausgearbeitet. Besonders wichtig ist die Erkenntnis, dass die Lorentzkraft als relativistische Ergänzung der Coulombkraft gedeutet werden kann. Auf die Transformationseigenschaften elektromagnetischer Felder und relativistische Strahlungsquellen wird kurz eingegangen.

Im abschließenden Kapitel 8 wird eine Synthese der in dem zweibändigem Lehrbuch behandelten Gebiete versucht: was lernt man Neues, wenn Quantentheorie, Relativitätstheorie und Elektrodynamik kombiniert werden? Es wird ein Ausblick gegeben auf die Dirac-Gleichung als relativistische Verallgemeinerung der Schrödinger-Gleichung für Elektronen. Die fundamentalen neuen Vorhersagen der Dirac-Gleichung werden diskutiert: Existenz der Antiteilchen, Spin 1/2 und magnetisches Moment des Elektrons.

Anhang A enthält eine kurze Zusammenfassung der Vektoranalysis. Kompliziertere Rechnungen zur Elektrodynamik und Relativitätstheorie sind in den Anhängen B und C zu finden. Die Herleitung der Dirac-Gleichung wird in Anhang D skizziert. Wichtige Naturkonstanten und die im Buch benutzten Symbole sind tabellarisch in Anhang E aufgeführt. Kurzgefasste Lösungen ausgewählter Übungsaufgaben findet man in Anhang F.

In dem vorliegenden Lehrbuch wird konsequent das SI-System verwendet, in dem der elektrische Strom eine eigene Maßeinheit hat. Wir folgen damit dem großen theoretischen Physiker Arnold Sommerfeld, der in der Einleitung zu seiner „Elektrodynamik" [1] schreibt:

> *Ausschlaggebend für die Fruchtbarkeit dieser Dimensionsbetrachtungen ist die Einführung einer von den mechanischen Einheiten unabhängigen vierten elektrischen Einheit. .... Wir vermeiden also das „Prokrustesbett" der cgs-Einheiten, in welchem den elektromagnetischen Größen die bekannten widernatürlichen Dimensionen aufgezwungen werden.*

Leider haben sich diese Einsichten nicht generell in den Lehrbüchern der theoretischen Physik durchgesetzt. Die Standard-Lehrbücher der Experimentalphysik und Elektrotechnik sowie Schulphysik-Bücher verwenden die SI-Einheiten, dies trifft auch auf die Feynman-Vorlesungen [2] und den „Grundkurs Theoretische Physik" von Nolting [3] zu. Ein internationales Standardwerk der Elektrodynamik, *Classical Electrodynamics* von John David Jackson [4], wurde in der dritten amerikanischen Auflage auf SI-Einheiten umgestellt. Vergleichsweise einfach zu lesen und als weiterführende Lektüre zu empfehlen ist das Buch *Introduction to Electrodynamics* von David J. Griffiths [5], in dem man auch kritische und anregende Bemerkungen zu Problemen finden kann, die oft zu Missverständnissen führen oder geführt haben.

Das vorliegende Buch ist erfahrungsgemäß zu umfangreich für eine einsemestrige Veranstaltung mit 4 SWS Vorlesung und 2 SWS Übung (dies trifft wohl auf alle Lehrbücher zu). Man wird daher eine Auswahl treffen und Schwerpunkte setzen müssen.

Die Ausarbeitung des Lehrbuchs erfolgte im Rahmen einer Seniorprofessur der Wilhelm und Else Heraeus-Stiftung für die Weiterentwicklung der Lehrerausbildung im Fach Physik. Ich danke der WE Heraeus-Stiftung sehr herzlich für die großzügige Förderung. Prof. Siegfried Großmann und Prof. Erich Lohrmann haben frühere Versionen des Manuskripts sorgfältig gelesen und viele hilfreiche Anmerkungen und Verbesserungsvorschläge gemacht. Ihnen gebührt besonderer Dank. Eine vorläufige Version der *Elektrodynamik und Relativitätstheorie* ist von Prof. Joachim Bartels in seinen Vorlesungen für Lehramtskandidaten verwendet worden. Für viele anregende Gespräche und nützliche Hinweise möchte ich mich bei ihm bedanken. Frau Dr. Vera Spillner vom Springer-Verlag danke ich für wertvolle Anregungen und Hinweise. Eine ganz besondere Anerkennung gebührt Dr. Paul-Dieter Gall, der sehr engagiert an der Erstellung der Übungsaufgaben und der Lösungen mitgearbeitet hat und mit großer Sorgfalt die verschiedenen Versionen des Manuskripts gelesen und auf Fehler geprüft hat. Schließlich bedanke ich mich bei dem Grafik-Büro

Dirk Günther für die Anfertigung zahlreicher Abbildungen und bei DESY für die großzügige finanzielle Unterstützung bei der Erstellung dieser Abbildungen.

Hamburg, 20. Mai 2012 *Peter Schmüser*

Inhaltsverzeichnis

Kapitel 1
Grundlagen von Elektrizität und Magnetismus

In diesem einführenden Kapitel werden wichtige Grundbegriffe von Elektrizität und Magnetismus in kurzer Form dargestellt, um eine Grundlage für die theoretische Formulierung der Elektrodynamik zu schaffen. Vieles davon ist Wiederholung aus der Physik II, aber wir wollen nur einen geringen Teil des Stoffes dieser Vorlesung wiederholen und gehen davon aus, dass die Studierenden über gute Kenntnisse der Physik I und II verfügen. Im folgenden Abschnitt 1.1 halte ich mich eng an das hervorragend geschriebene Kapitel 1.1 der *Feynman Vorlesungen über Physik, Band II* [2].

1.1 Elektrische Kräfte

Wir stellen uns eine Kraft wie die Gravitation vor, die umgekehrt proportional zum Quadrat des Abstands variiert, aber ungeheuer viel stärker ist. Und es gibt noch einen zweiten Unterschied: es existieren zwei Sorten von „Materie", die wir *positiv* und *negativ* nennen. Gleiche Vorzeichen stoßen sich ab, ungleiche ziehen sich an – ganz anders als bei der Gravitation, die immer anziehend ist. Was würde geschehen?

Eine Ansammlung positiver Objekte würde sich mit enormer Kraft abstoßen und in alle Richtungen auseinander fliegen. Eine Ansammlung negativer Objekte würde dasselbe tun. Aber ein gleichmäßiges Gemisch von positiven und negativen Objekten würde etwas ganz anderes tun, da die gegensätzlichen Objekte einander mit ungeheurer Kraft anziehen. Die riesigen Anziehungskräfte zwischen ungleichen Objekten und die riesigen Abstoßungskräfte zwischen gleichen Objekten würden sich perfekt balancieren, und als Resultat können sich dicht gepackte Strukturen bilden. Zwischen diesen Strukturen wirken dann keine Kräfte mehr.

Eine solche Kraft existiert, es ist die elektrische Kraft. Alle Materie ist ein gleichmäßiges Gemisch von positiven Protonen und negativen Elektronen, die einander mit dieser riesigen Kraft anziehen oder abstoßen (die neutralen Neutronen können in dieser Diskussion ignoriert werden). Die Balance ist so perfekt, dass man neben einer anderen Person stehen kann, ohne irgendeine Kraft zu fühlen. Wenn aber nun

P. Schmüser, *Theoretische Physik für Studierende des Lehramts 2*,
DOI 10.1007/978-3-642-25395-9_1, © Springer-Verlag Berlin Heidelberg 2013

die Balance gestört wäre, würde man das überhaupt merken? Die Effekte wären in der Tat dramatisch. Angenommen die beiden Personen hätten nur ein Promille mehr Elektronen als Protonen, so wäre die Abstoßungskraft zwischen ihnen so groß, dass man damit einen „Körper" mit der Masse des Mondes anheben könnte.

Nun wissen wir, dass Atome positive Protonen im Kern enthalten und negative Elektronen in der Hülle. Da ergibt sich die naheliegende Frage: wenn die Anziehungskraft zwischen Protonen und Elektronen so groß ist, warum fallen die Elektronen nicht in den Kern, um zusammen mit den Protonen eine extrem dichte neutrale Materie zu bilden? Die klassische Physik hat keine Antwort auf diese Frage, wohl aber die Quantentheorie. Wenn wir versuchen, Elektronen auf das kleine Kernvolumen einzuschränken, müssen sie aufgrund der Heisenberg'schen Unschärferelation eine so hohe kinetische Energie haben, dass die Coulombkraft nicht ausreicht, sie an die Protonen zu binden. In Band 1 dieses Lehrbuchs wird gezeigt, dass der kleinste mittlere Abstand von Elektron und Proton im Wasserstoffatom gleich dem Bohr'schen Radius $a_0 = 0{,}53 \cdot 10^{-10}\,\mathrm{m}$ ist. Dieser Abstand ist 40.000-mal größer als der Radius des Protons ($r_p = 1{,}2\,\mathrm{fm} = 1{,}2 \cdot 10^{-15}\,\mathrm{m}$).

Die nächste Frage ist: was hält den Atomkern zusammen? Die vielen positiven Protonen stoßen einander durch die elektrische Kraft ab, sie werden aber durch die viel stärkere attraktive Kernkraft daran gehindert, in alle Richtungen auseinander zu fliegen. Jedoch haben die Kernkräfte eine kurze Reichweite und fallen viel rascher ab als mit $1/r^2$; im Wesentlichen wirken sie nur zwischen den nächsten Nachbarn. Wenn ein Kern sehr viele Protonen enthält, überwiegen im Endeffekt die langreichweitigen elektrischen Kräfte, und der Kern hat die Tendenz, sich in kleinere Kerne aufzuspalten. Beim Urankern kann die Spaltung durch den Einfang eines Neutrons ausgelöst werden.

Das Proton ist ein zusammengesetztes Gebilde, es besteht aus zwei positiv geladenen u-Quarks und einem negativ geladenen d-Quark. Die anziehenden starken Kräfte zwischen den Quarks werden durch Gluonen vermittelt und überwiegen bei weitem die vorwiegend abstoßenden elektrischen Kräfte. Deshalb ist das Proton stabil. Schließlich bleibt noch das Elektron. Nach heutigem Wissen hat es keine kleineren Bestandteile, und daher ist auch nicht zu erwarten, dass es in solche Bestandteile zerplatzt. Für seine Größe kann man nur eine obere Grenze angeben. Wenn es überhaupt eine Ausdehnung haben sollte, muss sein Radius kleiner als $1/1000$ des Protonradius sein, wie sich aus den Präzisionsmessungen am Elektron-Positron-Collider PETRA ergab. Oft wird das Elektron als punktförmig angesehen, aber diese Vorstellung ist recht problematisch. Sie impliziert eine unendlich hohe elektrische Selbstenergie (siehe Kap. 2.8.2). Die wirkliche Beschaffenheit des Elektrons ist eine immer noch ungeklärte Frage.

Zwischen ruhenden Ladungen wirkt die elektrische Kraft, auch Coulomb-Kraft genannt. Bei bewegten Ladungen tritt eine weitere Kraft auf, die magnetische Lorentz-Kraft. Wir werden später zeigen, dass die magnetische Kraft eine Konsequenz der Relativitätstheorie ist.

1.2 Die elektrische Ladung

Makroskopische Materie besteht aus drei Elementarteilchen: Protonen und Neutronen sind die Bausteine der Atomkerne, und Elektronen bilden die Hülle der Atome. Diese Teilchen unterliegen der Gravitation. Im Wasserstoff-Atom wirkt zwischen Proton und Elektron eine Massenanziehungs-Kraft, die aber wegen ihrer Kleinheit nicht messbar ist

$$F_{\text{grav}} = G \cdot \frac{m_p m_e}{r^2}\ , \quad G = 6{,}6743 \cdot 10^{-11}\,\text{N}\,\text{m}^2/\text{kg}^2\ . \tag{1.1}$$

Die Elementarteilchen Proton und Elektron haben eine neue Eigenschaft, die in der Mechanik unbekannt ist: sie besitzen eine elektrische Ladung. Für die Ladung oder alternativ für die Stromstärke benötigt man eine neue, eigene Maßeinheit[1], Coulomb oder Ampere. Wir verwenden konsequent das gesetzlich vorgeschriebene Internationale Einheitensystem (SI-System) mit den vier Basis-Einheiten

Zeit:	Sekunde [s] ,	Länge:	Meter [m] ,
Masse:	Kilogramm [kg] ,	Stromstärke:	Ampere [A] .

Wichtige abgeleitete Einheiten sind in Anhang E aufgelistet.

Quantisierung der elektrischen Ladung

Bei Elementarteilchen, Atomen, Molekülen und makroskopischen Objekten gibt es eine kleinste Ladungseinheit, die Elementarladung

$$e = 1{,}6021765 \cdot 10^{-19}\,\text{C}\ . \tag{1.2}$$

Jede gemessene Ladung q ist ein ganzzahliges Vielfaches von e, wie durch die Experimente von Millikan bewiesen wurde. Es gibt bis heute keine überzeugende theoretische Begründung für die Quantisierung der elektrischen Ladung. Die Ladungen der wichtigsten Elementarteilchen sind:
Elektron: $q_e = -e$, Proton: $q_p = +e$, Neutron: $q_n = 0$, also elektrisch neutral.

Nach heutigem Wissen bestehen die Bausteine der Atomkerne, Proton und Neutron, aus drei kleineren Objekten, die man Quarks nennt. Die Ladungen der Quarks sind drittelzahlig:

u-Quark: Ladung $+2/3\,e$,
d-Quark: Ladung $-1/3\,e$.

[1] Leider wird diese Einsicht im cgs-System ignoriert, was zu begrifflichen Schwierigkeiten führt und die unangenehme Konsequenz hat, dass für Stromstärke, Spannung, Kapazität, Induktivität usw. ganz andere Einheiten definiert werden als bei elektrischen Messgeräten. Praktische Rechnungen und Messungen werden dadurch sehr erschwert.

Das Proton besteht aus zwei u-Quarks und einem d-Quark, das Neutron besteht aus zwei d-Quarks und einem u-Quark. Die Quarks existieren jedoch nicht als freie Teilchen, sondern nur im gebundenen Zustand. Alle bisherigen Versuche, drittelzahlige Ladungen direkt nachzuweisen, sind gescheitert.

Die elektrische Anziehungskraft zwischen Proton und Elektron ist

$$F_{\mathrm{el}} = \frac{e^2}{4\pi\varepsilon_0 r^2} . \tag{1.3}$$

In dieser Gleichung tritt eine wichtige Größe auf, die elektrische Feldkonstante

$$\varepsilon_0 = 8{,}8541878 \cdot 10^{-12} \, \frac{\mathrm{A\,s}}{\mathrm{V\,m}} . \tag{1.4}$$

Die elektrische Anziehungskraft ist etwa 39 Zehnerpotenzen stärker als die Massen-Anziehungskraft (1.1). Beide Kräfte befolgen ein $1/r^2$-Gesetz.

Die allgemeine Form der elektrischen Kraft zwischen zwei punktförmigen Objekten mit den Ladungen q_1 und q_2 lautet

$$\boxed{F_{\mathrm{el}} = \frac{q_1 q_2}{4\pi\varepsilon_0 r^2} .} \tag{1.5}$$

Dies ist das Coulomb-Gesetz. Ein sehr wichtiger Unterschied zur Gravitation besteht darin, dass die elektrische Kraft sowohl anziehend sein kann, wenn Ladungen q_1 und q_2 verschiedenes Vorzeichen haben, als auch abstoßend, wenn die Ladungsvorzeichen gleich sind (Abb. 1.1).

Von außerordentlicher Bedeutung ist der exakt gleiche Betrag der Ladung von Proton und Elektron: die Atome und Moleküle sind deswegen elektrisch neutral, ihre Gesamtladung ist exakt null. Auch dafür ist kein tieferer theoretischer Grund bekannt, es muss ihn aber geben. Denn würden sich die Ladungen von Elektronen und Protonen nicht exakt kompensieren, so könnten makroskopische Körper (Sonne, Erde, Lebewesen) gar nicht existieren, da die verbleibenden Abstoßungskräfte sie zerreißen würden, und wir könnten über dies Problem nicht nachdenken. Im Fall der Gravitation ist das ganz anders. Massen ziehen sich grundsätzlich an, abstoßende Gravitationskräfte sind unbekannt. Selbst die Antiteilchen (Positron, Antiproton) haben positive Massen und unterliegen der attraktiven Gravitation.

Die Erhaltung der Ladung

In einem abgeschlossenen System bleibt die Gesamtladung erhalten. Beispiele sind:

a) Elektrolyse: NaCl $\rightarrow$ Na^+ + Cl^-,
b) Ionisation: Atom + Licht $\rightarrow$ Ion^+ + e^-,
c) Erzeugung von Elektron-Loch-Paaren im Halbleiter.

Abb. 1.1 Richtung der Coulombkraft zwischen gleichen und ungleichen Ladungen

In allen drei Fällen werden gleich viele positive wie negative Ladungsträger erzeugt, die Gesamtladung bleibt aber immer null. Der tiefere Grund für die Erhaltung der Ladung ist, dass die elementaren geladenen Bausteine der Materie, Elektronen und Protonen, normalerweise erhalten bleiben und weder plötzlich aus dem Nichts auftauchen noch einfach verschwinden. Bei Prozessen der schwachen Wechselwirkung können diese Teilchen zwar in andere umgewandelt werden, aber ihre Ladung geht dabei auf sekundäre Teilchen über. Beispielsweise können Atomkerne mit Protonenüberschuss einen β^+-Zerfall machen, wobei der elementare Prozess die Umwandlung eines Protons in ein Neutron, ein Positron und ein Neutrino ist:

$$p^+ \rightarrow n + e^+ + \nu_e \; .$$

Neutron und Neutrino sind elektrisch neutral.

1.3 Das elektrische Feld

Definition der elektrischen Feldstärke

In Analogie zum Sonnensystem betrachten wir eine Ladung $Q > 0$ im Ursprung des Koordinatensystems (*die Sonne*) und eine Testladung q im Abstand r (*einen Planeten*). Die Kraft, die auf die Testladung q wirkt, ist proportional zur Größe der Testladung, umgekehrt proportional zum Quadrat des Abstands, und ihre Richtung hängt vom Vorzeichen von q ab.

$$\boldsymbol{F}_{\text{el}} = q \cdot \frac{Q}{4\pi\varepsilon_0 r^2} \cdot \hat{\boldsymbol{r}} \quad \text{mit} \quad \hat{\boldsymbol{r}} = \frac{\boldsymbol{r}}{r} \; .$$

Hier ist $\hat{\boldsymbol{r}}$ ein Einheitsvektor, der von der Ladung Q zur Ladung q weist. Da die Größe und das Vorzeichen der Testladung beliebig wählbar sind, erweist es sich als zweckmäßig, eine von der Testladung unabhängige Größe zu definieren. Dies ist die elektrische Feldstärke.

$$\boldsymbol{E} = \frac{\boldsymbol{F}_{\text{el}}}{q} \; . \tag{1.6}$$

Auf das Konzept und die tiefere Bedeutung des Feldbegriffs gehen wir in Kap. 2 näher ein.

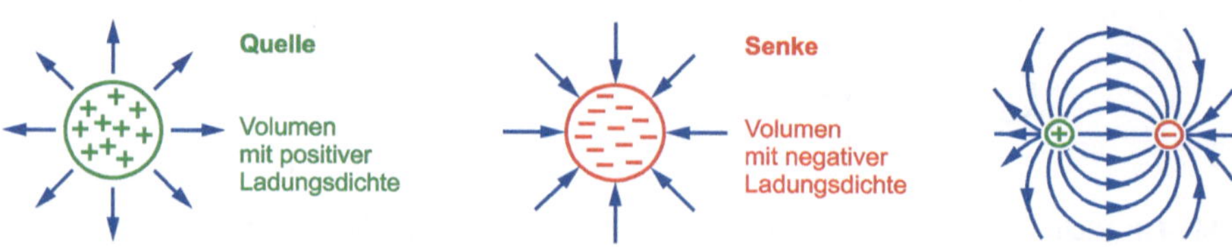

Abb. 1.2 Elektrisches Feld einer positiven bzw. negativen Ladungsverteilung und Feldlinienverlauf bei einem elektrischen Dipol

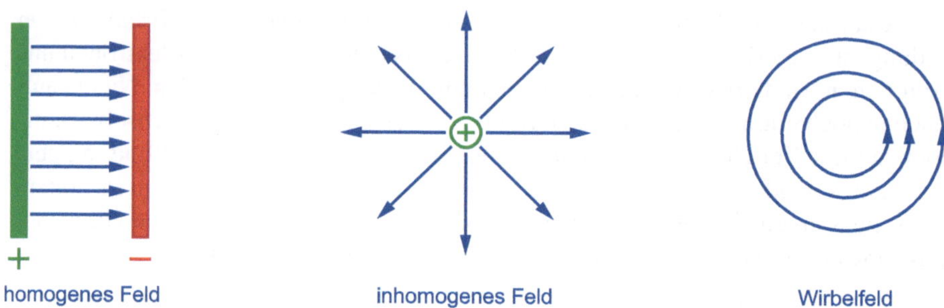

Abb. 1.3 Typen elektrischer Felder. Ein *homogenes Feld* kann man mit einem Plattenkondensator erzeugen. Im Innern des Kondensators sind die Feldlinien parallel, und der Betrag der Feldstärke ist unabhängig vom Ort. In einem *inhomogenen Feld* ändern sich Betrag und Richtung von Ort zu Ort. Beispiel: Feld einer Punktladung. *Elektrische Wirbelfelder* treten nur dann auf, wenn zeitabhängige Magnetfelder vorhanden sind

Eine Punktladung Q im Ursprung des Koordinatensystems erzeugt das elektrische Feld

$$\boldsymbol{E} = \frac{Q}{4\pi\varepsilon_0 r^2} \cdot \hat{\boldsymbol{r}} \,. \tag{1.7}$$

Bei einer positiven Ladung weisen die Feldlinien radial von der Ladung weg, bei einer negativen Ladung zeigen sie zur Ladung hin. Man drückt das so aus: positive Ladungen sind die *Quellen* des elektrischen Feldes, negative Ladungen sind die *Senken* des elektrischen Feldes. Bei statischen (d. h. zeitunabhängigen) Feldern haben die Feldlinien stets einen Anfang (die Quelle = positive Ladung) und ein Ende (die Senke = negative Ladung), s. Abb. 1.2. Verschiedene Feldtypen werden in Abb. 1.3 gezeigt. Wenn Zeitabhängigkeiten vorliegen, gibt es auch Wirbelfelder mit in sich geschlossenen elektrischen Feldlinien (s. Kap. 3).

Bewegung geladener Teilchen in elektrischen Feldern

Bei der Bewegung eines geladenen Teilchens in einem elektrischen Feld wird vom Feld eine Arbeit geleistet, und die kinetische Energie des Teilchens ändert sich. Als Beispiel betrachten wir ein nichtrelativistisches Proton der Ladung $q_p = +e$, das ein homogenes Feld parallel zu den Feldlinien durchläuft (Abb. 1.3). Die Länge der

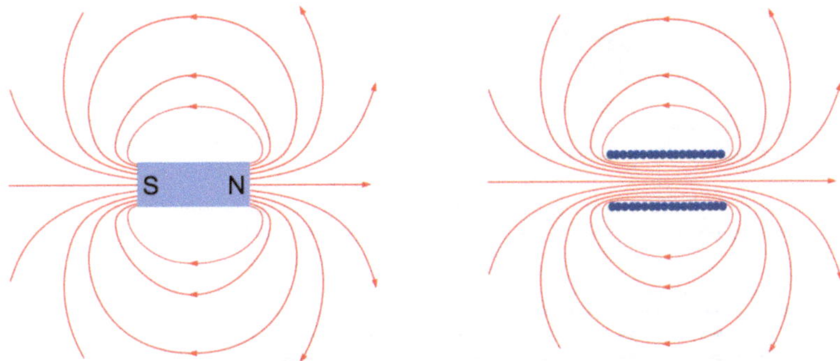

Abb. 1.4 Die magnetischen Feldlinien eines Stabmagneten und einer stromdurchflossenen Spule. Der Umlaufsinn des Stroms folgt aus der Rechte-Hand-Regel: die Finger zeigen in Richtung des Stroms, der Daumen zeigt in Richtung des Magnetfeldes

Wegstrecke sei d. Die Änderung der kinetischen Energie ist

$$\frac{m}{2}v_2^2 - \frac{m}{2}v_1^2 = e|\boldsymbol{E}|\,d = eU\ .$$

$U = |\boldsymbol{E}|\,d$ ist die elektrische Spannung. Die Einheit der Spannung ist das Volt [V]. Eine wichtige Energieeinheit in der Atom- und Elementarteilchenphysik ist das Elektronenvolt [eV]. Das ist die Energie, die ein Elektron oder Proton beim Durchlaufen von einer Spannung von 1 V gewinnt oder verliert: 1 eV $= 1{,}602 \cdot 10^{-19}$ Joule. Bei Bewegung in inhomogenen Feldern muss man das Linienintegral der elektrischen Feldstärke berechnen. Die mathematischen Details werden in Kap. 2 besprochen.

1.4 Magnetische Felder und Kräfte

1.4.1 Permanentmagnete und Elektromagnete

Magnetische Materialien sind seit der Antike bekannt, elektrische Ströme und die von ihnen hervorgerufenen Magnetfelder wurden im 19. Jahrhundert entdeckt. Es gibt zwei Möglichkeiten, Magnetfelder zu erzeugen, mit Permanentmagneten oder stromdurchflossenen Spulen. Bei äquivalenter Geometrie sind die Feldlinienmuster außerhalb der Magnete identisch, wie Abb. 1.4 zeigt.

Der Magnetismus von Stabmagneten oder Kompassnadeln beruht darauf, dass die Elektronen außer ihrer elektrischen Ladung auch noch ein magnetisches Dipolmoment besitzen und sich wie kleine Stabmagnete verhalten.

Die Feldlinien eines Stabmagneten beginnen beim Nordpol und enden beim Südpol, und man weiß aus Erfahrung, dass ungleiche Pole einander anziehen und glei-

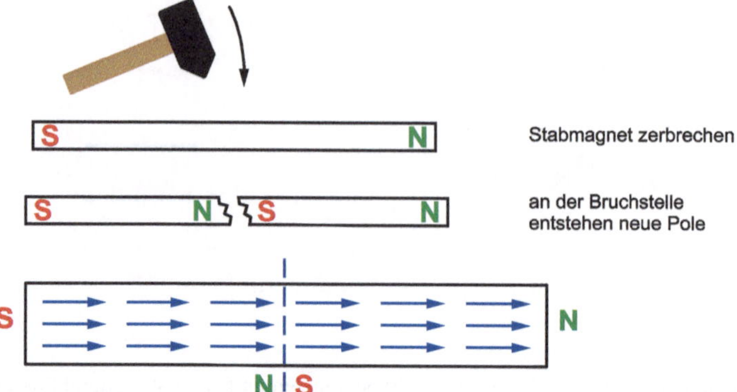

Abb. 1.5 Durch Zerbrechen eines Stabmagneten kann man keine isolierten Nord- und Südpole erzeugen, sondern nur kleinere Stabmagnete. *Unten* wird ein mikroskopisches Bild des Stabmagneten gezeigt. Die *Pfeile* deuten die magnetischen Momente der Elektronen an

che Pole sich abstoßen[2]. In Analogie zu positiven und negativen elektrischen Ladungen, die als Quelle oder Senke des elektrischen Feldes dienen, könnte man die Existenz magnetischer Einzelladungen postulieren, die ebenfalls zwei Vorzeichen haben und die wir mit N und S kennzeichnen würden. Die N-Ladungen wären die Quellen des magnetischen Feldes, die S-Ladungen die Senken. In der Natur sieht es jedoch anders aus.

1.4.2 Es gibt keine magnetischen Monopole

Aus theoretischer Sicht spricht in der Tat nichts gegen die Existenz magnetischer Einzelpole. Paul Dirac hat *magnetische Monopole* als Denkmöglichkeit eingeführt und eine in sich konsistente Theorie des Elektromagnetismus mit elektrischen und magnetischen Einzelladungen konstruiert, aber auch nach vielen Jahrzehnten intensiver Suche ist kein einziger Monopol gefunden worden. Man muss daher feststellen, dass die Natur diese theoretische Denkmöglichkeit nicht realisiert hat und dass es keine magnetischen Einzelladungen gibt, sondern magnetische Dipole als einfachste Konfiguration.

Nun könnte man auf die Idee kommen, einzelne Nord- und Südpole zu erzeugen, indem man einen Stabmagneten zerbricht. Das gelingt jedoch nicht, vielmehr bilden sich an der Bruchstelle spontan zwei neue Pole, so dass man hinterher zwei magnetische Dipole hat, siehe Abb. 1.5. Der tiefere Grund liegt darin, dass der Permanentmagnetismus der Materie auf den magnetischen Momenten der Elektronen beruht und es natürlich völlig unmöglich ist, das praktisch punktförmige Elektron in der Mitte aufzutrennen.

[2] Die Feldlinien einer Spule bilden in sich geschlossene Kurven, die die stromführenden Leiter umschließen, aber auch für Spulen kann man einen Nordpol und einen Südpol definieren.

1.4.3 Die Lorentz-Kraft

In einem Magnetfeld wirkt auf einen stromdurchflossenen Draht eine Kraft, die proportional zum Feld und zur Stromstärke ist. Das Bemerkenswerte an dieser Kraft ist ihre Richtung: sie ist senkrecht zum Feld und senkrecht zur Flussrichtung des Stroms orientiert. Die Kraftwirkung auf Ströme wird in vielen Typen von Elektromotoren ausgenutzt. Man kann diese Kraftwirkung auf die *Lorentz-Kraft* zurückführen. Auf ein Teilchen der Ladung q und Geschwindigkeit $\boldsymbol{v}$ wird in einem Magnetfeld $\boldsymbol{B}$ die Kraft

$$\boxed{\boldsymbol{F}_{\text{Lor}} = q\,\boldsymbol{v} \times \boldsymbol{B}} \tag{1.8}$$

ausgeübt. Diese Kraft ist von gänzlich anderer Natur als die elektrische Kraft:

a) Sie ist proportional zur Geschwindigkeit und verschwindet für ein ruhendes Teilchen,
b) sie ist senkrecht zur Geschwindigkeit $\boldsymbol{v}$ und zum Feld $\boldsymbol{B}$ ausgerichtet. Dies ist offensichtlich ganz anders als bei der elektrischen Kraft oder der Gravitation.

Die Lorentz-Kraft leistet keine Arbeit

Die Lorentz-Kraft leistet keine Arbeit, weil sie senkrecht zur Geschwindigkeit des Teilchens wirkt. In der Zeit Δt bewegt sich das Teilchen um die Strecke $\Delta \boldsymbol{s} = \boldsymbol{v}\Delta t$. Die geleistete Arbeit ist identisch null, da die Kraft senkrecht auf dem Weg steht:

$$\Delta W = (\boldsymbol{F} \cdot \Delta \boldsymbol{s}) = (\boldsymbol{F} \cdot \boldsymbol{v})\,\Delta t = q\,([\boldsymbol{v} \times \boldsymbol{B}] \cdot \boldsymbol{v})\,\Delta t \equiv 0\,. \tag{1.9}$$

Der Vektor $\boldsymbol{v} \times \boldsymbol{B}$ steht immer senkrecht auf dem Geschwindigkeitsvektor $\boldsymbol{v}$. Wir weisen an dieser Stelle schon darauf hin, dass die Arbeit ungleich null wird, wenn das Feld zeitabhängig ist. Ein zeitlich anwachsendes oder abfallendes Magnetfeld ist von ringförmigen elektrischen Feldlinien umgeben. Im Betatron wird dies zur Beschleunigung von Elektronen ausgenutzt. Aber auch hier geschieht die Energieänderung durch das induzierte elektrische Feld und nicht durch das magnetische Feld.

Zyklotronfrequenz

Wir betrachten nun ein homogenes (räumlich konstantes) Magnetfeld $\boldsymbol{B}$ in z-Richtung und ein geladenes Teilchen (Ruhemasse m_0, Ladung q), dessen Geschwindigkeitsvektor in der xy-Ebene liegt. Die magnetische Kraft bewirkt eine Ablenkung senkrecht zur momentanen Geschwindigkeit, das Teilchen durchläuft daher eine Kreisbahn in der xy-Ebene, deren Radius wir aus der Gleichsetzung von Zen-

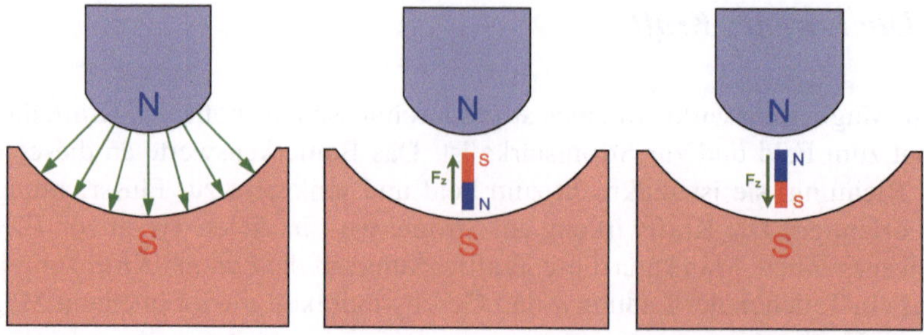

Abb. 1.6 Durch geeignet geformte Eisenpolschuhe wird ein inhomogenes Magnetfeld erzeugt (*links*), dessen Stärke vom Südpol zum Nordpol hin zunimmt. Auf die beiden Pole eines kleinen Stabmagneten wirken in diesem Feld verschieden große Kräfte. Je nach Ausrichtung wird der Stabmagnet nach oben gezogen (*Mitte*) oder nach unten (*rechts*)

tripetalkraft und Lorentz-Kraft berechnen können

$$\frac{m_0 v^2}{R} = qvB \, , \quad \Rightarrow \quad R = \frac{m_0 v}{qB} \, .$$

Die Umlauffrequenz wird auch Zyklotronfrequenz genannt

$$f_{\text{zykl}} = \frac{v}{2\pi R} = \frac{qB}{2\pi m_0} \, .$$

Sie ist unabhängig von der Teilchengeschwindigkeit, solange die Teilchen nichtrelativistisch sind und ihre Masse nicht wesentlich von der Ruhemasse m_0 abweicht. Zwischen dem Impuls des Teilchens und dem Krümmungsradius der Kreisbahn besteht die wichtige Beziehung

$$\boxed{p = qRB \, ,} \tag{1.10}$$

die auch für relativistische Teilchen gilt.

Arbeitsleistung in inhomogenen Magnetfeldern

Wie schon erwähnt, hat das Elektron ein intrinsisches magnetisches Moment, dies gilt auch für das Proton. In einem inhomogenen Magnetfeld, das längs der z-Achse orientiert ist, wirkt auf einen magnetischen Dipol eine Kraft F_z, dies wird in Abb. 1.6 illustriert. Beim Durchlaufen des Feldes erhält der Geschwindigkeitsvektor des Teilchens eine Komponente in Richtung dieser Kraft, daher leistet das Magnetfeld eine Arbeit und erhöht die Teilchenenergie. In Elektronen- oder Protonenbeschleunigern ist diese Energieänderung allerdings vernachlässigbar klein.

Für die im Stern-Gerlach-Experiment verwendeten neutralen Silber-Atome ist das anders, dort verschwindet die Lorentz-Kraft, und die Kraft F_z trennt den Atomstrahl in zwei Teilstrahlen auf (siehe Band 1, Kap. 5). Quantitativ berechnet man die

Kraft mit der Formel

$$F_z = \pm \mu_B \frac{\partial B}{\partial z} , \tag{1.11}$$

wobei μ_B das magnetische Moment des Silber-Atoms ist.

1.5 Elektrische Felder in Materie

In diesem und dem nächsten Abschnitt wird kurz auf elektrische und magnetische Felder in Materie eingegangen. Ausführliche Darstellungen findet man in den gängigen Lehrbüchern der Experimentalphysik.

1.5.1 Dielektrische Materialien

a) Kondensator mit Luft zwischen den Platten

Unser Modellsystem ist ein Plattenkondensator, der aus zwei parallelen ebenen Metallplatten der Fläche a besteht, die einen geringen Abstand d voneinander haben. Verbinden wir eine Platte mit dem Pluspol einer Batterie, die andere mit dem Minuspol, so fließt ein Strom, und es bauen sich an den Innenflächen Ladungen $+Q$ bzw. $-Q$ auf, die proportional zur Spannung U der Batterie sind

$$Q = C\,U . \tag{1.12}$$

Die Konstante C wird *Kapazität* des Kondensators genannt, für einen Plattenkondensator mit Vakuum oder Luft zwischen den Platten hat sie den Wert

$$C = \varepsilon_0 \frac{a}{d} . \tag{1.13}$$

Die Einheit für die Kapazität heißt Farad: $1\,\mathrm{F} = 1\,\mathrm{C/V}$.

Das elektrische Feld ist im Wesentlichen auf den Raum zwischen den Platten konzentriert und ist dort homogen, sein Wert ist

$$|\boldsymbol{E}| = \frac{U}{d} = \frac{\sigma_{\text{frei}}}{\varepsilon_0} \quad \text{mit} \quad \sigma_{\text{frei}} = \frac{Q}{a} . \tag{1.14}$$

Dabei ist σ_{frei} die Flächenladungsdichte, also die Gesamtladung Q der frei beweglichen Ladungsträger, dividiert durch die Fläche a der Kondensatorplatte.

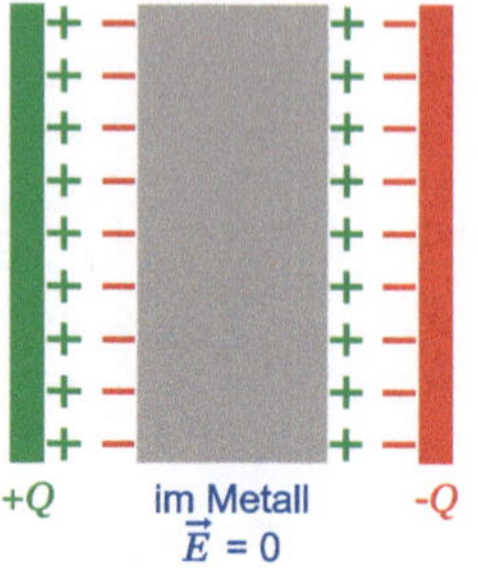

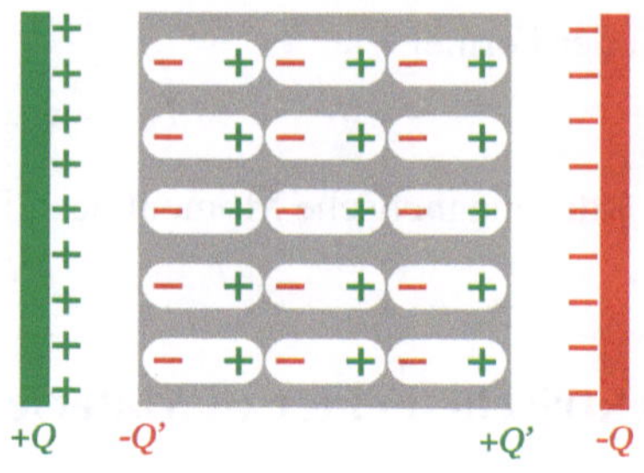

Abb. 1.7 *Links*: Eine Metallplatte in einem Plattenkondensator. Im Innern der Platte ist $\boldsymbol{E} = 0$. *Rechts*: Mikroskopisches Bild eines Isolators im Kondensator

b) Kondensator mit Dielektrikum zwischen den Platten

Nun sind wir daran interessiert, was geschieht, wenn wir einen Isolator zwischen die Platten des Kondensators schieben. Als Vorüberlegung stellen wir uns vor, dass wir eine Metallplatte mit einer Dicke $< d$ in den Kondensator einführen. Im Innern eines elektrischen Leiters muss das elektrische Feld verschwinden, also wandern Elektronen zu der Grenzfläche, die der positiven Kondensatorplatte gegenüber liegt, während auf der anderen Seite der Metallplatte die Elektronen abwandern und positive Ionen übrig bleiben. Der Stromfluss dauert an, bis sich Oberflächenladungen der Stärke $\mp Q$ aufgebaut haben, siehe Abb. 1.7. Diese Ladungen kompensieren exakt das äußere Feld, so dass im Innern des Metalls $\boldsymbol{E} = 0$ wird.

Im nächsten Versuch wird eine Platte aus einem isolierenden Material eingeschoben, z. B. Plexiglas oder PVC. Obwohl es keine frei beweglichen Elektronen in einem Isolator gibt, bilden sich auch hier Oberflächenladungen $\mp Q'$ aus, die allerdings kleiner als die freien Ladungen Q auf den Kondensatorplatten sind. Dies ist auf die Polarisierung der Materie zurückzuführen. Das interne Feld wird nun geringer als das von den freien Ladungen $\pm Q$ erzeugte Feld, weil die *dielektrische Polarisation* $\boldsymbol{P}$ gegenläufig ist:

$$|\boldsymbol{E}| = \frac{1}{\varepsilon_0}\,(\sigma_{\text{frei}} - |\boldsymbol{P}|)\ .$$

Die *elektrische Verschiebungsdichte* ist ein Vektorfeld, das durch

$$\boldsymbol{D} = \varepsilon_0 \boldsymbol{E} + \boldsymbol{P} \tag{1.15}$$

definiert wird. Die freien Ladungen auf den Kondensatorplatten sind die Quellen der Verschiebungsdichte:

$$\boldsymbol{D} = \sigma_{\text{frei}}\,\hat{\boldsymbol{n}}\ . \tag{1.16}$$

Der Normalenvektor $\hat{\boldsymbol{n}}$ ist ein Einheitsvektor, der senkrecht auf der Platte steht.

Verschiebungs- und Orientierungspolarisation

Es gibt zwei Typen von Polarisation, die *Verschiebungspolarisation* und die *Orientierungspolarisation*. In einem neutralen Atom wie Wasserstoff liegen die Schwerpunkte der positiven und der negativen Ladung beide im Kern, so dass das Atom ein verschwindendes elektrisches Dipolmoment hat. Bringt man solche Atome in den Plattenkondensator, so werden die Elektronen von der positiven Platte angezogen, die Kerne von der negativen Platte, und es kommt zu einer Verschiebung der Ladungsschwerpunkte, die proportional zur Feldstärke ist.

In vielen Molekülen (wie etwa H_2O) sind bereits im feldfreien Raum die Ladungsschwerpunkte getrennt. Diese Moleküle haben intrinsische Dipolmomente, die in einem Ensemble von Molekülen allerdings in beliebige Richtungen weisen, so dass das Gesamtdipolmoment des Ensembles verschwindet. In einem äußeren Feld richten sich die kleinen Dipole aus. Man nennt dies die Orientierungspolarisation. Die Ausrichtung wird durch thermische Bewegung gestört, daher hat die Orientierungspolarisation eine Temperaturabhängigkeit (sie ist umgekehrt proportional zur absoluten Temperatur T).

Beide Arten von Polarisation erzeugen im Kondensatorfeld Oberflächenladungen $Q' < Q$. Ein mikroskopisches Bild wird in Abb. 1.7 gezeigt. Wegen der bipolaren Oberflächenladung werden diese isolierenden Stoffe *Di-Elektrika* genannt. Die dielektrische Polarisation ist meistens proportional zur elektrischen Feldstärke:

$$\boldsymbol{P} = \chi_e \varepsilon_0 \boldsymbol{E} \ . \tag{1.17}$$

Die Konstante χ_e heißt elektrische Suszeptibilität. Man spricht von einem *linearen Medium*, wenn die einfache lineare Beziehung (1.17) zwischen dielektrischer Polarisation und elektrischer Feldstärke besteht. Es gibt nichtlineare Kristalle wie Barium-Beta-Borat BBO, in denen die Polarisation quadratisch vom Feld abhängt oder sogar eine andere Richtung hat. BBO-Kristalle verwendet man zur Frequenzverdopplung von Laserlicht. In einem linearen Medium ist die elektrische Verschiebungsdichte

$$\boxed{\boldsymbol{D} = \varepsilon_0 \boldsymbol{E} + \boldsymbol{P} = \varepsilon_0 \varepsilon_r \boldsymbol{E} \quad \text{mit} \quad \varepsilon_r = 1 + \chi_e \ .} \tag{1.18}$$

Der materialspezifische Parameter ε_r wird relative Dielektrizitätskonstante[3] oder Permittivität genannt. Typische Werte sind $\varepsilon_r = 2 \ldots 4$ bei Papier oder Kunststoffen. Sehr große Werte haben sog. Ferroelektrika wie Barium-Titanat mit $\varepsilon_r > 2000$.
Bei konstant gehaltener Spannung U erhöht sich die Ladung um den Faktor ε_r, wenn das Dielektrikum hineingeschoben wird. Die Kapazität des Plattenkondensators wird infolgedessen um den Faktor ε_r größer:

$$\boxed{C = \varepsilon_r \varepsilon_0 \frac{a}{d} \ .} \tag{1.19}$$

[3] Der Name ist etwas fragwürdig, da ε_r nicht konstant ist, sondern beispielsweise von der Frequenz des Feldes abhängt. Passender wäre „Dielektrizitätsfunktion“.

1.5.2 Energiedichte des elektrischen Feldes

Ein aufgeladener Kondensator enthält eine gespeicherte Energie

$$W_{\mathrm{el}} = \frac{1}{2} C U^2 = \frac{1}{2} Q U = \frac{Q^2}{2C} \,. \tag{1.20}$$

Diese Formel kann man wie folgt einsehen. Es befinde sich bereits eine Ladung q auf den Platten, die Spannung ist dann $U(q) = q/C$. Um die Ladung q zu vergrößern, bewegen wir eine Ladungsmenge dq von der negativen zur positiven Platte. Da die Bewegung entgegengesetzt zur elektrischen Kraft verläuft, müssen wir dabei die Arbeit leisten

$$dW = U(q)dq = \frac{q}{C} \, dq \,.$$

Die gesamte Arbeit für die Aufladung des Kondensators von 0 auf Q ist

$$W_{\mathrm{el}} = \frac{1}{C} \int_0^Q q \, dq = \frac{Q^2}{2C} \,.$$

Die gespeicherte Energie befindet sich nicht etwa auf den Kondensatorplatten, sondern steckt als Feldenergie zwischen den Platten. Man kann sie in der Form schreiben

$$W_{\mathrm{el}} = w_{\mathrm{el}} \, V \,,$$

wobei $V = a\,d$ das Volumen innerhalb des Kondensators ist und

$$\boxed{w_{\mathrm{el}} = \frac{1}{2} (\boldsymbol{E} \cdot \boldsymbol{D}) = \frac{1}{2} \varepsilon_r \varepsilon_0 \boldsymbol{E}^2} \tag{1.21}$$

die Energiedichte des elektrischen Feldes. Kondensatoren werden häufig als Energiespeicher benutzt (Aufg. 1.7). Man kann sie mit einem Pumpspeicherwerk vergleichen. Die Ladung Q entspricht der Wassermenge, die Spannung U entspricht der Höhe des Wasserspiegels über der Turbine.

1.6 Magnetische Felder in Materie

1.6.1 Magnetische Materialien

Permanentmagnete hat man früher aus Stahl oder Ferriten hergestellt, heute benutzt man Cobalt-Samarium oder Neodym-Eisen-Bor für sehr starke Dauermagnete. Wir wollen uns hier nicht weiter mit permanentem Magnetismus befassen, sondern Materialien betrachten, die erst durch externe Felder magnetisiert werden. Dafür gibt es zwei Möglichkeiten: es werden in der Materie kleine Kreisströme induziert, die wie magnetische Dipole wirken, oder bereits vorhandene Dipole werden durch das Feld ausgerichtet. Die kleinen Dipole erzeugen eine *Magnetisierung* $\boldsymbol{M}$, definiert als magnetisches Moment pro Volumeneinheit, und verändern das angelegte Feld.

Mit Hilfe einer stromdurchflossenen Spule erzeugen wir ein *magnetisierendes Feld* $\boldsymbol{H}$. In der Spule befindet sich die fragliche Substanz. Das Magnetfeld im Material wird dann

$$\boxed{\boldsymbol{B} = \mu_0(\boldsymbol{H} + \boldsymbol{M})\ .} \tag{1.22}$$

Hier tritt eine neue Naturkonstante auf, die magnetische Feldkonstante

$$\mu_0 = 4\pi \cdot 10^{-7}\,\frac{\mathrm{V\,s}}{\mathrm{A\,m}}\ . \tag{1.23}$$

Wenn die Substanz ein *lineares Medium* ist, gibt es eine lineare Beziehung zwischen Magnetisierung und erregendem Feld

$$\boldsymbol{M} = \chi_m \boldsymbol{H} \tag{1.24}$$

mit der magnetischen Suszeptibilität χ_m. In diesem Fall gilt die einfachere Gleichung

$$\boldsymbol{B} = \mu_0 \mu_r \boldsymbol{H} \quad \text{mit} \quad \mu_r = 1 + \chi_m\ . \tag{1.25}$$

Der Koeffizient μ_r wird die relative Permeabilität des Materials genannt.

Permanentmagnete sind generell nicht von stromführenden Spulen umgeben, und deshalb ist kein H-Feld vorhanden. In diesem Fall muss man die Beziehung

$$\boldsymbol{B} = \mu_0 \boldsymbol{M} \tag{1.26}$$

benutzen.

Diamagnetismus

Der Diamagnetismus beruht auf der Induktion kleiner Kreisströme durch ein zeitlich veränderliches externes Magnetfeld. Nach der Lenz'schen Regel ist das von diesen Strömen erzeugte Feld dem erregenden Feld entgegen gerichtet und schwächt dieses ab. Die magnetische Suszeptibilität diamagnetischer Stoffe ist sehr klein und negativ, $\chi_m \approx -10^{-6}$. Daher ist μ_r geringfügig kleiner als 1.

Paramagnetismus und Ferromagnetismus

Paramagnetische Substanzen enthalten bereits magnetische Dipole, dies sind meistens die magnetischen Eigenmomente von Atomen, die durch das externe Feld partiell ausgerichtet werden. Die magnetische Suszeptibilität χ_m ist positiv und in der

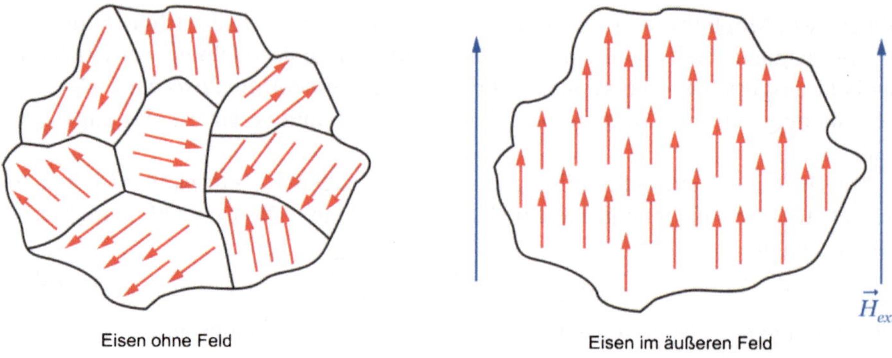

Abb. 1.8 Bild eines Ferromagneten. Ohne äußeres Feld sind die magnetischen Momente der Eisen-Atome in großen Bereichen, den sog. Weiß'schen Bezirken, parallel ausgerichtet, aber die resultierenden makroskopischen Magnetisierungsvektoren haben unterschiedliche Richtungen. Mit wachsender Stärke eines äußeren Magnetfeldes klappen immer mehr Weiß'sche Bezirke ihre Magnetisierungsvektoren in Feldrichtung. Sättigung ist erreicht, wenn sich alle Magnetisierungsvektoren parallel zum Feld ausgerichtet haben

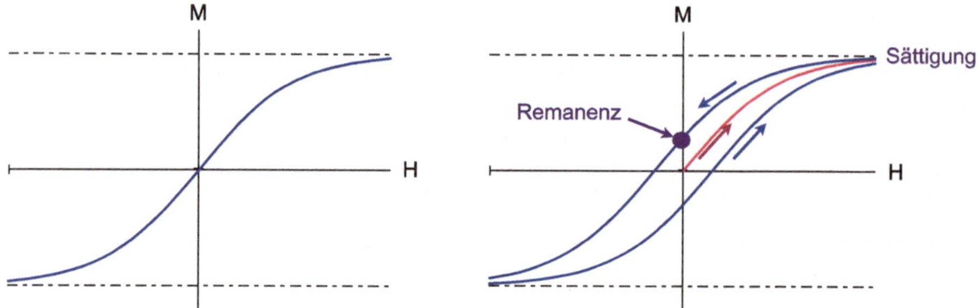

Abb. 1.9 *Links*: Die Magnetisierungskurve $M(H)$ für weichmagnetisches Eisen. *Rechts*: Schematische Hysteresekurve eines hartmagnetischen Materials. In *rot* wird die Kurve $M(H)$ des anfänglich unmagnetisierten Materials gezeigt (die „Neukurve"). Wenn das von der Spule erzeugte H-Feld auf null zurückgefahren wird, bleibt eine remanente Magnetisierung nach: das Material ist ein Dauermagnet geworden. Die von der *blauen* Hysteresekurve umschlossene Fläche entspricht der elektromagnetischen Energie, die beim Durchlaufen der Hysteresekurve in Wärme umgewandelt wird

Größenordnung 10^{-5}, d. h. die relative Permeabilität ist etwas größer als 1. Der Paramagnetismus entspricht der Orientierungspolarisation und ist wie diese temperaturabhängig.

Von besonderer technischer Bedeutung ist der *Ferromagnetismus*. Ferromagnetische Metalle wie Eisen, Kobalt (Cobalt), Nickel und deren Legierungen sind an sich paramagnetisch, doch die magnetischen Momente der Atome sind in großen Bereichen alle parallel ausgerichtet (Abb. 1.8). Die relative Permeabilität μ_r kann Werte von mehreren 1000 annehmen, d. h. ein Magnetfeld wird stark vergrößert. Die Magnetisierungskurve $M(H)$ ist bei nicht zu hohen Feldstärken linear: $M(H) = \mu_r H$, geht aber schließlich in Sättigung. Bei sog. *hartmagnetischen* Substanzen beobachtet man eine ausgeprägte magnetische Hysterese (Abb. 1.9). In magnetischen Wechselfeldern führt dies zu Verlusten, daher werden die Bleche von Transformatoren aus Weicheisen mit minimaler Hysterese hergestellt.

Die Gl. (1.22) ist generell gültig, während die einfachere Gl. (1.25) für diamagnetische und paramagnetische Stoffe anwendbar ist. Mit gewisser Vorsicht gilt sie auch für hysteresefreie ferromagnetische Stoffe, wenn man die Nichtlinearität durch eine feldabhängige Permeabilität $\mu_r(H)$ beschreibt. Ein hysteretisches Material hingegen kann mit Gl. (1.25) nicht beschrieben werden, da der Wert der Magnetisierung nicht nur vom angelegten Feld H, sondern auch noch von der Vorgeschichte abhängt und die Magnetisierung ungleich null sein kann, selbst wenn kein H-Feld vorhanden ist.

1.6.2 Energiedichte des magnetischen Feldes

Wir betrachten eine lange Spule mit N Windungen, die um einen Weicheisenkern der Länge ℓ gewickelt ist. Der magnetische Fluss durch die Spule ist $\phi_{\text{mag}} = N\,B\,a$, wobei a die Querschnittsfläche (*area*) einer Windung ist. Das Magnetfeld $B = \mu_0\mu_r N\,I/\ell$ ist proportional zum Strom I. Daher können wir schreiben

$$\phi_{\text{mag}} = N\,B\,a = \frac{\mu_0\mu_r N^2\,a\,I}{\ell} \equiv L\,I\ . \tag{1.27}$$

Die Größe L nennt man die *Induktivität* der Spule (oder den Koeffizienten der Selbstinduktion). Die Induktivität einer Spule der Länge ℓ ist

$$L = \frac{\mu_0\mu_r N^2 a}{\ell}\ . \tag{1.28}$$

Die Induktivität hat große Ähnlichkeit mit der trägen Masse. Um eine Masse zu beschleunigen oder zu bremsen, ist eine Kraft nötig

$$F = m\,\frac{dv}{dt}\ .$$

Entsprechend gilt: um den Strom in einer Spule mit der Induktivität L zu ändern, ist eine Spannung erforderlich. Diese Spannung ist durch das Induktionsgesetz gegeben, siehe Kap. 3, Gl. (3.5). Ihr Betrag ist

$$U_{\text{ind}} = \frac{d\phi_{\text{mag}}}{dt} = L\,\frac{dI}{dt}\ . \tag{1.29}$$

Wenn man in der Zeit dt den Strom um dI erhöhen möchte, ist eine elektrische Energie aufzuwenden

$$dW = I\,U_{\text{ind}}dt = I\,L\,dI\ .$$

Durch Integration findet man für die in einer stromdurchflossenen Spule gespeicherte magnetische Energie

$$W_{\rm mag} = \frac{1}{2}\, L I^2 \, . \tag{1.30}$$

Dies entspricht genau der kinetischen Energie einer bewegten Masse

$$E_{\rm kin} = \frac{1}{2}\, m v^2 \, .$$

Wie schon beim Kondensator steckt auch bei der stromdurchflossenen Spule die Energie im Feld. Man kann die Formel (1.30) umschreiben:

$$W_{\rm mag} = \frac{1}{2}\, H\, B \cdot a\,\ell = w_{\rm mag} \cdot V \quad \text{mit} \quad V = a\,\ell \, .$$

Hier ist $V = a\,\ell$ das Volumen innerhalb der Spule, und

$$\boxed{w_{\rm mag} = \frac{1}{2}\,(\boldsymbol{H} \cdot \boldsymbol{B}) = \frac{1}{2\mu_r\mu_0}\,\boldsymbol{B}^2} \tag{1.31}$$

ist die Energiedichte des magnetischen Feldes.

Große supraleitende Spulen sind als Energiespeicher geeignet (in normalleitenden Spulen sind die Verluste durch Ohm'sche Wärme viel zu groß). Bei einer Induktivität $L = 1$ H und einem Strom von einigen 1000 A liegt die gespeicherte Energie $LI^2/2$ im Mega-Joule-Bereich. Es ist sehr gefährlich, diesen Strom plötzlich zu unterbrechen, denn dann treten extrem hohe induktive Spannungen $U = L\, dI/dt$ auf. Wird ein Strom von 1000 A innerhalb einer Millisekunde auf null gefahren, so beträgt die induktive Spannung 1 Million Volt. Das führt zu einem elektrischen Lichtbogen, der die gesamte Magnetspule zerstört. Die Zerstörungswirkung ist wie bei einem Auto, das mit hoher Geschwindigkeit gegen eine Betonwand fährt.

Die bei einer plötzlichen Stromunterbrechung auftretende Induktionsspannung wird in den Zündspulen von Autos ausgenutzt, um die Funken in den Zündkerzen zu erzeugen.

1.7 Die Rolle der Felder $\boldsymbol{E}$, $\boldsymbol{D}$ sowie $\boldsymbol{H}$, $\boldsymbol{B}$

Die physikalisch bedeutsamen Felder sind $\boldsymbol{E}$ und $\boldsymbol{B}$, denn die auf eine Ladung q wirkende Kraft ist $\boldsymbol{F} = q\,(\boldsymbol{E} + \boldsymbol{v} \times \boldsymbol{B})$. In Kap. 1.5 und 1.6 haben wir gesehen, dass zwei weitere Vektorfelder benötigt werden, um elektrische und magnetische Effekte in Materie und an Grenzflächen zu erfassen: $\boldsymbol{D}$ und $\boldsymbol{H}$.

Die Quellen der elektrischen Verschiebungsdichte $\boldsymbol{D}$ sind die sog. „freien" Ladungen auf Metalloberflächen, die durch die frei beweglichen Leitungselektronen erzeugt werden (eine negative Oberflächenladung durch einen Elektronenüberschuss, eine positive durch Elektronenmangel). Die Quellen des elektrischen Feldes

$\boldsymbol{E}$ sind sowohl die freien Ladungen auf Metalloberflächen als auch die gebundenen Polarisationsladungen auf Dielektrika. Das Problem ist nun, dass niemand „freie" Ladungen messen kann. Messtechnisch direkt zugänglich ist aber die Spannung an einem Plattenkondensator $U = |\boldsymbol{E}|\ d$. Daher ist die elektrische Feldstärke die primäre, messtechnisch zugängliche Feldgröße. Die elektrische Verschiebungsdichte $\boldsymbol{D}$ spielt eine untergeordnete Rolle: sie tritt nicht im Kraftgesetz auf, und es gibt kein Instrument zur direkten Messung von $\boldsymbol{D}$.

Im magnetischen Fall sieht das anders aus. Die Quellen des magnetisierenden (erregenden) Feldes $\boldsymbol{H}$ sind die „freien" Ströme in Magnetspulen, die der Experimentator nach Belieben einstellen und messen kann. Die Quellen des Magnetfeldes $\boldsymbol{B}$ hingegen sind sowohl die Ströme in Spulen als auch die Magnetisierung der Materie, und letztere ist nicht beliebig einstellbar oder kontrollierbar. Bei der Berechnung eines Elektromagneten mit Eisenkern benötigt man daher das $\boldsymbol{H}$-Feld. Dafür geben wir im nächsten Abschnitt zwei Beispiele.

Es gibt eine historisch bedingte und durch unglückliche Maßsysteme[4] geförderte Begriffsverwirrung bei der Bezeichnung von Magnetfeldern. Die traditionelle Bezeichnung ist:

$\boldsymbol{H}$ wird „Magnetfeld" genannt,
$\boldsymbol{B}$ wird „magnetische Flussdichte" oder „magnetische Induktion" genannt.

Der letztere Name ist besonders irreführend, weil die Induktion einer der zentralen dynamischen Prozesse der Elektrodynamik ist. Wir folgen nicht dieser weit verbreiteten traditionellen Bezeichnung, sondern nennen, in Einklang mit A. Sommerfeld [1] und einigen neueren Lehrbüchern (Feynman [2], Griffiths [5]), $\boldsymbol{B}$ das Magnetfeld und $\boldsymbol{H}$ das magnetisierende (oder erregende) Feld. Die drei wesentlichen Argumente für die Bevorzugung des Feldes $\boldsymbol{B}$ sind:

1. Die Lorentz-Kraft enthält das Feld $\boldsymbol{B}$ und nicht das Feld $\boldsymbol{H}$,
2. Permanentmagnete erzeugen ein $\boldsymbol{B}$-Feld, aber kein $\boldsymbol{H}$-Feld,
3. bei einer Lorentz-Transformation der Relativitätstheorie werden $\boldsymbol{E}$ und $\boldsymbol{B}$ gemeinsam transformiert.

Wir möchten an dieser Stelle schon darauf hinweisen, dass magnetische Kräfte als „relativistische Korrektur" der Coulomb-Kräfte gedeutet werden können (Kap. 7). Auch die magnetischen Momente der Elementarteilchen sind ein relativistischer Effekt.

[4] Im nicht mehr zugelassenen cgs-System gilt $\boldsymbol{B} = \mu \boldsymbol{H}$ wobei μ die dimensionslose Permeabilität ist. Im Vakuum ist $\mu = 1$ und $\boldsymbol{B} = \boldsymbol{H}$. Trotzdem verwendet man zwei Einheiten: H [Oerstedt], B [Gauß].

1.8 Elektrische Leitung in Metallen

1.8.1 Das Ohm'sche Gesetz

Metallische Strukturen werden von vielen Elementen der ersten drei Hauptgruppen des Periodischen Systems der Elemente gebildet. Idealerweise sind dies Kristalle mit periodischer Anordnung positiv geladener Ionen, zwischen denen sich die Valenzelektronen als sog. „Leitungselektronen" nahezu ungehindert durch den gesamten Kristall bewegen können. Dies erklärt die hohe elektrische und thermische Leitfähigkeit der Metalle. Bereits vor der Entwicklung der Quantenmechanik stellte Paul Drude eine Theorie der elektrischen Leitung und des Ohm'schen Widerstandes auf, die – bei richtiger Deutung – auch heute noch ihren Wert hat.

Die elektrische Leitung der Metalle beruht auf der Beweglichkeit der Elektronen. Die Elektronen haben sehr hohe thermische Geschwindigkeiten. Da aber die Richtungen isotrop verteilt sind, fließt bei Abwesenheit eines elektrischen Feldes kein Nettostrom. Lassen wir ein externes Feld $\boldsymbol{E}$ für eine kurze Zeit δt einwirken, so werden die Elektronen alle in der gleichen Richtung beschleunigt und erhalten einen zusätzlichen Impuls $\delta \boldsymbol{p} = m_e \delta \boldsymbol{v} = -e\,\boldsymbol{E}\,\delta t$. Im Kristallgitter verlieren die Elektronen den zusätzlichen Impuls immer wieder durch Stöße. Das ständige Wechselspiel zwischen Energiegewinn im Feld und Energieverlust durch Stöße führt zu einer mittleren Driftgeschwindigkeit der Elektronen und einer Stromdichte

$$\boldsymbol{v}_d = -\frac{1}{2}\frac{e\boldsymbol{E}}{m_e} 2\tau \,, \qquad \boldsymbol{J} = -n\,e\,\boldsymbol{v}_d \,, \tag{1.32}$$

wobei 2τ die mittlere Zeit zwischen zwei Stößen ist und n die Zahl der Leitungselektronen pro Volumeneinheit. Die Driftgeschwindigkeiten sind sehr gering, typische Werte sind $v_d < 1\,\mathrm{mm/s}$ in Kupfer.

Aus Gl. (1.32) folgt das Ohm'sche Gesetz

$$\boxed{\boldsymbol{J} = \sigma_{\text{spez}}\,\boldsymbol{E} \quad \text{mit} \quad \sigma_{\text{spez}} = \frac{ne^2\tau}{m_e} \,.} \tag{1.33}$$

Die spezifische elektrische Leitfähigkeit σ_{spez} ist ein Material-Parameter, der von der Temperatur abhängt.

Der Ohm'sche Widerstand eines Drahtes ist proportional zur Länge l des Drahtes und umgekehrt proportional zu seiner Querschnittsfläche a:

$$R = \frac{1}{\sigma_{\text{spez}}}\frac{l}{a} \,. \tag{1.34}$$

Die Stromstärke ist $I = |\boldsymbol{J}|\,a$, die über den Widerstand R abfallende Spannung ist $U = |\boldsymbol{E}|\,l$. Damit folgt aus (1.33) das Ohm'sche Gesetz in der aus Schulbüchern vertrauten Form

$$U = R\,I \,. \tag{1.35}$$

Die hier angedeutete Herleitung des Ohm'schen Gesetzes orientiert sich an der klassischen Theorie von Paul Drude. Die quantentheoretische Herleitung ist wesentlich komplizierter, man muss insbesondere das Pauli-Prinzip berücksichtigen. Sie führt aber zu der gleichen Formel (1.33) für die elektrische Leitfähigkeit.

Der Ohm'sche Widerstand entspricht der Reibung bei mechanischen Bewegungen. Diese Reibung wird durch Stöße erzeugt. Welches sind die Stoßpartner der Elektronen? Die naheliegende Vermutung ist, dass es sich dabei um die Ionen im Kristall handeln könnte. In Metallen bilden die Ionen eine dichteste Kugelpackung; klassisch gesehen sollte ein Elektron ständig mit den Ionen zusammenstoßen und eine mittlere freie Weglänge haben, die ungefähr gleich der Gitterkonstanten von ca. 0,4 nm ist. Experimentell findet man jedoch bei sehr reinen Cu-Kristallen und bei tiefen Temperaturen mittlere freie Weglängen, die bis zu 10^6 Gitterkonstanten betragen können. Dies ist im klassischen Teilchenbild des Elektrons völlig unverständlich. Die Quantenmechanik kann diese Beobachtung erklären. In einem exakt periodischen Potential breitet sich eine Welle ohne jede Behinderung aus, es gibt keinen Widerstand. Man lernt daraus, dass die periodisch angeordneten Ionen nicht als Stoßpartner in Frage kommen. Stöße werden verursacht durch:

a) Fremdatome und Fehlstellen im Kristallgitter,
b) thermische Schwingungen der Ionen.

Bei sehr tiefen Temperaturen ($T < 30\,\mathrm{K}$) dominieren die Fremdatome und Fehlstellen und bewirken den sog. „Restwiderstand" des Metalls. Bei höheren Temperaturen werden die thermischen Schwingungen zunehmend wichtiger und rufen einen Widerstand hervor, der linear mit T anwächst. Der Widerstand von Kupferdrähten ist bei Raumtemperatur etwa 30-mal höher als bei kryogenischen Temperaturen.

1.8.2 Wechselstrom, Impedanz, Leistung

Wenn ein Gleichstrom I durch einen Widerstand R fließt, wird elektrische Energie in Wärme umgewandelt. Die elektrische Leistung ist

$$P_{\mathrm{el}} = U\,I = R\,I^2\,. \tag{1.36}$$

Bei Wechselstrom ist es komplizierter. Mit $I(t) = I_0 \cos\omega t$ und $U(t) = R\,I(t)$ wird die Leistung $P_{\mathrm{el}}(t) = R\,I_0^2 \cos^2\omega t$. Von Interesse ist die über eine Periode gemittelte Leistung

$$\langle P_{\mathrm{el}}\rangle = \frac{1}{2}\,R\,I_0^2 = R\,I_{\mathrm{eff}}^2 = U_{\mathrm{eff}} I_{\mathrm{eff}} \quad \text{mit} \quad I_{\mathrm{eff}} = \frac{I_0}{\sqrt{2}}\,, \quad U_{\mathrm{eff}} = \frac{U_0}{\sqrt{2}}\,. \tag{1.37}$$

Die Effektivwerte von Spannung und Strom, U_{eff} und I_{eff}, kann man mit Multimetern messen, wenn man den Wahlschalter auf Wechselspannung bzw. Wechselstrom (alternating current AC) einstellt.

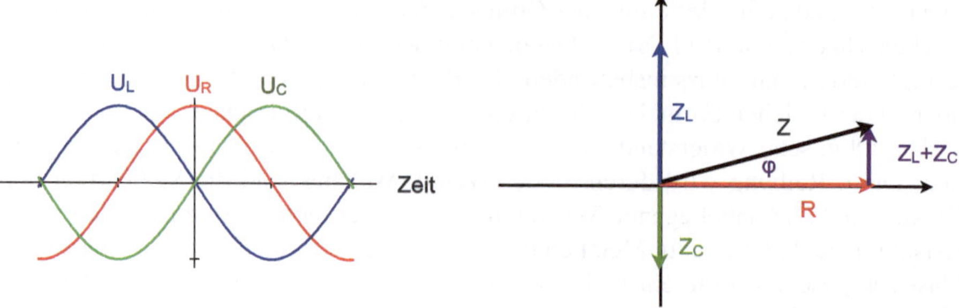

Abb. 1.10 *Links*: Zeitlicher Verlauf der Wechselspannungen an einem Ohm'schen Widerstand R, einer Induktivität L und einer Kapazität C. *Rechts*: Zeigerdarstellung der Impedanz einer Serienschaltung von R, L und C

In einem Ohm'schen Widerstand sind Strom und Spannung in Phase. In einer Induktivität oder Kapazität tritt eine Phasenverschiebung auf. Um diese zu erfassen, ist es zweckmäßig, den Strom durch die komplexe Exponentialfunktion darzustellen und anschließend den Realteil zu nehmen:

$$\tilde{I}(t) = I_0\,\mathrm{e}^{\mathrm{i}\omega t}\,, \qquad I(t) = \mathrm{Re}(\tilde{I}(t)) = I_0 \cos\omega t\,. \tag{1.38}$$

Die Verallgemeinerung des Widerstandes ist die komplexe Impedanz. Die Impedanzen einer Induktivität L und einer Kapazität C sind

$$\tilde{Z}_L = \mathrm{i}\omega L = \omega L\,\mathrm{e}^{\mathrm{i}\pi/2}\,, \qquad \tilde{Z}_C = \frac{-\mathrm{i}}{\omega C} = \frac{1}{\omega C}\,\mathrm{e}^{-\mathrm{i}\pi/2}\,. \tag{1.39}$$

Die Spannung ist gegen den Strom um $\pm\pi/2$ phasenverschoben, s. Abb. 1.10.

$$\begin{aligned}
\tilde{U}_L(t) &= \tilde{Z}_L\,\tilde{I}(t)\,,\ U_L(t) = \mathrm{Re}(\tilde{U}_L(t)) = \omega L I_0 \cos(\omega t + \pi/2) = -\omega L I_0 \sin\omega t\,,\\
\tilde{U}_C(t) &= \tilde{Z}_C\,\tilde{I}(t)\,,\ U_C(t) = \mathrm{Re}(\tilde{U}_C(t)) = \frac{I_0}{\omega C}\sin\omega t\,.
\end{aligned} \tag{1.40}$$

Daraus folgt, dass die über eine Periode gemittelte Leistung verschwindet, man spricht hier von *Blindleistung*. Wir zeigen dies für eine induktive Impedanz, bei der kapazitiven ist es analog.

$$P_L(t) = U_L(t)\,I(t) \sim \sin\omega t\,\cos\omega t\,, \qquad \langle\sin\omega t\,\cos\omega t\rangle = 0{,}5\,\langle\sin 2\omega t\rangle = 0\,.$$

Wenn man aus Ohm'schen Widerständen, Induktivitäten und Kapazitäten Schaltungen zusammenlötet, hat die Impedanz einen Real- und einen Imaginärteil:

$$\tilde{Z} = \mathrm{Re}(\tilde{Z}) + \mathrm{i}\,\mathrm{Im}(\tilde{Z}) = Z\,\mathrm{e}^{\mathrm{i}\varphi} \quad \text{mit} \quad Z = |\tilde{Z}| \quad \text{und} \quad \cos\varphi = \mathrm{Re}(\tilde{Z})/Z\,. \tag{1.41}$$

Die Spannung ist

$$\tilde{U}(t) = \tilde{Z}\,\tilde{I}(t)\,, \qquad U(t) = \mathrm{Re}(\tilde{U}(t)) = Z\,I_0\,\cos(\omega t + \varphi)\,.$$

Die über eine Periode gemittelte Leistung nennt man die *Wirkleistung*. Dafür muss man beim Elektrizitätswerk bezahlen.

$$P(t) = U(t)\, I(t) = Z\, I_0^2\, (\cos^2 \omega t\ \cos\varphi - \sin\omega t\ \cos\omega t\ \sin\varphi)\ ,$$
$$P_{\text{wirk}} \equiv \langle P(t) \rangle = \frac{1}{2}\, Z\, I_0^2\ \cos\varphi\ . \quad (1.42)$$

Beispiele werden in den Aufgaben diskutiert.

1.9 Beispiele und didaktische Anmerkungen

1.9.1 Vergleich elektrischer und mechanischer Größen

Batterie und Pumpspeicherwerk

Das Wasserbecken des Pumpspeicherwerks befindet sich in einer Höhe h über der Turbine. Zur Vereinfachung nehmen wir an, dass die Füllhöhe im Vorratsbecken klein im Vergleich zu h ist. Eine Wassermenge der Masse m strömt durch das Fallrohr zur Turbine und gewinnt dabei die kinetische Energie $E_{\text{kin}} = m \cdot gh$. Bei einer idealen Turbine wird die mechanische Leistung zu 100 % in elektrische Leistung umgesetzt

$$P_{\text{mech}} = \dot{m} \cdot gh \simeq P_{\text{el}} = I \cdot U\ .$$

Dabei entspricht der Massenstrom $\dot{m} = dm/dt$ dem elektrischen Strom $I = \dot{Q}$, und das Produkt $g\, h$ von Höhe und Erdbeschleunigung entspricht der elektrischen Spannung U.

Kondensator und Wassertank

Der Unterschied zum vorherigen Beispiel ist hier, dass der untere Rand des Tanks sich auf dem Erdboden befindet. Wenn der Tank bereits bis zu einer Höhe h' gefüllt ist, muss man die Arbeit $\Delta W = gh'\Delta m$ leisten, wenn eine Wasserschicht der Masse $\Delta m = \rho_m a \Delta h'$ hinzugefügt werden soll (ρ_m ist die Massendichte des Wassers und a die Querschnittsfläche des Tanks). Den Energieinhalt des bis zur Höhe h gefüllten Wassertanks findet man durch Integration

$$W_{\text{tank}} = g\rho_m a \int_0^h h' dh' = g\rho_m a\, h^2/2 = \frac{1}{2}\, m \cdot g\, h\ .$$

Dabei ist $m = \rho_m a h$ die Gesamtmasse des Wassers. Vergleichen wir diesen Ausdruck mit der Formel

$$W_{\text{el}} = \frac{1}{2}\, QU$$

für den Energieinhalt eines aufgeladenen Kondensators, so sehen wir, dass die Masse m des Wassers im Tank der elektrischen Ladung Q im Kondensator entspricht, und dass die Füllhöhe h, multipliziert mit der Erdbeschleunigung g, der elektrischen Spannung U entspricht.

Elektrischer Schwingkreis und Federpendel

Schaltet man einen Kondensator und eine Spule zusammen und lädt den Kondensator auf, so kommt es zu elektrischen Schwingungen. Schwingkreise spielen in der Radio- und Fernsehtechnik eine zentrale Rolle. Es gibt eine Analogie zu mechanischen Schwingungen, wie sie etwa bei einer Masse m auftreten, die an einer Feder mit der Federkonstanten k hängt. Bei Vernachlässigung von Reibungseffekten gilt beim Federpendel der Energieerhaltungssatz:

$$E_{\text{kin}} + E_{\text{pot}} = \frac{m}{2}\,v^2 + \frac{k}{2}\,x^2 = \text{const}\,.$$

Wir differenzieren diesen Ausdruck nach der Zeit und schreiben $\dot{x} = dx/dt$, $\dot{v} = dv/dt$

$$m\,v\dot{v} + k\,x\,\dot{x} = 0\,.$$

Wegen $\dot{x} = v$ und $\ddot{x} = \dot{v}$ erhalten wir die Differentialgleichung einer harmonischen Schwingung

$$\ddot{x} + \omega^2\,x = 0 \quad \text{mit} \quad \omega = \sqrt{\frac{k}{m}}\,. \tag{1.43}$$

Im elektrischen Fall lautet der Energiesatz

$$W_{\text{mag}} + W_{\text{el}} = \frac{L}{2}\,I^2 + \frac{1}{2C}\,Q^2 = \text{const}\,,$$

und die Differentialgleichung des elektrischen Schwingkreises wird

$$\ddot{Q} + \omega_0^2\,Q = 0 \quad \text{mit} \quad \omega_0 = \frac{1}{\sqrt{LC}}\,. \tag{1.44}$$

Sie hat die allgemeine Lösung

$$Q(t) = c_1\cos(\omega_0 t) + c_2\sin(\omega_0 t)\,.$$

Dies ist eine ungedämpfte Schwingung mit der Eigenfrequenz $2\pi f_0 = \omega_0 = 1/\sqrt{LC}$. Berücksichtigt man den Ohm'schen Widerstand R der Spule und der Verbindungsdrähte, so wird die Schwingung gedämpft und klingt exponentiell ab. Die Lösung lautet dann

$$Q(t) = [c_1\cos(\omega t) + c_2\sin(\omega t)]\exp\left(-\frac{R}{2L}\,t\right) \tag{1.45}$$

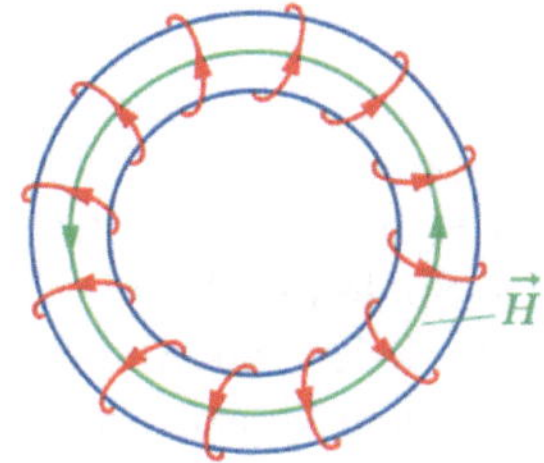

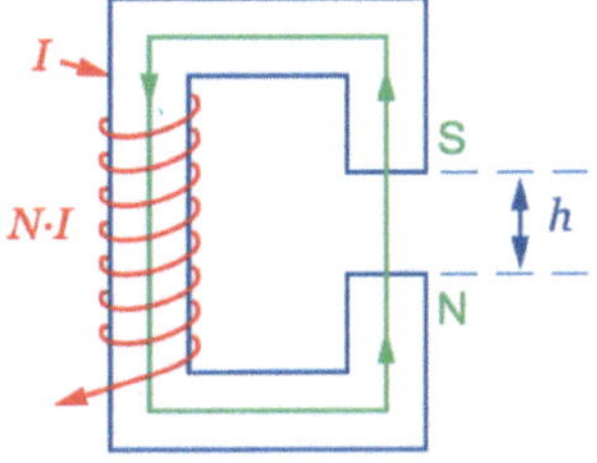

Abb. 1.11 *Links*: Toroidspule mit Eisenkern. *Rechts*: Schema eines Dipolmagneten für einen Kreisbeschleuniger

mit der Kreisfrequenz $\omega = \sqrt{\omega_0^2 - R^2/(4L^2)}$. Bei geringer Dämpfung bleibt die Frequenz unverändert, $\omega = \omega_0$.

Vergleichbare Größen Federpendel – Schwingkreis:

$$\begin{aligned}
\text{Position } x &\simeq \text{Ladung } Q \ , \\
\text{Geschwindigkeit } v &\simeq \text{Strom } I \ , \\
\text{träge Masse } m &\simeq \text{Induktivität } L \ , \\
\text{Federkonstante } k &\simeq \text{inverse Kapazität } 1/C \ , \\
\text{kinetische Energie } E_{\text{kin}} &\simeq \text{magnetische Feldenergie } W_{\text{mag}} \ , \\
\text{potentielle Energie } E_{\text{pot}} &\simeq \text{elektrische Feldenergie } W_{\text{el}} \ .
\end{aligned}$$

1.9.2 Feldberechnungen für Spulen und Elektromagnete

Toroidspule mit Eisenkern

Auf einen Eisenring mit dem mittleren Umfang ℓ werde eine Spule mit N Windungen gewickelt. Man nennt diese Anordnung eine Toroidspule, eine Skizze ist in Abb. 1.11 zu finden. Das magnetisierende Feld wird ausschließlich vom Spulenstrom I erzeugt. In der Spule ist H in guter Näherung konstant. Das Ringintegral des H-Feldes ist (s. Kap. 2)

$$\oint \boldsymbol{H} \cdot d\boldsymbol{s} = H\,\ell = N\,I \quad \Rightarrow \quad H = \frac{N\,I}{\ell} \ .$$

Das Magnetfeld wird

$$B = \frac{\mu_r \mu_0 N\,I}{\ell} \ . \tag{1.46}$$

Diese Gleichung gilt in guter Näherung auch für eine lange gerade Spule.

Dipolmagnet

Als zweites Beispiel berechnen wir das Feld eines Dipolmagneten in einem Kreisbeschleuniger. Das Eisenjoch hat einen Luftspalt der Höhe h, die Feldlinien stehen senkrecht auf den Polschuhen. Auf das Joch ist eine Spule mit N Windungen gewickelt. Das Ringintegral des erregenden Feldes hat wieder den Wert $\oint \boldsymbol{H} \cdot d\boldsymbol{s} = N\,I$, aber im Unterschied zur Toroidspule ist H nicht mehr konstant auf dem Integrationsweg. Wir zeigen in Kap. 2.7, dass die Normalkomponente von $\boldsymbol{B}$ stetig ist an der Grenzfläche zwischen Luft und Eisen. Daraus folgt

$$B_{\text{Eisen}} = B_{\text{Luft}} \,.$$

Für das H-Feld gilt demgemäß

$$H_{\text{Eisen}} = \frac{1}{\mu_r \mu_0} B_{\text{Eisen}} \ll H_{\text{Luft}} = \frac{1}{\mu_0} B_{\text{Luft}} \,.$$

Hier ist vorausgesetzt worden, dass die Permeabilität des Eisens sehr groß ist ($\mu_r \gg 1$). Wegen der Kleinheit von H_{Eisen} trägt der Weg im Eisen nur unwesentlich zum Ringintegral von H bei, und wir erhalten näherungsweise

$$\oint \boldsymbol{H} \cdot d\boldsymbol{s} \approx H_{\text{Luft}}\, h \,.$$

Das für die Ablenkung des Teilchenstrahls relevante Magnetfeld innerhalb des Luftspalts ist

$$B = \frac{\mu_0 N\, I}{h} \,. \tag{1.47}$$

Diese Gleichung ist auf etwa 1% genau, solange das Eisenjoch nicht in Sättigung geht.

Zusammenfassung

1. Die elektrische Kraft (Coulomb-Kraft) zwischen einem Proton und einem Elektron ist ca. 39 Zehnerpotenzen größer als die Gravitationskraft. Es gibt positive und negative Ladungen. Gleiche Ladungen stoßen sich ab, ungleiche ziehen sich an (im Unterschied zur Gravitation, die immer anziehend ist).
2. Bei neutralen Objekten (Atomen, Molekülen, makroskopischen Körpern) kompensieren sich die anziehenden und die abstoßenden Coulomb-Kräfte mit einer derartigen Perfektion, dass nur die attraktive Gravitationskraft wirksam bleibt.
3. Die elektrische Ladung bzw. der elektrische Strom sind keine mechanischen Größen und erfordern deswegen die Definition einer neuen, elektrischen Einheit. Diese Einheit ist das Coulomb [C] oder das Ampere [A]. Die elektrische Ladung ist quantisiert, die kleinste mögliche Ladung nennt man Elementarladung $e = 1{,}602 \cdot 10^{-19}$ C. Jede beobachtete Ladung ist ein ganzzahliges Vielfaches der Elementarladung.

4. Die Bausteine der Materie sind Protonen, Neutronen und Elektronen. Das Proton hat die Ladung $q_p = +e$, das Elektron hat $q_e = -e$, das Neutron ist elektrisch neutral. Dem Betrag nach sind Elektronladung und Protonladung exakt gleich, andernfalls hätten große materielle Körper wie die Erde eine Nettoladung und wären instabil.
5. In einem abgeschlossenen System bleibt die Gesamtladung erhalten, da die elementaren geladenen Bausteine der Materie, Elektronen und Protonen, erhalten bleiben und weder aus dem Nichts auftauchen noch einfach verschwinden.
6. Die elektrische Kraft zwischen zwei Punktladungen q_1 und q_2 ist

$$F_{\mathrm{el}} = \frac{q_1 q_2}{4\pi\varepsilon_0 r^2} \quad \text{mit} \quad \varepsilon_0 = 8{,}854 \cdot 10^{-12} \frac{\mathrm{A\,s}}{\mathrm{V\,m}} .$$

7. Die elektrische Feldstärke einer Punktladung Q im Ursprung des Koordinatensystems lautet

$$\boldsymbol{E} = \frac{Q}{4\pi\varepsilon_0 r^2} \cdot \hat{\boldsymbol{r}} .$$

8. Bei der Bewegung eines geladenen Teilchens in einem elektrischen Feld wird vom Feld eine Arbeit geleistet, die kinetische Energie des Teilchens ändert sich:

$$\frac{m}{2} v_2^2 - \frac{m}{2} v_1^2 = e|\boldsymbol{E}|\, d = eU .$$

$U = |\boldsymbol{E}|\, d$ ist die elektrische Spannung, Einheit Volt [V].
9. Elektronen, Protonen und Neutronen besitzen magnetische Dipolmomente, d. h. sie verhalten sich wie kleine Stabmagnete. Magnetische Einzelpole (Monopole) existieren nicht.
10. Auf ein Teilchen der Ladung q und Geschwindigkeit $\boldsymbol{v}$ wirkt in einem Magnetfeld die Lorentz-Kraft

$$\boldsymbol{F}_{\mathrm{Lor}} = q\, \boldsymbol{v} \times \boldsymbol{B} .$$

Die Lorentz-Kraft leistet keine Arbeit, weil sie senkrecht zur Geschwindigkeit des Teilchens wirkt.
11. In einem inhomogenen Magnetfeld wird auf einen magnetischen Dipol eine Kraft ausgeübt, die zu einer Bewegung in Feldrichtung und einer Arbeitsleistung des Feldes führt.
12. Um elektrische Effekte in Materie zu erfassen, benötigt man zwei Felder, $\boldsymbol{E}$ und $\boldsymbol{D}$. Die Verschiebungsdichte ist $\boldsymbol{D} = \varepsilon_0 \boldsymbol{E} + \boldsymbol{P}$ mit der dielektrischen Polarisation $\boldsymbol{P}$. In linearen Medien gilt $\boldsymbol{P} = \chi_e \boldsymbol{E}$ und $\boldsymbol{D} = \varepsilon_0 \varepsilon_r \boldsymbol{E}$. $\varepsilon_r = 1 + \chi_e$ ist die relative Permittivität (relative Dielektrizitätskonstante) des Materials.
13. Um magnetische Effekte in Materie zu erfassen, benötigt man zwei Felder, das Magnetfeld $\boldsymbol{B}$ und das magnetisierende Feld $\boldsymbol{H}$. Der generell gültige Zusammenhang ist $\boldsymbol{B} = \mu_0(\boldsymbol{H} + \boldsymbol{M})$ mit der Magnetisierung $\boldsymbol{M}$. In linearen Medien, z. B. dia- oder paramagnetischen Substanzen, ist $\boldsymbol{M} = \chi_m \boldsymbol{H}$, und es gilt

$\boldsymbol{B} = \mu_0 \mu_r \boldsymbol{H}$ mit der relativen Permeabilität $\mu_r = 1 + \chi_m$. Bei Permanentmagneten muss man die Gleichung $\boldsymbol{B} = \mu_0 \boldsymbol{M}$ anwenden.

14. Die Energiedichten des elektrischen und magnetischen Feldes sind

$$w_{\text{el}} = \frac{1}{2}(\boldsymbol{E} \cdot \boldsymbol{D}) = \frac{1}{2}\varepsilon_r \varepsilon_0 \boldsymbol{E}^2 , \quad w_{\text{mag}} = \frac{1}{2}(\boldsymbol{H} \cdot \boldsymbol{B}) = \frac{1}{2\mu_r \mu_0}\boldsymbol{B}^2 .$$

15. Die physikalisch bedeutsamen Felder sind $\boldsymbol{E}$ und $\boldsymbol{B}$. Die Hilfsfelder $\boldsymbol{D}$ und $\boldsymbol{H}$ werden eingeführt, um elektrische und magnetische Effekte in Materie zu erfassen. Das Magnetfeld $\boldsymbol{B}$ ist wichtiger als das magnetisierende Feld $\boldsymbol{H}$:

    (1) Die Lorentz-Kraft enthält das B-Feld und nicht das H-Feld.
    (2) Permanentmagnete erzeugen ein B-Feld, aber kein H-Feld.
    (3) Bei einer Lorentztransformation der Relativitätstheorie werden $\boldsymbol{E}$ und $\boldsymbol{B}$ gemeinsam transformiert.

16. Das Ohm'sche Gesetz lautet in vektorieller Form $\boldsymbol{J} = \sigma_{\text{spez}} \boldsymbol{E}$ mit der spezifischen Leitfähigkeit $\sigma_{\text{spez}} = (ne^2\tau)/m_e$. Die einfachere Form ist $U = RI$.
17. Bei Wechselströmen muss man mit der komplexen Impedanz rechnen: $\tilde{Z} = Z\,\mathrm{e}^{\mathrm{i}\varphi}$ mit $Z = |\tilde{Z}|$ und $\cos\varphi = \mathrm{Re}(\tilde{Z})/Z$. Die Wirkleistung ist

$$P_{\text{wirk}} = \frac{1}{2} Z\, I_0^2 \cos\varphi .$$

Aufgaben

1.1) Was würde passieren, wenn die Ladungen von Elektron und Proton nicht exakt den gleichen Betrag hätten? Die Ladung des Elektrons sei $q_e = -e$, die des Protons sei $q_p = +e\,(1 - \delta)$ mit $\delta = 10^{-6}$. Berechne die zwischen zwei Stahlkugeln von 5 mm Durchmesser wirkende Kraft bei einem Abstand $d = 1$ m. Die umgebende Materie soll bei diesem „Gedankenexperiment" ignoriert werden.

1.2) In zwei langen parallelen Leitern, die einen Abstand von 8 cm haben, fließen Ströme von jeweils 10 000 A in entgegengesetzter Richtung. Berechne die Kraft pro Meter Länge, die auf die Leiter wirken. Ist die Kraft anziehend oder abstoßend?

1.3) Das Eisenatom hat die Elektronenkonfiguration $1s^2 2s^2 2p^6 3s^2 3p^6 3d^6 4s^2$. Von den sechs Elektronen in der 3d-Schale haben zwei eine parallele Spineinstellung, alle übrigen 24 Elektronen sind paarweise antiparallel ausgerichtet. Berechne die Sättigungsmagnetisierung M_{sat} von Eisen und das zugehörige Feld $B_{\text{sat}} = \mu_0 M_{\text{sat}}$.

1.4) Bei der Serienschaltung von zwei Ohm'schen Widerständen R_1 und $R_2 \geq R_1$ addieren sich die Widerstände, bei der Parallelschaltung addieren sich die Leitwerte (die inversen Widerstände), und der Widerstand wird kleiner als R_1. Das ist unmittelbar einleuchtend. Für die Serien- und Parallelschaltung von L und C findet man dagegen merkwürdige Resultate: bei einer bestimmten Frequenz (welche ist das?) geht die Impedanz der Serienschaltung gegen null, und die Impedanz der Parallelschaltung geht gegen unendlich. Wie kommt das?

1.5) Für Dreiphasen-Wechselstrom (Drehstrom) benötigt man fünfadrige Kabel. Es gibt drei Spannungen (Bezeichnung R, S, T), die jeweils um 120° gegeneinander phasenverschoben sind; der Farbcode im Kabel ist schwarz, braun und grau. Der Null-Leiter 0 (Farbe blau) ist spannungsfrei, falls kein Strom fließt. Der Schutzkontaktleiter (Farbe grün-gelb) muss unter allen Umständen frei von Strom und Spannung sein. Ein Verbraucher (Glühlampe, Bügeleisen) wird zwischen einem der Spannungsleiter und dem Null-Leiter betrieben, die Effektivspannung ist 230 V.

a) Wenn man drei gleiche Lastwiderstände an R und 0, an S und 0 sowie an T und 0 anschließt, so fließt kein Strom im Null-Leiter. Beweis?
b) Elektroherde werden generell mit Dreiphasen-Wechselstrom betrieben, wobei man die verschiedenen Kochplatten und den Backofen möglichst gleichmäßig auf die drei Phasen verteilt. Ein Heimwerker installiert seinen Herd selbst und schließt eine Kochplatte versehentlich zwischen R und S an. Was passiert in dem Fall?

1.6) Betrachtet wird die Serienschaltung von R, L und C. Wenn man Anfangs- und Endpunkt verbindet, ist dies ein Serienschwingkreis.

a) Wie lautet die Differentialgleichung und ihre Lösung?
b) Die Induktivität sei $L = 1\,\mathrm{mH}$. Welchen Wert muss die Kapazität haben, damit die Resonanzfrequenz $f_0 = \omega_0/(2\pi) = 50\,\mathrm{kHz}$ wird?
c) Zum Zeitpunkt $t = 0$ wird der Kondensator mit einer Ladung Q_0 geladen, der Strom im Kreis sei null. Welchen Wert muss der Widerstand R haben, damit die Amplitude der gedämpften Schwingung nach 100 Oszillationen auf 0,37 Q_0 abgeklungen ist?

1.7) Höchstleistungs-Kondensatoren (ultra capacitors) haben außergewöhnlich hohe Kapazitäten von bis zu 6000 F. Für Hybridfahrzeuge wird ein Kondensator mit $C = 500\,\mathrm{F}$ angeboten, der eine Nennspannung $U_0 = 16\,\mathrm{V}$ hat und mit einem Strom von 2000 A aufgeladen oder entladen werden darf.

a) Auf welche Geschwindigkeit könnte ein Auto der Masse $m = 1000\,\mathrm{kg}$ mit der im Kondensator speicherbaren Energie beschleunigt werden? Beim Abbremsen des Autos würde man die kinetische Energie zum Wiederaufladen des Kondensators benutzen.
b) Der aufgeladene Kondensator wird durch Schließen eines Schalters über einen Widerstand R entladen, wobei der Anfangsstrom $I_0 = 1000\,\mathrm{A}$ beträgt. Berechne den zeitlichen Verlauf des Stromes $I(t)$. Wo bleibt die im Kondensator gespeicherte Energie? (Quantitative Rechnung).

1.8) Ein großer supraleitender Dipolmagnet des Protonen-Beschleunigers HERA in Hamburg hat eine Induktivität $L = 60\,\mathrm{mH}$ und einen Nennstrom von $I_0 = 6000\,\mathrm{A}$.

a) Berechne die gespeicherte magnetische Energie W_{mag}.
b) Die Masse des Magneten beträgt 10 t. Aus welcher Höhe müsste man den Magneten von einem Kran herunterfallen lassen, damit seine kinetische Energie gleich W_{mag} wird?
c) Berechne die auftretende Induktionsspannung, wenn der Strom durch einen technischen Fehler innerhalb einer Millisekunde auf null absinkt. Diese Zahlen illustrieren die enorme Zerstörungskraft, die in großen Magnetfeldern steckt.

1.9) Im HERA-Beschleuniger werden 52 Dipolmagnete in Serie geschaltet. Im Fall eines „Quenches" (dem sprunghaften Übergang von der Supraleitung zur Normalleitung) muss der Strom $I_0 = 6000\,\mathrm{A}$ in 0,5 s auf 0,01 I_0 heruntergefahren werden, um ein Durchbrennen der Spulen zu verhindern. Das geschieht dadurch, dass man die Magnetkette über einen Thyristorschalter mit einem Entladewiderstand R verbindet. Welchen Wert muss R haben und wie lautet die Zeitabhängigkeit $I(t)$ des Stroms?

1.10) Auf einen Eisenring ($\mu_r = 1000$) von $\ell = 20\,\mathrm{cm}$ Umfang und $a = 1\,\mathrm{cm}^2$ Querschnitt wird eine Spule mit $N = 100$ Windungen gewickelt, durch die ein Strom $I = 2\,\mathrm{A}$ fließt. Berechne das Feld B, die Induktivität L und die Energie $W = L\,I^2/2$. Zeige, dass W gleich der im Feld gespeicherten Energie ist.

Kapitel 2
Zeitlich konstante elektrische und magnetische Felder

Wir beginnen jetzt mit der systematischen Darstellung der theoretischen Elektrodynamik, wobei gewisse Überschneidungen mit dem einführenden Kap. 1 unvermeidlich sind. Im Kap. 2 wird die Elektro- und Magnetostatik behandelt, wir beschränken uns hier auf zeitlich konstante Felder. Die Resultate gelten für Vakuum und in sehr guter Näherung auch für Luft. Im Abschn. 2.7 werden die Randbedingungen beim Übergang von einem Medium in ein anderes behandelt. Die erforderlichen mathematischen Begriffe und Methoden sind in Anhang A zu finden.

2.1 Elektrisches Feld und elektrisches Potential

2.1.1 Das Konzept des elektrischen Feldes

In Kap. 1.3 haben wir eine Anordnung räumlich getrennter Ladungen mit dem Sonnensystem verglichen: die Ladung $Q > 0$ im Ursprung des Koordinatensystems entspricht der Sonne, und eine Testladung q im Abstand r entspricht einem Planeten. Diese Analogie ist naheliegend, weil die Gravitationskraft und die Coulomb-Kraft die gleiche mathematische Struktur haben: beide zeigen ein $1/r^2$-Verhalten, und bei beiden ist die Kraft proportional zum Produkt charakteristischer Parameter der beiden Objekte, der Massen im Fall der Gravitation und der Ladungen im Fall der elektrischen Kraft.

Die Gravitationskraft zwischen den Himmelskörpern wurde von Isaac Newton als *instantane* Kraft interpretiert: egal wie weit die Körper voneinander entfernt sind, die Kraft zwischen ihnen sollte instantan (ohne Verzögerung) auf eine Veränderung des Abstandes reagieren. Dieses Verhalten wurde als Fernwirkung (*action at a distance*) bezeichnet und war ein schwer verständlicher Aspekt der Newton'schen Gravitationstheorie, den er heftig gegen Einwände seiner Zeitgenossen verteidigen musste. Newton brauchte diese instantane Fernwirkung, weil bei einer zeitlichen Verzögerung der Wirkung sein drittes Gesetz (*actio* $=$ *reactio*) verletzt gewesen wäre.

P. Schmüser, *Theoretische Physik für Studierende des Lehramts 2*,
DOI 10.1007/978-3-642-25395-9_2, © Springer-Verlag Berlin Heidelberg 2013

Der Newton'schen Interpretation folgend könnte man das Prinzip der Fernwirkung auch auf die Coulomb-Kraft übertragen. Im 19. Jahrhundert wurde mit dem Begriff des *elektrischen Feldes* ein neues Konzept entwickelt. Die auf die Testladung q wirkende Kraft wird in der Form

$$\boldsymbol{F}_{\text{el}} = q \cdot \frac{Q}{4\pi\varepsilon_0 r^2} \cdot \hat{\boldsymbol{r}} = q\,\boldsymbol{E} \tag{2.1}$$

geschrieben, und damit wird die elektrische Feldstärke als die Kraft pro Ladungseinheit definiert:

$$\boldsymbol{E} = \frac{\boldsymbol{F}_{\text{el}}}{q} . \tag{2.2}$$

Auf diese Weise wird man unabhängig von der Größe und dem Vorzeichen der Testladung. Die Ladung Q erzeugt das elektrische Feld

$$\boxed{\boldsymbol{E} = \frac{Q}{4\pi\varepsilon_0 r^2} \cdot \hat{\boldsymbol{r}} ,} \tag{2.3}$$

und es ist dieses Feld, welches die Kraft auf die Testladung q ausübt. Mit anderen Worten: die Kraft auf die Testladung q wird nicht unmittelbar von der Ladung Q selbst ausgeübt, sondern vom elektrischen Feld am Ort der Testladung, und dieses Feld wiederum wird von der Ladung Q erzeugt.

Solange man es mit ruhenden Ladungen zu tun hat, sind die Newton'sche Fernwirkungstheorie und die Feldinterpretation äquivalent, und es gibt keine Experimente, die zugunsten der einen oder der anderen Deutung entscheiden könnten. Das Konzept des Feldes erweist sich jedoch als unumgänglich, sobald man zeitabhängige Vorgänge beschreiben möchte. Das Feld breitet sich nämlich mit einer endlichen Geschwindigkeit im Raum aus, der Lichtgeschwindigkeit $c = 2{,}9979 \cdot 10^8\,\text{m/s}$. Wenn man die Ladung Q schnell bewegt, so wird die Testladung q die Änderung der Position von Q nicht sofort spüren, sondern erst nach einer Verzögerungszeit $t = r/c$, die die Feldänderung benötigt, um von der Ladung Q zur Ladung q zu gelangen. Das Bild der Fernwirkung versagt völlig bei der Beschreibung zeitabhängiger Vorgänge, z. B. bei der Abstrahlung eines Hertz'schen Dipols.

Es ist interessant anzumerken, dass das dritte Newton'sche Gesetz in der Feldtheorie dadurch „gerettet" wird, dass das Feld selbst Energie und Impuls trägt. Die von einer beschleunigten Ladung Q ausgesandte elektromagnetische Welle besteht aus Photonen. Bei der Emission eines Photons wird auf die Ladung Q ein Rückstoßimpuls (recoil momentum) übertragen, und der Gesamtimpuls bleibt erhalten:

$$\boldsymbol{p}_{\text{recoil}} = -\boldsymbol{p}_{\text{photon}} , \quad \boldsymbol{p}_{\text{recoil}} + \boldsymbol{p}_{\text{photon}} = 0 . \tag{2.4}$$

Das Gleiche gilt für die Absorption des Photons durch die Ladung q. Dies ist eine sehr wichtige Erkenntnis: das dritte Newton-Gesetz *actio* = *reactio* (gleichbedeutend mit dem Impulserhaltungssatz) gilt *lokal* und nicht nur *global* als Konsequenz einer geheimnisvollen Fernwirkung. Die lokale Natur der Erhaltungssätze für Energie und Impuls ist für die Feynman-Graphen der Elementarteilchenphysik von großer Bedeutung, s. Kap. 8.4.2.

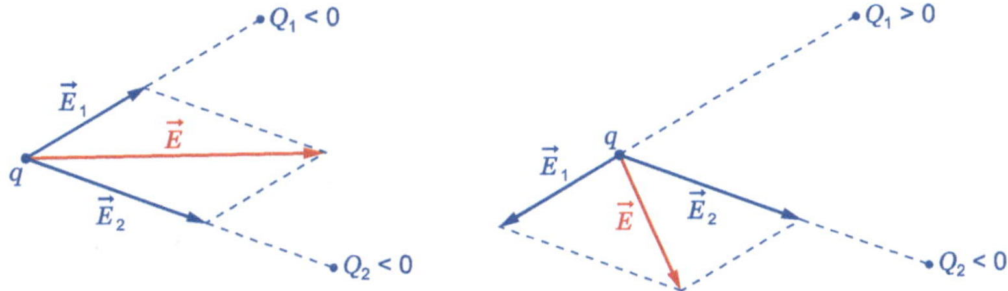

Abb. 2.1 Die von zwei Ladungen Q_1 und Q_2 erzeugten Felder werden vektoriell addiert

2.1.2 Das Superpositionsprinzip

In der Mechanik kennen wir die vektorielle Addition von Kräften. Die Erfahrung zeigt, dass dies Prinzip auf elektrische Kräfte und Felder übertragen werden darf. Gegeben seien also n Punktladungen $Q_1, Q_2, \ldots Q_n$, die sich an den Orten $\boldsymbol{r}_1, \boldsymbol{r}_2 \ldots \boldsymbol{r}_n$ befinden. Das resultierende elektrische Feld an einem Ort $\boldsymbol{r}$ berechnet man durch vektorielle Addition der Einzelfelder (s. Abb. 2.1)

$$\boldsymbol{E}(\boldsymbol{r}) = \sum_{j=1}^{n} \boldsymbol{E}_j(\boldsymbol{r}) = \sum_{j=1}^{n} \frac{Q_j}{4\pi\varepsilon_0} \frac{\boldsymbol{r} - \boldsymbol{r}_j}{\left|\boldsymbol{r} - \boldsymbol{r}_j\right|^3} . \tag{2.5}$$

Die lineare Superposition ist in den meisten Fällen auch für elektrische Felder in Isolatoren gültig. Eine Ausnahme sind nichtlineare Medien, in denen die Permittivität ε_r eine Funktion des angelegten elektrischen Feldes ist. Dort bricht die lineare Superposition zusammen. In einem nichtlinearen Kristall kann durch Überlagerung von zwei elektromagnetischen Wellen unterschiedlicher Frequenzen ω_1 und ω_2 eine neue Welle mit der Summen- oder Differenzfrequenz $\omega_1 \pm \omega_2$ erzeugt werden. Dies ist in der Lasertechnologie von großer Bedeutung, man kann beispielsweise die Frequenz eines Lasers verdoppeln.

2.1.3 Elektrostatische Kräfte sind konservativ

In der Mechanik spielen *konservative Kräfte* eine wichtige Rolle. Eine Kraft wird konservativ genannt, wenn das Linienintegral der Kraft zwischen zwei Punkten im Raum unabhängig vom Verlauf des Integrationsweges zwischen diesen Punkten ist. Es ist dann möglich, eine potentielle Energie zu definieren, und für die Summe von kinetischer und potentieller Energie gilt ein Erhaltungssatz:

$$E_{\text{kin}} + E_{\text{pot}} = \text{const} . \tag{2.6}$$

Die Erhaltung der gesamten mechanischen Energie ist die Motivation für die Bezeichnung „konservativ".

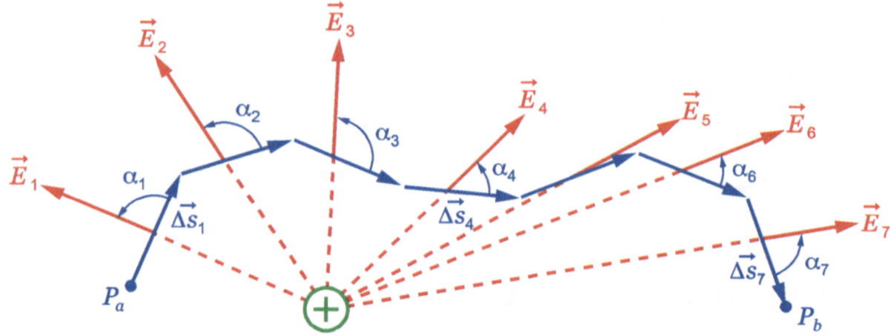

Abb. 2.2 Das Linienintegral des elektrischen Feldes einer Punktladung von einem Anfangspunkt P_a zu einem Endpunkt P_b. Ein beliebig geformter Weg lässt sich durch ein Polygon mit vielen kleinen Streckenabschnitten der Länge Δs approximieren. Auf der Teilstrecke j gilt $\boldsymbol{E}_j \cdot \Delta \boldsymbol{s}_j = |\boldsymbol{E}_j|\, \Delta s \cos \alpha_j$

Ein bekanntes Beispiel einer konservativen Kraft ist die Schwerkraft, die die Erde auf eine Masse m ausübt. Hebt ein Kran die Masse um die Höhe h an, so leistet er dabei die Arbeit $W = mgh$. Zieht man andererseits die Masse reibungsfrei eine schiefe Ebene mit Neigungswinkel α hinauf, so ist die Tangentialkomponente der Schwerkraft in Richtung des Weges $F_t = -mg \sin \alpha$, die Länge des Weges ist $s = h/\sin \alpha$, und die gegen die Tangentialkraft geleistete Arbeit $W = -F_t\, s$ hat wieder den Wert $W = mgh$. An diesem Beispiel erkennen wir das oben genannte Kriterium, welches eine konservative Kraft zu erfüllen hat: die geleistete Arbeit darf nicht vom Verlauf des Weges zwischen Anfangs- und Endpunkt abhängen.

Unser Ziel ist zu beweisen, dass elektrostatische Kräfte diesem Kriterium genügen. Bewegt man eine Ladung q in einem elektrischen Feld $\boldsymbol{E}(\boldsymbol{r})$ auf einer vorgewählten Raumkurve von einem Anfangspunkt $P_a = (x_a, y_a, z_a)$ zu einem Endpunkt $P_b = (x_b, y_b, z_b)$, so muss man die Arbeit

$$W = -q \int_{\boldsymbol{r}_a}^{\boldsymbol{r}_b} \boldsymbol{E} \cdot d\boldsymbol{s} = -q \lim_{\Delta s \to 0} \sum_j |\boldsymbol{E}_j| \cos \alpha_j\, \Delta s \tag{2.7}$$

aufwenden. Bei dem Linienintegral ist zu beachten, dass es auf die Komponente des elektrischen Feldvektors in Richtung des gewählten Weges ankommt. Mathematisch wird dies durch das Skalarprodukt $(\boldsymbol{E} \cdot d\boldsymbol{s})$ erfasst. Zur numerischen Berechnung wird die Wegkurve durch ein Polygon mit vielen kleinen Teilstrecken der Länge Δs approximiert (eine Illustration wird in Abb. 2.2 gezeigt). Auf jeder Teilstrecke ist $\boldsymbol{E}_j \cdot \Delta \boldsymbol{s}_j = |\boldsymbol{E}_j| \cos \alpha_j\, \Delta s$, wobei α_j der Winkel zwischen dem Feldvektor $\boldsymbol{E}_j$ und dem Vektor $\Delta \boldsymbol{s}_j$ ist. Man berechnet also die Tangentialkomponenten des Feldvektors entlang der Teilstrecken und summiert diese auf. Zum Schluss wird der Grenzwert $\Delta s \to 0$ gebildet. Für ein allgemeines elektrisches Feld sieht dies alles sehr kompliziert aus, wir werden aber eine Methode finden, das Problem wesentlich zu vereinfachen.

Statische Felder sind dadurch charakterisiert, dass die Feldlinien bei positiven Ladungen beginnen und bei negativen Ladungen enden. Wirbelfelder mit in sich

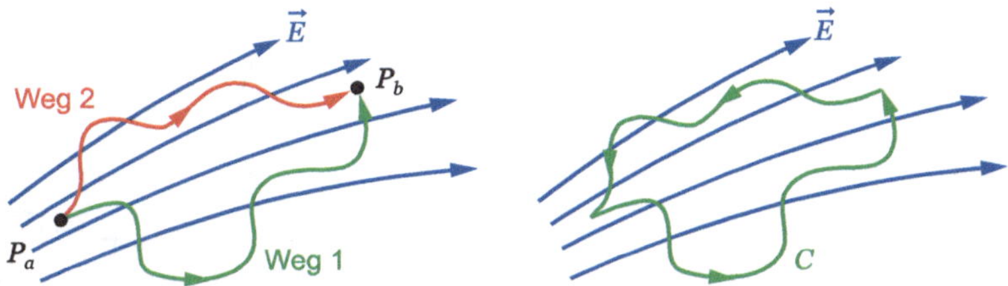

Abb. 2.3 *Links*: Zwei mögliche Wege vom Punkt P_a zum Punkt P_b. *Rechts*: Wenn man Weg 1 vorwärts durchläuft und Weg 2 rückwärts, so ergibt sich eine geschlossene Kurve C. Ein statisches elektrisches Feld ist wirbelfrei, und das Ringintegral über diese geschlossene Kurve ist null. Daraus folgt, dass das Linienintegral der elektrischen Feldstärke den gleichen Wert haben muss für Weg 1 und Weg 2

geschlossenen Feldlinien treten in der Elektrostatik nicht auf. Wirbelfreiheit im mathematischen Sinn bedeutet: das Ringintegral der Feldstärke über eine beliebige geschlossene Kurve C ist immer identisch null:

$$\oint_C \boldsymbol{E} \cdot d\boldsymbol{s} \equiv 0 \,. \tag{2.8}$$

Wir beweisen diese Gleichung im nächsten Abschnitt. Es folgt daraus unmittelbar, dass das Linienintegral von einem Anfangspunkt P_a zu einem Endpunkt P_b unabhängig vom Weg zwischen diesen Punkten ist, s. Abb. 2.3.

$$\int_{\mathrm{W}_1} \boldsymbol{E} \cdot d\boldsymbol{s} = \int_{\mathrm{W}_2} \boldsymbol{E} \cdot d\boldsymbol{s} \,. \tag{2.9}$$

1. Schritt: das Feld einer Punktladung ist wirbelfrei

Wir wollen zeigen, dass das Ringintegral (2.8) des Feldes einer Punktladung verschwindet. Die Feldlinien einer Punktladung $Q > 0$ zeigen radial nach außen. Daher bietet es sich an, zunächst Wege zu betrachten, die aus Kreisbögen bestehen (dort steht das Feld senkrecht auf dem Weg, und es ist $\boldsymbol{E} \cdot d\boldsymbol{s} = 0$) sowie aus radialen Strecken (dort ist das Feld parallel oder antiparallel zum Weg und $\boldsymbol{E} \cdot d\boldsymbol{s} = \pm E(r)dr$). Im linken Teil der Abb. 2.4 werden zwei dieser Wege gezeigt, die von einem Punkt P_a zu einem Punkt P_b führen. Auf dem ersten Weg W_1 wandert man zunächst auf einem Kreisbogen mit Radius r_a und dann radial nach außen von r_a nach r_b. Es gilt

$$\int_{\mathrm{W}_1} \boldsymbol{E} \cdot d\boldsymbol{s} = \int_{r_a}^{r_b} E(r)dr \,.$$

Der zweite Weg W_2 hat eine Art Sägezahnstruktur und besteht aus einer abwechselnden Folge von kurzen Kreisbögen und radialen Abschnitten. Man sieht leicht, dass nur die radialen Abschnitte beitragen und das Linienintegral wie folgt berech-

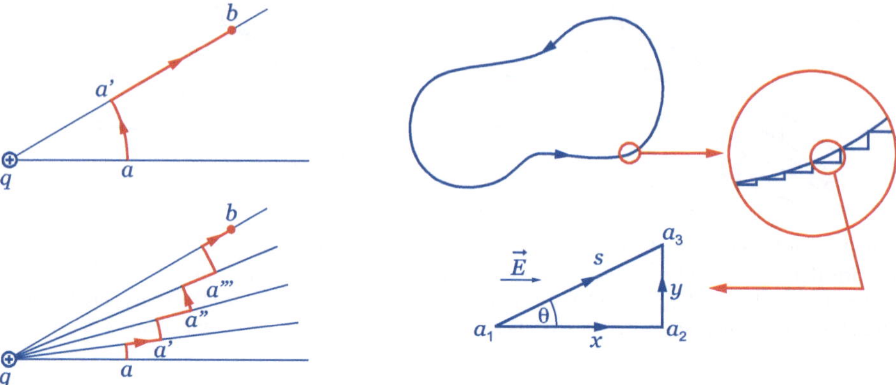

Abb. 2.4 *Links*: Zwei Wege vom Punkt a zum Punkt b, die aus Kreisbögen und radialen Abschnitten bestehen. *Rechts*: eine glatte geschlossene Kurve und ihre Approximation durch eine „Sägezahn-Kurve", bestehend aus vielen sehr kurzen Kreisbögen und radialen Abschnitten. Eine vergrößerte Darstellung eines „Sägezahns" wird gezeigt

net wird

$$\begin{aligned}\int_{W_2} \boldsymbol{E}\cdot d\boldsymbol{s} &= \int_{r_a}^{r'} E(r)dr + \int_{r'}^{r''} E(r)dr + \int_{r''}^{r'''} E(r)dr + \int_{r'''}^{r_b} E(r)dr\\ &= \int_{r_a}^{r_b} E(r)dr \quad (\text{mit} \quad r' = r_{a'}\ ,\ r'' = r_{a''}\ ,\ r''' = r_{a'''})\ .\end{aligned}$$

Die beiden Linienintegrale sind identisch. Wenn man Weg 1 vorwärts und Weg 2 rückwärts durchläuft, ergibt sich eine geschlossene Kurve C, für die das Kriterium (2.8) erfüllt ist.

Nun betrachten wir eine in sich geschlossene glatte Bahnkurve C. Diese Kurve können wir durch eine „Sägezahn-Kurve" C' annähern (Abb. 2.4 rechts), und wie wir aus der vorhergehenden Betrachtung wissen, ist das Ringintegral über C' gleich null. Aber es muss bewiesen werden, dass das Ringintegral über die glatte Bahnkurve C denselben Wert hat. Wenn man sich das kleine Dreieck in Abb. 2.4 ansieht, so ist die Hypotenuse ein Ausschnitt aus der glatten Kurve C, und die Katheten gehören zur Sägezahn-Kurve C'. Für die Teilstrecken gilt

$$\int_{a_1}^{a_2} \boldsymbol{E}\cdot d\boldsymbol{s} = |\boldsymbol{E}|\,x\ ,\quad \int_{a_2}^{a_3} \boldsymbol{E}\cdot d\boldsymbol{s} = 0\ ,\quad \int_{a_1}^{a_3} \boldsymbol{E}\cdot d\boldsymbol{s} = (|\boldsymbol{E}|\cos\theta)\,s\ .$$

Wegen $x = s\cos\theta$ hat das Integral über die Hypotenuse den gleichen Wert wie die Summe der Integrale über die Katheten:

$$\int_{a_1}^{a_3} \boldsymbol{E}\cdot d\boldsymbol{s} = \int_{a_1}^{a_2} \boldsymbol{E}\cdot d\boldsymbol{s} + \int_{a_2}^{a_3} \boldsymbol{E}\cdot d\boldsymbol{s}\ .$$

Unser Ergebnis ist daher:

$$\oint_C \boldsymbol{E} \cdot d\boldsymbol{s} = \oint_{C'} \boldsymbol{E} \cdot d\boldsymbol{s} = 0$$

für jede in sich geschlossene Kurve C. Das Feld einer Punktladung ist in der Tat wirbelfrei.

2. Schritt: ein beliebiges elektrostatisches Feld ist wirbelfrei

Elektrostatische Felder werden von ruhenden Ladungsverteilungen erzeugt, die wir uns aus Punktladungen zusammengesetzt denken können. Gegeben seien also n Ladungen $Q_1, Q_2, \ldots Q_n$, die sich an den Orten $\boldsymbol{r}_1, \boldsymbol{r}_2 \ldots \boldsymbol{r}_n$ befinden und deren Ladungsvorzeichen beliebig gewählt werden dürfen. Das resultierende elektrische Feld an einem Ort $\boldsymbol{r}$ ist nach dem Superpositionsprinzip gleich der Vektorsumme der Einzelfelder: $\boldsymbol{E}(\boldsymbol{r}) = \sum_j \boldsymbol{E}_j(\boldsymbol{r})$. Berechnen wir das Ringintegral des resultierenden Feldes, so ergibt sich

$$\oint_C \boldsymbol{E} \cdot d\boldsymbol{s} = \oint_C \boldsymbol{E}_1 \cdot d\boldsymbol{s} + \oint_C \boldsymbol{E}_2 \cdot d\boldsymbol{s} + \cdots + \oint_C \boldsymbol{E}_n \cdot d\boldsymbol{s} = 0\,.$$

Das Ringintegral des resultierenden Feldes verschwindet, weil das Feld jeder einzelnen Punktladung wirbelfrei ist, $\oint_C \boldsymbol{E}_j \cdot d\boldsymbol{s} = 0$. Daraus folgt: jedes elektrostatische Feld ist wirbelfrei.

2.1.4 Das elektrische Potential

In einem wirbelfreien Kraftfeld hängt das Linienintegral der Kraft nur vom Anfangs- und Endpunkt ab, nicht aber vom Verlauf und der Länge des Weges zwischen diesen Orten. Die potentielle Energie wird definiert durch die Gleichung

$$E_{\text{pot}}(\boldsymbol{r}) = E_{\text{pot}}(\boldsymbol{r}_a) - \int_{\boldsymbol{r}_a}^{\boldsymbol{r}} \boldsymbol{F} \cdot d\boldsymbol{s}\,. \tag{2.10}$$

Wichtig ist das Minuszeichen vor dem Integral: wir erhöhen die potentielle Energie eines Körpers, wenn wir ihn *entgegengesetzt* zur Richtung der Kraft bewegen, also z. B. seine Höhe h über dem Erdboden vergrößern. Diese potentielle Energie ist nur bis auf eine additive Konstante festgelegt. Auch das kennen wir aus der Mechanik: als Nullpunkt der potentiellen Energie einer Masse im Schwerefeld der Erde können wir den Meeresspiegel wählen, den Fußboden unseres Labors oder den Gipfel des Mont Blanc. Wir wählen einen geeigneten Anfangspunkt P_a mit Ortsvektor $\boldsymbol{r}_a = (x_a, y_a, z_a)$ und setzen den Wert $E_{\text{pot}}(\boldsymbol{r}_a)$ nach Belieben fest. Wegen der Wegunabhängigkeit des Integrals ist $E_{\text{pot}}(\boldsymbol{r})$ eine eindeutig definierte Funktion des variablen Endpunktes $\boldsymbol{r}$.

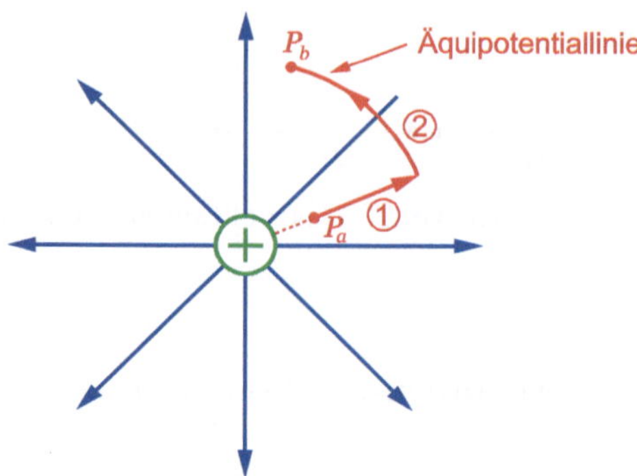

Abb. 2.5 Berechnung des elektrischen Potentials einer Punktladung. Auf dem Weg 1 ist $\boldsymbol{E}$ parallel zu $d\boldsymbol{s}$, und es gilt $\boldsymbol{E}\cdot d\boldsymbol{s} = E(r)dr$. Auf dem Weg 2 steht $\boldsymbol{E}$ senkrecht auf $d\boldsymbol{s}$, d. h. $\boldsymbol{E}\cdot d\boldsymbol{s} = 0$. Daher wird $\Phi_b - \Phi_a = -\int_{r_a}^{r_b} E(r)dr$

Denkt man speziell an die elektrische Kraft $\boldsymbol{F}_{\text{el}} = q\,\boldsymbol{E}$, so ist es zweckmäßig, die Testladung abzuspalten und die potentielle Energie in der Form zu schreiben

$$E_{\text{pot}}(\boldsymbol{r}) = q\,\Phi(\boldsymbol{r}) \ .$$

Man kommt damit zur Definition des elektrischen Potentials:

$$\boxed{\Phi(\boldsymbol{r}) = \Phi(\boldsymbol{r}_a) - \int_{\boldsymbol{r}_a}^{\boldsymbol{r}} \boldsymbol{E}\cdot d\boldsymbol{s} \ .} \tag{2.11}$$

Im Unterschied zum Sprachgebrauch in der Mechanik ist das elektrische Potential keine Energie, sondern eine Energie pro Ladungseinheit. Die Dimension ist das Volt [V].

Potential einer Punktladung

Die Berechnungsmethode des Potentials einer Punktladung ist in Abb. 2.5 angedeutet. Um die Potentialdifferenz zwischen einem Punkt P_a und einem Punkt P_b zu berechnen, wird ein Weg gewählt, der aus einem radialen Abschnitt (1) und einem Kreisbogen (2) besteht. Auf der Strecke (1) ist das Feld parallel zum Weg ($\boldsymbol{E}\cdot d\boldsymbol{s} = E(r)dr$), und das Potential ändert sich wie folgt

$$\Delta\Phi = -\int_{r_a}^{r_b} E(r)dr = -\int_{r_a}^{r_b} \frac{Q}{4\pi\varepsilon_0 r^2}dr = \frac{Q}{4\pi\varepsilon_0 r_b} - \frac{Q}{4\pi\varepsilon_0 r_a} \ .$$

Auf dem Kreisbogen (2) ist das Feld senkrecht zum Weg ($\boldsymbol{E}\cdot d\boldsymbol{s} = 0$), und das Potential bleibt konstant. Somit wird die Potentialdifferenz zwischen den Punkten P_a und P_b

$$\Delta\Phi = \Phi_b - \Phi_a = \frac{Q}{4\pi\varepsilon_0 r_b} - \frac{Q}{4\pi\varepsilon_0 r_a} \ . \tag{2.12}$$

Die Gleichung (2.12) legt nur die Potentialdifferenz zwischen zwei Punkten im Raum fest, nicht den absoluten Wert des Potentials. Oft ist es zweckmäßig, $\Phi(r) = 0$ zu setzen im Limes $r \to \infty$. Dann ist das Potential einer Punktladung

$$\boxed{\Phi(r) = \frac{Q}{4\pi\varepsilon_0 r}\ .} \tag{2.13}$$

Potential einer Ladungsverteilung

Das Superpositionsprinzip kann benutzt werden, um das Potential einer Ladungsverteilung zu berechnen. Für n Punktladungen $Q_1, Q_2, \ldots Q_n$, die sich an den Orten $\boldsymbol{r}_1, \boldsymbol{r}_2 \ldots \boldsymbol{r}_n$ befinden, gilt

$$\Phi(\boldsymbol{r}) = \sum_{j=1}^{n} \Phi_j(\boldsymbol{r}) = \sum_{j=1}^{n} \frac{Q_j}{4\pi\varepsilon_0 \left|\boldsymbol{r} - \boldsymbol{r}_j\right|}\ . \tag{2.14}$$

Bei einer kontinuierlichen Ladungsverteilung mit der Ladungsdichte ρ (Ladung pro Volumeneinheit) wird daraus

$$\Phi(\boldsymbol{r}) = \iiint \frac{\rho(\boldsymbol{r}')}{4\pi\varepsilon_0 \left|\boldsymbol{r} - \boldsymbol{r}'\right|} d^3r'\ . \tag{2.15}$$

2.1.5 Äquipotentialflächen und Gradient

Äquipotentialflächen

Unter einer *Äquipotentialfläche* versteht man eine Fläche im Raum, auf der das elektrische Potential konstant ist. Wenn keine Ströme fließen, ist die Oberfläche eines elektrischen Leiters wie Kupfer immer eine Äquipotentialfläche. In einer zweidimensionalen Darstellung erscheinen die Äquipotentialflächen als Äquipotentiallinien. Ein Beispiel für die Äquipotentiallinien in der Nähe einer metallischen Spitze zeigen wir in Abb. 2.6. Die elektrischen Feldlinien stehen immer senkrecht auf den Äquipotentialflächen.

Das elektrische Feld als negativer Gradient des Potentials

In Anhang A wird folgendes Theorem bewiesen:

1. Ein Vektorfeld, bei dem das Linienintegral stets unabhängig vom Weg ist, kann als Gradient eines skalaren Feldes dargestellt werden.
2. Das Linienintegral eines Gradientenfeldes ist unabhängig von Verlauf und Länge des Weges zwischen beliebig gewählten Anfangs- und Endpunkten.

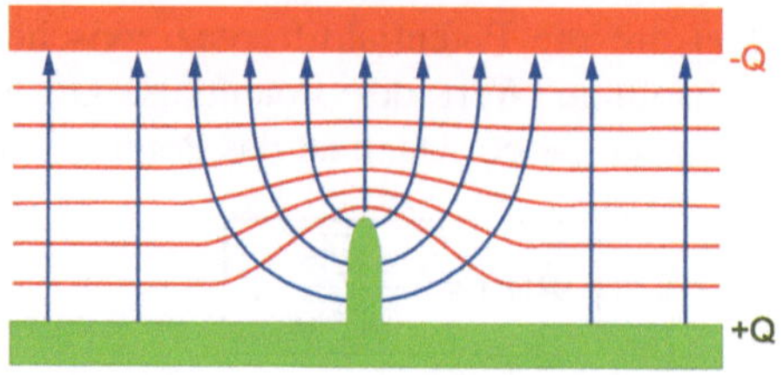

Abb. 2.6 Ein Plattenkondensator mit einer metallischen Spitze auf der positiv geladenen Platte. Der Verlauf der Äquipotentiallinien (*rot*) und der elektrischen Feldlinien (*blau*) wird schematisch gezeigt

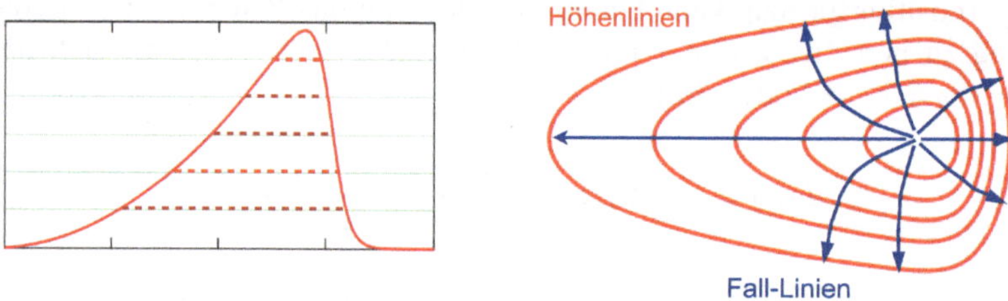

Abb. 2.7 *Links*: Längsschnitt eines Berges mit flacher Anstiegsflanke und steiler Abfallflanke. *Rechts*: Darstellung dieses Berges auf einer Wanderkarte. Die Linien konstanter Höhe (*rote Kurven*) entsprechen den Äquipotentiallinien des Coulomb-Potentials. Der negative Gradient definiert die Fall-Linien, d. h. die Richtung des stärksten Gefälles. Im elektrischen Analogon zeigen die *blauen Linien* die Richtung des elektrischen Feldes an

Nun haben wir in Kap. 2.1.3 gezeigt, dass ein statisches (zeitlich konstantes) elektrisches Feld wegunabhängige Linienintegrale hat. Deswegen kann es als negativer Gradient des elektrischen Potentials geschrieben werden:

$$\boxed{\boldsymbol{E} = -\operatorname{grad} \Phi \equiv -\boldsymbol{\nabla} \Phi \ .} \tag{2.16}$$

Zur Erinnerung: das negative Vorzeichen wird gewählt, damit – wie in der Mechanik – die Kraft der negative Gradient der potentiellen Energie ist. Die Vektorgleichung (2.16) hat drei Komponenten

$$E_x = -\frac{\partial \Phi}{\partial x} \ , \quad E_y = -\frac{\partial \Phi}{\partial y} \ , \quad E_z = -\frac{\partial \Phi}{\partial z} \ . \tag{2.17}$$

Der negative Gradient des Potentials, $-\boldsymbol{\nabla}\Phi$, ist ein Vektor, der die Richtung des steilsten Gefälles angibt und senkrecht auf der Äquipotentialfläche steht.

Die Analogie zur Mechanik wird in Abb. 2.7 verdeutlicht. Links wird der Längsschnitt eines Berges mit flacher Anstiegsflanke und steiler Abfallflanke gezeigt, rechts die Linien konstanter Höhe, wie sie auf einer Wanderkarte zu finden sind. Im elektrischen Analogon entsprechen die Höhenlinien den Äquipotentiallinien, und die darauf senkrechten Fall-Linien entsprechen den elektrischen Feldlinien.

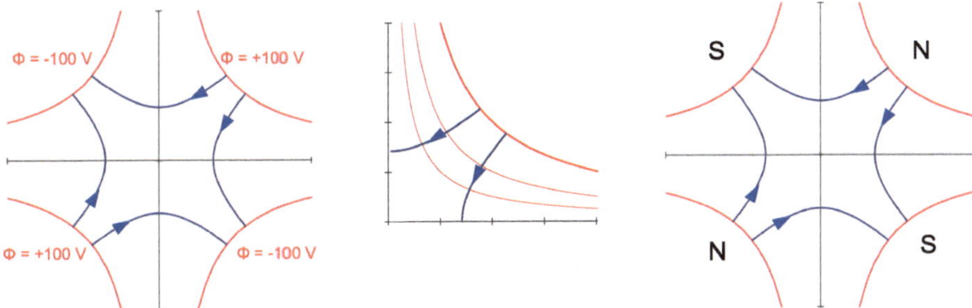

Abb. 2.8 *Links und Mitte*: ein elektrisches Quadrupolfeld wird durch vier hyperbolische Elektroden erzeugt (*rote Kurven*), an die man abwechselnd ein Potential von $+U_0$ und $-U_0$ legt (hier ist $U_0 = 100\,\mathrm{V}$). Vier ausgewählte Feldlinien werden gezeigt (*blaue Kurven*). Im *mittleren Teilbild* werden auch noch die Äquipotentiallinien $\Phi(x,y) = +50\,\mathrm{V}$ und $\Phi(x,y) = +25\,\mathrm{V}$ gezeigt. *Rechts*: ein Quadrupolmagnet

Anwendungsbeispiel: elektrisches Quadrupolfeld

Potential und Feld eines elektrischen Quadrupols werden durch folgende Gleichungen beschrieben:

$$\Phi(x,y) = g\,xy\ , \quad E_x(x,y) = -g\,y\ , \quad E_y(x,y) = -g\,x\ . \tag{2.18}$$

Das Potential ist hier unabhängig von z. Die Äquipotentiallinien sind die Hyperbeln xy =const, die elektrischen Feldlinien sind ebenfalls Hyperbeln und werden durch die Gleichung $x^2 - y^2 = a^2$ beschrieben, wobei a eine Konstante ist. Eine Darstellung wird in Abb. 2.8 gezeigt.

Wenn man die Elektroden durch hyperbolisch geformte Eisenpolschuhe ersetzt, zwischen denen Spulen angebracht sind, erhält man einen Quadrupolmagneten, der in Beschleunigern eine wichtige Funktion hat und zur Fokussierung des Teilchenstrahls gebraucht wird. Das Magnetfeld eines Quadrupols hat die Form $B_x(x,y) = -gy$, $B_y(x,y) = -gx$. Die Konstante g ist der Feldgradient, die Dimension ist [T/m]. In supraleitenden Quadrupolen muss man auf das Eisenjoch verzichten, da es bei den gewünschten hohen Feldstärken in Sättigung geht. Dort erzeugt man das Quadrupolfeld durch geeignet geformte Spulen (siehe [7]).

2.2 Integralsatz von Gauß, Divergenz eines Vektorfeldes

2.2.1 *Gauß-Satz für elektrische und magnetische Felder*

Der Gauß'sche Integralsatz macht eine Aussage über die Dichte der elektrischen oder magnetischen Feldlinien. Wir werden uns dafür mit dem Fluss der elektrischen oder magnetischen Feldstärke beschäftigen. Der Begriff Fluss hat eine anschauliche

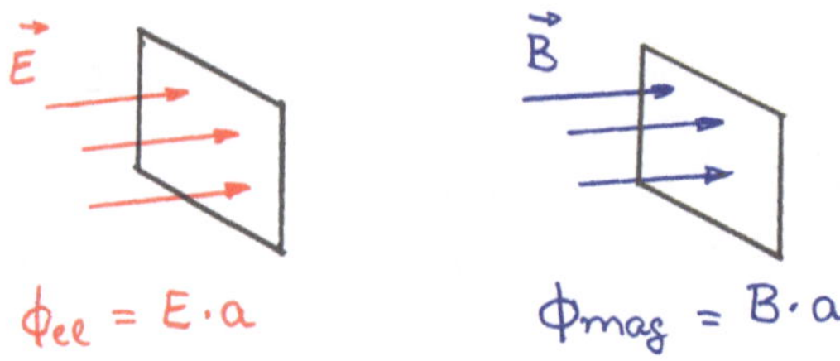

Abb. 2.9 Der Fluss der elektrischen und magnetischen Feldstärke durch ein Rechteck der Fläche a, das senkrecht zum Feld orientiert ist, $(\boldsymbol{E} \cdot \hat{\boldsymbol{n}}) = |\boldsymbol{E}|$

Bedeutung für strömendes Wasser, wir können damit das Flüssigkeitsvolumen charakterisieren, das pro Zeiteinheit durch eine Öffnung fließt. Stellen wir uns gleichmäßig strömendes Wasser vor, in das wir einen Drahtrahmen der Fläche (*area*) a halten. Die pro Sekunde hindurchfließende Wassermenge ist proportional zur Massendichte ρ_m, zur Geschwindigkeit v und zur Fläche a

$$\phi = \rho_m \, v \cdot a \; .$$

Dies gilt allerdings nur, wenn der Rahmen senkrecht zur Strömung orientiert ist. Verdreht man den Rahmen um einen Winkel α, so reduziert sich die effektive Querschnittsfläche auf $a \cos\alpha$, und der Fluss wird

$$\phi = \rho_m \, v \, a \cos\alpha = \rho_m \, (\boldsymbol{v} \cdot \hat{\boldsymbol{n}}) \, a \; . \tag{2.19}$$

Dabei ist $\hat{\boldsymbol{n}}$ die sog. Flächennormale, ein Einheitsvektor, der senkrecht auf der Fläche steht. Will man den Fluss durch eine größere, möglicherweise gekrümmte Fläche berechnen, so unterteilt man die Fläche in viele kleine Segmente der Größe Δa und summiert über den Fluss durch diese Segmente:

$$\phi = \rho_m \sum_j (\boldsymbol{v}_j \cdot \hat{\boldsymbol{n}}_j) \Delta a \; .$$

Im Limes $\Delta a \to 0$ wird daraus eine Integration über die Fläche:

$$\phi = \rho_m \iint (\boldsymbol{v} \cdot \hat{\boldsymbol{n}}) \, da \; .$$

Der elektrische und der magnetische Fluss (Abb. 2.9) sind Verallgemeinerungen dieses Konzepts:

$$\phi_{\mathrm{el}} = \iint (\boldsymbol{E} \cdot \hat{\boldsymbol{n}}) \, da \; , \quad \phi_{\mathrm{mag}} = \iint (\boldsymbol{B} \cdot \hat{\boldsymbol{n}}) \, da \; . \tag{2.20}$$

In diesen Fällen findet natürlich kein Materiefluss statt. Insbesondere ist mit dem Fluss ϕ_{el} kein Ladungstransport gemeint.

Die Aussage des Integralsatzes von Gauß für elektrische Felder ist: der Fluss der elektrischen Feldstärke durch eine geschlossene Oberfläche ist gleich der im

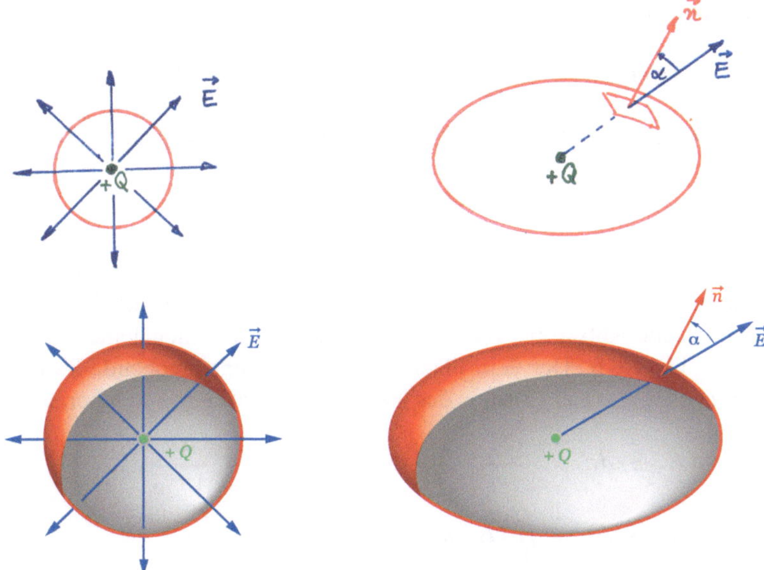

Abb. 2.10 Der Fluss der elektrischen Feldstärke durch die Oberfläche einer Kugel und eines Ellipsoids

Innern befindlichen Ladung Q_{in}, dividiert durch die elektrische Feldkonstante. Für magnetische Felder ist der Fluss durch eine geschlossene Oberfläche identisch null.

$$\boxed{\phi_{\text{el}} = \oiint (\boldsymbol{E} \cdot \hat{\boldsymbol{n}})\, da = \frac{Q_{\text{in}}}{\varepsilon_0}\,, \qquad \phi_{\text{mag}} = \oiint (\boldsymbol{B} \cdot \hat{\boldsymbol{n}})\, da = 0\,.} \tag{2.21}$$

Die Flächennormale $\hat{\boldsymbol{n}}$ ist ein Einheitsvektor, der senkrecht auf dem Flächenelement da steht und nach außen weist. Der Kreis im Doppelintegral deutet an, dass die Integration über eine geschlossene Oberfläche erfolgt.

2.2.2 Beweis des Gauß'schen Satzes

Beweis des Gauß-Satzes für eine Punktladung

Der Satz (2.21) ist für eine Punktladung $Q > 0$ leicht zu beweisen, wenn man als geschlossene Fläche eine um die Ladung konzentrische Kugelfläche mit Radius r wählt, s. Abb. 2.10. Das elektrische Feld hat auf der Kugeloberfläche überall den gleichen Wert

$$E(r) = \frac{Q}{4\pi\varepsilon_0 r^2}$$

und ist radial nach außen gerichtet. Das bedeutet $\boldsymbol{E}\cdot\hat{\boldsymbol{n}} = E(r)$ und

$$\phi_{\mathrm{el}} = \oiint (\boldsymbol{E}\cdot\hat{\boldsymbol{n}})\,da = \oiint \frac{Q}{4\pi\varepsilon_0 r^2}\,r^2\mathrm{d}\Omega = \frac{Q}{4\pi\varepsilon_0}\oiint \mathrm{d}\Omega = \frac{Q}{\varepsilon_0}\,,$$

da das Integral über $\mathrm{d}\Omega$ die Oberfläche der Einheitskugel (der Kugel mit Radius 1) ergibt:

$$\oiint \mathrm{d}\Omega = 4\pi\,.$$

Bei einer beliebigen geschlossenen Oberfläche ist der elektrische Vektor $\boldsymbol{E}$ an den meisten Stellen nicht parallel zur Flächennormalen. Als Beispiel betrachten wir ein Ellipsoid, siehe Abb. 2.10. Wählen wir uns ein Oberflächenelement da aus, so ist $(\boldsymbol{E}\cdot\hat{\boldsymbol{n}}) = |\boldsymbol{E}|\cos\alpha$. Der dem Flächenelement da entsprechende Raumwinkel ist $\mathrm{d}\Omega = da\cos\alpha/r^2$. Der Cosinus des Neigungswinkels kürzt sich heraus:

$$(\boldsymbol{E}\cdot\hat{\boldsymbol{n}})\,da = \frac{Q}{4\pi\varepsilon_0}\cdot\frac{\cos\alpha}{r^2}\cdot\left(r^2\frac{\mathrm{d}\Omega}{\cos\alpha}\right) = \frac{Q}{4\pi\varepsilon_0}\,\mathrm{d}\Omega\,,$$

$$\Rightarrow\ \phi_{\mathrm{el}} = \oiint (\boldsymbol{E}\cdot\hat{\boldsymbol{n}})\,da = \frac{Q}{4\pi\varepsilon_0}\,4\pi = \frac{Q}{\varepsilon_0}\,.$$

Damit ist demonstriert, dass der Gauß'sche Satz auch für ein Ellipsoid gültig ist. Es kostet etwas Mühe, den Satz (2.21) für komplizierter geformte geschlossene Oberflächen zu beweisen. Nützliche Diskussionen hierzu findet man in den Feynman-Vorlesungen Band II, Kap. 4–5 [2] und im Berkeley Physics Course Band 2 [6].

Beweis des Gauß-Satzes für Ladungsverteilungen

Nun nehmen wir an, dass sich in dem betrachteten Volumen viele Ladungen Q_j befinden. Nach dem Superpositionsprinzip berechnen wir das Gesamtfeld durch Addition der Einzelfelder gemäß Gl. (2.5)

$$\boldsymbol{E}(\boldsymbol{r}) = \sum_j \boldsymbol{E}_j(\boldsymbol{r}) = \sum_j \frac{Q_j}{4\pi\varepsilon_0}\frac{\boldsymbol{r}-\boldsymbol{r}_j}{\left|\boldsymbol{r}-\boldsymbol{r}_j\right|^3}\,.$$

Der Fluss des Gesamtfeldes ist

$$\begin{aligned}\phi_{\mathrm{ges}} &= \oiint (\boldsymbol{E}\cdot\hat{\boldsymbol{n}})\,da = \oiint \left[\sum_j (\boldsymbol{E}_j\cdot\hat{\boldsymbol{n}})\right] da = \sum_j \left[\oiint (\boldsymbol{E}_j\cdot\hat{\boldsymbol{n}})\,da\right] \\ &= \sum_j \phi_j = \sum_j \frac{Q_j}{\varepsilon_0} = \frac{Q_{\mathrm{ges}}}{\varepsilon_0}\,. \qquad (2.22)\end{aligned}$$

Hier haben wir benutzt, dass man Integral- und Summenzeichen vertauschen darf. Der elektrische Fluss des Gesamtfeldes ist gleich der Summe der Flüsse der Einzelfelder (Abb. 2.11). Das bedeutet: man kann alle Ladungen innerhalb des Volumens zu einer Gesamtladung $Q_{\mathrm{ges}} = \sum_j Q_j$ zusammenfassen und den elektrischen Fluss des Gesamtfeldes als $Q_{\mathrm{ges}}/\varepsilon_0$ schreiben.

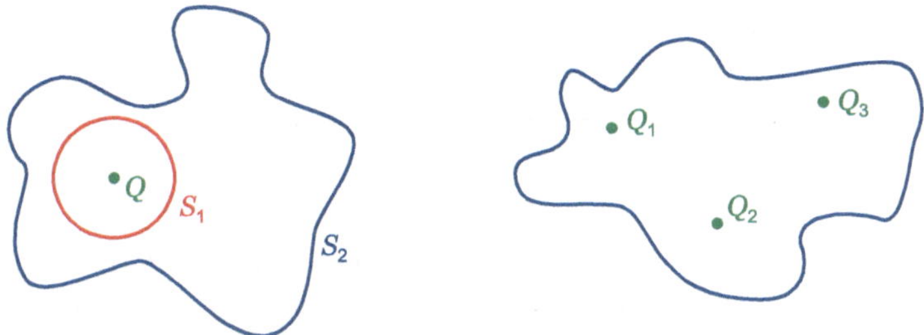

Abb. 2.11 Der Fluss der elektrischen Feldstärke durch eine Kugelfläche S_1 ist gleich dem Fluss durch eine beliebig geformte geschlossene Oberfläche S_2. Befinden sich mehrere Ladungen innerhalb der geschlossenen Oberfläche, so addiert man die Flüsse

Abb. 2.12 Bei einem elektrischen oder magnetischen Dipol ist der Fluss durch eine geschlossene Oberfläche null

Befinden sich im Volumen V eine positive Ladung $+Q$ und eine gleich große negative Ladung $-Q$, so ist die Gesamtladung null, und der elektrische Fluss durch die geschlossene Oberfläche verschwindet (Abb. 2.12). Man kann es auch so ausdrücken: der nach außen gerichtete elektrische Fluss der Ladung $+Q$ und der nach innen gerichtete elektrische Fluss der Ladung $-Q$ heben sich exakt auf, so dass das Integral (2.21) null wird.

Der Fluss der magnetischen Feldstärke durch eine geschlossene Oberfläche ist grundsätzlich null, da es keine magnetischen Einzelladungen sondern nur Dipole gibt und die magnetische Gesamtladung daher immer null ist.

2.2.3 *Divergenz des elektrischen (magnetischen) Feldes*

Für kontinuierliche Ladungsverteilungen kann der Gauß'sche Satz in eine differentielle Form umgeschrieben werden. Dazu wird das Oberflächenintegral in Gl. (2.21) mit Hilfe des Divergenztheorems (A.21) in ein Volumenintegral über die Divergenz des elektrischen Feldes umgeformt, und die im Volumen V enthaltene Ladung Q_{in} schreibt man als Volumenintegral über die Ladungsdichte

$$\oint\!\!\!\oint_S (\boldsymbol{E} \cdot \hat{\boldsymbol{n}})\, da = \iiint_V (\boldsymbol{\nabla} \cdot \boldsymbol{E})\, dV \;, \; Q_{\text{in}} = \iiint_V \rho\, dV \;. \tag{2.23}$$

Die Kombination dieser beiden Gleichungen mit Gl. (2.21) ergibt

$$\iiint_V \left(\nabla \cdot \boldsymbol{E} - \frac{\rho}{\varepsilon_0}\right) dV = 0 .$$

Dieses Integral verschwindet für Volumina beliebiger Form und Größe. Wählt man speziell ein infinitesimal kleines Volumen ΔV, so sieht man unmittelbar, dass der Integrand identisch null sein muss. Daraus folgt:

$$\mathrm{div}\boldsymbol{E} \equiv \nabla \cdot \boldsymbol{E} = \frac{\partial E_x}{\partial x} + \frac{\partial E_y}{\partial y} + \frac{\partial E_z}{\partial z} = \frac{\rho}{\varepsilon_0} .$$

Da die magnetische Ladungsdichte immer null ist, folgt analog

$$\mathrm{div}\boldsymbol{B} \equiv \nabla \cdot \boldsymbol{B} = \frac{\partial B_x}{\partial x} + \frac{\partial B_y}{\partial y} + \frac{\partial B_z}{\partial z} = 0 .$$

Wir kommen damit zu zwei Grundgleichungen der Elektrodynamik, der ersten und zweiten Maxwell'schen Gleichung:

$$\boxed{\nabla \cdot \boldsymbol{E} = \frac{\rho}{\varepsilon_0} , \quad \nabla \cdot \boldsymbol{B} = 0 .} \tag{2.24}$$

2.3 Anwendungen des Satzes von Gauß

2.3.1 Kugelsymmetrie

Der Gauß'sche Satz ist für beliebige Geometrien gültig, aber leicht auszuwerten ist er nur, wenn Symmetrien vorliegen. Zunächst betrachten wir die Kugelsymmetrie, im Anschluss daran die Zylinder- und Flächensymmetrie.

Massive Metallkugel

Wir betrachten eine Metallkugel vom Radius R, auf deren Oberfläche eine Ladung $Q > 0$ gleichmäßig verteilt ist. Das elektrische Feld zeigt radial nach außen, und der Fluss durch eine konzentrische Kugelfläche mit Radius $r > R$ ist derselbe wie bei einer Punktladung

$$\phi_{\mathrm{el}} = \oint\!\!\!\oint (\boldsymbol{E} \cdot \hat{\boldsymbol{n}})\, da = E(r) 4\pi r^2 = \frac{Q}{\varepsilon_0} .$$

Das Feld und das Potential der Kugel haben also im Außenraum genau die gleiche mathematische Form wie bei einer Punktladung

$$\boldsymbol{E}(\boldsymbol{r}) = \frac{Q}{4\pi\varepsilon_0 r^2}\,\hat{\boldsymbol{r}}\;, \quad \Phi(r) = \frac{Q}{4\pi\varepsilon_0 r} \quad \text{für} \quad r \geq R\;. \tag{2.25}$$

Wie sieht es aber für $r \leq R$, also im Innern der Kugel aus? Wir behaupten, dass das Feld im Innern einer massiven Metallkugel immer null sein muss, sofern keine Ströme fließen. Wenn sich keine Ladung innerhalb der Kugel befindet, ist das Feld sicher identisch null. Wir machen also die Annahme, es gäbe eine interne Ladung Q'. Konzentrisch um diese Ladung denken wir uns eine kleine Kugel mit Radius $r \ll R$, die vollständig innerhalb der Metallkugel liegt. Auf der Oberfläche der kleinen Kugel existiert dann ein Feld $E'(r) = Q'/(4\pi\varepsilon_0 r^2)$. Dieses Feld im Innern eines elektrischen Leiters hat einen Strom zur Folge, der die Ladung Q' abbaut und dadurch das innere Feld schnell zum Verschwinden bringt. Generell kann man sagen, dass im stationären, stromfreien Fall das Innere eines elektrischen Leiters feldfrei sein muss.

Metallische Hohlkugel

Unser nächstes Beispiel ist eine metallische Hohlkugel, in deren Zentrum sich eine Ladung $Q > 0$ befindet. Die von Q ausgehenden Feldlinien enden auf der Innenfläche der Hohlkugel. Dort wird sich eine negative Ladungsdichte mit der Gesamtladung $-Q$ einstellen. Auf der äußeren Oberfläche der Hohlkugel schließlich findet man eine gleichförmig verteilte positive Ladungsdichte mit der Gesamtladung $+Q$, s. Abb. 2.13. Anwendung des Gauß'schen Satzes zeigt: das Feld im inneren Hohlraum und das Feld außerhalb der Kugel haben beide die Form des Feldes einer positiven Punktladung, nämlich $Q/(4\pi\varepsilon_0 r^2)$. Das Feld innerhalb des Metalls ist null.

Der Faraday-Käfig

Unser nächstes Beispiel ist ein metallischer Hohlkörper, in dessen Innenraum keine Ladung vorhanden ist. Wir behaupten, dass das elektrische Feld im Innern identisch null sein muss. Nehmen wir an, es gäbe ein solches Feld, so müsste es bei positiven Ladungen auf der inneren Oberfläche beginnen und bei negativen Ladungen auf der inneren Oberfläche enden. Dann könnten wir einen geschlossenen Weg C definieren, der im Hohlraum entlang der Feldlinien verläuft und durch das Metall zurückkehrt. Da im Metall $\boldsymbol{E} \equiv 0$ ist, würde das Ringintegral des elektrischen Feldes ungleich null sein, im Widerspruch zur Wirbelfreiheit elektrostatischer Felder. Wir haben damit den wichtigen Satz bewiesen: im Innern eines leitenden Hohlkörpers, in dem sich keine Ladungen befinden, ist das elektrische Feld immer null, und das elektrische Potential ist konstant. Das ist das Prinzip des Faraday-Käfigs.

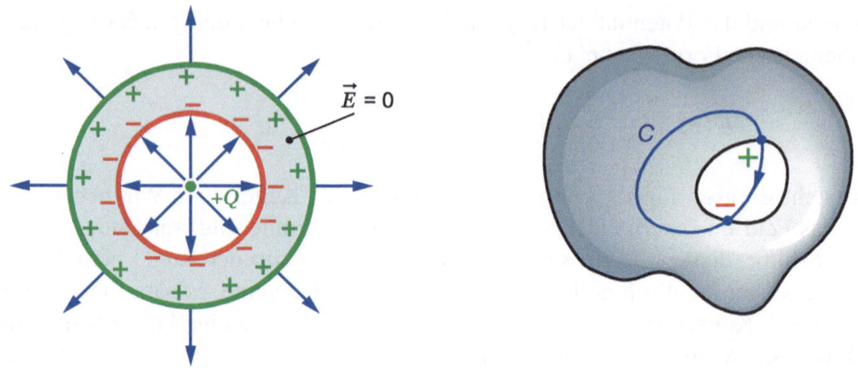

Abb. 2.13 *Links*: Elektrisches Feld einer metallischen Hohlkugel, in deren Zentrum sich eine Ladung $Q > 0$ befindet. *Rechts*: Hypothetische Ladungen $\pm q$ auf der Innenfläche eines metallischen Hohlkörpers

Die Käfigwand muss nicht komplett dicht sein, oft reicht ein Käfig aus Maschendraht. Im Deutschen Museum in München gibt es eindrucksvolle Vorführungen, wie ein solcher Käfig einen Menschen bei Hochspannungsüberschlägen schützt. Bei Gewitter wirkt ein Auto als guter Faraday-Käfig, obwohl die Fenster nichtleitend sind. Man sollte vermeiden, den Arm aus dem Fenster zu halten, denn der wäre durch den Faraday-Käfig nicht geschützt.

Homogen geladene Kugel

Eine Metallkugel ist homogen mit Masse gefüllt und hat überall die gleiche Massendichte. Ist es möglich, eine Kugel homogen mit elektrischer Ladung zu füllen, so dass die elektrische Ladungsdichte ρ überall ungleich null ist? Dies erweist sich als ziemlich problematisch. Es kann sich dabei nicht um eine Metallkugel handeln, denn diese darf keine Ladung im Innern enthalten, wie wir oben gesehen haben. Eine gute Approximation einer homogen geladenen Kugel ist ein schwerer Atomkern. Ein Bleikern hat 82 Protonen und 126 Neutronen und ist in sehr guter Näherung kugelsymmetrisch. Die elektrische Ladung ist $Q = +82\,e$ und die Ladungsdichte

$$\rho = \frac{3Q}{4\pi R^3}$$

ist im Innern des Kerns nahezu konstant und fällt am Rand stetig auf null ab. Außerhalb des Kerns ($r > R$) haben das elektrische Feld und das Potential genau dieselbe Form wie bei einer Punktladung. Nach Gl. (2.25) gilt

$$\boldsymbol{E}_a(\boldsymbol{r}) = \frac{Q}{4\pi\varepsilon_0 r^2}\,\hat{\boldsymbol{r}}\,, \quad \Phi_a(r) = \frac{Q}{4\pi\varepsilon_0 r} \quad \text{für} \quad r > R\,. \tag{2.26}$$

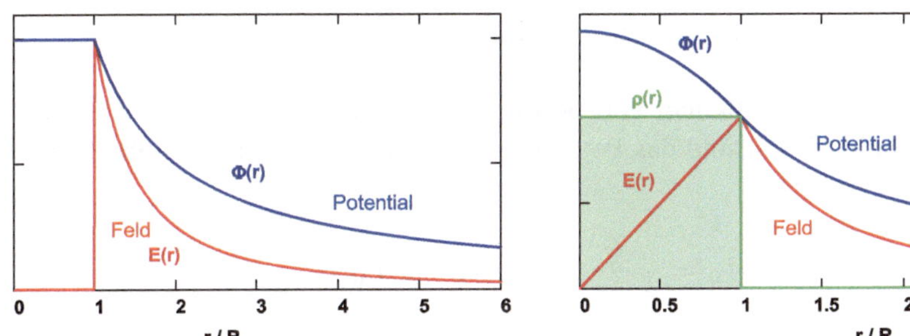

Abb. 2.14 *Links*: Elektrische Feldstärke $E(r)$ und Potential $\Phi(r)$ einer Hohlkugel mit einer Oberflächenladung Q. Im Innern ist $E(r) = 0$ und $\Phi(r) = \text{const}$. *Rechts*: Ladungsdichte $\rho(r)$, elektrische Feldstärke $E(r)$ und Potential $\Phi(r)$ innerhalb und außerhalb einer homogen geladenen Vollkugel

Das elektrische Feld im Innern berechnen wir ebenfalls mit dem Satz von Gauß. Eine gedachte Kugel mit Radius $r < R$ enthält die Ladung

$$Q(r) = \frac{4\pi r^3}{3} \rho = Q \frac{r^3}{R^3} ,$$

und das Feld wird

$$\boldsymbol{E}_i(\boldsymbol{r}) = \frac{Q(r)}{4\pi\varepsilon_0 r^2} \hat{\boldsymbol{r}} = \frac{Q}{4\pi\varepsilon_0 R^3} \cdot \boldsymbol{r} \quad \text{für} \quad r < R . \tag{2.27}$$

Das Feld ist radial nach außen gerichtet und wächst linear mit dem Radius an. Das Potential im Kern findet man durch Integration des Feldes

$$\Phi_i(r) = -\int E_i(r) dr = -\frac{Q}{4\pi\varepsilon_0 R^3} \frac{r^2}{2} + \text{const.}$$

Die Integrationskonstante ergibt sich aus der Stetigkeit des Potentials bei $r = R$:

$$\Phi_i(R) = \Phi_a(R) \quad \Rightarrow \quad \text{const} = \frac{Q}{4\pi\varepsilon_0 R^3} \frac{3R^2}{2} .$$

Somit wird

$$\Phi_i(r) = \frac{Q}{4\pi\varepsilon_0 R^3} \cdot \frac{1}{2} (3R^2 - r^2) \quad \text{für} \quad r < R . \tag{2.28}$$

Feld und Potential einer geladenen Hohlkugel und einer homogen geladenen Kugel werden in Abb. 2.14 verglichen.

Feldüberhöhungen an Spitzen, Feldemission

Wir betrachten eine Metallkugel vom Radius R, auf deren Oberfläche sich eine Ladung Q befindet. Dann sind das Potential und die Feldstärke an der Oberfläche durch Gl. (2.25) gegeben:

$$\Phi(R) \equiv \Phi_0 = \frac{Q}{4\pi\varepsilon_0 R}\,, \quad E(R) \equiv E_0 = \frac{\Phi_0}{R}\,.$$

Nun nehmen wir an, auf der Oberfläche befinde sich eine kleine scharfe Spitze, die wir als Kugel mit einem lokalen Krümmungsradius $r \ll R$ approximieren. Wie wir wissen, ist die Oberfläche eines Metalls im stromlosen Fall eine Äquipotentialfläche. Daher gilt für das Potential auf der Spitze: $\Phi_{\text{Spitze}} = \Phi_0$. Daraus folgt für die Feldstärke auf der Spitze

$$E_{\text{Spitze}} = \frac{\Phi_{\text{Spitze}}}{r} = E_0\,\frac{R}{r}\,. \tag{2.29}$$

An Spitzen ist die elektrische Feldstärke um den Faktor R/r überhöht, der sehr groß werden und Werte von 10^6 annehmen kann. Die lokale Feldstärke kann so groß werden, dass durch den Tunneleffekt Elektronen aus dem Metall in das Vakuum oder die Luft austreten können. Diesen Vorgang nennt man Feldemission. Sie ist die Grundlage des Rastertunnelmikroskops.

2.3.2 Zylindersymmetrie

Das Feld eines runden Metallzylinders oder Rohrs, auf dessen Oberfläche eine Ladung $Q > 0$ gleichmäßig verteilt ist, lässt sich ebenfalls leicht mit dem Gauß-Satz berechnen. Sei r_1 der Radius und $l \gg r_1$ die Länge des Zylinders. Als Zylinderachse wählen wir die z-Achse. Aus Symmetriegründen ist das elektrische Feld radial nach außen gerichtet. Der elektrische Fluss durch eine zylindrische Fläche mit Radius $r > r_1$ ist

$$\phi_{\text{el}} = \oiint (\boldsymbol{E}\cdot\hat{\boldsymbol{n}})\,da = E_r(r)\cdot 2\pi r l = Q/\varepsilon_0\,.$$

Daraus folgt für das radiale Feld

$$E_r(r) = \frac{Q}{2\pi\varepsilon_0\, l\, r} \quad \text{für} \quad r \geq r_1\,. \tag{2.30}$$

Hier ist $r = \sqrt{x^2 + y^2}$ der Abstand von der Achse. Für $r \geq r_1$ hat das Feld eines geladenen Zylinders exakt die gleiche Form wie das Feld einer infinitesimal dünnen Linienladung. Innerhalb eines Zylinders oder Metallrohres ist das Feld null aus den gleichen Gründen wie bei einer metallischen Voll- oder Hohlkugel.

Der Zylinderkondensator

Der Zylinderkondensator besteht aus einem inneren Metallzylinder mit Länge l und Radius r_1 (dies könnte ein runder Kupferdraht sein) und einem Außenrohr mit Radius r_2. Wir bringen auf den Innenleiter eine Ladung $+Q > 0$ und auf den Außenleiter eine Ladung $-Q$ (diese Ladung befindet sich auf der Innenfläche des Rohres). Für Abstände $r > r_2$ ist das elektrische Feld null, denn innerhalb einer zylindrischen Fläche mit diesem Radius befinden sich die Ladungen $+Q$ und $-Q$, d. h. die Gesamtladung ist null. Zum Feld im Zwischenbereich $r_1 \leq r \leq r_2$ trägt nur die innere Ladung $+Q$ bei, das Feld hat gemäß (2.30) den Wert

$$E_r(r) = \frac{Q}{2\pi\varepsilon_0\, l\, r} \quad \text{für} \quad r_1 \leq r \leq r_2 .$$

Die Spannung zwischen Innen- und Außenleiter ist

$$U = \int_{r_1}^{r_2} E_r(r) dr = \frac{Q}{2\pi\varepsilon_0\, l} \ln(r_2/r_1) . \tag{2.31}$$

Die Kapazität ist

$$C = \frac{Q}{U} = \frac{2\pi\varepsilon_0 l}{\ln(r_2/r_1)} .$$

Befindet sich ein Dielektrikum zwischen Innen- und Außenleiter, so wird die Kapazität des Zylinderkondensators

$$C = \frac{2\pi\varepsilon_r\varepsilon_0 l}{\ln(r_2/r_1)} . \tag{2.32}$$

Feld eines Teilchenstrahls

Es ist möglich, Protonenstrahlen in einem Beschleuniger zu erzeugen, die annähernd zylindersymmetrisch sind und eine konstante Ladungsdichte haben. Das Feld außerhalb des Strahls (der Radius sei R) wird durch Gl. (2.30) beschrieben. Das Feld innerhalb des Strahls finden wir durch Anwenden des Gauß-Satzes auf einen gedachten Zylinder mit Radius $r < R$. Die Ladung in diesem Zylinder ist $Q(r) = Q\, r^2/R^2$, und daher wird

$$E_r(r) = \frac{Q(r)}{2\pi\varepsilon_0\, l\, r} = \frac{\lambda_p}{2\pi\varepsilon_0 R^2} \cdot r \quad \text{für} \quad r < R$$

$$E_r(r) = \frac{\lambda_p}{2\pi\varepsilon_0} \cdot \frac{1}{r} \quad \text{für} \quad r \geq R . \tag{2.33}$$

Dabei ist $\lambda_p = Q/l$ die positive Linienladungsdichte (Ladung pro Meter). Das radiale Feld wächst linear mit dem Abstand $r = \sqrt{x^2 + y^2}$ von der Achse bis zum Rand an und fällt danach mit $1/r$ ab. Das innere Feld übt auf jedes Proton eine radial nach außen gerichtete Kraft aus. Sie führt zu einer Aufweitung des Strahls

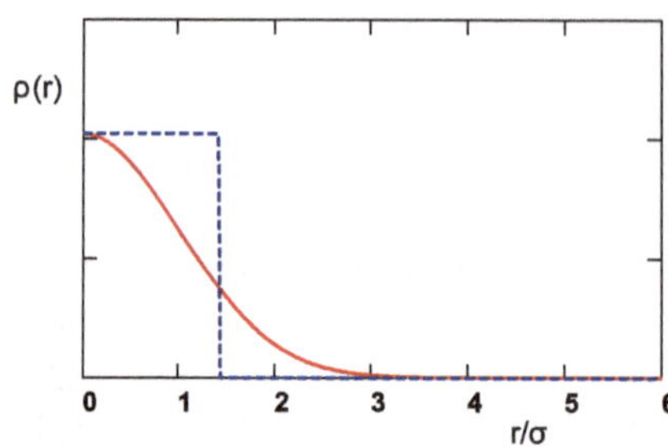

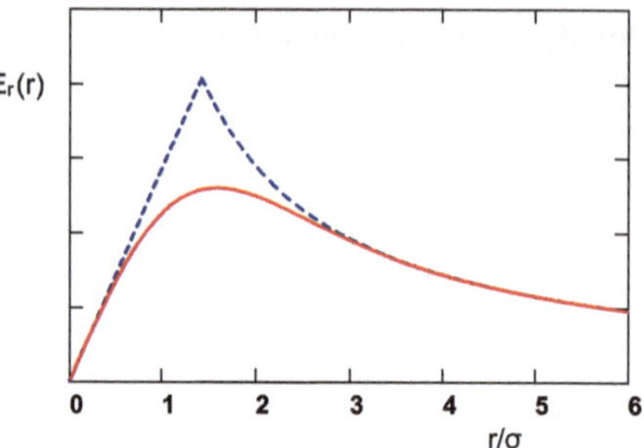

Abb. 2.15 *Durchgezogene rote Kurven*: Ladungsdichte $\rho(r)$ und radiales elektrisches Feld $E_r(r)$ eines Positronenstrahls mit gaußförmiger Ladungsverteilung. *Gestrichelte blaue Kurven*: Ladungsdichte und radiales elektrisches Feld eines Protonenstrahls mit homogener Ladungsverteilung

und wirkt somit defokussierend. Diese sog. Raumladungskraft ist ein ernsthaftes Problem in intensiven Teilchenstrahlen. Man kann sie nur teilweise durch fokussierende äußere Magnetfelder kompensieren. Bei hochrelativistischen Teilchen werden die abstoßenden Coulomb-Kräfte zum großen Teil durch anziehende Lorentzkräfte kompensiert (parallele Ströme ziehen sich an). Darauf gehen wir in Kap. 7.4 ein.

In Elektron-Positron-Speicherringen haben die Strahlen keine homogene, sondern eine gaußförmige Dichteverteilung. Die positive Ladungsdichte in einem Positronenstrahl kann man durch das Produkt von zwei Gaußfunktionen beschreiben.

$$\rho_p(x,y) = \lambda_p \frac{1}{\sqrt{2\pi}\sigma_x} \exp\left(-\frac{x^2}{2\sigma_x^2}\right) \cdot \frac{1}{\sqrt{2\pi}\,\sigma_y} \exp\left(-\frac{y^2}{2\sigma_y^2}\right) .$$

Zur Vereinfachung nehmen wir gleiche Varianzen an (in Wahrheit hat der Strahl einen elliptischen Querschnitt, die Höhe beträgt nur wenige Prozent der Breite) und können dann schreiben

$$\rho_p(r) = \frac{\lambda_p}{2\pi\,\sigma^2} \exp\left(-\frac{r^2}{2\sigma^2}\right) . \tag{2.34}$$

Um das Feld zu berechnen, wird wieder der Gauß'sche Satz auf einen Zylinder mit Länge l und Radius r angewandt. Die Ladung innerhalb des Zylinders ist

$$Q_{\text{in}} = l \int_0^r \rho_p(r')\, 2\pi r' dr' = \frac{\lambda_p\, l}{\sigma^2} \int_0^r e^{-\frac{r'^2}{2\sigma^2}} r'\, dr' = \lambda_p\, l \left(1 - e^{-\frac{r^2}{2\sigma^2}}\right) .$$

Die Feldstärke folgt aus der Gleichung $E_r(r) 2\pi r\, l = Q_{\text{in}}/\varepsilon_0$:

$$E_r(r) = \frac{\lambda_p}{2\pi\varepsilon_0\, r} \left(1 - \exp\left(-\frac{r^2}{2\sigma^2}\right)\right) . \tag{2.35}$$

Für $0 \le r \le 0{,}8\,\sigma$ wächst das Feld linear mit r an, für $r > 2{,}5\,\sigma$ fällt es mit $1/r$ ab. In Abb. 2.15 werden die elektrischen Felder eines homogen geladenen Strahls und eines gaußförmigen Strahls gleicher Ladung verglichen.

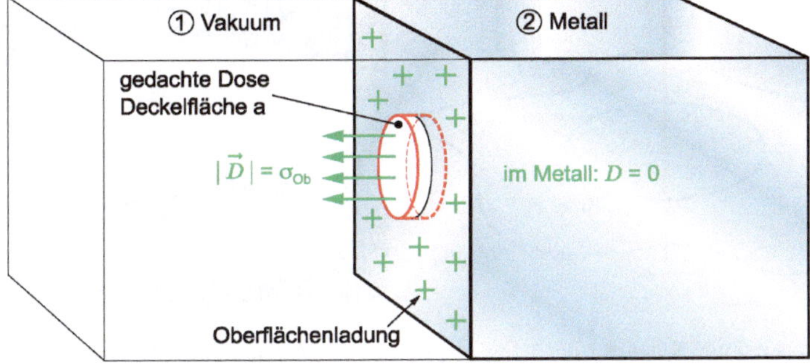

Abb. 2.16 Berechnung der Normalkomponente von $\boldsymbol{D} = \varepsilon_0 \boldsymbol{E}$ an der Grenzfläche Vakuum-Metall

2.3.3 Flächensymmetrie

Eine gleichmäßig mit Ladung bedeckte ebene Metallfläche erzeugt ein homogenes Feld mit parallelen Feldlinien, die senkrecht zur Fläche laufen. Die Feldstärke beträgt

$$|\boldsymbol{E}| = \sigma_{\text{ob}}/\varepsilon_0 \ , \tag{2.36}$$

wobei σ_{ob} die Oberflächenladungsdichte (Ladung pro Flächeneinheit) ist. Um diese Formel zu beweisen, wendet man den Gauß'schen Satz auf die in Abb. 2.16 skizzierte flache Dose an. Die rechte Deckelfläche liegt im Metall, wo das Feld null ist, die linke in Luft bzw. Vakuum. Der Fluss durch den ringförmigen Mantel verschwindet, weil dort das Feld parallel zur Oberfläche ist.

2.4 Satz von Stokes, Rotation eines Vektorfeldes

Ringintegral des Magnetfeldes

Wir haben in Kap. 2.1 bewiesen, dass statische (zeitunabhängige) elektrische Felder wirbelfrei sind. Bei Magnetfeldern sieht das anders aus, wie man in Abb. 2.17 erkennt. Das magnetische Feld eines langen geraden Drahtes, der von einem Strom I durchflossen wird, hat kreisförmige Feldlinien und ist ein Wirbelfeld. Auf einem Kreis mit Radius r hat die Feldstärke einen konstanten Wert und ist parallel zum Weg gerichtet. Das Ringintegral wird daher

$$\oint_{\text{Kreis}} \boldsymbol{H} \cdot d\boldsymbol{s} = H(r) \cdot 2\pi r = I \ . \tag{2.37}$$

Diese Beziehung gilt aber nicht nur für einen kreisförmigen Weg, sondern für ganz beliebige, in sich geschlossene Wege C, die den Strom einmal umschließen (Abb. 2.17). Der Beweis verläuft ganz ähnlich wie in Kap. 2.1 und soll hier nur

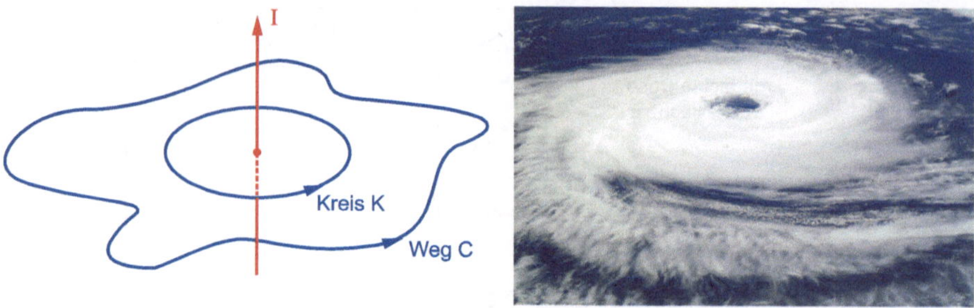

Abb. 2.17 *Links*: Zwei Wege für das Ringintegral des magnetisierenden Feldes, ein Kreis K und ein beliebiger Weg C, der den Strom I einmal umschließt. *Rechts* wird als Beispiel für ein Wirbelfeld in der Natur ein Foto des Zyklons Catarina gezeigt (26. März 2004 in Brasilien). Quelle: NASA

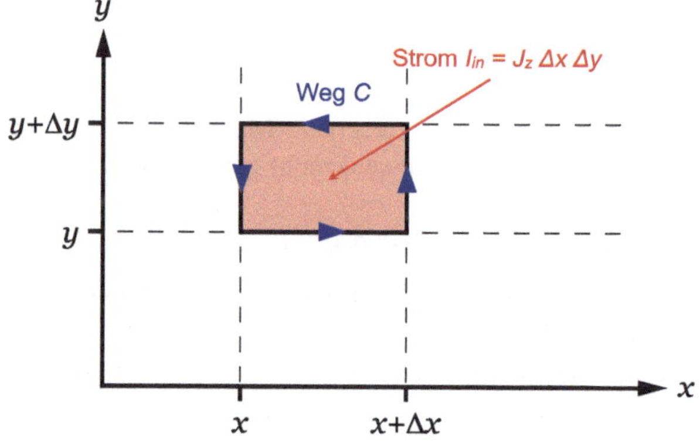

Abb. 2.18 Das Ringintegral des magnetisierenden Feldes über den Rand eines kleinen Rechtecks in der xy-Ebene

angedeutet werden. Eine beliebige geschlossene Kurve C approximieren wir wieder durch eine „Sägezahn-Kurve", bestehend aus vielen sehr kurzen Kreisbögen und radialen Abschnitten. Im Unterschied zum elektrischen Fall ist $\boldsymbol{H} \cdot d\boldsymbol{s} \neq 0$ auf den Kreisbögen und $\boldsymbol{H} \cdot d\boldsymbol{s} = 0$ auf den radialen Abschnitten.

Werden mehrere Ströme umschlossen, so addiert man diese unter Berücksichtigung des Vorzeichens, ganz ähnlich wie beim Gauß'schen Satz für Ladungsverteilungen. So ergibt sich die Gleichung

$$\boxed{\oint_C \boldsymbol{H} \cdot d\boldsymbol{s} = I_{\text{in}}\,, \qquad I_{\text{in}} = I_1 + I_2 + I_3 \ldots} \tag{2.38}$$

Dabei können die Ströme auch verschiedene Vorzeichen haben. Umschließt der Integrationsweg beispielsweise einen Strom $I_1 = +20\,\text{A}$ und einen Strom $I_2 = -20\,\text{A}$, so wird $\oint_C \boldsymbol{H} \cdot d\boldsymbol{s} = 0$.

Rotation des Magnetfeldes

Um die Rotation des H-Feldes einzuführen, betrachten wir statt des Linienstroms I eine Stromdichteverteilung $J_z(x, y)$. Als geschlossene Kurve C wählen wir ein kleines Rechteck in der xy-Ebene mit der Fläche $\Delta a = \Delta x \Delta y$. Der Strom durch das Flächenelement Δa ist $I_{\text{in}} = J_z \Delta x \Delta y$. Jetzt werten wir das Ringintegral (2.38) für einen Weg C aus, der die Randkurve des Rechtecks ist, s. Abb. 2.18.

$$\oint \boldsymbol{H} \cdot d\boldsymbol{s} = [H_x(y) - H_x(y + \Delta y)] \cdot \Delta x + \left[H_y(x + \Delta x) - H_y(x)\right] \cdot \Delta y = I_{\text{in}} .$$

Division durch $\Delta x \Delta y$ ergibt

$$\frac{H_y(x + \Delta x) - H_y(x)}{\Delta x} - \frac{H_x(y + \Delta y) - H_x(y)}{\Delta y} = \frac{I_{\text{in}}}{\Delta x \Delta y} = J_z .$$

Im Limes Δx , $\Delta y \to 0$ wird daraus

$$\frac{\partial H_y}{\partial x} - \frac{\partial H_x}{\partial y} = J_z . \tag{2.39}$$

Entsprechende Gleichungen gelten für Ströme in x- oder y-Richtung:

$$\frac{\partial H_z}{\partial y} - \frac{\partial H_y}{\partial z} = J_x , \quad \frac{\partial H_x}{\partial z} - \frac{\partial H_z}{\partial x} = J_y . \tag{2.40}$$

Die *Rotation* eines Vektorfeldes ist definiert als

$$\operatorname{rot} \boldsymbol{H} = \left(\frac{\partial H_z}{\partial y} - \frac{\partial H_y}{\partial z}\right) \hat{\boldsymbol{x}} + \left(\frac{\partial H_x}{\partial z} - \frac{\partial H_z}{\partial x}\right) \hat{\boldsymbol{y}} + \left(\frac{\partial H_y}{\partial x} - \frac{\partial H_x}{\partial y}\right) \hat{\boldsymbol{z}} . \tag{2.41}$$

Die Gleichungen (2.39) und (2.40) können in kompakter Form geschrieben werden

$$\boxed{\operatorname{rot} \boldsymbol{H} \equiv \nabla \times \boldsymbol{H} = \boldsymbol{J} .} \tag{2.42}$$

Dies ist die differentielle Form des Stokes'schen Satzes für Magnetfelder. Die integrale Form (vgl. Anhang A.3.4) erhalten wir aus Gl. (2.38), indem wir den Strom als Flächenintegral über die Stromdichte darstellen:

$$\boxed{\oint_C \boldsymbol{H} \cdot d\boldsymbol{s} = \iint_S (\boldsymbol{J} \cdot \hat{\boldsymbol{n}})\, da = \iint_S ([\nabla \times \boldsymbol{H}] \cdot \hat{\boldsymbol{n}})\, da .} \tag{2.43}$$

Rotation des elektrischen Feldes

Elektrostatische Felder sind wirbelfrei und daher verschwindet ihre Rotation

$$\nabla \times \boldsymbol{E} = 0 . \tag{2.44}$$

Alternativ kann man das auch wie folgt beweisen. Ein statisches elektrisches Feld kann man als den negativen Gradienten eines skalaren Potentials schreiben

$$\boldsymbol{E} = -\operatorname{grad}\Phi \equiv -\nabla\Phi \, .$$

Die Rotation eines Gradientenfeldes ist immer null. Wir zeigen dies für die x-Komponente.

$$(\nabla \times \boldsymbol{E})_x = \frac{\partial E_z}{\partial y} - \frac{\partial E_y}{\partial z} = -\frac{\partial}{\partial y}\left(\frac{\partial \Phi}{\partial z}\right) + \frac{\partial}{\partial z}\left(\frac{\partial \Phi}{\partial y}\right) = 0 \, ,$$

da es nicht auf die Reihenfolge der partiellen Ableitungen ankommt.

2.5 Anwendungen des Satzes von Stokes

Die wesentlichen Anwendungen des Satzes von Stokes beziehen sich auf die Magnetfelder zylindersymmetrischer Stromverteilungen.

a) Zylindrisches Rohr

In der Wand eines zylindrischen Rohrs (Außenradius r_1, Wanddicke d) fließe ein Strom I, der gleichmäßig über den Umfang verteilt ist. Außerhalb des Rohrs gilt

$$\oint_C \boldsymbol{B} \cdot d\boldsymbol{s} = \mu_0 I \, , \quad B(r) = \frac{\mu_0 I}{2\pi r} \quad \text{für} \quad r > r_1 \, . \tag{2.45}$$

Dies ist ein azimutales Feld, und es hat den gleichen Wert wie das Magnetfeld eines geraden Drahtes. Im Innern des Rohrs ($r < r_1 - d$) verschwindet das Magnetfeld, da dort kein Strom fließt und das Ringintegral $\oint_C \boldsymbol{B} \cdot d\boldsymbol{s}$ für jeden geschlossenen Weg C verschwindet.

Es ist zu beachten, dass diese Aussagen die Zylindersymmetrie voraussetzen. Ein Vierkantrohr erzeugt ein komplizierteres Magnetfeld als (2.45) im Außenraum, und das Feld im Innenraum ist nicht identisch null.

b) Koaxialkabel

Auf dem Innenleiter mit Radius r_1 fließe ein Strom $I_1 = I$, auf dem Außenleiter mit Radius r_2 ein gegenläufiger Strom $I_2 = -I$. Dann gilt aufgrund des Stokes-Satzes

$$B_\varphi = \begin{cases} \frac{\mu_0 I}{2\pi r} & \text{für} \quad r_1 \le r \le r_2 \\ 0 & \text{für } r > r_2 \, . \end{cases} \tag{2.46}$$

c) Massiver Zylinder

Ein langer gerader Metallzylinder vom Radius R wird von einem Strom I durchflossen, die Stromdichte ist $J = I/(\pi R^2)$. Die z-Achse legen wir in Richtung des Stromes. Das Magnetfeld innerhalb und außerhalb des Zylinders berechnen wir mit Hilfe der Gl. (2.38), indem wir einen gedachten Kreis mit Radius r konzentrisch zur Achse des Metallzylinders anordnen. Es gilt dann

$$\oint_{\text{Kreis}} \boldsymbol{B} \cdot d\boldsymbol{s} = 2\pi r B_\varphi = \mu_0 I_{\text{in}} ,$$

wobei I_{in} der Strom ist, der durch den Kreis fließt. Für $r \leq R$ ist $I_{\text{in}} = J\pi r^2$, und das Feld wird

$$B_\varphi(r) = \frac{\mu_0 J \pi r^2}{2\pi r} = \frac{\mu_0 J}{2} \cdot r \quad \text{für} \quad r \leq R . \tag{2.47}$$

Das innere Feld wächst linear mit r an. Außerhalb des Metallzylinders ist $I_{\text{in}} = J\pi R^2 = I$ und wird unabhängig vom Radius r. Für $r > R$ wird das Magnetfeld des zylindrischen Leiters daher identisch mit dem Feld eines Linienstroms und sinkt mit $1/r$ ab.

$$B_\varphi(r) = \frac{\mu_0 I}{2\pi} \cdot \frac{1}{r} \quad \text{für} \quad r > R . \tag{2.48}$$

Eine wichtige Konsequenz der Gl. (2.48) ist: durch Messung des äußeren Magnetfeldes kann man nicht herausfinden, welchen Radius der Stromleiter hat und ob er hohl oder massiv ist. Das ist ähnlich wie beim elektrischen Feld (2.33) eines Teilchenstrahls, das wir mit Hilfe des Gauß'schen Satz berechnen. Im Außenraum ist das elektrische Feld eines geladenen Zylinders identisch mit dem Feld einer Linienladung. Durch Messung des Feldes gewinnt man keinerlei Information über den Radius des Zylinders.

Diese Erkenntnis ist sehr unerfreulich für Beschleunigerphysiker. Ein sehr wichtiger Parameter ist der Radius eines Teilchenstrahls, der entscheidend in die Luminosität eines Colliders oder die Brillanz einer Synchrotron-Lichtquelle eingeht. Unsere Überlegungen zeigen, dass man den Strahlradius nicht mit Hilfe von externen Elektroden sozusagen berührungsfrei messen kann, egal wie schlau man sich die Form und Anordnung dieser Elektroden auch ausdenkt. Stattdessen müssen sog. „invasive“ Methoden angewandt werden, beispielsweise indem man eine dünne Szintillatorfolie in den Strahl fährt und den entstehenden Leuchtfleck mit einer Pixelkamera fotografiert.

2.6 Vektorpotential, Poisson-Gleichung

2.6.1 Das magnetische Vektorpotential

Elektrische und magnetische Felder haben eine sehr unterschiedliche Charakteristik. Die Rotation eines statischen elektrischen Feldes verschwindet, und das Feld kann als (negativer) Gradient eines skalaren Potentials geschrieben werden: $\boldsymbol{E} = -\nabla\Phi$. Die Divergenz des elektrischen Feldes ist im Allgemeinen ungleich null ($\mathrm{div}\boldsymbol{E} = \rho/\varepsilon_0$).

Die Divergenz eines Magnetfeldes ist immer null. Ein divergenzfreies Vektorfeld kann als Rotation eines geeigneten anderen Vektorfeldes dargestellt werden. Dieser Satz wird hier nicht bewiesen. Speziell für das Magnetfeld folgt daraus, dass ein Vektorfeld $\boldsymbol{A}$ existiert mit der Eigenschaft

$$\boxed{\boldsymbol{B} = \nabla \times \boldsymbol{A}\ .} \tag{2.49}$$

Das Feld $\boldsymbol{A}$ nennt man das magnetische *Vektorpotential.*
Umgekehrt ist die Divergenz eines Rotationsfeldes identisch null: es gilt

$$\nabla \cdot (\nabla \times \boldsymbol{A}) = 0$$

für ein beliebiges Vektorfeld $\boldsymbol{A}$, wie man leicht nachrechnen kann.

Aus dem Satz von Stokes (A.23) folgt, dass das Ringintegral des Vektorpotentials über eine geschlossene Kurve C gleich dem Fluss der magnetischen Feldstärke durch die von C umschlossene Fläche S ist:

$$\oint_C \boldsymbol{A} \cdot d\boldsymbol{s} = \iint_S (\nabla \times \boldsymbol{A}) \cdot \hat{\boldsymbol{n}}\, da = \iint_S \boldsymbol{B} \cdot \hat{\boldsymbol{n}}\, da = \phi_{\mathrm{mag}}\ .$$

Es gilt daher der wichtige Satz

$$\boxed{\oint_C \boldsymbol{A} \cdot d\boldsymbol{s} = \phi_{\mathrm{mag}}\ .} \tag{2.50}$$

Eichtransformationen

Das magnetische Vektorpotential ist nicht eindeutig. Wenn $\chi(x, y, z)$ eine beliebige skalare Funktion ist, so ergibt das neue Vektorpotential

$$\boldsymbol{A}' = \boldsymbol{A} + \nabla\chi \tag{2.51}$$

das gleiche Magnetfeld $\boldsymbol{B}$, denn die Rotation des Gradientenfeldes $\nabla\chi$ verschwindet: $\nabla \times (\nabla\chi) = 0$. Daher ist

$$\boldsymbol{B}' = \nabla \times \boldsymbol{A}' = \nabla \times \boldsymbol{A} + \nabla \times (\nabla\chi) = \nabla \times \boldsymbol{A} = \boldsymbol{B}\ .$$

Die Transformation (2.51) nennt man eine *Eichtransformation.*

2.6.2 Poisson-Gleichung und Biot-Savart-Gesetz

Wir wollen jetzt eine Differentialgleichung herleiten, die es erlaubt, das skalare Potential und das Vektorpotential aus vorgegebenen Ladungsdichte- und Stromdichteverteilungen zu berechnen. Aus $\boldsymbol{\nabla} \cdot \boldsymbol{E} = \rho/\varepsilon_0$ und $\boldsymbol{E} = -\boldsymbol{\nabla}\Phi$ folgt

$$\boldsymbol{\nabla}^2 \Phi = \left(\frac{\partial^2 \Phi}{\partial x^2} + \frac{\partial^2 \Phi}{\partial y^2} + \frac{\partial^2 \Phi}{\partial z^2} \right) = -\frac{\rho}{\varepsilon_0} \,. \tag{2.52}$$

Diese Differentialgleichung 2. Ordnung nennt man die Poisson-Gleichung[1]. Man kann zeigen, dass die Lösung folgende Form hat

$$\boxed{\Phi(\boldsymbol{r}) = \frac{1}{4\pi\varepsilon_0} \iiint \frac{\rho(\boldsymbol{r}')}{|\boldsymbol{r} - \boldsymbol{r}'|} d^3 r' \,.} \tag{2.53}$$

Diese Lösung ist im Grunde leicht zu verstehen. Das skalare Potential einer Anordnung von Punktladungen Q_j, die sich an den Orten $\boldsymbol{r}_j$ befinden, ist

$$\Phi(\boldsymbol{r}) = \frac{1}{4\pi\varepsilon_0} \sum_j \frac{Q_j}{|\boldsymbol{r} - \boldsymbol{r}_j|}.$$

Wenn man die Punktladungen durch eine kontinuierliche Ladungsdichte ersetzt, geht die Summe in das Integral der Gl. (2.53) über.

Die Poisson-Gleichung für das Vektorpotential erhält man wie folgt. Im Vakuum gilt die Gleichung $\boldsymbol{\nabla} \times \boldsymbol{B} = \mu_0 \boldsymbol{J}$. In diese Gleichung setzen wir $\boldsymbol{B} = \boldsymbol{\nabla} \times \boldsymbol{A}$ ein und benutzen Gl. (A.29):

$$\boldsymbol{\nabla} \times (\boldsymbol{\nabla} \times \boldsymbol{A}) = -\boldsymbol{\nabla}^2 \boldsymbol{A} + \boldsymbol{\nabla}(\boldsymbol{\nabla} \cdot \boldsymbol{A}) = \mu_0 \boldsymbol{J} \,.$$

Durch eine Eichtransformation kann man erreichen, dass die Divergenz des Vektorpotentials null wird, $\boldsymbol{\nabla} \cdot \boldsymbol{A} = 0$. Man nennt dies die Coulomb-Eichung. Dann ergibt sich folgende Poisson-Gleichung für das Vektorpotential

$$\boldsymbol{\nabla}^2 \boldsymbol{A} = -\mu_0 \boldsymbol{J} \tag{2.54}$$

mit der Lösung

$$\boxed{\boldsymbol{A}(\boldsymbol{r}) = \frac{\mu_0}{4\pi} \iiint \frac{\boldsymbol{J}(\boldsymbol{r}')}{|\boldsymbol{r} - \boldsymbol{r}'|} d^3 r' \,.} \tag{2.55}$$

Wie man sieht, ist das Vektorpotential parallel zur Stromdichte. Für einen Strom I, der in einem dünnen Draht fließt, entfallen zwei der Integrationen, und es gilt

$$\boldsymbol{A}(\boldsymbol{r}) = \frac{\mu_0}{4\pi} \int \frac{\boldsymbol{I}}{|\boldsymbol{r} - \boldsymbol{r}'|} ds' \,. \tag{2.56}$$

[1] Wenn die Ladungsdichte null ist, nennt man Gl. (2.52) die Laplace-Gleichung.

Hier ist s' die Bahnlänge entlang des Drahtes. Aus dieser Formel kann man das Biot-Savart-Gesetz für das Magnetfeld eines Linienstroms herleiten. Wir geben dies Gesetz in differentieller Form an. Ein Strom I, der am Ort $\boldsymbol{r}'$ durch ein Leiterstück ds' fliesst, liefert folgenden Beitrag zum Magnetfeld am Beobachtungsort $\boldsymbol{r}$:

$$\boxed{d\boldsymbol{B}(\boldsymbol{r}) = \frac{\mu_0}{4\pi}\,\frac{\boldsymbol{I}\times(\boldsymbol{r}-\boldsymbol{r}')}{|\boldsymbol{r}-\boldsymbol{r}'|^3}\,ds'\,.} \tag{2.57}$$

Das Biot-Savart-Gesetz sieht recht kompliziert aus und ist dies auch, wenn man es auf beliebig geformte Stromleiter anwenden möchte. Relativ einfach wird es in zwei Spezialfällen, die wir jetzt analysieren.

Anwendungsbeispiele für das Biot-Savart-Gesetz

a) Magnetfeld eines langen geraden Stromleiters

Wir wissen bereits, dass das Magnetfeld ringförmige Feldlinien um den Strom bildet. Es ist daher zweckmäßig, Zylinderkoordinaten zu benutzen (Anhang A.5). Der Strom fließe entlang der z-Achse und wir wollen das Magnetfeld im Abstand $r = \sqrt{x^2+y^2}$ vom Draht berechnen. Unsere Bahnkoordinate ist $s' = z'$. Es gelten folgende Beziehungen (siehe auch Abb. 2.19)

$$\begin{aligned}
&\boldsymbol{I} = I\,\hat{\boldsymbol{z}}, \quad \boldsymbol{r} = r\,\hat{\boldsymbol{r}}, \quad \boldsymbol{r}' = z'\,\hat{\boldsymbol{z}}, \quad \boldsymbol{I}\times(\boldsymbol{r}-\boldsymbol{r}') = I\,r\,\hat{\boldsymbol{\varphi}}\,,\\
&r = \left|\boldsymbol{r}-\boldsymbol{r}'\right|\cos\alpha, \quad s' \equiv z' = r\,\tan\alpha, \quad ds' = \frac{r}{\cos^2\alpha}\,d\alpha
\end{aligned}$$

Setzen wir diese Beziehungen in Gl. (2.57) ein und integrieren über den Drahtabschnitt, der durch die Anfangs- und Endwinkel α_1 und α_2 definiert ist, so wird

$$\begin{aligned}
\boldsymbol{B}(\boldsymbol{r}) &= \frac{\mu_0}{4\pi}\int_{\alpha_1}^{\alpha_2}\frac{I\,r}{r^3/\cos^3\alpha}\,\frac{r}{\cos^2\alpha}\,d\alpha\,\hat{\boldsymbol{\varphi}}\\
&= \frac{\mu_0 I}{4\pi\,r}\int_{\alpha_1}^{\alpha_2}\cos\alpha\,d\alpha\,\hat{\boldsymbol{\varphi}} = \frac{\mu_0 I}{4\pi\,r}\,(\sin\alpha_2-\sin\alpha_1)\,\hat{\boldsymbol{\varphi}}\,.
\end{aligned}$$

Wenn der Draht sich längs der z-Achse von $-\infty$ bis $+\infty$ erstreckt, sind die Integrationsgrenzen $\alpha_1 = -\pi/2$ und $\alpha_2 = +\pi/2$. Damit erhalten wir die bekannte Formel

$$\boldsymbol{B}(\boldsymbol{r}) = \frac{\mu_0 I}{2\pi\,r}\,\hat{\boldsymbol{\varphi}}\,. \tag{2.58}$$

b) Magnetfeld eines Ringstroms

Die x-Achse sei die Symmetrieachse eines Drahtringes mit Radius R, in dem der Strom I fließt. Um das Magnetfeld auf der Achse zu berechnen, betrachten wir zwei

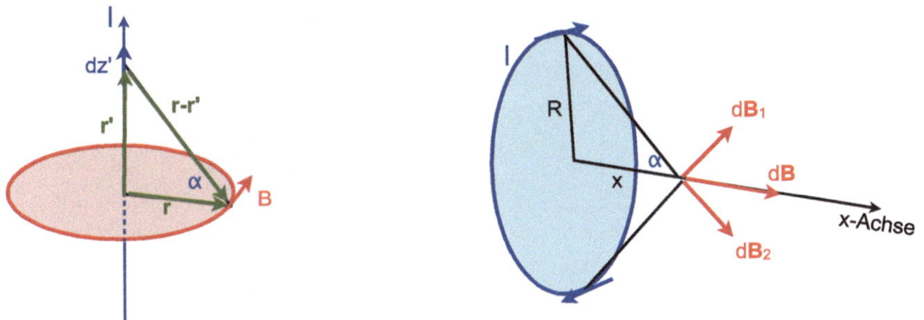

Abb. 2.19 Berechnung des Magnetfeldes eines linearen Stroms und eines Ringstroms mit dem Biot-Savart-Gesetz

gegenüberliegende Abschnitte, die jeweils die Länge ds' haben. Im Abstand x vom Zentrum erzeugen sie die Felder

$$d\boldsymbol{B}_1(x) = \frac{\mu_0 I ds'}{4\pi(R^2 + x^2)} (\cos\alpha\, \hat{\boldsymbol{z}} + \sin\alpha\, \hat{\boldsymbol{x}}) \ ,$$

$$d\boldsymbol{B}_2(x) = \frac{\mu_0 I ds'}{4\pi(R^2 + x^2)} (-\cos\alpha\, \hat{\boldsymbol{z}} + \sin\alpha\, \hat{\boldsymbol{x}}) \ ,$$

$$d\boldsymbol{B}(x) = d\boldsymbol{B}_1(x) + d\boldsymbol{B}_2(x) = \frac{\mu_0 I ds'}{2\pi(R^2 + x^2)} \sin\alpha\, \hat{\boldsymbol{x}} \ .$$

Wegen $\sin\alpha = R/\sqrt{R^2 + x^2}$ folgt

$$d\boldsymbol{B}(x) = \frac{\mu_0 I ds'}{2\pi} \frac{R}{(R^2 + x^2)^{3/2}} \hat{\boldsymbol{x}} \ .$$

Die Feldanteile in x-Richtung addieren sich, die transversalen Feldanteile heben sich auf. Dies gilt für alle gegenüberliegenden Abschnitte. Das Gesamtfeld auf der x-Achse erhalten wir durch Integration über den halben Ringumfang, was in diesem Fall bedeutet, dass wir ds' durch πR ersetzen:

$$\boldsymbol{B}(x) = \frac{\mu_0 I}{2} \frac{R^2}{(R^2 + x^2)^{3/2}} \hat{\boldsymbol{x}} \ . \tag{2.59}$$

Das Feld einer Ringspule ist sehr inhomogen. Viel bessere Feldqualität erzeugt man mit der Helmholtz-Spulenanordnung, die aus zwei Ringspulen besteht, die den Abstand R voneinander haben (siehe Aufgabe 2.7).

Die Berechnung der Felder von Spulen oder Magneten mit Eisenjoch ist generell aufwändig und nur in seltenen Fällen analytisch durchführbar. Es existieren ausgefeilte numerische Codes, in denen auch eine partielle Sättigung des Eisenjochs berücksichtigt werden kann. Meistens ist es unpraktisch, erst das Vektorpotential zu berechnen und daraus durch Bildung der Rotation das Feld; die direkte Berechnung des B-Feldes ist generell einfacher. Eine Ausnahme sind die supraleitenden Magnete

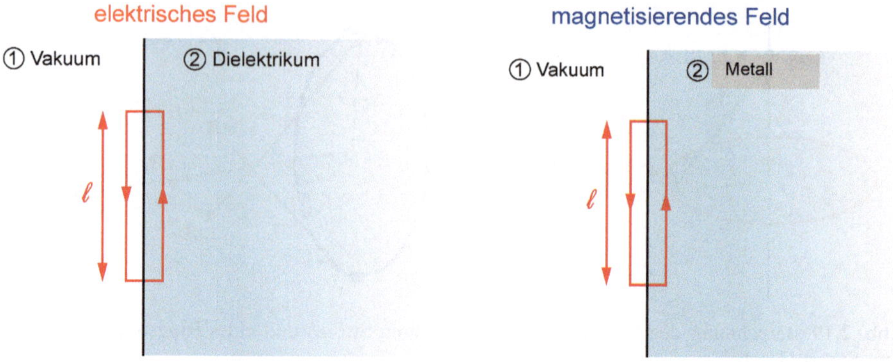

Abb. 2.20 *Links*: Die Grenzfläche Vakuum-Dielektrikum und der Integrationsweg für das elektrische Feld $\boldsymbol{E}$. *Rechts*: Die Grenzfläche Vakuum-Metall und der Integrationsweg für das magnetisierende Feld $\boldsymbol{H}$

eines Protonenbeschleunigers wie HERA oder LHC. Hier laufen die Stromleiter parallel zum Teilchenstrahl, und das Vektorpotential hat nur diese eine Komponente in Strahlrichtung, die auf sehr elegante Weise analytisch berechnet werden kann [7].

2.7 Randbedingungen an Grenzflächen

2.7.1 Elektrische Felder

Wir betrachten die Grenzfläche zwischen zwei dielektrischen Medien mit den relativen Permittivitäten ε_{r1} und ε_{r2}. Eines der Medien kann auch Vakuum sein, wir setzen dann $\varepsilon_r = 1$. Wir wollen zeigen, dass die Parallelkomponente von $\boldsymbol{E}$ und die Normalkomponente von $\boldsymbol{D} = \varepsilon_r \varepsilon_0 \boldsymbol{E}$ stetig sind:

$$\boxed{(E_\parallel)_1 = (E_\parallel)_2\,, \quad (D_\perp)_1 = (D_\perp)_2\,.} \tag{2.60}$$

Um die erste der Gleichungen (2.60) zu beweisen, werten wir die Beziehung $\oint \boldsymbol{E} \cdot d\boldsymbol{s} = 0$ für den in Abb. 2.20 skizzierten Weg aus.

$$\oint \boldsymbol{E} \cdot d\boldsymbol{s} = \left[(E_\parallel)_1 - (E_\parallel)_2\right] \ell = 0 \quad \Rightarrow \quad (E_\parallel)_1 = (E_\parallel)_2\,.$$

Die zweite der Gleichungen (2.60), die Stetigkeit von $D_\perp$, folgt aus dem Gauß'schen Satz und der Beobachtung, dass an der Grenzfläche der dielektrischen Medien keine frei beweglichen Ladungsträger existieren und es daher dort keine Quellen für die dielektrische Verschiebung D gibt.

Metalle erfordern eine andere Betrachtung. Im Innern eines Metalls gilt $\boldsymbol{E} = 0$ und $\boldsymbol{D} = 0$, wenn keine Ströme fließen. Die Parallelkomponente von $\boldsymbol{E} = 0$ muss gegen null gehen, wenn man sich einer metallischen Grenzfläche nähert (Vakuum-Metall oder Dielektrikum-Metall). Im stromfreien Fall gilt auf einer Metalloberfläche immer

$$E_{\parallel} = 0 \,. \tag{2.61}$$

Die Normalkomponente von $\boldsymbol{D}$ ist jedoch nicht stetig, sondern macht einen Sprung, sofern es eine Oberflächenladung auf dem Metall gibt. Zur Berechnung wendet man den Gauß'schen Satz auf die in Abb. 2.16 skizzierte flache Dose an. Man findet

$$(D_{\perp})_1 = \sigma_{\text{ob}} \,, \quad (D_{\perp})_2 = 0 \,. \tag{2.62}$$

Hier bedeutet σ_{ob} die Oberflächenladungsdichte (Ladung pro Flächeneinheit).

2.7.2 Magnetische Felder

Im magnetischen Fall sieht es etwas anders aus als im elektrischen. Die meisten Dielektrika sind unmagnetisch, die relative Permeabilität ist $\mu_r = 1$. Die Grenzfläche zwischen Vakuum und einem solchen Dielektrikum wird vom magnetischen Feld gar nicht wahrgenommen, ebenso wenig die Grenzfläche zweier unmagnetischer Dielektrika. Ferrite sind elektrische Isolatoren mit $\mu_r > 1$, auf die wir nicht weiter eingehen wollen. Interessant sind die Randbedingungen an einer Grenzfläche Vakuum-Metall. Eine wichtige Beobachtung ist, dass Oberflächenströme im strengen Sinne nicht existieren. Für einen Stromfluss braucht man immer eine Schichtdicke d, die groß im Vergleich zu atomaren Dimensionen ist. Hochfrequenzfelder dringen mit exponentieller Abschwächung in das Metall ein. Man nennt dies den *Skin-Effekt*. Typische Werte der Skintiefe sind $\delta \approx 1\,\mu$m. Die dünnsten stromtragenden Schichten findet man in Supraleitern, dort ist die Eindringtiefe für Gleich- und Wechselströme in der Größenordnung von 50 Nanometern (London'sche Eindringtiefe), siehe z. B. [8]. Oberflächenladungen sind dagegen auf eine Schicht von der Größenordnung eines Atomdurchmessers begrenzt (einige Zehntel Nanometer). Die Abwesenheit von Oberflächenströmen impliziert, dass das Ringintegral des H-Feldes für den in Abb. 2.20 skizzierten Weg verschwindet: $\oint \boldsymbol{H}\cdot d\boldsymbol{s} = 0$. Daraus folgt, dass die Parallelkomponente von $\boldsymbol{H}$ an der Grenzfläche stetig ist. Da keine magnetischen Einzelladungen existieren, folgt aus dem Gauß'schen Satz, dass die Normalkomponente von $\boldsymbol{B}$ an einer Grenzfläche immer stetig ist.

$$\boxed{(H_{\parallel})_1 = (H_{\parallel})_2 \,, \quad (B_{\perp})_1 = (B_{\perp})_2 \,.} \tag{2.63}$$

Wenn wir speziell die Grenzfläche Vakuum-Eisen betrachten ($\mu_{r1} = 1$, $\mu_{r2} \gg 1$), so folgt aus (2.63), dass die Parallelkomponente von $\boldsymbol{B}$ im Vakuumbereich stark unterdrückt ist, denn es gilt

$$(B_{\parallel})_1 \ll (B_{\parallel})_2 = \mu_{r2}\,(B_{\parallel})_1 \,.$$

Das Magnetfeld $\boldsymbol{B}$ steht daher nahezu senkrecht auf der Eisenoberfläche.

Wichtige Konsequenzen der Randbedingungen sind:

- Das elektrische Feld $\boldsymbol{E}$ steht immer senkrecht auf metallischen Leitern (falls kein Strom im Leiter fließt).
- Das Magnetfeld $\boldsymbol{B}$ steht nahezu senkrecht auf den Eisenpolschuhen von Magneten, sofern das Eisen nicht in Sättigung ist.

Abweichungen von diesen Regeln

Wenn ein Kupferdraht von einem Strom durchflossen wird, gibt es eine elektrische Feldkomponente in Richtung des Stroms. Das $\boldsymbol{E}$-Feld steht dann nicht mehr senkrecht auf der Leiteroberfläche. Wenn man einen Elektromagneten mit Eisenjoch so stark erregt, dass man sich der Sättigungsmagnetisierung annähert ($\mu_0 M \approx 2\,\mathrm{T}$), so geht μ_{r2} gegen 1, und die magnetischen Feldlinien stehen nicht mehr senkrecht auf den Polschuhen. Dies führt insbesondere bei Quadrupolmagneten (Abb. 2.8) zu einer schlechten Feldqualität.

2.8 Weitere Beispiele und didaktische Anmerkungen

2.8.1 Genügt das Feld einer Punktladung exakt einem $1/r^2$-Gesetz?

In der Elektrodynamik wird die Annahme gemacht, dass das elektrische Feld einer Punktladung oder einer kugelförmigen Ladungsverteilung umgekehrt proportional zum Quadrat des Abstands r ist:

$$E(r) = \frac{Q}{4\pi\varepsilon_0 r^2} \,. \tag{2.64}$$

Das Coulomb-Gesetz ist experimentell mit hoher Genauigkeit bestätigt worden, aber wie bei jeder Messung muss man sich die Fehlergrenzen ansehen. Aus der Sicht des Experimentalphysikers macht es keinen großen Unterschied, ob Gl. (2.64) exakt gilt, oder ob der Exponent im Nenner sehr geringfügig von 2 abweicht

$$E(r) = \frac{Q}{4\pi\varepsilon_0 r^{2+\delta}} \quad \text{oder} \quad E(r) = \frac{Q}{4\pi\varepsilon_0 r^{2-\delta}} \,,$$

wobei δ eine extrem kleine Zahl ist, sagen wir $\delta < 10^{-20}$. Für den Mathematiker oder theoretischen Physiker ist der Unterschied jedoch fundamental. Jede noch so kleine Abweichung vom „exakten" Coulomb-Gesetz (2.64) hat zur Folge, dass der Gauß'sche Satz falsch wird und damit auch die erste Maxwellgleichung ihre Gültigkeit verliert. Eine Konsequenz wäre beispielsweise, dass das elektrische Feld im Innern einer leitenden Hohlkugel nicht mehr exakt null wäre (siehe hierzu die Betrachtungen in den Feynman-Vorlesungen [2], Band II, Kap. 5.8).

Äquivalent mit dem exakten $1/r^2$-Gesetz des Feldes ist die exakte $1/r$-Abhängigkeit des Potentials einer Punktladung: $\Phi(r) = Q/(4\pi\varepsilon_0 r)$. In der Sprache der Teilchenphysik besagt dies, dass die Feldquanten des elektromagnetischen Feldes, die Photonen oder γ-Quanten, die Ruhemasse null haben müssen. Wenn die Feldquanten eine nicht verschwindende Ruhemasse $m_\gamma > 0$ hätten, würden sie ein *Yukawa-Potential* erzeugen

$$\Phi(r) \propto \frac{\mathrm{e}^{-\mu r}}{r} \quad \text{mit} \quad \mu = \frac{m_\gamma c}{\hbar}\,, \tag{2.65}$$

dessen Reichweite kürzer als die des Coulomb-Potentials ist. Im Rahmen der Messgenauigkeit ist die Ruhemasse des Photons null, die obere Grenze ist extrem klein im Vergleich zur Elektronenmasse

$$m_\gamma c^2 < 10^{-18}\,\mathrm{eV}\,.$$

Die seltsame Konsequenz einer von null verschiedenen Ruhemasse der Photonen wäre, dass sich Licht mit einer etwas geringeren Geschwindigkeit als der „Lichtgeschwindigkeit“ c im Vakuum ausbreiten müsste.

2.8.2 Die elektrostatische Selbstenergie des Elektrons

Die klassische Elektrodynamik ist eine überaus erfolgreiche Theorie, wir werden in den folgenden Kapiteln noch viel darüber lernen. Dennoch gibt es in dieser Theorie Rätsel, die bis heute ungelöst sind. Eines der hartnäckigsten Probleme ist die unendlich hohe Feldenergie einer Punktladung.

Die potentielle Energie einer geladenen Kugel steckt im Feld

Die elektrische potentielle Energie einer homogen geladenen Kugel ist positiv, da repulsive Kräfte zwischen den Bestandteilen wirken. Die potentielle Energie ergibt sich zu

$$E_{\text{pot}} = \frac{3}{5}\,\frac{Q^2}{4\pi\varepsilon_0 R}\,. \tag{2.66}$$

Um diese Formel zu beweisen, denkt man sich die Vollkugel in dünne sphärische Schalen aufgeteilt, die wie in einer Zwiebel angeordnet sind. Die kugelförmige Ladungsverteilung wird sukzessive aufgebaut, indem man immer weitere Schalen mit wachsendem Radius hinzufügt, bis man beim Radius R angekommen ist. Wenn die Kugel bis zu einem Radius $r < R$ aufgebaut ist, so enthält sie eine Ladung $q = Q\,r^3/R^3$, und das elektrische Potential an der Oberfläche ist

$$\Phi(r) = \frac{q}{4\pi\varepsilon_0 r} = \frac{Q}{4\pi\varepsilon_0 R^3}\,r^2\,.$$

Jetzt fügen wir eine Schale der Dicke dr hinzu. Sie enthält die Ladung

$$dq = \rho\, 4\pi r^2 dr \quad \text{mit der Ladungsdichte} \quad \rho = Q\, \frac{3}{4\pi R^3}\,,$$

und die potentielle Energie erhöht sich um

$$dE_{\text{pot}} = \Phi(r) dq = \frac{3Q^2 r^4}{4\pi\varepsilon_0 R^6}\, dr\ .$$

Wird dieser Ausdruck über r integriert, so ergibt sich Formel (2.66).

Wie schon beim Plattenkondensator ist auch in diesem Fall die potentielle Energie identisch mit dem Energieinhalt des elektrischen Feldes. Zum Beweis berechnen wir das Volumenintegral über die elektrische Energiedichte.

$$W_{\text{el}} = \iiint w_{\text{el}}\, d^3r = \frac{\varepsilon_0}{2} \iiint \boldsymbol{E}^2\, d^3r = \frac{\varepsilon_0}{2} \int_0^\infty \boldsymbol{E}^2\, 4\pi r^2 dr\ .$$

Die letzte Umformung haben wir gemacht, weil das Feld einer geladenen Kugel nur vom Betrag des Ortsvektors $r = |\boldsymbol{r}|$ und nicht von den Winkeln θ und φ abhängt. Nun setzen wir die Felder (2.27) und (2.26) ein:

$$\begin{aligned} W_{\text{el}} &= \frac{\varepsilon_0}{2} \int_0^R \boldsymbol{E}_i^2\, 4\pi r^2 dr + \frac{\varepsilon_0}{2} \int_R^\infty \boldsymbol{E}_a^2\, 4\pi r^2 dr \\ &= \frac{1}{10}\, \frac{Q^2}{4\pi\varepsilon_0 R} + \frac{1}{2}\, \frac{Q^2}{4\pi\varepsilon_0 R} = \frac{3}{5}\, \frac{Q^2}{4\pi\varepsilon_0 R}\ . \end{aligned}$$

Damit ist die Gleichheit von potentieller Energie und Feldenergie bewiesen.

Ist die Masse des Elektrons ein elektromagnetischer Effekt?

Wenn man als Modell des Elektrons eine homogen geladene Kugel annimmt, könnte man die Frage stellen, ob die Ruheenergie des Teilchens $m_e c^2$ elektrischen Ursprungs sei. Aus der Gleichsetzung

$$m_e c^2 = \frac{e^2}{4\pi\varepsilon_0 r_e}$$

erhält man dann eine Abschätzung für den Radius des Elektrons (der Faktor $3/5$ wird hierbei ignoriert). Der sog. *klassische Elektronenradius* ist durch diese Gleichsetzung definiert

$$r_e = \frac{e^2}{4\pi\varepsilon_0 m_e c^2} = 2{,}81794 \cdot 10^{-15}\ \text{m}\ . \tag{2.67}$$

Diese Größe wird vielfach verwendet, aber in Wahrheit ist das Elektron viel kleiner. Aus den Präzisionstests der Quantenelektrodynamik am Speicherring PETRA ergab sich, dass der Elektronenradius $r < 10^{-18}$ m und damit einen Faktor 1000 kleiner als der Protonenradius ist, sofern das Teilchen überhaupt eine Ausdehnung hat. Aus heutiger Sicht ist es sehr unwahrscheinlich, dass die Ruheenergie irgend etwas mit einer elektrischen Energie zu tun hat. Im Standard-Modell der Teilchenphysik werden die Massen durch Ankopplung an das Higgs-Feld erzeugt, aber auch das ist bis heute nur eine theoretische Modellvorstellung, es sei denn, Higgs-Teilchen werden beim Large Hadron Collider gefunden (siehe hierzu Kap. 8.4.3).

Die elektrische Selbstenergie des Elektrons ist ein bis heute ungelöstes Problem der theoretischen Physik. Wenn man Formel (2.66) auf ein Elektron mit einem Radius $r < 10^{-18}$ m anwendet, so kommt eine elektrostatische Energie heraus, die die Ruheenergie $m_e c^2$ des Teilchens um mehr als drei Zehnerpotenzen übertrifft. Im Fall eines wirklich punktförmigen Elektrons wäre die Selbstenergie sogar unendlich. Ganz offensichtlich ist es unzulässig, das Elektron als homogen geladene Kugel zu behandeln, auf die die Gesetze der klassischen Elektrodynamik angewandt werden dürfen. Unser pragmatischer Standpunkt ist: solange die theoretischen Physiker keine angemessene Lösung für dies Problem gefunden haben (und die Suche nach einer solchen Lösung dauert schon mehr als 80 Jahre an), betrachten wir die Gesetze der klassischen Elektrodynamik als nicht anwendbar im Bereich der allerkleinsten Dimensionen. Punktladungen im strengen Sinn des Wortes existieren für uns auch nicht.

Zusammenfassung

1. Die elektrische Kraft, die eine Ladung $Q > 0$ im Ursprung des Koordinatensystems auf eine Testladung q im Abstand r ausgeübt, ist
$$\boldsymbol{F}_{\text{el}} = q \cdot \frac{Q}{4\pi\varepsilon_0 r^2} \cdot \hat{\boldsymbol{r}} \quad \text{mit} \quad \hat{\boldsymbol{r}} = \boldsymbol{r}/r \ .$$
2. Um das Problem der Fernwirkung zu vermeiden, führt man das Konzept des elektrischen Feldes ein. Die Ladung Q erzeugt das elektrische Feld
$$\boldsymbol{E} = \frac{\boldsymbol{F}_{\text{el}}}{q} = \frac{Q}{4\pi\varepsilon_0 r^2} \cdot \hat{\boldsymbol{r}} \ ,$$
und es ist dieses Feld, welches die Kraft $\boldsymbol{F}_{\text{el}} = q\,\boldsymbol{E}$ auf die Testladung q ausübt.
3. Superpositionsprinzip: das resultierende elektrische Feld von n Punktladungen berechnet man durch vektorielle Addition der Einzelfelder
$$\boldsymbol{E}(\boldsymbol{r}) = \sum_{j=1}^{n} \boldsymbol{E}_j(\boldsymbol{r}) = \sum_{j=1}^{n} \frac{Q_j}{4\pi\varepsilon_0} \frac{\boldsymbol{r} - \boldsymbol{r}_j}{\left|\boldsymbol{r} - \boldsymbol{r}_j\right|^3} \ .$$
4. Elektrostatische Kräfte sind konservativ (wirbelfrei). Das Linienintegral der Kraft hängt nur von Anfangs- und Endpunkt ab, nicht aber vom Verlauf und

der Länge des Weges zwischen diesen Orten. Es ist möglich, eine potentielle Energie geladener Teilchen zu definieren, so dass $E_{\text{kin}} + E_{\text{pot}} = \text{const}$ ist.

5. Ein beliebiges elektrostatisches Feld ist wirbelfrei. Das elektrische Potential ist definiert durch

$$\Phi(\boldsymbol{r}) = \Phi(\boldsymbol{r}_a) - \int_{\boldsymbol{r}_a}^{\boldsymbol{r}} \boldsymbol{E} \cdot d\boldsymbol{s} \ .$$

6. Das Potential einer Punktladung im Ursprung ist

$$\Phi(r) = \frac{Q}{4\pi\varepsilon_0 r}$$

mit der Konvention $\Phi(\infty) = 0$. Das Potential von n Punktladungen $Q_1, Q_2, \ldots Q_n$ ist nach dem Superpositionsprinzip die Summe der Einzelpotentiale

$$\Phi(\boldsymbol{r}) = \sum_{j=1}^{n} \Phi_j(\boldsymbol{r}) = \sum_{j=1}^{n} \frac{Q_j}{4\pi\varepsilon_0 \left|\boldsymbol{r} - \boldsymbol{r}_j\right|} \ .$$

7. Die elektrischen Feldlinien stehen senkrecht auf den Äquipotentialflächen, definiert durch $\Phi(\boldsymbol{r}) = \text{const}$. Metallische Oberflächen sind Äquipotentialflächen, wenn kein Strom fließt.
8. Ein zeitlich konstantes elektrisches Feld kann als negativer Gradient des elektrischen Potentials geschrieben werden:

$$\boldsymbol{E} = -\operatorname{grad}\Phi \equiv -\nabla\Phi \ .$$

9. Integralsatz von Gauß für elektrische Felder: der Fluss der elektrischen Feldstärke durch eine geschlossene Oberfläche ist gleich der im Innern befindlichen Ladung Q_{in}, dividiert durch ε_0:

$$\phi_{\text{el}} = \oiint (\boldsymbol{E} \cdot \hat{\boldsymbol{n}})\, da = \frac{Q_{\text{in}}}{\varepsilon_0} \ .$$

10. Integralsatz von Gauß für magnetische Felder: der Fluss der magnetischen Feldstärke durch eine geschlossene Oberfläche ist identisch null, da keine magnetischen Einzelladungen existieren:

$$\phi_{\text{mag}} = \oiint (\boldsymbol{B} \cdot \hat{\boldsymbol{n}})\, da \equiv 0 \ .$$

11. Die Divergenz des elektrischen Feldes ist

$$\operatorname{div}\boldsymbol{E} \equiv \nabla \cdot \boldsymbol{E} = \frac{\partial E_x}{\partial x} + \frac{\partial E_y}{\partial y} + \frac{\partial E_z}{\partial z} = \frac{\rho}{\varepsilon_0} \ .$$

Die Divergenz des magnetischen Feldes ist

$$\operatorname{div}\boldsymbol{B} \equiv \nabla \cdot \boldsymbol{B} = 0 \ .$$

12. Der Stokes'sche Satz für das H-Feld und die Rotation sind

$$\oint_C \boldsymbol{H} \cdot d\boldsymbol{s} = I \;, \qquad \operatorname{rot} \boldsymbol{H} = \nabla \times \boldsymbol{H} = \boldsymbol{J} \;.$$

13. Der Stokes'sche Satz für ein beliebiges Vektorfeld $\boldsymbol{A}$ lautet

$$\oint_C \boldsymbol{A} \cdot d\boldsymbol{s} = \iint_S (\nabla \times \boldsymbol{A}) \cdot \hat{\boldsymbol{n}} \; da \;.$$

14. Das Magnetfeld kann als Rotation eines Vektorpotentials geschrieben werden

$$\boldsymbol{B} = \nabla \times \boldsymbol{A} \;.$$

Das Vektorpotential ist nicht eindeutig. Die Eichtransformation $\boldsymbol{A}' = \boldsymbol{A} + \nabla \chi$ ergibt das gleiche B-Feld.

15. Das Biot-Savart-Gesetz für das Magnetfeld eines Linienstroms lautet in differentieller Form

$$d\boldsymbol{B}(\boldsymbol{r}) = \frac{\mu_0}{4\pi} \frac{\boldsymbol{I} \times (\boldsymbol{r} - \boldsymbol{r}')}{|\boldsymbol{r} - \boldsymbol{r}'|^3} \, ds' \;.$$

16. An der Grenzfläche zwischen zwei dielektrischen Medien sind die Parallelkomponente von $\boldsymbol{E}$ und die Normalkomponente von $\boldsymbol{D} = \varepsilon_r \varepsilon_0 \boldsymbol{E}$ stetig.
17. An der Grenzfläche zwischen zwei magnetischen Medien sind die Parallelkomponente von $\boldsymbol{H}$ und die Normalkomponente von $\boldsymbol{B}$ stetig.
18. Das elektrische Feld $\boldsymbol{E}$ steht immer senkrecht auf metallischen Leitern, sofern kein Strom im Leiter fließt. Das Magnetfeld $\boldsymbol{B}$ steht nahezu senkrecht auf den Eisenpolschuhen von Elektromagneten.
19. Das Feld einer Punktladung gehorcht mit extrem guter Genauigkeit einem $1/r^2$-Gesetz. Abweichungen davon würden eine endliche Ruhemasse des Photons implizieren. Dafür gibt es keine experimentellen Hinweise.
20. Die Ruhe-Energie des Elektrons kann nicht als elektrostatische Energie interpretiert werden.

Aufgaben

2.1) Vergleich elektrische Kraft – Schwerkraft. Für das homogene Feld in einem Plattenkondensator soll das Linienintegral der elektrischen Feldstärke zwischen den Punkten P_a und P_b für die zwei in der Abbildung gezeigten Wege berechnet werden. Es soll bewiesen werden, dass der gleiche Wert herauskommt. Wie sieht ein entsprechendes mechanisches Experiment im Schwerefeld der Erde aus?

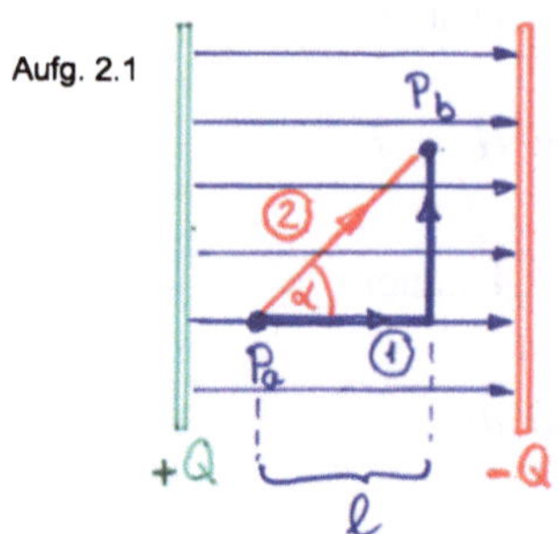

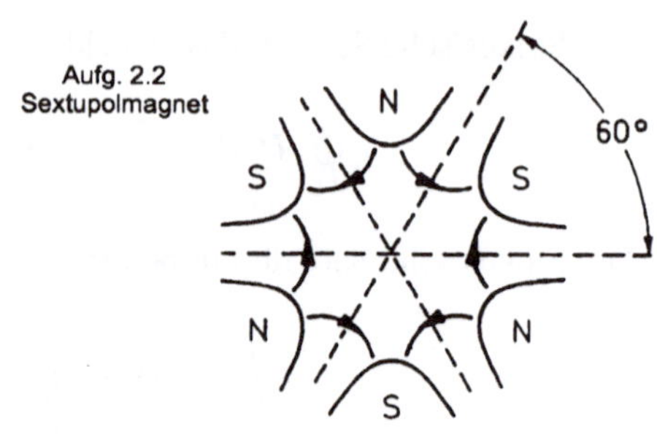

2.2) Ein elektrisches Sextupolfeld hat die Komponenten $E_x(x, y) = 2A\,x\,y$, $E_y(x, y) = A(x^2 - y^2)$ mit einer Konstanten A der Dimension $\mathrm{V/m^3}$.

a) Es soll gezeigt werden, dass dies Feld rotationsfrei ist.
b) Das skalare Potential ist zu berechnen.

Das Sextupolfeld kann durch 6 geeignet geformte Metallelektroden erzeugt werden, die man alternierend auf ein Potential von $+U_0$ und $-U_0$ setzt. Wenn man die Elektroden durch Eisenpolschuhe ersetzt, zwischen denen Spulen angebracht sind, erhält man einen Sextupolmagneten, der in Kreisbeschleunigern eine wichtige Funktion hat und die Impulsabhängigkeit der Brennweite der Quadrupolmagnete kompensiert (analog zu achromatischen Linsensystemen in der Optik).

2.3) In der Teilchenphysik werden häufig gasgefüllte Drift-Rohrkammern zur Messung von Teilchenspuren eingesetzt, die dem Geiger-Müller-Zählrohr ähneln. Der Innendurchmesser des Aluminiumrohrs sei 20 mm, der innere Leiter ist ein vergoldeter Wolframdraht von 50 μm Durchmesser. Das Rohr wird geerdet, an den Signaldraht legt man eine Spannung von $U = +100$ V. Berechne das elektrische Feld in der Nähe des Signaldrahtes (dort ist die Feldstärke so hoch, dass es zu einer lawinenartigen Vermehrung der Ladungsträger infolge von Ionisationsprozessen kommt).

2.4) Eine Ladung $Q = +1$ nC befindet sich in der xy-Ebene am Ort $P_1 = (+a, 0)$, eine Ladung $-Q$ am Ort $P_2 = (-a, 0)$, $a = 10$ cm. Wie groß ist die elektrische Feldstärke am Ort $P_3 = (0, +a)$?
Lösung mit zwei Methoden:

a) Vektoraddition der Felder (Skizze machen).
b) Berechnung des Potentials und der Feldstärke mit der Gl. $\boldsymbol{E} = -\operatorname{grad}\Phi$.

2.5) Berechne die negative Ladungsdichte ρ_n und das radiale elektrische Feld E_r im H-Atom als Funktion des Abstands r vom Proton. Skizziere E_r als Funktion von r. Bei welchem Kernabstand r_m wird $|E_r|$ maximal? Welchen Wert hat das Feld des Protons bei r_m?

2.6) Ein eindimensionales elektrostatisches Problem. Die elektrische Ladungsdichte sei $\rho(x) = \rho_0 > 0$ für $-a < x < +a$ und $\rho(x) = 0$ für $|x| \geq a$. Berechne das elektrische Feld $E_x(x)$, das Potential $\Phi(x)$ sowie die potentielle Energie eines Elektrons in diesem Feld. Welche Bewegung führt das Elektron aus, wenn es sich zum Zeitpunkt $t = 0$ am Ort $x = a/2$ befindet und in Ruhe ist?

2.7) Eine Helmholtz-Spulenanordnung bestehe aus zwei Ringspulen mit Radius $R = 10\,\text{cm}$ und $N = 100$ Windungen. Die x-Achse ist die Symmetrieachse der Spulen, die sich bei $x = -R/2$ und $x = +R/2$ befinden. Der Strom sei $I = 10\,\text{A}$. Berechne und zeichne das Feld $B_x(x)$ auf der Achse und vergleiche es mit dem Feldverlauf einer einzelnen Ringspule, die sich bei $x = 0$ befindet.

2.8) Gegeben sei das folgende Vektorpotential in Zylinderkoordinaten (r, φ, z): $A_\varphi = B_0\, r/2$ für $0 \leq r \leq R$ und $A_\varphi = B_0\, R^2/(2r)$ für $r > R$, wobei B_0 eine Konstante ist. Die anderen Komponenten sind null: $A_r = 0$ und $A_z = 0$. Skizziere die Feldlinien von $\boldsymbol{A}$. Berechne das Magnetfeld $\boldsymbol{B}$ und das Linienintegral von $\boldsymbol{A}$ über zwei Kreise mit Radien $r_1 < R$ und $r_2 > R$. Finde im Bereich $r > R$ einen geschlossenen Weg C_1, auf dem das Linienintegral von $\boldsymbol{A}$ nicht verschwindet, und einen geschlossenen Weg C_2, auf dem das Linienintegral von $\boldsymbol{A}$ verschwindet.

2.9) Wenn man geladene Teilchen (Elektronen, Protonen, Ionen) der Ladung q und der Masse m durch ein elektrisches Feld beschleunigt und dann in einem Magnetfeld B auf einer Kreisbahn ablenkt, kann man nur das Verhältnis q/m bestimmen, aber nicht die Ladung selber. Beispielsweise kann man ein einfach ionisiertes Ne-Ion (Massenzahl $A = 20$) und ein zweifach ionisiertes Ar-Ion ($A = 40$) nicht unterscheiden. Begründe diesen Sachverhalt. Würde es helfen, wenn man zur Ablenkung statt des Magnetfeldes das elektrische Feld in einem Sektor eines Zylinderkondensators benutzt?

2.10) Ein Elektron durchläuft eine Beschleunigungspannung von $U = 1000\,\text{V}$ und wird dann unter einem Winkel von $\alpha = 0{,}1\,\text{rad}$ in ein homogenes longitudinales Magnetfeld $B_z = B_0 = 0{,}01\,\text{T}$ eingeschossen. Berechne und skizziere die Bahnkurve des Teilchens im Magnetfeld.

2.11) Abbildung 2.13 zeigt, dass das elektrische Feld einer Einzelladung Q nicht dadurch nach außen abgeschirmt werden kann, indem man die Ladung mit einer metallischen Hohlkugel umgibt. In analoger Weise gilt: das Magnetfeld eines Einzelstroms I kann nicht dadurch nach außen abgeschirmt werden kann, indem man den Strom mit einem Eisenrohr umgibt. Diese Aussage ist zu begründen. Dagegen können zwei antiparallel laufende Ströme $I_1 = +I$ und $I_2 = -I$ durch ein Eisenrohr nach außen abgeschirmt werden. Auch diese Aussage soll begründet werden. Es ist lehrreich, die magnetischen Feldlinienbilder für die beiden Fälle zu skizzieren.

Kapitel 3
Die Maxwell'schen Gleichungen

Im vorigen Kapitel haben wir uns mit zeitlich konstanten elektrischen und magnetischen Feldern befasst. Die *Elektrostatik* und die *Magnetostatik* sind im Grunde zwei getrennte Gebiete, und über lange Zeit wurden Elektrizität und Magnetismus als separate Erscheinungen angesehen. Bei zeitlich veränderlichen Feldern treten wesentliche neue Effekte auf, die insbesondere in den Experimenten von Michael Faraday aufgedeckt wurden: ein zeitlich veränderliches Magnetfeld erzeugt ein elektrisches Feld, und ein zeitlich veränderliches elektrisches Feld erzeugt ein Magnetfeld, ohne dass dafür Ladungen fließen oder Permanentmagnete vorhanden sein müssen. Daraus folgt, dass Elektrizität und Magnetismus untrennbar miteinander verknüpft sind. Die *Elektrodynamik* liefert eine umfassende Beschreibung der Phänomene, und ihr Fundament sind die vier Maxwell'schen Gleichungen, die in diesem Kapitel eingeführt werden.

3.1 Das Induktionsgesetz

Michael Faraday entdeckte, dass ein zeitlich veränderlicher magnetischer Fluss ein ringförmiges elektrisches Feld induziert. In integraler Form lautet das Induktionsgesetz

$$\boxed{\oint_C \boldsymbol{E}\cdot d\boldsymbol{s} = -\frac{d\phi_{\mathrm{mag}}}{dt} = -\frac{d}{dt}\left\{\iint_S (\boldsymbol{B}\cdot\hat{\boldsymbol{n}})\,da\right\}\,.} \tag{3.1}$$

Das Ringintegral des elektrischen Feldes über eine geschlossene Kurve C (angedeutet durch den Kreis im Integralzeichen) ist gleich der negativen zeitlichen Änderung des magnetischen Flusses durch die Fläche S, die von der Kurve C umschlossen wird. Das Induktionsgesetz ist ein Postulat der Elektrodynamik und kann in seiner allgemeinen Form nicht aus den vorher bekannten Gesetzen hergeleitet werden. Gleichung (3.1) ist die dritte Maxwell-Gleichung in integraler Form.

DOI 10.1007/978-3-642-25395-9_3, © Springer-Verlag Berlin Heidelberg 2013

Es gibt zwei grundsätzlich verschiedene Methoden, einen zeitlich veränderlichen magnetischen Fluss zu erzeugen:

1. Das Feld $\boldsymbol{B}$ ist zeitabhängig.
2. Das Feld $\boldsymbol{B}$ ist zeitlich konstant, aber:
   - die Größe der Fläche a ändert sich zeitlich,
   - die Fläche a wird in einem inhomogenen Magnetfeld verschoben,
   - der Winkel zwischen Feld $\boldsymbol{B}$ und Normalenvektor $\hat{\boldsymbol{n}}$ ist zeitabhängig.

Natürlich kann man die beiden Methoden auch noch kombinieren, doch diese triviale Verallgemeinerung soll nicht weiter betrachtet werden.

Wenn $\boldsymbol{B} = \boldsymbol{B}(t)$ zeitabhängig ist, aber die Fläche a konstant bleibt, nicht verschoben und nicht rotiert wird, kann man die Gl. (3.1) mit Hilfe des Stokes'schen Satzes (A.23) umformen:

$$\oint \boldsymbol{E} \cdot d\boldsymbol{s} = \iint\limits_S (\nabla \times \boldsymbol{E}) \cdot \hat{\boldsymbol{n}}\, da = -\iint\limits_S \left[\frac{\partial \boldsymbol{B}}{\partial t} \cdot \hat{\boldsymbol{n}} \right] da\,. \tag{3.2}$$

Da dies für beliebige Flächen gilt, folgt die Gleichheit der Integranden:

$$\boxed{\nabla \times \boldsymbol{E} = -\frac{\partial \boldsymbol{B}}{\partial t}\,.} \tag{3.3}$$

Dies ist die differentielle Form des Induktionsgesetzes. Die integrale Form (3.1) ist umfassender, weil sie auch die Induktionsvorgänge bei konstantem Feld aber zeitlich veränderlicher Fläche beschreiben kann, was mit Gl. (3.3) nicht möglich ist.

3.1.1 Die Lenz'sche Regel

Wir betrachten eine Leiterschleife der Fläche a, durch die ein magnetischer Fluss geht. Jede zeitliche Änderung des Flusses ruft ein ringförmiges elektrisches Feld hervor

$$\oint \boldsymbol{E} \cdot d\boldsymbol{s} = -\frac{d\phi_{\text{mag}}}{dt}\,. \tag{3.4}$$

Ist die Leiterschleife geschlossen, so fließt ein induzierter Strom. Das Minuszeichen in Gl. (3.4) hat eine tiefe physikalische Bedeutung: der induzierte Strom ist so gerichtet, dass das von ihm erzeugte Magnetfeld der Flussänderung entgegenwirkt, siehe Abb. 3.1. Man nennt dies die *Lenz'sche Regel*. Wäre das Vorzeichen in Gl. (3.4) positiv, so würde das Magnetfeld immer weiter anwachsen, was dem Satz von der Erhaltung der Energie widerspricht. Die induzierte Spannung ist

$$\boxed{U_{\text{ind}} = -\frac{d\phi_{\text{mag}}}{dt}\,.} \tag{3.5}$$

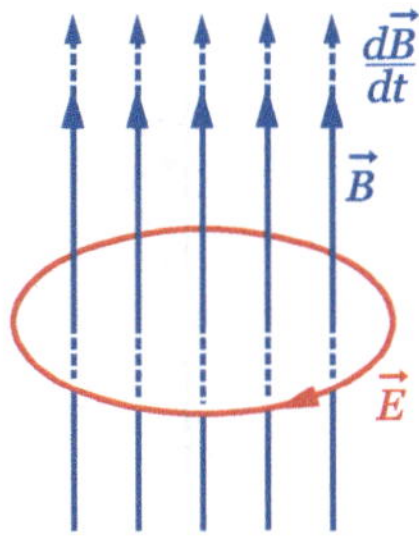

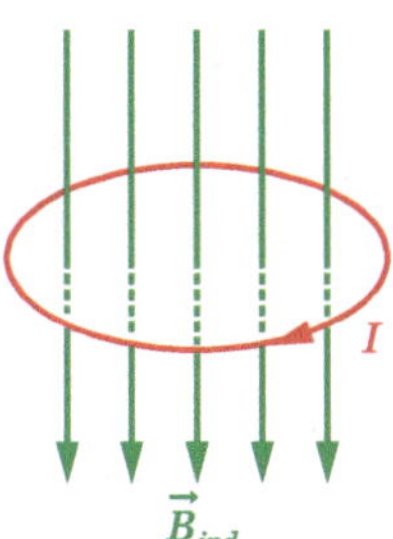

Abb. 3.1 Ein zeitlich anwachsendes Magnetfeld induziert ein ringförmiges elektrisches Feld. Der in einer Drahtschleife induzierte Strom ist so gerichtet, dass das von ihm erzeugte Magnetfeld $\boldsymbol{B}_{\text{ind}}$ der zeitlichen Änderung $d\boldsymbol{B}/dt$ des angelegten Feldes entgegenwirkt (Lenz'sche Regel)

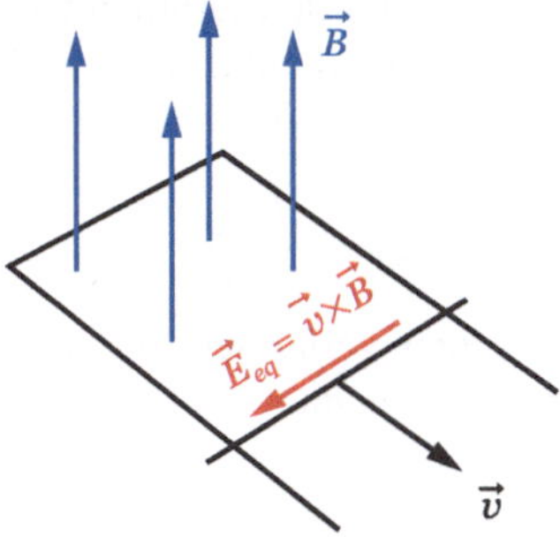

Abb. 3.2 Das induzierte elektrische Feld $\boldsymbol{E}_{\text{eq}} = \boldsymbol{v} \times \boldsymbol{B}$ in einer Drahtschleife mit zeitlich anwachsender Fläche

3.1.2 Zeitlich veränderliche Leiterschleifen: Induktion als Folge der Lorentz-Kraft

Für den Spezialfall eines zeitlich konstanten Magnetfeldes aber einer zeitlich veränderlichen Leiterschleife kann man den Vorgang der Induktion als Konsequenz der Lorentz-Kraft auffassen. Die Induktion in zeitabhängigen Magnetfeldern, die der entscheidende physikalische Prozess in Transformatoren ist, lässt sich allerdings nicht auf die Lorentz-Kraft zurückführen.

Zeitlich veränderlicher Flächeninhalt

Gegeben sei ein U-förmiger Kupferdraht, der durch ein bewegliches Drahtstück der Länge l zu einer Leiterschleife der Fläche a geschlossen wird (s. Abb. 3.2). Das äußere Magnetfeld $\boldsymbol{B}$ wird konstant gehalten. Das Drahtstück wird nun mit einer Geschwindigkeit v bewegt. Auf die Elektronen im Metall wirkt die Lorentz-Kraft $\boldsymbol{F} = -e\,\boldsymbol{v} \times \boldsymbol{B}$. Die gleiche Kraft würde ein äquivalentes elektrisches Feld (*equiva-*

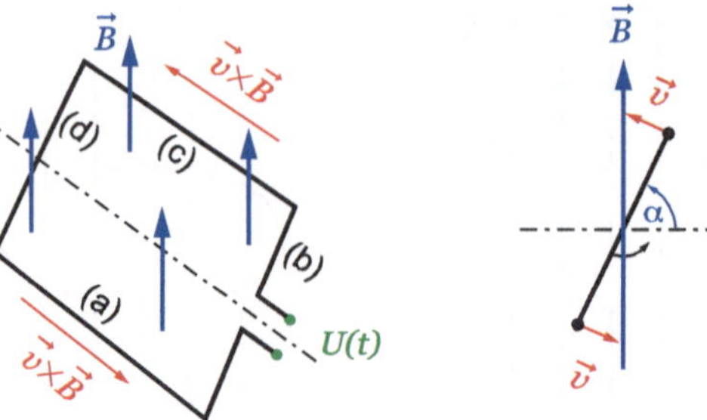

Abb. 3.3 Schematisches Modell eines Fahrraddynamos

lent field) $E_{\mathrm{eq}} = vB$ bewirken, das entlang des beweglichen Drahtstücks orientiert ist. Die induzierte Spannung zwischen den Drahtenden ist $U_{\mathrm{ind}} = E_{\mathrm{eq}}\, l = vBl$. Die Fläche der Schleife ändert sich in einem Zeitintervall Δt um $\Delta a = l\, v\, \Delta t$, die magnetische Flussänderung ist $\Delta\phi_{\mathrm{mag}} = B\Delta a = B\, l\, v\, \Delta t = U_{\mathrm{ind}}\Delta t$. Für $\Delta t \to 0$ finden wir

$$U_{\mathrm{ind}} = \frac{d\phi_{\mathrm{mag}}}{dt} \ .$$

Das Vorzeichen ist hier unbeachtet geblieben, durch hinreichendes Nachdenken kann man sich aber davon überzeugen, dass die Lenz'sche Regel erfüllt ist.

Der Fahrraddynamo: rotierende Drahtschleife im Magnetfeld

Das einfachste Modell eines Fahrraddynamos ist eine rechteckige Drahtschleife, die mit der Winkelgeschwindigkeit ω in einem homogenen Magnetfeld $\boldsymbol{B}$ rotiert. Die Anordnung ist in Abb. 3.3 skizziert. In den beiden Drahtabschnitten (a) und (c) wirkt die Lorentz-Kraft entlang des Drahtes, sie hat den Betrag $e\, |\boldsymbol{v} \times \boldsymbol{B}| = evB \sin\alpha$, das äquivalente elektrische Feld ist also $E_{\mathrm{eq}} = vB \sin\alpha$. In den Drahtabschnitten (b) und (d) wirkt die Lorentz-Kraft senkrecht zum Draht und trägt nicht zur induzierten Spannung bei. Die gesamte induzierte Spannung in der Drahtschleife ergibt sich durch Summation über die Abschnitte (a) und (c)

$$U_{\mathrm{ind}} = 2E_{\mathrm{eq}}\, l = 2v\, l\, B \sin\alpha \ .$$

Nun setzen wir $v = \omega r$ und $\alpha = \omega t$ ein, und finden für die induzierte Spannung als Funktion der Zeit

$$U_{\mathrm{ind}}(t) = 2r\, l\, \omega B \sin(\omega t) = a\, \omega B \sin(\omega t) \ ,$$

wobei r der Radius der Drahtschleife ist, l die Länge und $a = 2rl$ die Fläche. Der magnetische Fluss durch die Schleife ist

$$\phi_{\mathrm{mag}}(t) = B\, a\, \cos(\omega t) \ .$$

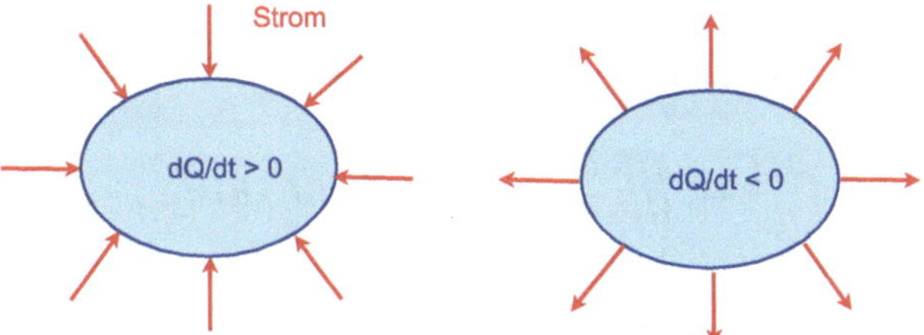

Abb. 3.4 Die in einem Volumen V befindliche Ladung wird größer, wenn ein Strom durch die Oberfläche hineinfließt; sie wird kleiner, wenn ein Strom herausfließt

Aus den beiden Gleichungen folgt das Induktionsgesetz

$$U_{\mathrm{ind}}(t) = -\frac{d\phi_{\mathrm{mag}}}{dt} \ .$$

Verbinden wir die Drahtenden mit Schleifringen, so können wir dort die induzierte Spannung abgreifen, die eine sinusförmige Zeitabhängigkeit hat. Mit einem geteilten Schleifring kann man eine Gleichspannung erzeugen.

3.2 Kontinuitätsgleichung und Verschiebungsstrom

Erhaltung der elektrischen Ladung und Kontinuitätsgleichung

In Kap. 1 haben wir bereits festgestellt, dass die Gesamtladung in einem abgeschlossenen System einem Erhaltungssatz genügt. Dies könnte ein *globaler* Erhaltungssatz sein oder, was viel mehr bedeutet, ein *lokaler* Erhaltungssatz. Die globale Ladungserhaltung wäre beispielsweise erfüllt, wenn eine Ladung in Hamburg verschwindet und unmittelbar danach in München auftaucht. Lokale Ladungserhaltung bedeutet wesentlich mehr, nämlich dass diese Ladung durch eine Hochspannungsleitung oder auf andere Weise von Hamburg nach München transportiert werden muss, mit anderen Worten, dass zwischen den beiden Orten ein Strom fließen muss.

Die elektrische Ladung erfüllt in der Tat einen *lokalen Erhaltungssatz*. Die in einem Volumen enthaltene Ladung kann sich nur dadurch ändern, dass ein elektrischer Strom durch die Oberfläche hinein- oder herausfließt, siehe Abb. 3.4. Wenn man bedenkt, dass Ladungen fest an Elementarteilchen – Elektronen oder Protonen – gebunden sind, ist dieser Satz eine Selbstverständlichkeit.

Wie sieht die mathematische Formulierung aus? Die Ladung Q in einem Volumen V und ihre zeitliche Änderung sind

$$Q(t) = \iiint\limits_V \rho(x, y, z, t) dV \ , \quad \frac{dQ}{dt} = \iiint\limits_V \frac{\partial \rho}{\partial t} dV \ .$$

Den Strom durch die geschlossene Oberfläche S schreiben wir als Integral über die Stromdichte. Aus dem Erhaltungssatz der Ladung folgt

$$\frac{dQ}{dt} = \iiint\limits_V \frac{\partial \rho}{\partial t} dV = -\oiint_S (\boldsymbol{J} \cdot \hat{\boldsymbol{n}})\, da \; . \tag{3.6}$$

Um das negative Vorzeichen vor dem Oberflächenintegral zu verstehen, muss man sich an die Konvention erinnern, dass der Normalenvektor $\hat{\boldsymbol{n}}$ nach außen zeigt. Bei einem herausfließenden Strom ist $\boldsymbol{J} \cdot \hat{\boldsymbol{n}} > 0$ und $dQ/dt < 0$; bei einem hineinfließenden Strom ist $\boldsymbol{J} \cdot \hat{\boldsymbol{n}} < 0$ und $dQ/dt > 0$.

Mit Hilfe des Gauß-Theorems (A.21) kann man das Oberflächenintegral über die Stromdichte in ein Volumenintegral über die Divergenz der Stromdichte umformen

$$\oiint_S (\boldsymbol{J} \cdot \hat{\boldsymbol{n}}) = \iiint\limits_V (\nabla \cdot \boldsymbol{J})\, dV \; . \tag{3.7}$$

Die Kombination der Gln. (3.6) und (3.7) ergibt

$$\iiint\limits_V \left(\frac{\partial \rho}{\partial t} + \nabla \cdot \boldsymbol{J} \right) dV = 0 \; .$$

Dies Integral verschwindet für Volumina beliebiger Form und Größe. Wählt man speziell ein infinitesimal kleines Volumen ΔV, so sieht man unmittelbar, dass der Integrand identisch null sein muss:

$$\boxed{\frac{\partial \rho}{\partial t} + \nabla \cdot \boldsymbol{J} = \frac{\partial \rho}{\partial t} + \frac{\partial J_x}{\partial x} + \frac{\partial J_y}{\partial y} + \frac{\partial J_z}{\partial z} = 0 \; .} \tag{3.8}$$

Diese Gleichung heißt Kontinuitätsgleichung.

Der Verschiebungsstrom

Bevor Maxwell die Existenz des Verschiebungsstroms postulierte, lauteten die Gleichungen der Elektrodynamik

$$(1) \quad \nabla \cdot \boldsymbol{E} = \frac{\rho}{\varepsilon_0} \; , \qquad (2) \quad \nabla \cdot \boldsymbol{B} = 0 \; ,$$

$$(3) \quad \nabla \times \boldsymbol{E} = -\frac{\partial \boldsymbol{B}}{\partial t} \; , \qquad (4) \quad \nabla \times \boldsymbol{B} = \mu_0 \boldsymbol{J} \; .$$

Gleichung (4) ist nicht mit der Kontinuitätsgleichung vereinbar, da die Divergenz eines Rotationsfeldes identisch null ist. Aus dieser Gleichung würde nämlich folgen

$$\nabla \cdot \boldsymbol{J} = \frac{1}{\mu_0} \nabla \cdot (\nabla \times \boldsymbol{B}) = 0 \; ,$$

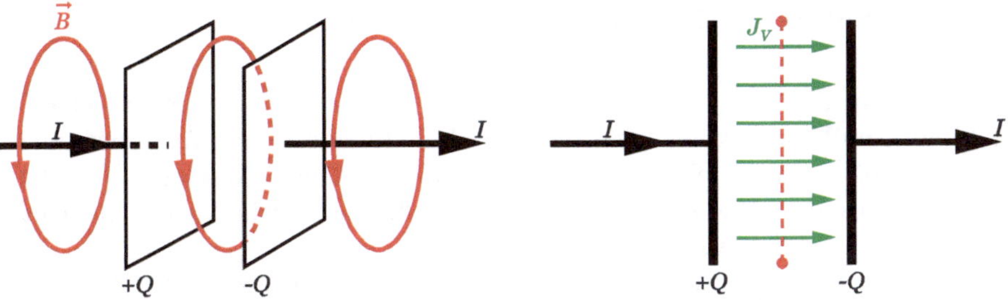

Abb. 3.5 Ladungsträgerstrom I und Verschiebungsstromdichte J_V bei der Aufladung eines Plattenkondensators

während gemäß Formel (3.8) die Divergenz der Stromdichte gleich der negativen zeitlichen Ableitung der Ladungsdichte sein müsste.

Obwohl Maxwell weder Elektronen noch Protonen kannte, sah er den Satz von der Erhaltung der elektrischen Ladung als so fundamental an, dass er zu dem Schluss kam, die Gleichung (4) müsse unvollständig sein. Wie muss man Gl. (4) ergänzen? Wir benutzen die Kontinuitätsgleichung und die Gl. (1):

$$\nabla \cdot \boldsymbol{J} = -\frac{\partial \rho}{\partial t} = -\frac{\partial}{\partial t}(\varepsilon_0 \nabla \cdot \boldsymbol{E}) = -\nabla \cdot \left(\varepsilon_0 \frac{\partial \boldsymbol{E}}{\partial t}\right) \Rightarrow \nabla \cdot \left(\boldsymbol{J} + \varepsilon_0 \frac{\partial \boldsymbol{E}}{\partial t}\right) = 0 \,.$$

Diese Rechnung legt nahe, die Stromdichte auf der rechten Seite von Gl. (4) wie folgt abzuändern:

$$\boldsymbol{J} \quad \rightarrow \quad \boldsymbol{J} + \varepsilon_0 \frac{\partial \boldsymbol{E}}{\partial t} \,.$$

Der Zusatzterm wurde von Maxwell *Verschiebungsstrom* (*displacement current*) genannt. Die Verschiebungsstromdichte ist

$$\boxed{\boldsymbol{J}_V = \varepsilon_0 \frac{\partial \boldsymbol{E}}{\partial t} = \frac{\partial \boldsymbol{D}}{\partial t} \,.} \tag{3.9}$$

Damit lautet die 4. Maxwell-Gleichung

$$\nabla \times \boldsymbol{B} = \mu_0 \boldsymbol{J} + \mu_0 \varepsilon_0 \frac{\partial \boldsymbol{E}}{\partial t} \,. \tag{3.10}$$

Die Motivation für den Namen Verschiebungsstrom ist: beim Aufladen eines Plattenkondensators fließt in den Zuleitungsdrähten ein Strom I, der von ringförmigen magnetischen Feldlinien umgeben ist, s. Abb. 3.5. Zwischen den Platten gibt es keine Ladungsträger, aber trotzdem ist ein ringförmiges magnetisches Feld vorhanden. Der Verschiebungsstrom, gegeben durch die Ladungsverschiebung auf den Kondensatorplatten, setzt den Ladungsträgerstrom I stetig fort.

Die Konzeption des Verschiebungsstroms war eine herausragende theoretische Leistung, deren Bedeutung kaum überschätzt werden kann. Wir werden im nächsten Kapitel sehen, dass die Existenz elektromagnetischer Wellen, die zu Maxwells Zeiten unbekannt waren, genau durch diesen Term ermöglicht wird.

3.3 Darstellung der Felder durch Potentiale

Die Divergenz des Magnetfeldes ist auch im allgemeinen Fall (zeitabhängige Felder) immer null, daher können wir generell $\boldsymbol{B}$ als Rotation eines Vektorpotentials schreiben. Wie sieht es mit elektrischen Feldern aus? Die 3. Maxwell'sche Gleichung sagt aus, dass $\nabla \times \boldsymbol{E} \neq 0$ ist, falls $\boldsymbol{B}$ von der Zeit abhängt. Also gilt sicher nicht mehr $\boldsymbol{E} = -\nabla\Phi$ wie im statischen Fall.

Wie finden wir einen Ausweg aus dem Dilemma? Wir setzen dazu den Ausdruck $\boldsymbol{B} = \nabla \times \boldsymbol{A}$ in die 3. Maxwell-Gleichung ein. Es folgt

$$\nabla \times \boldsymbol{E} + \frac{\partial}{\partial t}(\nabla \times \boldsymbol{A}) = 0 \quad \Rightarrow \quad \nabla\times\left(\boldsymbol{E} + \frac{\partial \boldsymbol{A}}{\partial t}\right) = 0 \,.$$

Wie man sieht, ist das Vektorfeld $\boldsymbol{E} + \frac{\partial \boldsymbol{A}}{\partial t}$ rotationsfrei und kann deshalb als Gradientenfeld dargestellt werden

$$\boldsymbol{E} + \frac{\partial \boldsymbol{A}}{\partial t} = -\nabla\Phi \,.$$

Damit erhalten wir die allgemeinen, auch bei zeitabhängigen Feldern gültigen Darstellungen

$$\boxed{\boldsymbol{E} = -\nabla\Phi - \frac{\partial \boldsymbol{A}}{\partial t}\,, \qquad \boldsymbol{B} = \nabla \times \boldsymbol{A}\,.} \tag{3.11}$$

Wir merken an, dass $\Phi(\boldsymbol{r}, t)$ und $\boldsymbol{A}(\boldsymbol{r}, t)$ in der relativistischen Elektrodynamik und in der Quantenelektrodynamik eine wichtige Rolle spielen und als Wellenfunktion der Photonen interpretiert werden können.

Eichinvarianz

Gegeben seien das skalare Potential $\Phi(\boldsymbol{r}, t)$ und das Vektorpotential $\boldsymbol{A}(\boldsymbol{r}, t)$. Wenn $\chi(\boldsymbol{r}, t)$ eine beliebige skalare Funktion von Raum und Zeit ist, so lautet die verallgemeinerte Eichtransformation

$$\boxed{\boldsymbol{A}' = \boldsymbol{A} + \nabla\chi\,, \qquad \Phi' = \Phi - \frac{\partial\chi}{\partial t}\,.} \tag{3.12}$$

Die neuen Potentiale $\boldsymbol{A}'$ und Φ' ergeben die gleichen Felder $\boldsymbol{E}$ und $\boldsymbol{B}$ wie die alten Potentiale, wie man durch Einsetzen in Gl. (3.11) nachrechnen kann. Diese Eigenschaft wird als *Eichinvarianz* der Elektrodynamik bezeichnet.

3.4 Das Vektorpotential in der Quantentheorie

In der klassischen Elektrodynamik gelten die Feldstärken $\boldsymbol{E}$ und $\boldsymbol{B}$ als die physikalisch relevanten Größen, und das Vektorpotential $\boldsymbol{A}$ wird oft nur als mathematisches Hilfsmittel angesehen. Wegen der Möglichkeit von Eichtransformationen ist es nicht eindeutig definiert und könnte daher als Größe ohne eigene physikalische Bedeutung erscheinen. Bei dem skalaren Potential Φ ist dies anders, weil $-e\Phi$ die potentielle Energie eines Elektrons in einem elektrostatischen Feld ist.

In der Relativitätstheorie spielt das Vektorpotential eine bedeutsame Rolle, denn Φ und $\boldsymbol{A}$ bilden zusammen einen Vierervektor, s. Gl. (7.5). Noch wichtiger wird das Vektorpotential in der Quantentheorie: die Wellenlänge eines geladenen Teilchens wird durch ein Vektorpotential verändert. In der *de Broglie*-Relation muss der mechanische Impuls $\boldsymbol{p} = m\boldsymbol{v}$ durch den sog. *kanonischen Impuls* $m\boldsymbol{v} + q\,\boldsymbol{A}$ ersetzt werden. Die Wellenlänge eines Elektrons wird

$$\boxed{\lambda = \frac{2\pi\hbar}{m_e v - e\,A}\,.} \tag{3.13}$$

Diese Beziehung zwischen *de Broglie*-Wellenlänge und Vektorpotential wurde von Ehrenberg und Siday und von Aharonov und Bohm vorhergesagt und ist als *Aharonov-Bohm-Effekt* bekannt. Bei einem vorgegebenen mechanischen Impuls $m_e v$ besitzt das Elektron eine andere Wellenlänge, wenn es sich im elektromagnetischen Feld anstatt im feldfreien Raum befindet.

Wir bezeichnen die Phasenänderung der Elektronenwelle auf einer Strecke Δx mit $\Delta\varphi$. Im feldfreien Raum gilt

$$\Delta\varphi = \frac{2\pi}{\lambda}\,\Delta x = \frac{m_e v}{\hbar}\,\Delta x\,.$$

Wenn ein Vektorpotential vorhanden ist, gibt es eine zusätzliche Phasenänderung

$$\Delta\varphi' = -\frac{eA}{\hbar}\,\Delta x\,. \tag{3.14}$$

Wie kann man diese Vorhersage experimentell testen? Die Idee ist, ein geeignetes Doppelspaltexperiment durchzuführen. Wir erinnern uns an die in Band 1 diskutierten Doppelspaltexperimente, die sehr überzeugend die Wellennatur von Teilchen demonstriert haben. Das Schema des jetzigen Gedankenexperiments wird in Abb. 3.6 gezeigt. Hinter dem Schirm mit den zwei Spalten befindet sich eine Solenoidspule, die so klein ist, dass sie zwischen den Spalten Platz hat. Das Vektorpotential umgibt die Spule mit kreisförmigen Feldlinien. Auf dem Weg 1 läuft das Elektron antiparallel zu den $\boldsymbol{A}$-Feldlinien, auf dem Weg 2 läuft es parallel dazu. Am Beobachtungsschirm haben die beiden Teilwellen eine vom Vektorpotential A abhängige Phasendifferenz

$$\delta\varphi(A) = \varphi_2(A) - \varphi_1(A) = \delta\varphi(0) - \frac{e}{\hbar}\left(\int_{\text{Weg 2}} \boldsymbol{A}\cdot d\boldsymbol{s} - \int_{\text{Weg 1}} \boldsymbol{A}\cdot d\boldsymbol{s}\right).$$

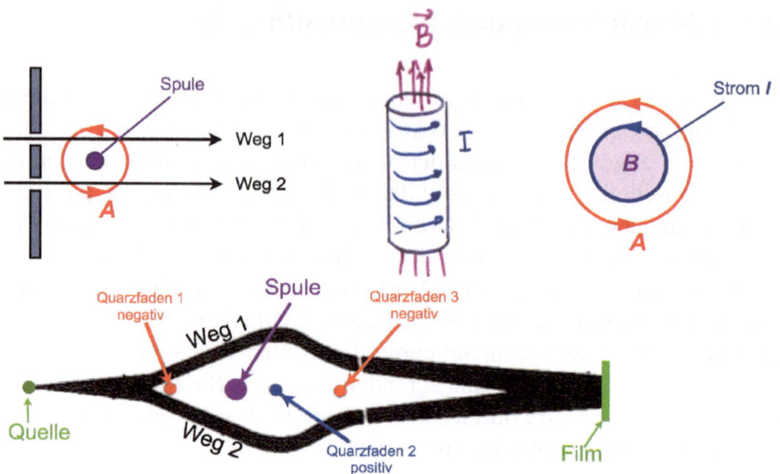

Abb. 3.6 *Oben*: Gedankenexperiment zur Beobachtung von Elektronen-Interferenzen am Doppelspalt mit einer Solenoid-Spule zur Erzeugung eines magnetischen Vektorpotentials. *Links* wird der schematische Aufbau gezeigt, *in der Mitte* die Solenoidspule zur Erzeugung des Magnetfelds $\boldsymbol{B}$ und *rechts* die Feldlinien des Vektorpotentials $\boldsymbol{A}$. *Unten*: Schema des Experiments von Möllenstedt und Bayh [9]

Dabei ist $\delta\varphi(0)$ die Phasendifferenz zwischen den beiden Teilwellen bei abgeschaltetem Feld in der Spule.

Man kann den vorwärts durchlaufenen Weg 1 und den rückwärts durchlaufenen Weg 2 durch zwei vertikale Teilstrecken zu einem geschlossenen Weg C ergänzen. Diese Teilstrecken wählen wir in einem so großen Abstand von der Solenoidspule, dass dort das Vektorpotential vernachlässigbar klein ist. Es folgt daraus

$$\int_{\text{Weg 2}} \boldsymbol{A} \cdot d\boldsymbol{s} - \int_{\text{Weg 1}} \boldsymbol{A} \cdot d\boldsymbol{s} = \oint_C \boldsymbol{A} \cdot d\boldsymbol{s} \, .$$

Nun benutzen wir die Gleichung (2.50) und erhalten

$$\delta\varphi(A) = \delta\varphi(0) - \frac{e}{\hbar} \oint_C \boldsymbol{A} \cdot d\boldsymbol{s} = \delta\varphi(0) - \frac{e}{\hbar} \phi_{\text{mag}} \, . \tag{3.15}$$

Der magnetische Fluss ist $\phi_{\text{mag}}(I) = L\, I$, wobei L die Induktivität der Spule ist. Die Phasendifferenz zwischen den beiden Teilwellen wird somit eine Funktion des Stroms I in der Spule

$$\delta\varphi(I) = \delta\varphi(0) - \frac{e}{\hbar} \phi_{\text{mag}}(I) \, . \tag{3.16}$$

Diese Beziehung wurde in einem realen Experiment von Möllenstedt und Bayh bestätigt, das eine Variante des gerade diskutierten Gedankenexperiments war. Die benutzte Versuchsanordnung wird ebenfalls in Abb. 3.6 gezeigt. Ein Elektronenstrahl wird durch einen metallisierten Quarzfaden in zwei kohärente Teilstrahlen

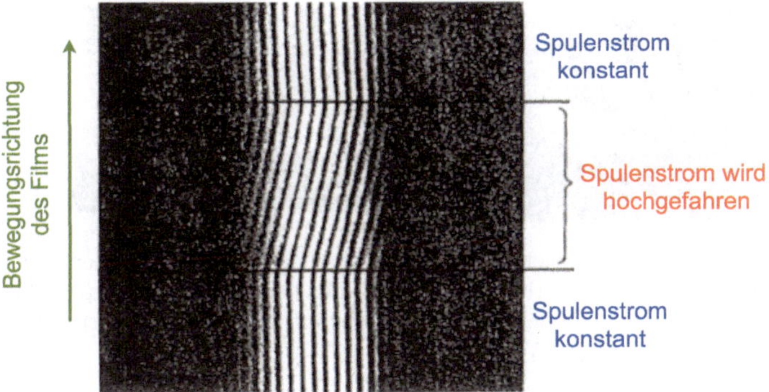

Abb. 3.7 Das beobachtete Interferenz-Muster bei konstantem und bei gleichförmig anwachsendem Strom in der Spule [9]. Der Film zur Aufnahme der Interferenzen wird in der vertikalen Richtung bewegt

aufgespalten. Der Quarzfaden befindet sich auf negativem Potential und wirkt wie ein optisches Biprisma. Zwei weitere Quarzfäden mit passenden Potentialen sorgen dafür, dass die beiden Teilstrahlen auf einem Film zur Interferenz kommen. Hinter dem ersten Quarzfaden wird eine Solenoidspule (ca. 15 μm Durchmesser) angebracht, die aus Wolframdraht von 4 μm Dicke gewickelt ist. Die Messresultate werden in Abb. 3.7 gezeigt. Man beobachtet sehr scharfe Interferenzlinien, wobei wegen der extremen Empfindlichkeit magnetische Störfelder sorgfältig abgeschirmt werden müssen. Durch Verändern des Spulenstroms kann das Interferenzmuster kontinuierlich verschoben werden. Dies wird sichtbar gemacht, indem der fotografische Film synchron dazu bewegt wird, so dass die Interferenzstreifen schräg verlaufen. Die gemessene Phasenverschiebung stimmt quantitativ mit Gl. (3.16) überein.

Wir wollen das Möllenstedt-Experiment noch genauer ansehen. Das Magnetfeld B ist außerhalb der Spule in sehr guter Näherung gleich null, während das Vektorpotential durch

$$A(r) = \frac{\phi_{\text{mag}}}{2\pi r} \quad \text{für} \quad r > r_{\text{Spule}}$$

gegeben ist. Die Phase der Elektronenwelle wird geändert, obwohl die Teilchen weder ein elektrisches noch ein magnetisches Feld wahrnehmen. Es ist also nicht das Magnetfeld, sondern in der Tat nur das Vektorpotential, das diesen Einfluss hat.

Der Aharonov-Bohm-Effekt kann dafür genutzt werden, magnetische Feldlinien direkt „sichtbar" zu machen, und zwar mit viel besserer Auflösung als durch Eisenfeilspäne. Die Phasendifferenzen gemäß Gl. (3.15) werden mit Hilfe der Elektronen-Holografie in beobachtbare Interferenzmuster umgewandelt. Abbildung 3.8 ist eine eindrucksvolle Demonstration dieser Methode.

Abschließend soll noch erwähnt werden, dass die durch den Aharonov-Bohm-Effekt modifizierte *de Broglie*-Beziehung von fundamentaler Bedeutung in der Quantenelektrodynamik ist. Aus ihr ergibt sich die korrekte Kopplung zwischen geladenen Teilchen und Photonen in der QED [11].

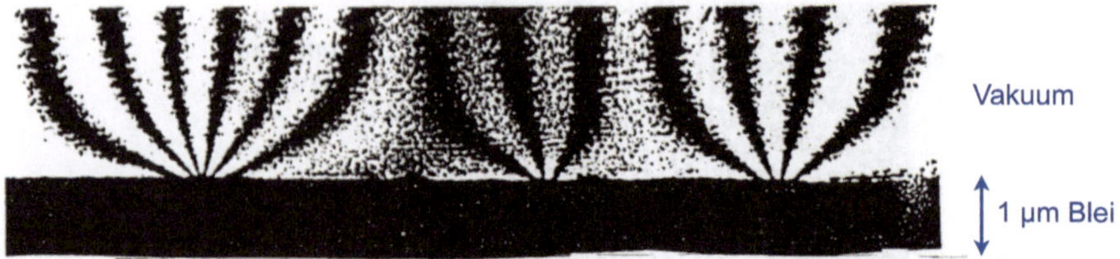

Abb. 3.8 Sichtbarmachung magnetischer Feldlinien mit Hilfe der Elektronen-Holografie [10]. Gezeigt werden die Feldlinien oberhalb eines supraleitenden Bleifilms von 1 μm Dicke, der sich in einem schwachen Magnetfeld befindet. Wiedergabe mit freundlicher Genehmigung von Prof. Akira Tonumura und des Springer-Verlags

3.5 Die Gleichungen der Elektrodynamik

Hier fassen wir die wichtigsten Gleichungen der Elektrodynamik zusammen. Die Maxwell'schen Gleichungen sind die Grundgleichungen, die auch 150 Jahre nach ihrer Formulierung noch gültig sind und erstaunlicherweise auch den Anforderungen der Relativitätstheorie genügen. Die allgemeinste Form ist in integraler und differentieller Schreibweise

$$(1) \quad \oint\!\!\!\oint (\boldsymbol{D} \cdot \hat{\boldsymbol{n}})\, da = Q_{\text{in}} , \qquad \nabla \cdot \boldsymbol{D} = \rho , \tag{3.17a}$$

$$(2) \quad \oint\!\!\!\oint (\boldsymbol{B} \cdot \hat{\boldsymbol{n}})\, da = 0 , \qquad \nabla \cdot \boldsymbol{B} = 0 , \tag{3.17b}$$

$$(3) \quad \oint \boldsymbol{E} \cdot d\boldsymbol{s} = -\frac{d}{dt}\left[\iint (\boldsymbol{B} \cdot \hat{\boldsymbol{n}}) da\right], \qquad \nabla \times \boldsymbol{E} = -\frac{\partial \boldsymbol{B}}{\partial t} , \tag{3.17c}$$

$$(4) \quad \oint \boldsymbol{H} \cdot d\boldsymbol{s} = I_{\text{in}} + \frac{d}{dt}\left[\iint (\boldsymbol{D} \cdot \hat{\boldsymbol{n}}) da\right], \qquad \nabla \times \boldsymbol{H} = \boldsymbol{J} + \frac{\partial \boldsymbol{D}}{\partial t} . \tag{3.17d}$$

Die Feldgrößen sind verknüpft durch

$$\boldsymbol{D} = \varepsilon_0 \boldsymbol{E} + \boldsymbol{P} , \quad \boldsymbol{B} = \mu_0 (\boldsymbol{H} + \boldsymbol{M}) . \tag{3.18}$$

In einem linearen Medium gilt

$$\begin{aligned} \boldsymbol{P} &= \chi_e \varepsilon_0 \boldsymbol{E} , \quad & \boldsymbol{D} &= \varepsilon_r \varepsilon_0 \boldsymbol{E} \quad \text{mit} \quad \varepsilon_r = 1 + \chi_e \\ \boldsymbol{M} &= \chi_m \boldsymbol{H} , \quad & \boldsymbol{B} &= \mu_r \mu_0 \boldsymbol{H} \quad \text{mit} \quad \mu_r = 1 + \chi_m . \end{aligned} \tag{3.19}$$

Auf ein Teilchen der Ladung q wirkt die Kraft

$$\boldsymbol{F} = q\,(\boldsymbol{E} + \boldsymbol{v} \times \boldsymbol{B}) . \tag{3.20}$$

Die Energiedichte des elektrischen bzw. magnetischen Feldes in einem linearen Medium ist

$$w_{\text{el}} = \frac{\varepsilon_r \varepsilon_0}{2} \boldsymbol{E}^2 , \quad w_{\text{mag}} = \frac{1}{2\mu_r \mu_0} \boldsymbol{B}^2 . \tag{3.21}$$

In Metallen und anderen elektrischen Leitern gilt das Ohm'sche Gesetz

$$\boldsymbol{J} = \sigma_{\text{spez}} \boldsymbol{E} \; . \tag{3.22}$$

3.6 Ergänzungen und didaktische Anmerkungen

3.6.1 Induktionskochplatten und Wirbelstrombremsen

Das Induktionsgesetz hat eine Fülle von technischen Anwendungen, vor allem in Generatoren und Transformatoren. Eine relativ neue Entwicklung sind die Induktionskochfelder. Unter einer Glaskeramikplatte befindet sich eine flache einlagige Spule aus Hochfrequenzlitze, die mit Kondensatoren einen Schwingkreis bildet. Die Schwingung wird durch Hochleistungs-Schalttransistoren erzeugt. Das magnetische Wechselfeld von etwa 20 bis 50 kHz induziert im Kochtopf Wirbelströme, die den Boden und die Wand des Topfes aufheizen. Für einen hohen Wirkungsgrad benötigt man Töpfe aus ferromagnetischem Material, da dieses das elektromagnetische Wechselfeld besonders gut bündelt. Mit Induktionskochfeldern wird das Kochgut schneller erwärmt als bei konventionellen Elektroherden. Die Glaskeramik neben dem Topf bleibt kühl.

Die ICE-Züge der dritten Generation sind mit Wirbelstrombremsen ausgerüstet. Um den Zug aus hoher Geschwindigkeit abzubremsen, werden starke Magnete nahe an die Schienen herangefahren. Die in den Gleisen induzierten Wirbelströme ermöglichen eine berührungsfreie Bremsung. Die Wirbelstrombremse unterliegt nicht dem Verschleiß der herkömmlichen Scheiben- oder Radbremsen. Sie ist besonders effektiv bei hohen Geschwindigkeiten, da die Bremskraft proportional zu v ist (siehe Aufgabe 3.3). Bei niedrigen Geschwindigkeiten und beim Halt des Zuges werden die Wirbelstrombremsen unwirksam und müssen deshalb durch konventionelle Reibungsbremsen ergänzt werden.

3.6.2 „Optische Täuschungen" in der Elektrodynamik

Feldlinienbilder können gelegentlich falsche Assoziationen hervorrufen. Dies soll an zwei Beispielen illustriert werden, dem elektrischen Feld einer zylindrischen Ladungsverteilung und dem Magnetfeld eines zylindrischen Stromleiters. Die Anordnungen werden in Abb. 3.9 gezeigt. Der Radius des Zylinders sei R.

a) Divergenz

Ein Bereich mit positiver Divergenz wird Quelle des Vektorfeldes genannt, ein Bereich mit negativer Divergenz wird Senke genannt, analog dem Wasserzufluss

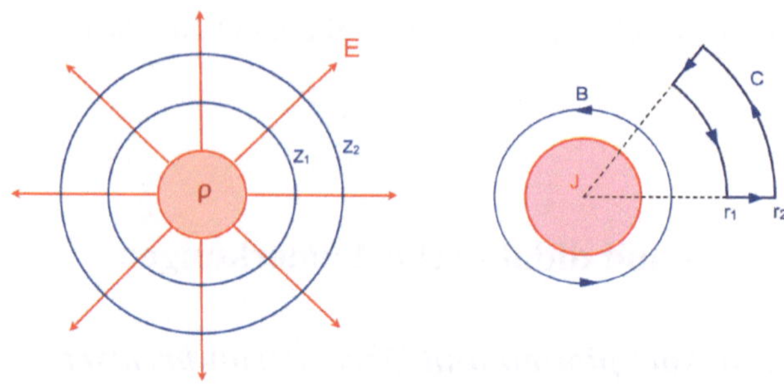

Abb. 3.9 „Optische Täuschungen". *Links*: Die elektrischen Feldlinien eines Zylinders mit positiver Ladungsdichte zeigen radial nach außen, aber die Divergenz ist null für $r > R$. Der elektrische Fluss ϕ_{el} durch die beiden zylindrischen Flächen Z_1 und Z_2 ist identisch, da die Feldstärke proportional zu $1/r$ absinkt und die Flächen linear mit r anwachsen. Der Nettofluss aus dem von den Flächen Z_1 und Z_2 begrenzten Volumen ist null. *Rechts*: Die magnetischen Feldlinien eines stromdurchflossenen Zylinders bilden konzentrische Kreise, aber die Rotation ist null für $r > R$. Das Ringintegral längs des skizzierten Wegs C verschwindet: auf den radialen Abschnitten ist $\boldsymbol{B} \cdot d\boldsymbol{s} = 0$, auf den Kreisbögen ist $\boldsymbol{B} \cdot d\boldsymbol{s} = +B_\varphi(r_2)\, r_2\, d\varphi$ bzw. $\boldsymbol{B} \cdot d\boldsymbol{s} = -B_\varphi(r_1)\, r_1\, d\varphi$. Wegen $B_\varphi(r_2)\, r_2 = B_\varphi(r_1)\, r_1$ heben sich die Integrale über die Kreisbögen weg

bzw. dem Wasserabfluss in einem Schwimmbecken. Der Name Divergenz kann bildhaft interpretiert werden: $\text{div}\boldsymbol{E}$ ist ein Maß dafür, wie schnell die elektrischen Feldlinien auseinanderlaufen (*divergieren*). Dabei kann man aber auch Täuschungen unterliegen. Beispielsweise zeigen die elektrischen Feldlinien eines positiv geladenen Zylinders alle nach außen und entfernen sich voneinander mit wachsendem Abstand vom Zylinder, so dass man vermuten könnte, dass $\nabla \cdot \boldsymbol{E} > 0$ ist. Das trifft jedoch nicht zu. Für $r > R$, also außerhalb der Ladungsverteilung, lautet das elektrische Feld in Zylinderkoordinaten

$$\boldsymbol{E} = \frac{\lambda_p}{2\pi\varepsilon_0 r}\,\hat{\boldsymbol{r}} \equiv E_r(r)\,\hat{\boldsymbol{r}}$$

mit $r = \sqrt{x^2 + y^2}$ und der positiven Linienladungsdichte $\lambda_p = \rho\,\pi R^2$. Das Feld hat nur eine Radialkomponente. Die Divergenz dieses Feldes verschwindet:

$$\text{div}\,\boldsymbol{E} = \frac{1}{r}\frac{\partial(rE_r)}{\partial r} = 0 \quad \text{wegen} \quad rE_r(r) = \text{const.}$$

Der physikalische Grund für das Verschwinden der Divergenz ist die erste Maxwellgleichung $\nabla \cdot \boldsymbol{E} = \rho/\varepsilon_0$, da im Bereich $r > R$ keine Ladungen existieren und damit keine Quellen für das Feld vorhanden sind. Der mathematische Grund ist die exakte $1/r$-Abhängigkeit der elektrischen Feldstärke.

b) Rotation

Die Rotation hat ebenfalls eine anschauliche Deutung, aber wie im Fall der Divergenz muss man dabei vorsichtig sein. Ringförmige Feldlinien allein implizieren noch nicht, dass die Rotation des betreffenden Vektorfeldes ungleich null ist. Das Magnetfeld eines zylindrischen Stromleiters hat ringförmige Feldlinien (Abb. 3.9). Für einen Strom in z-Richtung hat das Feld nur eine Azimutalkomponente B_φ, die überdies nur von r abhängt, aber nicht von φ und z. Außerhalb des Leiters berechnet man das Feld mit dem Stokes'schen Satz:

$$\oint_C \boldsymbol{B} \cdot d\boldsymbol{s} = \mu_0 I \;\Rightarrow\; B_\varphi(r) = \frac{\mu_0 I}{2\pi r} \quad \text{für} \quad r > R\,.$$

Die Rotation dieses Feldes ist null:

$$\frac{1}{r}\frac{\partial(rB_\varphi)}{\partial r} = 0 \quad \text{wegen} \quad rB_\varphi = \text{const.}$$

Der physikalische Grund für das Verschwinden der Rotation ist natürlich die Maxwell'sche Gleichung $\nabla \times \boldsymbol{B} = \mu_0 \boldsymbol{J}$, denn außerhalb des Drahtes ist die Stromdichte null. Der mathematische Grund ist die exakte $1/r$-Abhängigkeit der magnetischen Feldstärke, die bewirkt, dass $rB_\varphi(r)$ eine Konstante ist.

c) Divergenz und Rotation im Innern des Zylinders

Im Innern der zylindrischen Ladungsverteilung ist die elektrische Feldstärke nach Gl. (2.33)

$$E_r(r) = \frac{\lambda_p}{2\pi\varepsilon_0 R^2} \cdot r\,,$$

und die Divergenz ist ungleich null:

$$\operatorname{div} \boldsymbol{E} = \frac{1}{r}\frac{\partial(rE_r)}{\partial r} = \frac{\lambda_p}{\pi\varepsilon_0 R^2} = \frac{\rho}{\varepsilon_0} > 0\,.$$

Im Innern eines stromführenden Drahtes sind die magnetischen Feldlinien ebenfalls ringförmig, aber hier wächst das Feld linear mit dem Abstand von der z-Achse an: $B_\varphi(r) = \mu_0 I\, r/(2\pi R^2)$. Die z-Komponente der Rotation ist

$$(\nabla \times \boldsymbol{B})_z = \frac{\mu_0 I}{2\pi R^2}\frac{1}{r}\frac{\partial(r^2)}{\partial r} = \mu_0 J_z\,.$$

Wir sehen daraus, dass die Feldlinienbilder und die anschauliche Vorstellung im Innern des Zylinders in Einklang sind.

Zusammenfassung

1. Ein zeitlich veränderlicher magnetischer Fluss induziert ein ringförmiges elektrisches Feld. Das Induktionsgesetz lautet in integraler und differentieller Form
$$\oint_C \boldsymbol{E}\cdot d\boldsymbol{s} = -\frac{d\phi_{\text{mag}}}{dt} = -\frac{d}{dt}\left\{\iint_S (\boldsymbol{B}\cdot\hat{\boldsymbol{n}})\,da\right\}, \quad \nabla\times\boldsymbol{E} = -\frac{\partial \boldsymbol{B}}{\partial t}.$$
Die integrale Form hat einen größeren Geltungsbereich, weil sie auch die Induktionsvorgänge bei konstantem Feld aber zeitlich veränderlicher Fläche beschreiben kann.
2. Die Lenz'sche Regel besagt: der induzierte Strom ist so gerichtet, dass das von ihm erzeugte Magnetfeld der Flussänderung entgegenwirkt (Minuszeichen in der Gleichung $U_{\text{ind}} = -d\phi_{\text{mag}}/dt$); dies folgt aus dem Satz von der Erhaltung der Energie.
3. Bei zeitlich konstantem Magnetfeld, aber einer zeitlich veränderlichen Leiterschleife ist die Induktion eine Konsequenz der Lorentz-Kraft.
4. Die Kontinuitätsgleichung ist eine Konsequenz des Erhaltungssatzes der elektrischen Ladung.
$$\frac{\partial\rho}{\partial t} + \nabla\cdot\boldsymbol{J} = 0.$$
5. Der Verschiebungsstrom wurde von Maxwell postuliert, um den Erhaltungssatz der elektrischen Ladung bei zeitabhängigen Feldern zu „retten".
$$\boldsymbol{J}_V = \varepsilon_0\frac{\partial\boldsymbol{E}}{\partial t}.$$
6. Zeitabhängige elektromagnetische Felder können durch das skalare Potential und das Vektorpotential dargestellt werden
$$\boldsymbol{E} = -\nabla\Phi - \frac{\partial\boldsymbol{A}}{\partial t}, \quad \boldsymbol{B} = \nabla\times\boldsymbol{A}.$$
7. Die verallgemeinerte Eichtransformation
$$\boldsymbol{A}' = \boldsymbol{A} + \nabla\chi, \quad \Phi' = \Phi - \frac{\partial\chi}{\partial t}$$
lässt die Felder $\boldsymbol{E}$ und $\boldsymbol{B}$ invariant.
8. In der Quantentheorie spielt das Vektorpotential eine dominante Rolle, die *de Broglie*-Wellenlänge eines Elektrons wird
$$\lambda = \frac{2\pi\hbar}{m_e v - e\,A}.$$
Dies ist der experimentell verifizierte Aharonov-Bohm-Effekt.

9. Die Grundgleichungen der Elektrodynamik sind die vier Maxwell'schen Gleichungen (3.17), die auch den Anforderungen der Relativitätstheorie genügen.

Aufgaben

3.1) Eine lange Solenoid-Spule mit 1000 Windungen pro Meter und einem Radius $r_1 = 0{,}1$ m wird von einem zeitabhängigen Strom durchflossen $I(t) = I_0\, t/t_0$ mit $I_0 = 10$ A und $t_0 = 1$ s. Eine zweite, kurze Solenoid-Spule mit 100 Windungen ist auf einen Zylinder gewickelt, dessen Achse mit der Achse des Solenoids 1 übereinstimmt. Berechne die induzierte Spannung in Spule 2 für die beiden Fälle: $r_2 = r_1/2$ und $r_2 = 2\, r_1$.

3.2) Eine Spule mit 200 Windungen und einem Radius $r_1 = 0{,}1$ m befindet sich in einem gleichförmigen Magnetfeld $B = 0{,}2$ T, das in Richtung der Spulenachse zeigt. Finde die induzierte Spannung, wenn innerhalb von 0,1 Sekunden folgendes passiert:

a) das Feld wird verdoppelt,
b) das Feld wird auf null gefahren,
c) die Feldrichtung kehrt sich um,
d) die Spule wird um 90° rotiert,
e) die Spule wird um 180° rotiert.

3.3) Wirbelstrombremse. Eine quadratische Schleife aus 1 mm^2 Kupferdraht mit einer Kantenlänge $l = 20$ cm befindet sich in der xy-Ebene. Die Schleife wird mit konstanter Geschwindigkeit $v = 1$ m/s durch ein homogenes Magnetfeld $B_z = 1$ T gezogen, das sich über den Bereich $0 \leq x \leq 2l$ und $0 \leq y \leq 2l$ erstreckt.

a) Berechne und skizziere die induzierte Spannung als Funktion von x im Intervall $(-2l \leq x \leq +2l)$.
b) Zeige, dass das Magnetfeld auf den induzierten Strom eine Kraft entgegengesetzt zur Geschwindigkeit v ausübt und berechne diese Kraft.
c) Was ändert sich, wenn man die Geschwindigkeit auf $v = 10$ m/s erhöht?

3.4) Das Erdmagnetfeld hat in Mitteleuropa eine Stärke von 48 µT. Um das Feld zu messen, wird eine quadratische Drahtschleife mit $N = 2000$ Windungen und einer Fläche $a = 0{,}2$ m^2 mit zwei Umdrehungen pro Sekunde rotiert. Skizziere den zeitlichen Verlauf und die Amplitude der auf einem Oszillographen beobachteten Spannung.

3.5) Eine 100-Watt-Halogenlampe mit Betriebsspannung $U_2 = 20$ V soll über einen Transformator an das Netz ($U_1 = 230$ V) angeschlossen werden. Berechne das Verhältnis der Windungszahlen sowie Primär- und Sekundärstrom. Welchen Wert hat der auf die Primärseite transformierte Widerstand der Lampe?

3.6) Für Transformatoren benutzt man Weicheisen und keine Legierungen, aus denen man Dauermagnete herstellt. Der Kern eines Transformators ist nicht massiv, sondern besteht aus dünnen, gegeneinander isolierten Blechen. Warum ist das so?

3.7) Verschiebungsstrom. Ein Plattenkondensator in Luft hat kreisförmige Platten mit einem Radius $r_p = 100\,\text{mm}$ und einem Abstand $d = 1\,\text{mm}$. Ein Strom $I_0 = 10\,\text{A}$ fließt in den Zuleitungsdrähten.

a) Berechne die zeitliche Änderung dE/dt des elektrischen Feldes im Kondensator.
b) Berechne die Verschiebungsstromdichte J_V und zeige, dass der gesamte Verschiebungsstrom der Gleichung $I_V = C\,dU/dt$ genügt und numerisch gleich dem Strom I_0 ist.
c) Berechne mit Hilfe der 4. Maxwell-Gleichung das Magnetfeld $B_i(r)$ im Luftspalt als Funktion des Abstands r von der Achse. Zeige, dass dies Feld für $r > r_p$ mit dem Feld $B_a(r)$ übereinstimmt, welches die Zuleitungsdrähte umgibt.

3.8) Das Magnetfeld eines Linienstroms ist divergenzfrei und rotationsfrei. In einem langen geraden Draht fließe ein Strom I in z-Richtung. Die Feldlinien sind Kreise um die z-Achse, der Betrag des Feldes ist $B(x, y) = \mu_0\, I/(2\pi\sqrt{x^2 + y^2})$.

a) Die Gültigkeit der Gleichung $\nabla \cdot \boldsymbol{B} = 0$ soll explizit nachgerechnet werden, und zwar in kartesischen Koordinaten und in Zylinderkoordinaten. Man erkennt hierbei, dass die der Symmetrie des Problems angepassten Koordinaten die Rechnung sehr vereinfachen.
b) Da außerhalb des Drahtes keine Ströme vorhanden sind, gilt $\nabla \times \boldsymbol{B} = 0$. Auch diese Beziehung soll in kartesischen Koordinaten und in Zylinderkoordinaten nachgerechnet werden.

3.9) Gegeben sei eine sehr lange Solenoidspule vom Radius r_s, deren Achse wir als z-Achse unserer Zylinderkoordinaten wählen. Das Magnetfeld ist in sehr guter Näherung konstant (homogen) im Innern der Spule, und es verschwindet außerhalb der Spule:

$$\boldsymbol{B} = B_0\,\hat{\boldsymbol{z}} \quad \text{für } r \leq r_s\,, \qquad \boldsymbol{B} = 0 \quad \text{für } r > r_s\,.$$

Dieses Magnetfeld kann durch ein Vektorpotential beschrieben werden, das nur eine Azimutalkomponente $A_\varphi(r)$ hat. Berechne $A_\varphi(r)$ für $r \leq r_s$ und für $r > r_s$ und skizziere die Feldlinien. Berechne rot$\boldsymbol{A}$ als Funktion von r. Wie kann man erklären, dass die Rotation von $\boldsymbol{A}$ außerhalb der Spule verschwindet, obwohl kreisförmige Feldlinien vorliegen?

3.10) Wichtige Magnetfeld-Messgeräte sind rotierende Spulen, Hall-Sonden und Kernspinresonanz-Sensoren. Die Funktionsweise dieser Geräte soll analysiert werden, und die den jeweiligen Messprinzipien zugrunde liegenden physikalischen Gesetze sollen aufgeführt werden.

Kapitel 4
Elektromagnetische Wellen im Vakuum

4.1 Herleitung der eindimensionalen Wellengleichung

Wenn keine polarisierbare oder magnetisierbare Materie vorhanden ist, kann man sich auf die zwei Felder $\boldsymbol{E}$ und $\boldsymbol{B}$ beschränken. Bei Abwesenheit von Ladungen und Strömen lauten die Maxwell-Gleichungen für Vakuum (und in sehr guter Näherung auch für Luft):

$$(1)\quad \oiint (\boldsymbol{E}\cdot\hat{\boldsymbol{n}})\,da = 0\,, \qquad \nabla\cdot\boldsymbol{E} = 0\,, \tag{4.1a}$$

$$(2)\quad \oiint (\boldsymbol{B}\cdot\hat{\boldsymbol{n}})\,da = 0\,, \qquad \nabla\cdot\boldsymbol{B} = 0\,, \tag{4.1b}$$

$$(3)\quad \oint \boldsymbol{E}\cdot d\boldsymbol{s} = -\frac{d}{dt}\left[\iint (\boldsymbol{B}\cdot\hat{\boldsymbol{n}})da\right], \qquad \nabla\times\boldsymbol{E} = -\frac{\partial\boldsymbol{B}}{\partial t}\,, \tag{4.1c}$$

$$(4)\quad \oint \boldsymbol{B}\cdot d\boldsymbol{s} = \mu_0\varepsilon_0\,\frac{d}{dt}\left[\iint (\boldsymbol{E}\cdot\hat{\boldsymbol{n}})da\right], \qquad \nabla\times\boldsymbol{B} = \mu_0\varepsilon_0\,\frac{\partial\boldsymbol{E}}{\partial t}\,. \tag{4.1d}$$

Wir betrachten nun die beiden Differentialgleichungen

$$(3)\quad \nabla\times\boldsymbol{E} = -\frac{\partial\boldsymbol{B}}{\partial t}\,, \qquad (4)\quad \nabla\times\boldsymbol{B} = \mu_0\varepsilon_0\frac{\partial\boldsymbol{E}}{\partial t}\,. \tag{4.2}$$

Es gibt sehr viele Lösungen dieser gekoppelten Gleichungen. Wir suchen spezielle Lösungen, die nur von z und t abhängen. Zunächst nehmen wir an, dass das elektrische Feld nur eine x-Komponente $E_x(z,t)$ besitzt. Aus Gl. (3) folgt dann

$$\frac{\partial E_x}{\partial z} = -\frac{\partial B_y}{\partial t}\,. \tag{4.3}$$

Daraus ergibt sich, dass das magnetische Feld eine y-Komponente $B_y(z,t)$ haben muss. Nun wird Gl. (4) benutzt

$$\frac{\partial B_y}{\partial z} = -\mu_0\varepsilon_0\frac{\partial E_x}{\partial t}\,. \tag{4.4}$$

P. Schmüser, *Theoretische Physik für Studierende des Lehramts 2*,
DOI 10.1007/978-3-642-25395-9_4, © Springer-Verlag Berlin Heidelberg 2013

Wenn wir Gl. (4.3) nach z differenzieren und Gl. (4.4) nach t, erhalten wir eine Differentialgleichung 2. Ordnung, in der nur E_x vorkommt.

$$\frac{\partial^2 E_x}{\partial z^2} = \mu_0 \varepsilon_0 \frac{\partial^2 E_x}{\partial t^2} \equiv \frac{1}{v^2} \frac{\partial^2 E_x}{\partial t^2} .$$

Dies ist die eindimensionale Wellengleichung. Wenn man Gl. (4.3) nach t differenziert und Gl. (4.4) nach z, ergibt sich dieselbe Wellengleichung für das Magnetfeld.

$$\frac{\partial^2 B_y}{\partial z^2} = \mu_0 \varepsilon_0 \frac{\partial^2 B_y}{\partial t^2} \equiv \frac{1}{v^2} \frac{\partial^2 B_y}{\partial t^2} .$$

Die Differentialgleichungen 1. Ordnung (4.3) und (4.4) koppeln $\boldsymbol{E}$ und $\boldsymbol{B}$. Die wichtige Konsequenz ist: es gibt keine rein elektrischen oder rein magnetischen Wellen, sondern nur *elektromagnetische Wellen*, in denen beide Feldanteile vorhanden sind.

Die Ausbreitungsgeschwindigkeit der Welle ist $v = 1/\sqrt{\mu_0 \varepsilon_0}$. Setzt man Zahlenwerte ein, so findet man, dass $v = 3 \cdot 10^8$ m/s ist, also gleich der Lichtgeschwindigkeit im Vakuum:

$$\boxed{c = \frac{1}{\sqrt{\mu_0 \varepsilon_0}} .} \tag{4.5}$$

Die elektrischen und magnetischen Feldstärken sind Lösungen der Wellengleichung

$$\frac{\partial^2 E_x}{\partial z^2} = \frac{1}{c^2} \frac{\partial^2 E_x}{\partial t^2} , \quad \frac{\partial^2 B_y}{\partial z^2} = \frac{1}{c^2} \frac{\partial^2 B_y}{\partial t^2} , \tag{4.6}$$

wobei die Ausbreitungsgeschwindigkeit der Wellen identisch mit der Lichtgeschwindigkeit im Vakuum ist. Diese Entdeckung war von großer Tragweite. Es wurde schlagartig klar, dass Licht eine elektromagnetische Wellenerscheinung ist und dass die Optik als Teilgebiet der Elektrodynamik angesehen werden muss.

Eine zweite spezielle Lösung der gekoppelten Gl. (4.2) gewinnen wir, indem wir annehmen, dass das elektrische Feld nur eine y-Komponente $E_y(z,t)$ hat. Aus Gl. (3) folgt

$$\frac{\partial E_y}{\partial z} = \frac{\partial B_x}{\partial t} .$$

Das Magnetfeld hat in diesem Fall nur eine x-Komponente, und wiederum gilt die Wellengleichung:

$$\frac{\partial^2 E_y}{\partial z^2} = \frac{1}{c^2} \frac{\partial^2 E_y}{\partial t^2} , \quad \frac{\partial^2 B_x}{\partial z^2} = \frac{1}{c^2} \frac{\partial^2 B_x}{\partial t^2} . \tag{4.7}$$

In diesen beiden Beispielen stehen die elektrischen und magnetischen Feldvektoren senkrecht auf der Ausbreitungsrichtung z, d. h. die Wellen sind transversal. Ein weiterer Befund ist, dass die Vektoren $\boldsymbol{E}$ und $\boldsymbol{B}$ senkrecht aufeinander stehen. Die formale Herleitung der Wellengleichung und der Beweis, dass elektromagnetische Wellen im Vakuum oder in homogenen dielektrischen Medien (z. B. Lichtwellen in Glas) immer transversal sind, wird im nächsten Abschnitt gebracht.

Allgemeine Lösung der 1D-Wellengleichung

Die allgemeinste Lösung der eindimensionalen Wellengleichung (4.6) lautet

$$E_x(z,t) = E_0[f_1(z - c\,t) + f_2(z + c\,t)]\,, \tag{4.8}$$

wobei f_1 und f_2 beliebige, zweimal differenzierbare Funktionen sind. Wir beweisen, dass die erste Funktion die Wellengleichung erfüllt. Dazu führen wir die Hilfsvariable $u = z - c\,t$ ein. Die Funktion f_1 ist nur eine Funktion von u und hängt implizit von z und t ab. Unter Anwendung der Kettenregel finden wir für die ersten Ableitungen

$$\frac{\partial f_1}{\partial z} = \frac{df_1}{du} \cdot \frac{\partial u}{\partial z} = \frac{df_1}{du} \cdot 1\,, \qquad \frac{\partial f_1}{\partial t} = \frac{df_1}{du} \cdot \frac{\partial u}{\partial t} = \frac{df_1}{du} \cdot (-c)$$

und für die zweiten Ableitungen

$$\frac{\partial^2 f_1}{\partial z^2} = \frac{d^2 f_1}{du^2}\,, \qquad \frac{\partial^2 f_1}{\partial t^2} = \frac{d^2 f_1}{du^2} \cdot c^2\,,$$

woraus sofort ersichtlich wird, dass $f_1(z - c\,t)$ eine Lösung der eindimensionalen Wellengleichung ist. Die Funktion $f_1(z - c\,t)$ beschreibt eine beliebige Wellenform, die mit der Geschwindigkeit c in der positiven z-Richtung läuft. Diese Wellenform kann z. B. ein kurzer Wellenpuls sein oder eine harmonische Welle (Sinus oder Cosinus). Die Funktion $f_2(z + c\,t)$ beschreibt entsprechend eine Wellenform, die mit der Geschwindigkeit c in der negativen z-Richtung läuft.

Wir wählen jetzt eine in der positiven z-Richtung laufende Wellenform.

$$E_x(z,t) = E_0\, f_1(z - c\,t)\,. \tag{4.9}$$

Wie berechnet man das magnetische Feld dieser Welle? Dazu wendet man Gl. (4.3) an, es ergibt sich

$$\frac{\partial B_y}{\partial t} = -E_0 \frac{\partial f_1}{\partial z} = -E_0 \frac{df_1}{du} = \frac{E_0}{c} \frac{\partial f_1}{\partial t}\,.$$

Integration über t liefert das wichtige Resultat

$$B_y(z,t) = B_0\, f_1(z - c\,t) \quad \text{mit} \quad B_0 = \frac{E_0}{c}\,. \tag{4.10}$$

Das Magnetfeld hat also genau die gleiche Wellenform wie das elektrische Feld und läuft synchron mit diesem mit der Geschwindigkeit c entlang der positiven z-Richtung. Elektrisches und magnetisches Feld stehen senkrecht aufeinander und beide sind senkrecht zur Ausbreitungsrichtung orientiert.

Harmonische Wellen

Wir betrachten nun speziell eine harmonische Welle der Form

$$E_x(z,t) = E_0 \cos(kz - \omega t) \tag{4.11}$$

mit der Wellenzahl $k = 2\pi/\lambda$ und der Kreisfrequenz $\omega = 2\pi f$. Diese Funktion ist eine Lösung der Wellengleichung, wenn die Beziehung $\omega = c\,k$ erfüllt ist. Diese Beziehung ist in der Tat erfüllt, denn sie ist gleichbedeutend mit der bekannten Formel $f\lambda = c$. Die harmonische Welle kann in der Form

$$E_x(z,t) = E_0 \cos(kz - \omega t) = E_0 \cos(k[z - c\,t])$$

geschrieben werden, sie ist also vom Typ $E_0 f_1(z - c\,t)$. Die in x-Richtung linear polarisierte Welle wird beschrieben durch

$$E_x(z,t) = E_0 \cos(kz - \omega t)\,, \quad B_y(x,t) = \frac{E_0}{c} \cos(kz - \omega t)\,. \tag{4.12}$$

Die dazu orthogonale, in y-Richtung linear polarisierte Welle ist

$$E_y(z,t) = E_0 \cos(kz - \omega t)\,, \quad B_x(x,t) = -\frac{E_0}{c} \cos(kz - \omega t)\,. \tag{4.13}$$

Wie man sieht, sind $\boldsymbol{E}(z,t)$ und $\boldsymbol{B}(z,t)$ bei einer laufenden Welle in Phase[1].

4.2 Die dreidimensionale Wellengleichung

Um die dreidimensionale Wellengleichung formal herzuleiten, beginnen wir mit den Maxwellgleichungen (4.1) in differentieller Form und nehmen an, dass weder Ladungen noch Ströme vorhanden sind. Wir bilden die Rotation der Gl. (3) und setzen Gl. (4) ein

$$\nabla \times (\nabla \times \boldsymbol{E}) = -\frac{\partial}{\partial t}(\nabla \times \boldsymbol{B}) = -\mu_0\varepsilon_0 \frac{\partial^2 \boldsymbol{E}}{\partial t^2}\,.$$

Nun ist $\nabla \times (\nabla \times \boldsymbol{E}) = -\nabla^2 \boldsymbol{E} + \nabla(\nabla\cdot\boldsymbol{E})$. Wegen Gl. (1) ist $\nabla\cdot\boldsymbol{E} = 0$, und es folgt

$$\boxed{\nabla^2 \boldsymbol{E} \equiv \left(\frac{\partial^2 \boldsymbol{E}}{\partial x^2} + \frac{\partial^2 \boldsymbol{E}}{\partial y^2} + \frac{\partial^2 \boldsymbol{E}}{\partial z^2}\right) = \frac{1}{c^2}\frac{\partial^2 \boldsymbol{E}}{\partial t^2}\,.} \tag{4.14}$$

Dies ist die dreidimensionale Form der Wellengleichung im Vakuum. Bildet man die Rotation der Gl. (4) und setzt Gl. (3) ein, so folgt analog

$$\nabla^2 \boldsymbol{B} = \frac{1}{c^2}\frac{\partial^2 \boldsymbol{B}}{\partial t^2}\,. \tag{4.15}$$

Es gibt eine große Vielfalt verschiedenartiger Lösungen der Gl. (4.14). Wir betrachten nur zwei Typen von Lösungen: ebene Wellen und Kugelwellen.

[1] Stehende elektromagnetische Wellen gibt es in den Hohlraumresonatoren zur Teilchenbeschleunigung. Dort besteht eine Phasenverschiebung von 90° zwischen $\boldsymbol{E}(z,t)$ und $\boldsymbol{B}(z,t)$.

4.2.1 Ebene Wellen

Ebene Wellen sind dadurch charakterisiert, dass die Orte konstanter Phase Ebenen sind, die senkrecht auf dem Wellenvektor $\boldsymbol{k}$ stehen, der die Ausbreitungsrichtung der Welle angibt. Die mathematische Form ist

$$\boldsymbol{E}(\boldsymbol{r},t) = \boldsymbol{E}_0 \cos(\boldsymbol{k} \cdot \boldsymbol{r} - \omega t) \,, \qquad \boldsymbol{k} \cdot \boldsymbol{r} = k_x x + k_y y + k_z z \,. \tag{4.16}$$

Mit Hilfe der Maxwellgleichungen (4.1) können wir das magnetische Feld der Welle berechnen. Aus der 3. Maxwellgleichung folgt

$$\frac{\partial \boldsymbol{B}}{\partial t} = -\nabla \times \boldsymbol{E} = \boldsymbol{k} \times \boldsymbol{E}_0 \sin(\boldsymbol{k} \cdot \boldsymbol{r} - \omega t) \,.$$

Dies ist leicht über die Zeit zu integrieren. Man findet

$$\boldsymbol{B}(\boldsymbol{r},t) = \boldsymbol{B}_0 \cos(\boldsymbol{k} \cdot \boldsymbol{r} - \omega t) \quad \text{mit} \quad \boldsymbol{B}_0 = \frac{\hat{\boldsymbol{k}} \times \boldsymbol{E}_0}{c} \quad \text{und} \quad \hat{\boldsymbol{k}} = \frac{\boldsymbol{k}}{|\boldsymbol{k}|} \,. \tag{4.17}$$

Aus den Gleichungen (4.16) und (4.17) können wir wichtige Schlussfolgerungen ziehen:

1. Das elektrische und das magnetische Feld einer harmonischen ebenen Welle werden durch die gleiche Cosinusfunktion beschrieben und sind daher in Phase.
2. Die Feldvektoren $\boldsymbol{E}$ und $\boldsymbol{B}$ stehen senkrecht aufeinander.
3. Für die Amplitude des Magnetfeldes gilt $B_0 = E_0/c$.

Nun wenden wir die 1. Maxwell-Gl. auf (4.16) an:

$$\nabla \cdot \boldsymbol{E} = 0 \quad \Rightarrow \quad \boldsymbol{k} \cdot \boldsymbol{E}_0 = 0. \tag{4.18}$$

Entsprechend folgt aus der 2. Maxwell-Gl.

$$\nabla \cdot \boldsymbol{B} = 0 \quad \Rightarrow \quad \boldsymbol{k} \cdot \boldsymbol{B}_0 = 0. \tag{4.19}$$

Das elektrische und das magnetische Feld stehen beide senkrecht auf der Ausbreitungsrichtung der Welle:

Elektromagnetische Wellen im Vakuum sind transversal.

Das gilt auch für Wellen in homogenen dielektrischen Medien, z. B. für Lichtwellen in Glas. Wenn aber die Welle durch seitliche Begrenzungen eingeschränkt ist, kann es longitudinale Anteile geben. Das ist der Fall für elektromagnetische Wellen in Hohlleitern (siehe Kap. 5) oder Lichtwellen in optischen Fasern [12].

Ebene Wellen, die sich parallel zur z-Achse bzw. unter einem Winkel von 30° gegen die z-Achse ausbreiten, werden in Abb. 4.1 gezeigt. Die elektrischen und magnetischen Feldvektoren einer in x-Richtung polarisierten Welle sind in Abb. 4.2 als Funktion von z aufgetragen (für $t = 0$).

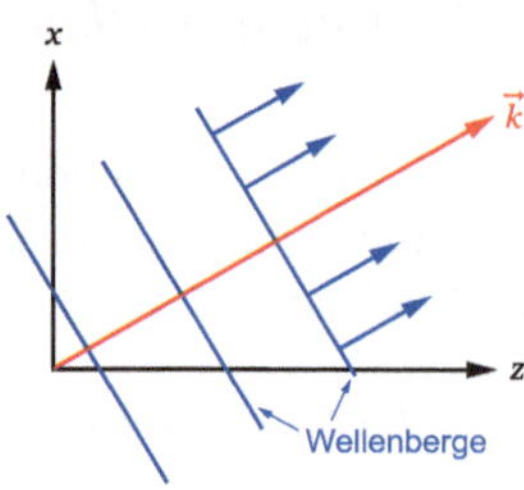

Abb. 4.1 *Links*: Eine ebene Welle, die parallel zur z-Achse läuft. Die Wellenberge sind *rot* gezeichnet, die Wellentäler *blau-violett*. *Mitte und rechts*: Eine ebene Welle, deren Ausbreitungsrichtung um einen Winkel von $30°$ gegen die z-Achse gedreht ist. Der Wellenvektor ist $\boldsymbol{k} = k\,(\sin 30°,\ 0,\ \cos 30°)$

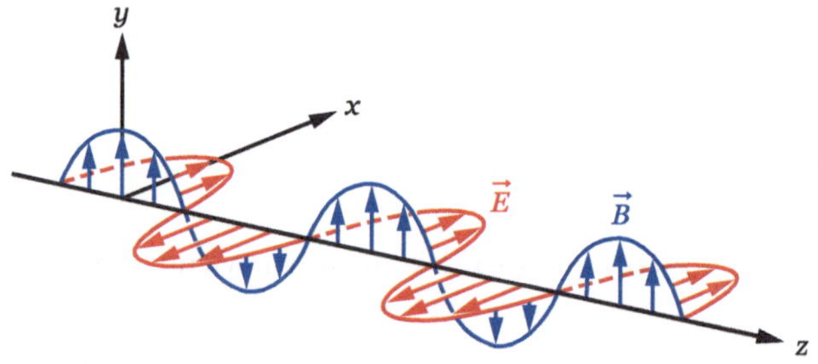

Abb. 4.2 Elektrisches und magnetisches Feld einer in x-Richtung polarisierten Welle, die parallel zur z-Achse läuft

Mit ebenen Wellen ist einfach zu rechnen, aber man muss bedenken, dass sie nur bedingt geeignet sind, reale Sachverhalte zu beschreiben. Eine ebene Welle ist unendlich ausgedehnt im Raum und enthält eine unendlich hohe Feldenergie. Laser emittieren sehr paralleles Licht, und innerhalb des Strahlprofils von einigen mm Durchmesser sieht die Lichtwelle annähernd wie eine ebene Welle aus. Bei genauerer Betrachtung findet man aber, dass sich jeder Laserstrahl durch Beugung aufweitet. Die korrekte Beschreibung liefert die sog. Gauß'sche Strahloptik [12], die mathematisch aufwändig ist und hier nicht diskutiert werden soll.

4.2.2 Kugelwellen

Wenn man einen Stein ins Wasser wirft, breiten sich kreisförmige Wellen aus. Kreiswellen kann man auch durch einen periodisch bewegten Tupfer in einer Wellenwanne erzeugen. Im Innern einer Flüssigkeit oder in einem Gas können durch einen periodisch schwingenden Piezo-Kristall kugelförmige Druckwellen erzeugt werden, die sich in alle drei Raumrichtungen gleichmäßig ausbreiten. Die Orte konstanter Phase (beispielsweise die Druckmaxima) sind Kugelflächen, die konzentrisch zum Sender orientiert sind und mit der Schallgeschwindigkeit v nach außen wandern.

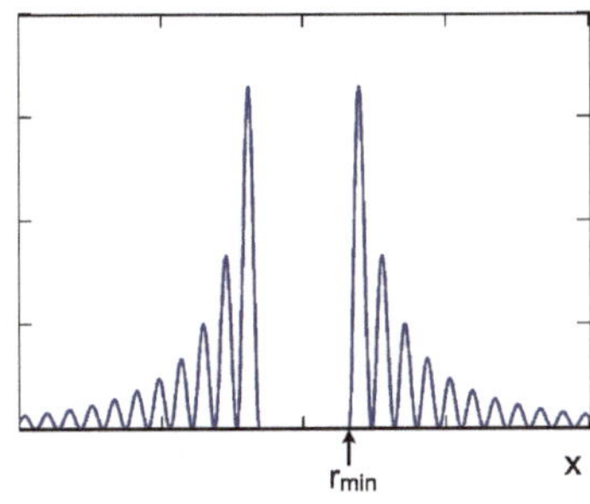

Abb. 4.3 *Links*: Eine Kugelwelle der Form $\sin(k\,r)/r$. Im Bereich $r < r_{\min}$ ist die Amplitude der Welle auf null gesetzt worden. *Rechts*: Die Intensität der Kugelwelle als Funktion von x für $y = z = 0$. Die Intensität fällt mit $1/r^2$ ab

Wellen dieser Art nennt man Kugelwellen. Ähnliche Erscheinungen findet man auch bei elektromagnetischen Wellen, die Berechnung ist allerdings überaus kompliziert, so dass wir uns zunächst auf kugelförmige Druckwellen in Flüssigkeiten oder Gasen beschränken, da man an diesen wesentliche Eigenschaften von Kugelwellen studieren kann.

Um Kugelwellen mathematisch zu beschreiben, ist es zweckmäßig, den Laplace-Operator in Kugelkoordinaten darzustellen. Für eine skalare Funktion $F(\boldsymbol{r},t)$ gilt (Anhang A.5)

$$\nabla^2 F = \frac{1}{r}\frac{\partial^2}{\partial r^2}(rF) + \frac{1}{r^2 \sin\theta}\frac{\partial}{\partial\theta}\left(\sin\theta\frac{\partial F}{\partial\theta}\right) + \frac{1}{r^2\sin^2\theta}\frac{\partial^2 F}{\partial\varphi^2}\,. \tag{4.20}$$

Falls die Funktion nur vom Betrag des Ortsvektors $r = |\boldsymbol{r}|$ und nicht von seiner Richtung abhängt, vereinfacht sich die Beziehung

$$\nabla^2 F(r,t) = \frac{1}{r}\frac{\partial^2}{\partial r^2}(rF)\,. \tag{4.21}$$

Die Wellengleichung nimmt daher die einfachere Gestalt an

$$\frac{1}{r}\frac{\partial^2}{\partial r^2}(rF) = \frac{1}{v^2}\frac{\partial^2 F}{\partial t^2}\,.$$

Wir führen eine Hilfsfunktion $G(r,t) = r\,F(r,t)$ ein. Sie erfüllt die Gleichung

$$\frac{\partial^2 G}{\partial r^2} = \frac{1}{v^2}\frac{\partial^2 G}{\partial t^2}\,. \tag{4.22}$$

Mathematisch entspricht diese Gleichung genau der eindimensionalen Wellengleichung (4.6), hier in den Variablen r und t. Die Hilfsfunktion für die auslaufende Welle lautet demgemäß $G(r,t) = Af_1(r - v\,t)$. Daraus ergibt sich für die Form der auslaufenden Kugelwelle

$$F(r,t) = \frac{A}{r}\, f_1(r - v\,t) \quad \text{für} \quad r > r_{\min}\,. \tag{4.23}$$

Diese Formel gilt nur oberhalb eines gewissen Minimalradius $r_{\min}$, da die Funktion $f_1(r - v\,t)/r$ für $r \to 0$ divergiert. Für die in Abb. 4.3 gezeigte Kugelwelle ist $r_{\min} = \lambda$ gewählt worden. Die Amplitude der Welle nimmt mit $1/r$ ab, die Intensität skaliert mit $1/r^2$, s. Abb. 4.3. Genau dies Abstandsverhalten folgt auch aus dem Satz von der Erhaltung der Energie. Betrachten wir konzentrische Kugelschalen mit den Radien $r_1 < r_2 < r_3 \ldots$ und den Oberflächen $4\pi r_1^2 < 4\pi r_2^2 < 4\pi r_3^2 \ldots$, so muss der Energiefluss der Welle durch diese Kugelschalen immer derselbe sein, da sich die vom Sender emittierte Energie isotrop im Raum ausbreitet:

$$I(r_1) 4\pi r_1^2 = I(r_2) 4\pi r_2^2 = I(r_3) 4\pi r_3^2 \ldots$$

Daher muss die Intensität proportional zu $1/r^2$ sein. Das $1/r^2$-Verhalten von Kugelwellen bleibt auch bei elektromagnetischen Wellen erhalten, die von einem Radiosender oder einem relativistischen Elektron in den Raum abgestrahlt werden, obwohl diese Wellen deutliche Abweichungen von der Kugelsymmetrie aufweisen.

4.3 Energietransport in einer Welle, Poyntingvektor

In einer ebenen elektromagnetischen Welle im Vakuum sind die elektrische und magnetische Energiedichte (Energie pro Volumeneinheit)

$$w_{\text{el}} = \frac{\varepsilon_0}{2} \left\langle \boldsymbol{E}^2 \right\rangle, \quad w_{\text{mag}} = \frac{1}{2\mu_0} \left\langle \boldsymbol{B}^2 \right\rangle.$$

Die Klammern bedeuten die Mittelung über eine Periode der Welle. Wegen $\left\langle \cos^2(\boldsymbol{k} \cdot \boldsymbol{r} - \omega t) \right\rangle = 1/2$ wird

$$w_{\text{el}} = \frac{\varepsilon_0}{4}\, E_0^2\,, \quad w_{\text{mag}} = \frac{1}{4\mu_0} B_0^2 = \frac{1}{4\mu_0 c^2} E_0^2 = \frac{\varepsilon_0}{4}\, E_0^2 = w_{\text{el}}\,. \tag{4.24}$$

In der Welle haben also die elektrische und die magnetische Feldenergie den gleichen Wert, und die gesamte Energiedichte beträgt

$$w = w_{\text{el}} + w_{\text{mag}} = \frac{\varepsilon_0}{2}\, E_0^2\,. \tag{4.25}$$

Diese Energie wird mit der Geschwindigkeit c in Richtung des Wellenvektors $\boldsymbol{k}$ transportiert. Der Energiestrom pro Zeit- und Flächeneinheit wird Intensität genannt. Sie ist gegeben als Produkt von Energiedichte und Ausbreitungsgeschwindigkeit:

$$\boxed{I = c\,w = c\,\frac{\varepsilon_0}{2}\,E_0^2\,.} \tag{4.26}$$

Der *Poyntingvektor* ist ein Vektor, dessen Betrag gleich der Intensität ist und dessen Richtung entlang der Ausbreitungsrichtung der Welle orientiert ist. Die allgemein gültige Definition des Poyntingvektors ist

$$\boxed{\boldsymbol{S} = \boldsymbol{E} \times \boldsymbol{H}\,.} \tag{4.27}$$

Für eine ebene Welle im Vakuum ist $\boldsymbol{H} = \boldsymbol{B}/\mu_0$, und unter Benutzung von Gl. (4.17) und Gl. (A.10) folgt

$$\boldsymbol{S} = \frac{1}{\mu_0}\,\boldsymbol{E} \times \boldsymbol{B} = \frac{1}{\mu_0\,c}\,\boldsymbol{E} \times (\hat{\boldsymbol{k}} \times \boldsymbol{E}) = \frac{1}{\mu_0\,c}\,\boldsymbol{E}^2\,\hat{\boldsymbol{k}} = c\,\varepsilon_0\,\boldsymbol{E}^2\,\hat{\boldsymbol{k}}\,.$$

Wiederum ist es sinnvoll, über eine Periode der Schwingung zu mitteln mit dem Ergebnis $\langle \boldsymbol{E}^2 \rangle = E_0^2/2$. Daher wird der über eine Periode gemittelte Poyntingvektor

$$\langle \boldsymbol{S} \rangle = c\,\frac{\varepsilon_0}{2}\,E_0^2\,\hat{\boldsymbol{k}} = I\,\hat{\boldsymbol{k}}\,. \tag{4.28}$$

Hier ist $\hat{\boldsymbol{k}} = \boldsymbol{k}/k$ ein Einheitsvektor, der in die Ausbreitungsrichtung der Welle weist.

Die Sonnenenergie gelangt zu uns durch Strahlung. An einem klaren Sonnentag liegt die Intensität am Erdboden bei $1000\,\mathrm{W/m^2}$. Laser können viel höhere Leistungsdichten erreichen. Mit CO_2-Lasern kann man Infrarotstrahlen mit mehr als 10 kW Leistung erzeugen, die auf Strahldurchmesser von weniger als $100\,\mu\mathrm{m}$ fokussiert und zum Schneiden und Schweißen von Metallen verwendet werden.

Strahlungsdruck

Die elektromagnetische Welle kann auch einen Impuls übertragen (man nennt das Strahlungsdruck). In der Quantentheorie besteht die Welle aus Energiequanten, den Photonen. Die Energie und der Impuls eines Photons sind

$$E_{\mathrm{phot}} = \hbar\omega\,, \quad p_{\mathrm{phot}} = \frac{\hbar\omega}{c}\,. \tag{4.29}$$

Der Strahlungsdruck (*radiation pressure*) der Welle wird daher

$$p_{\mathrm{rad}} = \frac{I}{c} = \frac{1}{2}\,\varepsilon_0 E_0^2\,. \tag{4.30}$$

Dieser Druck wird ausgeübt, wenn die Strahlung absorbiert wird, etwa in einer schwarzen Wand. Sein Wert verdoppelt sich bei Reflexion an einem Spiegel. (Leider wird für Impuls und Druck der gleiche Buchstabe p verwendet, bitte aufpassen).

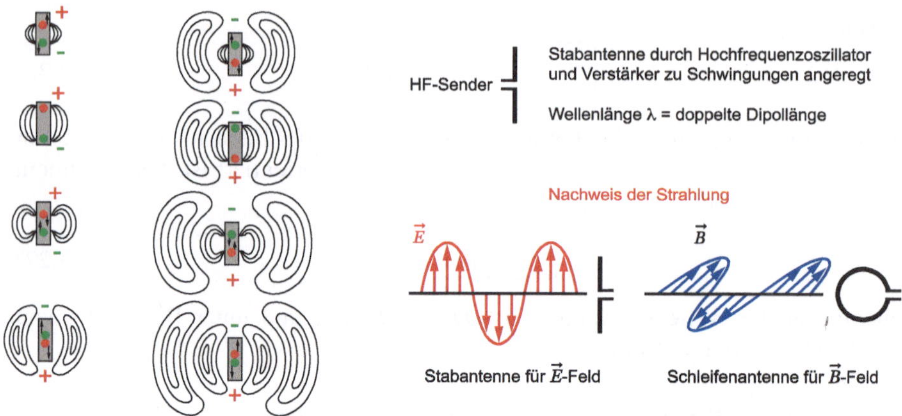

Abb. 4.4 *Links*: Zeitliche Entwicklung des elektrischen Feldlinienmusters eines Hertz-Dipols. Das Muster ist rotationssymmetrisch um die Dipolachse. *Rechts oben* wird eine Stabantenne gezeigt, die Dipolwellen aussendet. *Rechts unten* sieht man zwei Empfänger, eine Dipolantenne zum Nachweis des E-Feldes und eine Schleifenantenne zum Nachweis des B-Feldes

Der Druck der Sonnenstrahlung schiebt die kleinen Teilchen in einem Kometenschweif nach außen (Aufg. 4.6). Der „Sonnenwind", bestehend vorwiegend aus hochenergetischen Protonen, verstärkt diesen Effekt.

4.4 Strahlung eines oszillierenden elektrischen Dipols

Eine Ladung, die mit konstanter Geschwindigkeit geradlinig im Vakuum fliegt, erzeugt keine Strahlung. Wenn Materie anwesend ist, gibt es allerdings Situationen, in denen ein relativistisches Teilchen auch bei gleichförmig-geradliniger Bewegung abstrahlt. Wenn Elektronen, π-Mesonen und andere Teilchen durch ein optisch transparentes Material wie Glas fliegen und ihre Geschwindigkeit v höher als die Phasengeschwindigkeit c/n des Lichts in dem Medium ist (n ist der Brechungsindex), so wird entlang der gesamten Teilchenbahn *Cherenkov-Strahlung* emittiert. Dieser Vorgang ist vergleichbar mit der Schockwelle eines Überschallflugzeugs. Durchquert ein relativistisches geladenes Teilchen die Grenzfläche zwischen zwei Medien mit verschiedenen Dielektrizitätskonstanten oder zwischen Luft und Metall, so wird an der Grenzfläche die sog. *Übergangsstrahlung* emittiert.

Wenn man von diesen und ähnlich gearteten Sonderfällen absieht, gilt die Regel, dass Ladungen nur dann elektromagnetische Strahlung aussenden, wenn sie beschleunigt werden. Ein wichtiges Beispiel ist der Hertz'sche Dipol, in dem eine positive und eine negative Ladung gegeneinander schwingen. Auch die transversale Beschleunigung in einem Magnetfeld ist von Strahlung begleitet, obwohl der Betrag der Teilchengeschwindigkeit sich dabei kaum ändert. In einem Synchrotron emittieren relativistische Elektronen oder Positronen die sog. *Synchrotronstrahlung*, die nahezu tangential zur Teilchenbahn ausgesendet wird und sich vom optischen Licht bis in den Röntgenbereich erstrecken kann. Auf einen Spezialfall dieser Strahlung, die Undulatorstrahlung, gehen wir in Kap. 7 ein.

Die Strahlung eines oszillierenden elektrischen Dipols wurde von Heinrich Hertz entdeckt. Die zeitliche Entwicklung des elektrischen Feldlinienmusters eines Hertz-Dipols wird in Abb. 4.4 gezeigt. In der Nähe des Senders beginnen die elektrischen Feldlinien bei der positiven Ladung und enden bei der negativen Ladung. Dies ist wie bei einem statischen Dipol. In der *Nahzone* sind $\boldsymbol{E}$ und $\boldsymbol{B}$ um 90° phasenverschoben. Das ist leicht zu verstehen. Das maximale elektrische Feld ergibt sich, wenn die schwingenden Ladungen an ihrem Umkehrpunkt sind. Dann ist aber der Strom entlang der Dipolachse null, d. h. das Magnetfeld verschwindet. Umgekehrt ist es am Nulldurchgang der Schwingung, dort verschwindet das elektrische Feld, weil die Ladungen am gleichen Ort sind, aber der Strom wird maximal und damit das Magnetfeld.

In größerer Entfernung vom Dipol sieht das Bild völlig anders aus. Da sich Veränderungen des elektrischen Feldes nur mit der endlichen Geschwindigkeit $c = 3 \cdot 10^8$ m/s im Raum ausbreiten, können die Feldlinien der rapiden Oszillation der Ladungen nicht mehr folgen. Als Konsequenz lösen sie sich von den Ladungen los und bilden in sich geschlossene Kurven. Dies ist die *Fernzone* des Hertz-Dipols[2]. Die Feldlinienpakete wandern mit Lichtgeschwindigkeit nach außen, und ständig schnüren sich neue Feldlinienpakete vom Dipol ab. Die dafür erforderliche Energie muss vom Hochfrequenzverstärker geliefert werden, der den Dipol-Sender treibt.

Berechnung der Strahlungsleistung

Als Modell des oszillierenden elektrischen Dipols nehmen wir zwei Ladungen $q_1(t) = q_0 \cos(\omega t)$ und $q_2(t) = -q_0 \cos(\omega t)$, die einen festen Abstand d haben (siehe Abb. 4.5). Das elektrische Dipolmoment ist

$$p(t) = q_0 \cos(\omega t) \cdot d \ . \qquad (4.31)$$

Wenn die Frequenz gegen null geht, kann man das Potential an einem weit entfernten Beobachtungspunkt P näherungsweise wie im elektrostatischen Fall berechnen:

$$\Phi(\boldsymbol{r}, t) \approx \frac{q_1(t)}{4\pi\varepsilon_0 r_1} + \frac{q_2(t)}{4\pi\varepsilon_0 r_2} = \frac{q_0}{4\pi\varepsilon_0}\left[\frac{\cos(\omega t)}{r_1} - \frac{\cos(\omega t)}{r_2}\right].$$

Hier sind wir aber an hohen Frequenzen interessiert, und dann wird die elektrostatische Formel falsch. Wir müssen bedenken, dass eine Welle, die zum Zeitpunkt t am Ort P ankommt, zu einem früheren Zeitpunkt $t - r_1/c$ bei der Ladung q_1 losläuft und zu einem anderen, ebenfalls früheren Zeitpunkt $t - r_2/c$ bei der Ladung q_2. Das

[2] Genauere Betrachtungen zu dem komplizierten Übergangsbereich zwischen Nahzone und Fernzone des Hertz-Dipols findet man in einem Wikipedia-Artikel: wikipedia.org/wiki/Nahfeld_und_Fernfeld_(elektromagnetische_Wellen).

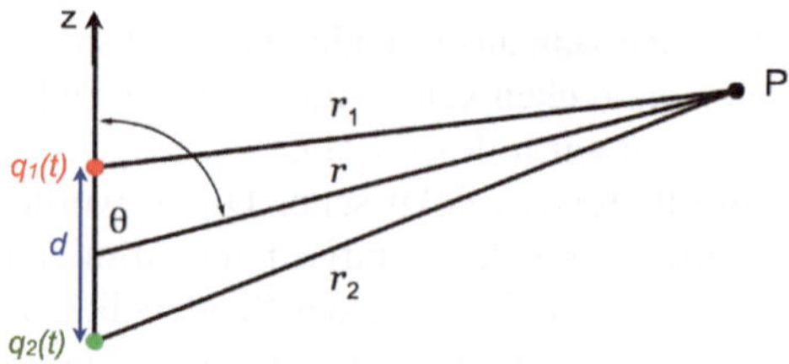

Abb. 4.5 Ein oszillierender elektrischer Dipol und der weit entfernte Beobachtungspunkt P mit dem Ortsvektor $\boldsymbol{r}$. Die Abstände zwischen den Ladungen q_1, q_2 und dem Punkt P werden mit r_1, r_2 bezeichnet

sogenannte *retardierte Potential*

$$\Phi(\boldsymbol{r},t) = \frac{q_0}{4\pi\varepsilon_0}\left[\frac{\cos[\omega(t - r_1/c)]}{r_1} - \frac{\cos[\omega(t - r_2/c)]}{r_2}\right] \tag{4.32}$$

berücksichtigt explizit die verschiedenen Laufzeiten. Wir sehen hier, welch wichtige Rolle die Relativitätstheorie bei Strahlungsphänomenen spielt. Die ausführliche theoretische Behandlung wird in Anhang B präsentiert. Hier werden die wichtigsten Schritte und Ergebnisse diskutiert. Nach einer ganzen Reihe von Approximationen erhält man für das skalare Potential in der Fernzone den Ausdruck

$$\Phi(\boldsymbol{r},t) = -\frac{q_0 d\,\omega}{4\pi\varepsilon_0 c}\cos\theta\,\frac{\sin[\omega(t - r/c)]}{r}\,. \tag{4.33}$$

Das Vektorpotential hat nur eine z-Komponente, da es nach Formel (2.56) parallel zum Strom entlang der Dipolachse ist, die wir als z-Richtung wählen.

$$A_z(\boldsymbol{r},t) = -\frac{\mu_0 q_0 d\,\omega}{4\pi}\,\frac{\sin[\omega(t - r/c)]}{r} = -\frac{q_0 d\,\omega}{4\pi\varepsilon_0 c^2}\,\frac{\sin[\omega(t - r/c)]}{r}\,. \tag{4.34}$$

Zur Berechnung der elektrischen und magnetischen Felder werten wir die Gleichungen

$$\boldsymbol{E} = -\nabla\Phi - \frac{\partial \boldsymbol{A}}{\partial t}\,, \quad \boldsymbol{B} = \nabla \times \boldsymbol{A}$$

in Kugelkoordinaten (r, θ, φ) aus. Dabei können die mit $1/r^2$ abfallenden Terme in der Fernzone (Abstand sehr groß im Vergleich zur Wellenlänge, $r \gg \lambda$) ignoriert werden. Die Felder sind

$$\boldsymbol{E}(r,\theta) = E_0 \sin\theta\,\frac{\cos[\omega(t - r/c)]}{r}\cdot\hat{\boldsymbol{\theta}} \quad \text{mit} \quad E_0 = -\frac{q_0 d\,\omega^2}{4\pi\varepsilon_0 c^2}\,, \tag{4.35a}$$

$$\boldsymbol{B}(r,\theta) = \frac{E_0}{c}\sin\theta\,\frac{\cos[\omega(t - r/c)]}{r}\cdot\hat{\boldsymbol{\varphi}}\,. \tag{4.35b}$$

Das elektrische Feld hat in der Fernzone nur eine Komponente in Richtung des Einheitsvektors $\hat{\boldsymbol{\theta}}$. Das Magnetfeld hat nur eine Azimutalkomponente, und seine Feld-

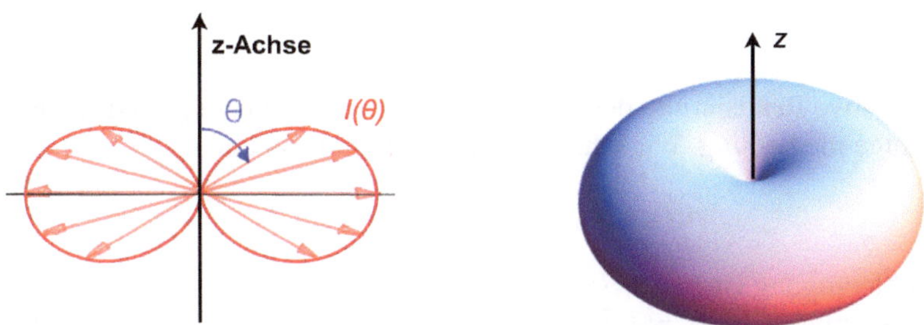

Abb. 4.6 Die Polarwinkelverteilung der abgestrahlten Intensität bei einem großen Abstand $r \gg \lambda$. Die Länge der Pfeile ist proportional zur Intensität $I(\theta) = I_0 \sin^2\theta$. Die Intensitätsverteilung ist rotationssymmetrisch um die z-Achse

linien bilden Kreise um die Dipolachse, wie man es vom Magnetfeld eines Linienstroms kennt.

In der Fernzone sind $\boldsymbol{E}$ und $\boldsymbol{B}$ in Phase und stehen senkrecht aufeinander. Wir werden gleich sehen, dass beide Feldvektoren senkrecht auf der Ausbreitungsrichtung der Welle stehen. Dazu berechnen wir den Poyntingvektor $\boldsymbol{S} = \boldsymbol{E} \times \boldsymbol{B}/\mu_0$. Wegen $\hat{\boldsymbol{\theta}} \times \hat{\boldsymbol{\varphi}} = \hat{\boldsymbol{r}}$ fließt der Energiestrom in radialer Richtung, und es wird

$$\boldsymbol{S}(r,\theta) = \frac{q_0^2 d^2 \omega^4 \sin^2\theta}{16\pi^2\varepsilon_0 c^3} \frac{\cos^2[\omega(t - r/c)]}{r^2}\,\hat{\boldsymbol{r}}\,.$$

Gemittelt über eine Periode ist $\langle\cos^2[\omega(t - r/c)]\rangle = 1/2$. Die Intensität als Funktion des Abstands r und des Emissionswinkels θ relativ zur Dipolachse ist daher

$$I(r,\theta) = |\langle\boldsymbol{S}(r,\theta)\rangle| = \frac{q_0^2 d^2 \omega^4}{32\pi^2\varepsilon_0 c^3} \cdot \frac{\sin^2\theta}{r^2}\,. \tag{4.36}$$

Die Polarwinkelverteilung wird in Abb. 4.6 gezeigt. Die Abstrahlung ist maximal senkrecht zur Dipolachse, in Richtung der Achse wird keine Strahlung emittiert.

Zur Berechnung der abgestrahlten Leistung (*radiated power*) wird die Intensität über eine Kugeloberfläche mit dem großen Radius R integriert. Die Strahlungsleistung eines Hertz'schen Dipols ergibt sich zu

$$\boxed{P_{\text{rad}} = \frac{q_0^2\, d^2\, \omega^4}{12\pi\varepsilon_0 c^3}\,.} \tag{4.37}$$

Die Leistung wächst quadratisch mit der Ladung q_0 an und ist proportional zur vierten Potenz der Frequenz ω.

Die Larmor-Formel

Eine alternative Realisierung des oszillierenden Dipols ist eine periodisch hin- und herschwingende Ladung. Wir schreiben die Formel (4.31) um:

$$p(t) = q_0 \cdot d \cos(\omega t) = q_0 \cdot z(t) .$$

Die Beschleunigung ist $\ddot{z} = -d\,\omega^2 \cos(\omega t)$. Der zeitliche Mittelwert des Quadrats der Beschleunigung ist $a^2 \equiv \langle \ddot{z}^2 \rangle = d^2\omega^4/2$. Ersetzt man in Gl. (4.37) das Produkt $d^2\omega^4$ durch $2a^2$, so kann man die Strahlungsleistung des Dipols auch in folgender Form schreiben

$$\boxed{P_{\text{rad}} = \frac{q_0^2\, a^2}{6\pi\varepsilon_0 c^3}\ .} \tag{4.38}$$

Dies ist die Larmor-Formel. Die Strahlungsleistung einer beschleunigten Ladung ist proportional zum Quadrat der Ladung q_0 und zum Quadrat der Beschleunigung a.

4.5 Interferenz und Beugung

Die Ausbreitung und Überlagerung von Wellen wird durch Interferenzen und Beugung beeinflusst. Diese beiden Begriffe werden oft synonym verwendet, so spricht man von einem Beugungsgitter (*diffraction grating*), wenn eigentlich ein Interferenzgitter gemeint ist. Beugung bewirkt, dass Wellen „um die Ecke“ laufen können. Wir kennen das alle vom Schall: den Lärm einer Verkehrsstraße hört man auch ohne direkte Sicht, und die Lärmschutzmauern an Autobahnen haben allenfalls eine mildernde Wirkung. Auch elektromagnetische Wellen können „um die Ecke“ laufen, sonst könnte man schwerlich in einem Haus Radio hören. Je kürzer aber die Wellenlänge wird, umso stärker ist die geradlinige Ausbreitung dieser Wellen ausgeprägt. Beim sichtbaren Licht liefert die auf dem Modell der Lichtstrahlen beruhende geometrische Optik eine gute Beschreibung, und undurchsichtige Objekte werfen scharfe Schatten. Man muss schon sehr genau hinsehen, um die Beugungs- und Interferenzeffekte überhaupt zu erkennen. Diese sind aber unzweifelhaft vorhanden. Beugung begrenzt das Auflösungsvermögen optischer Instrumente und bewirkt beispielsweise, dass man mit dem Lichtmikroskop keine Strukturen erkennen kann, die wesentlich kleiner als die Lichtwellenlänge sind.

Die Wellenoptik ist sehr kompliziert und kann wegen des zu großen mathematischen Aufwands nicht in dem vorliegenden Lehrbuch behandelt werden. Wir wollen uns hier auf zwei typische Vorgänge beschränken, bei denen der Wellencharakter des Lichtes eine entscheidende Rolle spielt: Interferenzen am Doppelspalt und Beugung am Einzelspalt. Das Doppelspaltexperiment ist auch in der Quantenmechanik von großer Bedeutung, siehe Band 1. In den Ergänzungen und didaktischen Anmerkungen zu diesem Kapitel werden wir auf einige weitere Interferenz- und Beugungsphänomene eingehen.

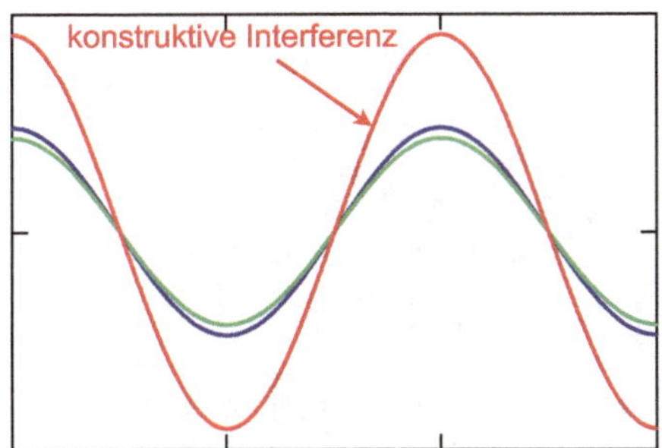

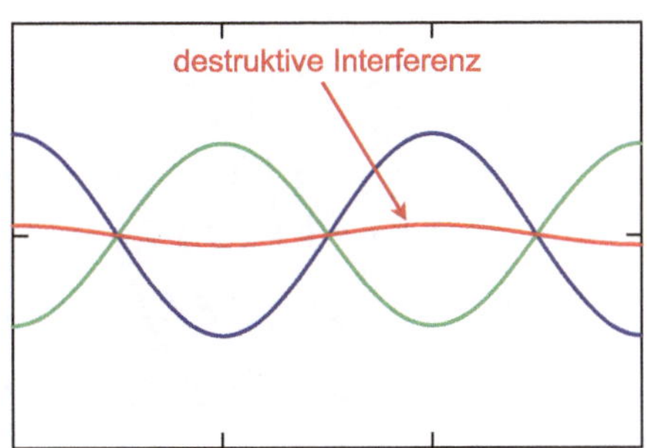

Abb. 4.7 Superposition von zwei harmonischen Wellen $f_1(z,t) = \cos(kz - \omega t)$ (*blau*) und $f_2(z,t) = 0{,}9\cos(kz - \omega t + \varphi)$ (*grün*). Die Summe $f(z,t) = f_1(z,t) + f_2(z,t)$ ist *rot* gezeichnet. Die *Kurven* sind als Funktion von z aufgetragen für den Zeitpunkt $t = 0$. *Links*: Konstruktive Interferenz, $\varphi = 0$. *Rechts*: Destruktive Interferenz, $\varphi = \pi$

Werden zwei Wellenzüge überlagert, so können sie sich an gewissen Orten verstärken und an anderen abschwächen. Besonders die Auslöschung ist das spannende Phänomen. Wir spalten Laserlicht in zwei gleich starke Teilstrahlen auf, schicken einen dieser Strahlen zu einem Diodendetektor und messen dort eine bestimmte Intensität I_0. Nun senden wir auch noch den zweiten Strahl zum Detektor. Die naive Erwartung ist, dass sich die Intensität verdoppeln sollte. Das passiert aber nicht, vielmehr wird man an einigen Orten eine Intensität von null messen (destruktive Interferenz), an anderen hingegen eine erhöhte Intensität von maximal $4I_0$ (konstruktive Interferenz).

Voraussetzung für das Auftreten von Interferenzen ist die *Kohärenz* der Wellenzüge: sie müssen die gleiche Wellenlänge und eine feste Phasenbeziehung haben. Wenn man zwei harmonische Wellen der gleichen Wellenlänge λ und Frequenz $\omega = 2\pi c/\lambda$ überlagert, resultiert wiederum eine harmonische Welle mit der gleichen Frequenz ω. Wir beweisen dies für zwei Wellen gleicher Amplitude, deren Phasen um φ gegeneinander verschoben sind:

$$f_1(z,t) = A\cos(kz - \omega t)\,, \quad f_2(z,t) = A\cos(kz - \omega t + \varphi)\,.$$

Hier ist $k = 2\pi/\lambda$ wie üblich die Wellenzahl. Die Superposition der beiden Wellen ergibt

$$f(z,t) = A\cos(kz-\omega t)+A\cos(kz-\omega t+\varphi) = 2A\cos(\varphi/2)\cos(kz-\omega t+\varphi/2)\,.$$

Die Superposition wird in Abb. 4.7 gezeigt.

Die Überlagerung beliebig vieler harmonischer Wellen der gleichen Frequenz ω ergibt auch bei verschiedenen Amplituden eine harmonische Welle der Frequenz ω. Die superponierte Welle lässt sich schreiben als

$$\sum_n A_n \mathrm{e}^{\mathrm{i}(kz-\omega t+\varphi_n)} = \left(\sum_n A_n \mathrm{e}^{\mathrm{i}\varphi_n}\right) \mathrm{e}^{\mathrm{i}(kz-\omega t)} \equiv \tilde{A}\,\mathrm{e}^{\mathrm{i}(kz-\omega t)} \qquad (4.39)$$

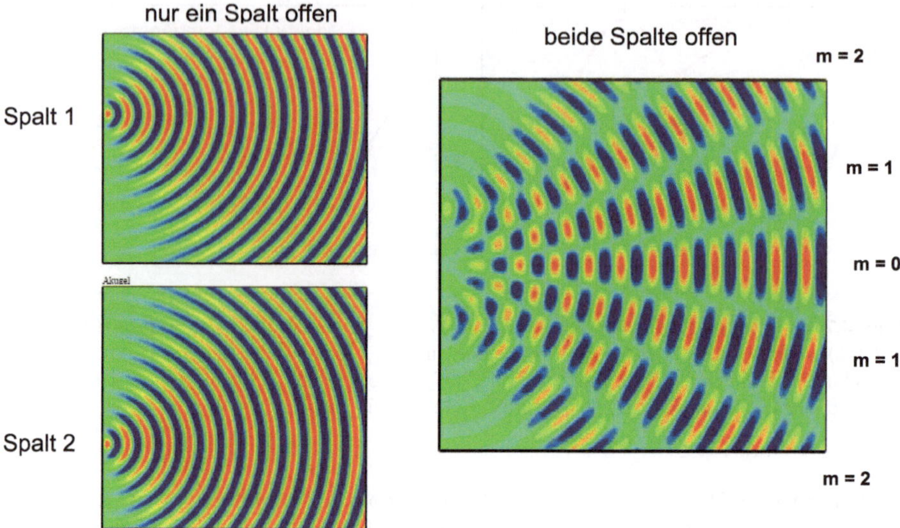

Abb. 4.8 Computersimulation des Doppelspaltexperiments. Eine ebene Lichtwelle trifft von links auf eine undurchsichtige Wand mit zwei Spalten. Wenn nur ein Spalt geöffnet ist, breitet sich das Licht in Form einer Kreiswelle (genauer: Zylinderwelle) in den rechten Halbraum aus. Sind beide Spalte offen, so überlagern sich die Kreiswellen, und es kommt durch Interferenz zu Verstärkungs- und Auslöschungseffekten

mit der komplexen Amplitude $\tilde{A} = \sum_n A_n \exp(\mathrm{i}\varphi_n)$. Die Kürze des Beweises macht deutlich, dass die komplexe Exponentialfunktion mathematisch elegante und leicht durchschaubare Beweise ermöglicht. Wenn man dieselbe Aussage mit Hilfe der Sinus- und Cosinusfunktionen beweisen wollte, würde der Beweis lang und schwerfällig werden. In der Beugungstheorie ist die komplexe Exponentialfunktion praktisch unverzichtbar.

4.5.1 Interferenzen am Doppelspalt

Eine Computersimulation des Doppelspaltexperiments wird in Abb. 4.8 gezeigt. Von links trifft eine ebene Welle (Lichtwelle, Mikrowelle oder Wasserwelle) auf eine undurchsichtige Wand, in der sich zwei Spalte befinden, die einen Abstand d voneinander haben. Nach dem Prinzip von Huygens ist jeder Spalt Ausgangspunkt einer Kreiswelle (genauer: einer Zylinderwelle), die sich in den rechten Halbraum ausbreitet. Wenn nur ein Spalt geöffnet ist, kann man die ungestörte Ausbreitung dieser Welle gut erkennen. Sind beide Spalte offen, so überlagern sich die Kreiswellen, und es kommt durch Interferenz zu Verstärkungs- und Auslöschungseffekten.

Der Schirm zur Beobachtung des Interferenzmusters (fotografischer Film oder Pixeldetektor) befinde sich in einem sehr großen Abstand vom Doppelspalt. Die beiden Teilstrahlen, die vom Spalt 1 bzw. Spalt 2 zu einem bestimmten Punkt P auf

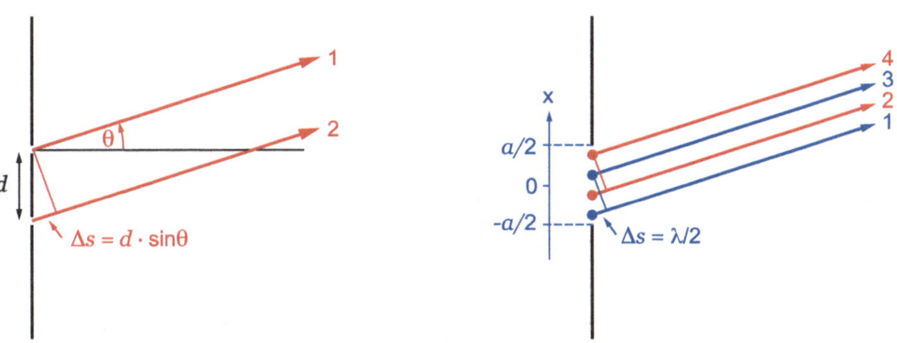

Abb. 4.9 *Links*: Strahlengang beim Doppelspalt. *Rechts*: Bedingung für destruktive Interferenz am Einzelspalt: der Gangunterschied zwischen korrespondierenden Strahlen aus der ersten und der zweiten Spalthälfte beträgt $\lambda/2$

diesem Schirm laufen, sind dann annähernd parallel. Der Gangunterschied zwischen diesen Strahlen beträgt (s. Abb. 4.9)

$$\Delta s = d \ \sin\theta \ .$$

Interferenzmaxima ergeben sich, wenn dieser Gangunterschied ein ganzzahliges Vielfaches der Wellenlänge ist:

$$\Delta s = d \ \sin\theta = m\,\lambda \ , \quad m = 0{,}1{,}2\ldots \tag{4.40}$$

Aus dieser Gleichung kann man sofort die Lage der hellen Streifen auf dem Schirm berechnen. Die Interferenzminima (dunkle Streifen) erhält man für

$$d \ \sin\theta = \lambda/2,\ 3\,\lambda/2,\ 5\,\lambda/2\ldots .$$

Die Intensitätsverteilung ist

$$I(\theta) = 4I_0 \cos^2\left(\frac{\pi\, d \ \sin\theta}{\lambda}\right). \tag{4.41}$$

4.5.2 Beugung am Einzelspalt

Im vorigen Abschnitt haben wir implizit vorausgesetzt, dass die Spaltbreite a sehr klein im Vergleich zum Abstand d der Spalte ist. Wenn die Spaltbreite größer wird, muss man auch Interferenzen der Teilstrahlen innerhalb des Spalts berücksichtigen. Dies wollen wir für einen Einzelspalt untersuchen. Die Interferenzen können wir uns anschaulich vorstellen, indem wir den Spalt in n Abschnitte der Breite a/n unterteilen. Als Beispiel wählen wir $n = 4$ und suchen nach dem Winkel θ, bei dem das 1. Beugungsminimum auftritt. Destruktive Interferenz tritt offensichtlich

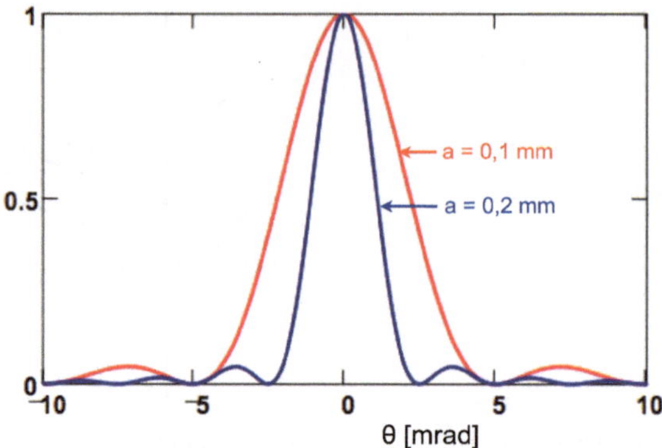

Abb. 4.10 Beugung von Licht an einem Einfachspalt. Die Wellenlänge des Lichts ist $\lambda = 500\,\mathrm{nm}$, die Spaltbreite beträgt $a = 0{,}1$ mm (*rote Kurve*) bzw. $a = 0{,}2$ mm (*blaue Kurve*). Die normierte Intensität $I(\theta)/I_0$ ist als Funktion des Winkels θ in mrad (Milliradiant) aufgetragen

auf, wenn der Gangunterschied zwischen den Teilstrahlen 1 und 3 sowie zwischen den Teilstrahlen 2 und 4 jeweils $\lambda/2$ beträgt (Abb. 4.9), weil dann alle Teilstrahlen aus der ersten Hälfte des Spalts mit den jeweils um $a/2$ verschobenen Teilstrahlen aus der zweiten Hälfte des Spalts destruktiv interferieren:

$$\Delta s = \frac{a}{2} \sin\theta = \frac{\lambda}{2}\,. \tag{4.42}$$

Um die Intensitätsverteilung $I(\theta)$ auf einem weit entfernten Beobachtungsschirm zu ermitteln, summieren wir die komplexen Amplitudenfaktoren. Das Ergebnis ist

$$I(\theta) = I_0 \left(\frac{\sin\delta}{\delta}\right)^2 \quad \text{mit} \quad \delta = \delta(\theta) = \frac{\pi\, a\, \sin\theta}{\lambda}\,. \tag{4.43}$$

Beweis. Sei $-a/2 \le x \le a/2$ der Startpunkt eines beliebigen Teilstrahls innerhalb des Spalts. Der Phasenunterschied zwischen diesem Teilstrahl und dem „Referenzstrahl", der von der Spaltmitte $x = 0$ ausgeht, ist $x \sin\theta\; 2\pi/\lambda$. Die über die Spaltbreite summierte komplexe Amplitude wird

$$A(\theta) = \frac{A_0}{a} \int_{-a/2}^{a/2} \exp\left(\mathrm{i}\, x \sin\theta\; 2\pi/\lambda\right) dx = A_0\, \frac{\exp(\mathrm{i}\delta) - \exp(-\mathrm{i}\delta)}{2\mathrm{i}\delta} = A_0\, \frac{\sin\delta}{\delta}\,.$$

Die Intensität ist das Absolutquadrat der komplexen Amplitude

$$I(\theta) = |A(\theta)|^2 = A_0^2 \left(\frac{\sin\delta}{\delta}\right)^2 = I_0 \left(\frac{\sin\delta}{\delta}\right)^2\,.$$

Das mit Formel (4.43) berechnete Beugungsmuster ist in Abb. 4.10 aufgetragen. Die Funktion $\sin\delta/\delta$ hat den Wert von 1 bei $\delta = 0$ und ihre erste Nullstelle bei $\delta = \pi \;\Rightarrow\; a\, \sin\theta = \lambda$, in Übereinstimmung mit Formel (4.42).

Wir machen die wichtige Beobachtung, dass die Breite des Beugungsbildes umgekehrt proportional zur Spaltbreite a ist. Diese Gesetzmäßigkeit gilt ganz allgemein: kleine Objekte erzeugen breite Beugungsbilder, große Objekte erzeugen schmale Beugungsbilder.

4.6 Didaktische Anmerkungen und Ergänzungen

4.6.1 Das Konzept des Äthers

Mechanische Wellen benötigen ein Trägermedium, Schallwellen zum Beispiel die Luft. Steckt man eine elektrische Klingel in einen Glasbehälter und evakuiert diesen, so kann man die Klingel nicht mehr hören. Dies ist ein beliebter Schülerversuch. Die Geschwindigkeit der Schallwelle hängt von der Dichte des Mediums ab. Die Schallgeschwindigkeit in Luft beträgt $330\,\mathrm{m/s}$, in Wasser $1480\,\mathrm{m/s}$, in Stahl $5900\,\mathrm{m/s}$. Die Schallgeschwindigkeit hängt auch von der Steifigkeit des Materials ab. In dem weichen Metall Blei beträgt sie $1200\,\mathrm{m/s}$, im härtesten Stoff überhaupt, dem Diamanten, ist sie 15-mal so groß und beträgt $18\,000\,\mathrm{m/s}$, obwohl Diamant eine viel kleinere Dichte als Blei hat. Schallwellen in Luft sind longitudinal. Transversale Wellen erfordern ein Medium, das Scherkräfte übertragen kann. Feste Körper sind dazu imstande, und daher gibt es in Kristallen sowohl longitudinale als auch transversale Schallwellen.

Die Physiker des 19. Jahrhunderts konnten sich eine Wellenausbreitung ohne Trägermedium nicht vorstellen[3]. Sie postulierten daher die Existenz eines Mediums, das *Äther* genannt wurde. Der hypothetische Äther müsste ungewöhnliche Eigenschaften haben:

1. Er müsste eine außerordentlich große Dichte und Steifigkeit besitzen, um Wellen mit der extrem hohen Geschwindigkeit von $3 \cdot 10^8\,\mathrm{m/s}$ transportieren zu können.
2. Er müsste Scherkräfte übertragen können, damit transversale Wellen möglich sind.
3. Er müsste überall vorhanden sein, wo elektromagnetische Wellen hinkommen können, also im gesamten Weltall.
4. Trotz seiner hohen Dichte und Steifigkeit dürfte der Äther keinerlei Reibungskräfte ausüben, weil andernfalls die Bewegung der Planeten um die Sonne rasch zum Erliegen käme.

Natürlich war und ist kein irdisches Medium bekannt, das diese Kriterien auch nur annähernd erfüllt, aber diese Unkenntnis kann sicherlich nicht als Beweis für die Nichtexistenz des Äthers angesehen werden.

Ein „Mitführungsexperiment“ sollte imstande sein, über die Existenz oder Nichtexistenz des Äthers zu entscheiden. Nach einer Vorhersage von Augustin Jean Fres-

[3] Wenn die Physiker des 21. Jahrhunderts ernsthaft über dies Problem nachdenken, können sie es auch nicht.

nel hängt die Lichtgeschwindigkeit in einem bewegten Medium mit Brechungsindex n vom Betrag und der Richtung der Geschwindigkeit v des Mediums ab (siehe Aufg. 6.2):

$$c' = \frac{c}{n} \pm v\left(1 - \frac{1}{n^2}\right). \tag{4.44}$$

Von Hippolyte Fizeau wurde 1851 ein Experiment durchgeführt, um die Vorhersage von Fresnel zu testen. Ein Lichtstrahl wurde in zwei Teilstrahlen aufgeteilt, die durch zwei Wasserrohre mit entgegengesetzter Fließrichtung des Wassers geführt und danach zur Interferenz gebracht wurden. Die Vorhersage von Fresnel konnte bestätigt werden: Licht wird vom fließenden Wasser mitgeführt. Vom Labor aus gesehen wird es schneller, wenn es sich in Fließrichtung des Wassers bewegt, und langsamer, wenn es sich entgegen der Fließrichtung des Wassers bewegt.

Wegen ihrer Bahnbewegung um die Sonne sollte die Erde eine Geschwindigkeit $\boldsymbol{v}$ relativ zu dem hypothetischen Äther haben. In Analogie zum Fizeau-Experiment müsste daher die Lichtgeschwindigkeit von der Ausbreitungsrichtung relativ zum Geschwindigkeitsvektor $\boldsymbol{v}$ abhängen. Die zu erwartenden Effekte waren sehr klein, und so wurde von Albert Abraham Michelson und Edward Morley ein hochempfindliches Interferometer aufgebaut. Die Messungen ergaben, dass die Geschwindigkeit des Lichts unabhängig von der Raumrichtung war und immer den Wert c hatte. Der negative Ausgang des Michelson-Morley-Experiments (1886) war der Anlass, die Ätherhypothese aufzugeben. Möglicherweise war dies ein wenig voreilig, siehe Kap. 8.4.3.

4.6.2 Messung von Lichtwellenlängen mit einem Gitter

Im Abschnitt 4.5.1 haben wir die Interferenzen hinter einem Doppelspalt studiert. Das Streifenmuster hängt zwar von der Lichtwellenlänge ab, es ist aber viel zu unscharf für eine präzise Bestimmung der Wellenlänge. Diese Möglichkeit wird eröffnet, wenn man die Zahl der Spalte auf $N \gg 1$ erhöht. Man spricht dann von einem Transmissionsgitter. Die Intensitätsverteilung $I(\theta)$ in großer Entfernung vom Gitter lautet (ohne Beweis):

$$I(\theta) = I_0 \left(\frac{\sin N\,\delta}{\sin \delta}\right)^2 \quad \text{mit} \quad \delta = \frac{\pi\, d\, \sin\theta}{\lambda}. \tag{4.45}$$

Wir vergleichen in Abb. 4.11 die Interferenzstreifen hinter einem Gitter mit $N = 2$, 3 oder 4 Schlitzen.

Die Hauptmaxima findet man für alle Werte von N bei den gleichen Winkeln $\theta_{\max}$ gemäß der Gleichung

$$d\,\sin\theta_{\max} = m\,\lambda \;\Rightarrow\quad \delta = m\pi \quad (m = 0,\, 1,\, 2\ldots). \tag{4.46}$$

Die Zahl m nennt man die Beugungsordnung. In einem Hauptmaximum ist die Intensität proportional zu N^2. Das kann man für das zentrale Maximum bei $\delta = 0$

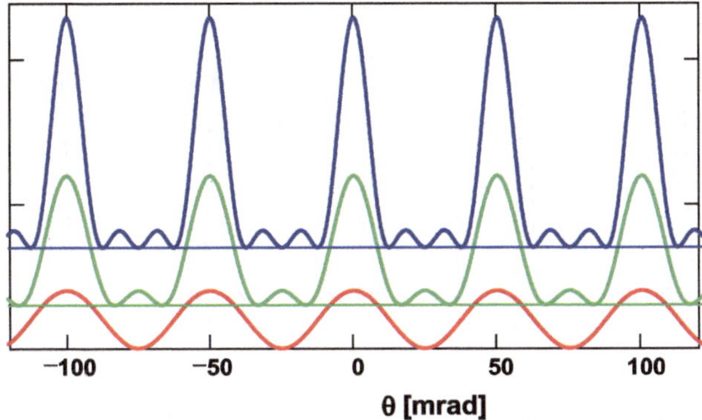

Abb. 4.11 Vergleich der Interferenzmuster für Gitter mit $N = 2$ Schlitzen (*rot*), $N = 3$ (*grün*) und $N = 4$ (*blau*). Zur besseren Unterscheidung sind die Muster vertikal gegeneinander verschoben. Die Lichtwellenlänge beträgt $\lambda = 500$ nm, der Abstand der Schlitze ist $d = 0{,}01$ mm

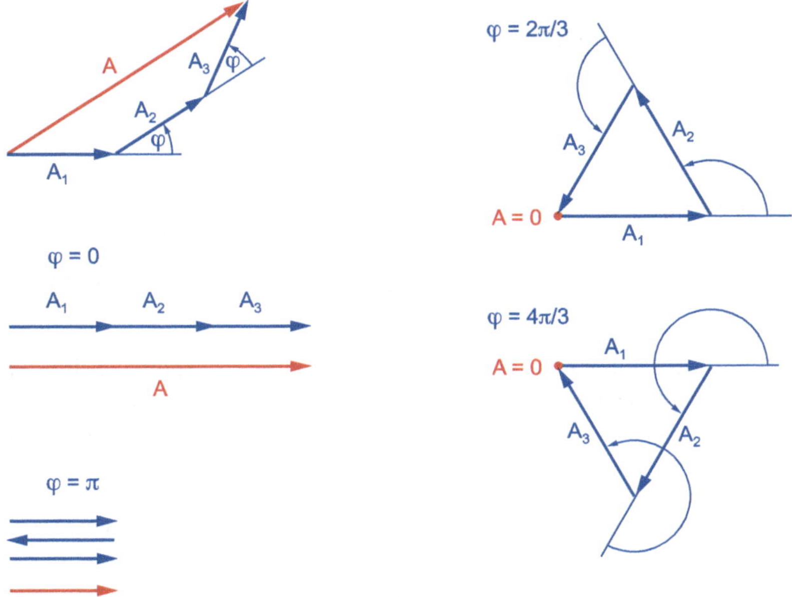

Abb. 4.12 Entstehung der Maxima und Minima im Interferenzbild eines Gitters mit drei Schlitzen. Die komplexen Amplituden A_1, A_2 und A_3 werden mit Hilfe der Zeigerdarstellung graphisch addiert. *Oben links*: Beliebige Phasenverschiebung φ. *Mitte links*: Das zentrale Hauptmaximum erhält man für $\varphi = 0$, die übrigen Hauptmaxima für $\varphi = 2\pi, 4\pi, \ldots$ *Unten links*: Das Nebenmaximum ergibt sich für $\varphi = \pi$. *Oben rechts*: Das erste Minimum ergibt sich für $\varphi = 2\pi/3$. *Unten rechts*: Das zweite Minimum ist bei $\varphi = 4\pi/3$

leicht einsehen: für kleine Argumente gilt $\sin(N\delta) \approx N\delta$ und $\sin(\delta) \approx \delta$, also $(\sin(N\,\delta)/\sin\delta)^2 \approx N^2$. Der Beweis für die anderen Hauptmaxima verläuft ähnlich, wenn man die Additionstheoreme für Sinus und Cosinus anwendet.

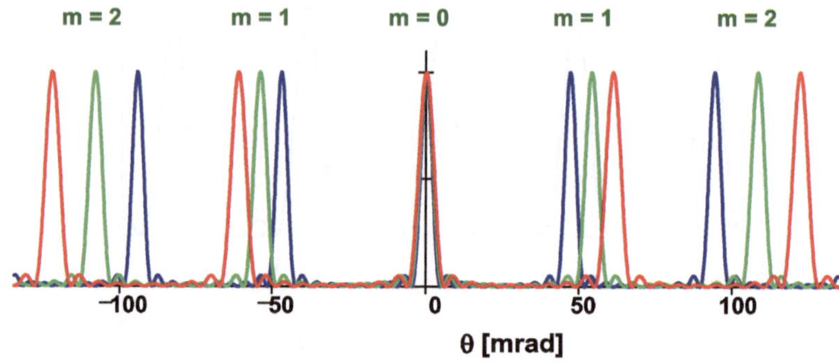

Abb. 4.13 Interferenz von mehrfarbigem Licht an einem Gitter mit $N = 10$ Schlitzen mit Abständen von $d = 0{,}01$ mm. Die Wellenlängen sind $\lambda_1 = 470$ nm (*blau*), $\lambda_2 = 540$ nm (*grün*) und $\lambda_3 = 610$ nm (*rot*). In der Ordnung $m = 0$ (zentrales Maximum) liegen alle drei Farben übereinander

Das erste Minimum findet man bei

$$d \sin\theta_{\text{min}} = \frac{\lambda}{N} \,. \tag{4.47}$$

Die Höhe der Hauptmaxima wächst also mit N^2 an, und gleichzeitig verringert sich ihre Breite proportional zu $1/N$. Für $N \geq 3$ gibt es auch Nebenmaxima. In Abb. 4.12 erläutern wir, wie man sich das Zustandekommen der Haupt- und Nebenmaxima sowie der Minima durch Zeigeraddition der komplexen Amplituden klar machen kann.

Die Trennung verschiedener Farben wird in Abb. 4.13 für ein Gitter mit 10 Schlitzen gezeigt. In der nullten Ordnung (zentrales Maximum) liegen alle drei Farben übereinander. In der ersten Ordnung $m = 1$ sind sie deutlich getrennt, wobei rotes Licht stärker als blaues Licht abgelenkt wird. In der zweiten Ordnung $m = 2$ ist die Trennung doppelt so stark.

Um eine wirklich gute Auflösung zu erzielen, muss man ein Gitter mit sehr vielen Schlitzen benutzen. Die kleinste Wellenlängendifferenz, die aufgelöst werden kann, ist

$$\Delta\lambda = \lambda_2 - \lambda_1 = \frac{\lambda}{m\,N} \tag{4.48}$$

Wir zeigen dies in Abb. 4.14 für ein Gitter mit $N = 1000$ Schlitzen und die eng benachbarten Wellenlängen $\lambda_1 = 600{,}0$ nm und $\lambda_2 = 600{,}6$ nm. Die Wellenlänge kann mit einer Genauigkeit von besser als 1 Promille gemessen werden.

4.6.3 Auflösungsvermögen optischer Instrumente

Die Beugung an Kreisblenden ist entscheidend für die mit Kameras oder Teleskopen erreichbare Auflösung. Das Beugungsbild einer Lochblende ist, wie zu erwarten,

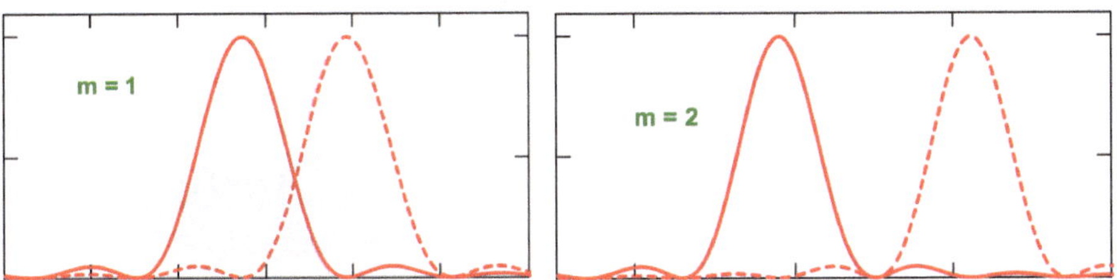

Abb. 4.14 Trennung zweier eng benachbarter Wellenlängen $\lambda_1 = 600{,}0\,\text{nm}$ (*durchgezogene Kurve*) und $\lambda_2 = 600{,}6\,\text{nm}$ (*gestrichelte Kurve*) durch ein Gitter mit $N = 1000$ Schlitzen. *Links*: Erste Ordnung $m = 1$, *rechts*: zweite Ordnung $m = 2$

rotationssymmetrisch. Der Durchmesser der Öffnung sei d. Die Intensitätsverteilung $I(\theta)$ auf einem weit entfernten Beobachtungsschirm wird durch eine Formel beschrieben, die der Gl. (4.43) für die Beugung am Spalt ähnelt, man muss nur die Sinusfunktion durch die Besselfunktion $J_1(\delta)$ ersetzen. Besselfunktionen treten generell bei kreissymmetrischen Problemen auf, beispielsweise bei den Schwingungen der Membran einer Trommel. Das erste Beugungsminimum findet man bei $\sin\theta \approx \theta = 1{,}22\,\lambda/d$. Um zwei weit entfernte Punktlichtquellen (zum Beispiel zwei Sterne) trennen zu können, muss deren Winkelabstand die Bedingung

$$\theta > \theta_{\text{min}} = \frac{1{,}22\lambda}{d} \tag{4.49}$$

erfüllen, s. Abb. 4.15. In astronomischen Fernrohren, die vorzugsweise Spiegelteleskope sind, benutzt man Hohlspiegel von möglichst großem Durchmesser d von bis zu 5 m, aus zwei Gründen:

1. um mehr Licht zu sammeln
2. um eine optimale Winkelauflösung gemäß Gl. (4.49) zu erreichen.

Zusammenfassung

1. Die eindimensionale Wellengleichung für das elektrische und magnetische Feld
$$\frac{\partial^2 E_x}{\partial z^2} = \mu_0\varepsilon_0\,\frac{\partial^2 E_x}{\partial t^2}\,, \qquad \frac{\partial^2 B_y}{\partial z^2} = \mu_0\varepsilon_0\,\frac{\partial^2 B_y}{\partial t^2}$$
kann leicht aus der 3. und 4. Maxwellgleichung hergeleitet werden.
2. Die Geschwindigkeit der Welle ist
$$v = \frac{1}{\sqrt{\mu_0\varepsilon_0}} \equiv c = 3\cdot 10^8\,\text{m/s}\,.$$
Maxwell erkannte daraus, dass Licht eine elektromagnetische Wellenerscheinung ist.

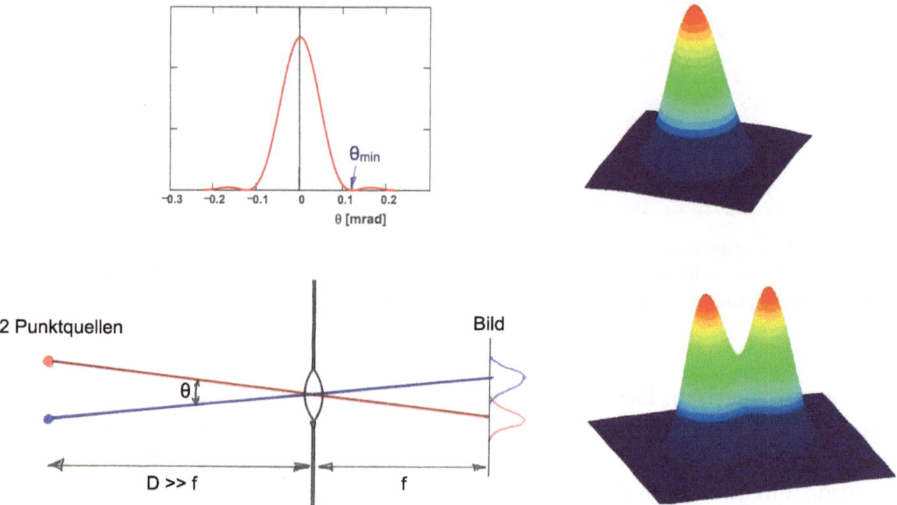

Abb. 4.15 Beugung von Licht mit $\lambda = 500$ nm an einer Kreisblende mit einem Durchmesser $d = 5$ mm. *Oben links*: Die Intensitätsverteilung $I(\theta)$ als Funktion des Winkels θ. Das erste Beugungsminimum befindet sich bei $\theta_{\text{min}} = 1{,}22\lambda/d$. *Oben rechts*: Perspektivische Sicht der Intensitätsverteilung. *Unten links*: Zwei punktförmige, weit entfernte Lichtquellen werden mit einer Linse oder einem Hohlspiegel der Brennweite f auf einen Film oder Pixeldetektor abgebildet. Die Bilder sind selbst bei idealer Optik (Vernachlässigung jeglicher Linsenfehler) nicht punktförmig, sondern erscheinen als ausgeschmierte Verteilungen, die sich möglicherweise überlappen können. *Unten rechts*: Perspektivische Sicht der beiden Intensitätsverteilungen für einen Winkel θ zwischen den einlaufenden Strahlen, der nahe bei dem minimal auflösbaren Winkel $\theta_{\text{min}} = 1{,}22\lambda/d$ liegt. Mit wachsendem Linsendurchmesser d schrumpfen die Beugungsbilder proportional zu $1/d$. Ein Adler kann deshalb so scharf sehen, weil er eine ungewöhnlich große Pupille hat

3. $\boldsymbol{E}$-Feld und $\boldsymbol{B}$-Feld einer harmonischen ebenen Welle sind in Phase und stehen senkrecht aufeinander. Beide stehen senkrecht auf der Ausbreitungsrichtung, die Welle ist also transversal. Die Amplitude des Magnetfeldes ist $B_0 = E_0/c$.
4. Die Maxwell-Gleichungen koppeln E und B, es gibt keine rein elektrischen und keine rein magnetischen Wellen, sondern nur *elektromagnetische* Wellen.
5. Die dreidimensionalen Wellengleichungen im Vakuum

$$\nabla^2 \boldsymbol{E} = \frac{1}{c^2}\frac{\partial^2 \boldsymbol{E}}{\partial t^2}, \quad \nabla^2 \boldsymbol{B} = \frac{1}{c^2}\frac{\partial^2 \boldsymbol{B}}{\partial t^2}$$

   haben viele verschiedenartige Lösungen.
6. Ebene harmonische Wellen haben die Gestalt

$$\boldsymbol{E}(\boldsymbol{r},t) = \boldsymbol{E}_0 \cos(\boldsymbol{k}\cdot\boldsymbol{r} - \omega t), \quad \boldsymbol{B}(\boldsymbol{r},t) = \frac{\hat{\boldsymbol{k}} \times \boldsymbol{E}_0}{c}\cos(\boldsymbol{k}\cdot\boldsymbol{r} - \omega t).$$

7. Die einfachsten Kugelwellen sind von der Form

$$F(r,t) = \frac{A}{r} f_1(r - v\,t), \quad r = \sqrt{x^2 + y^2 + z^2}.$$

Die Intensität nimmt mit $1/r^2$ ab, in Einklang mit dem Erhaltungssatz der Energie.

8. Der Energietransport in einer elektromagnetischen Welle wird durch den Poyntingvektor $\boldsymbol{S} = \boldsymbol{E} \times \boldsymbol{H}$ beschrieben.
9. Die Intensität eines Hertz'schen Dipols als Funktion des Abstands r und des Emissionswinkels θ relativ zur Dipolachse ist

$$I(r, \theta) = |\langle \boldsymbol{S}(r, \theta) \rangle| = \frac{q_0^2 d^2 \omega^4}{32\pi^2 \varepsilon_0 c^3} \cdot \frac{\sin^2 \theta}{r^2} .$$

10. Die über den Raumwinkel integrierte Strahlungsleistung eines Hertz'schen Dipols ist

$$P_{\text{rad}} = \frac{q_0^2 d^2 \omega^4}{12\pi \varepsilon_0 c^3} .$$

Sie wächst quadratisch mit der Ladung q_0 an und ist proportional zur vierten Potenz der Frequenz ω.

11. Die Larmor-Formel für die abgestrahlte Leistung einer beschleunigten Ladung lautet

$$P_{\text{rad}} = \frac{q_0^2 a^2}{6\pi \varepsilon_0 c^3} , \quad a = \text{Beschleunigung.}$$

12. Interferenzmaxima beim Doppelspaltexperiment ergeben sich für $d \sin\theta = m\lambda$ mit $m = 0, 1, 2 \ldots$. Die Intensitätsverteilung ist $I(\theta) = 4I_0 \cos^2(\pi d \sin\theta/\lambda)$.
13. Beugung am Einzelspalt führt zu der Intensitätsverteilung

$$I(\theta) = I_0 \left(\frac{\sin\delta}{\delta} \right)^2 , \quad \delta = \frac{\pi a \sin\theta}{\lambda} .$$

Die Breite des Beugungsbildes ist umgekehrt proportional zur Spaltbreite a.

14. Das Auflösungsvermögen eines Gitters mit N Spalten ist

$$\frac{\Delta\lambda}{\lambda} = \frac{1}{m N} , \quad m = \text{Beugungsordnung.}$$

15. Die Winkelauflösung eines Kamera-Objektivs oder Teleskopspiegels ist $\theta_{\text{min}} = 1{,}22\lambda/d$, wobei d der Objektiv- bzw. Spiegel-Durchmesser ist.
16. Im 19. Jahrhundert wurde der Äther als Trägermedium elektromagnetischer Wellen postuliert. Das Michelson-Morley-Experiment bewies, dass der hypothetische Äther keinen Mitführungseffekt zeigte. Dies war der Anlass, die Ätherhypothese aufzugeben.

Aufgaben

4.1) Das elektrische Feld eines Wellenpulses sei gegeben durch

$$E_z(y,t) = \frac{E_0}{\sigma} \cdot (y + c\,t) \exp\left(-\frac{(y + c\,t)^2}{2\,\sigma^2}\right).$$

Zeige, dass die Wellengleichung erfüllt ist. Dies bedeutet, dass sich ein Puls dieser Art im Vakuum ausbreiten kann. In welche Richtung wandert der Puls und mit welcher Geschwindigkeit? Berechne das Magnetfeld.

4.2) Diese Aufgabe ist schwieriger, aber ganz nah an der aktuellen Forschung. Mit Titan-Saphir-Lasern kann man Lichtpulse im Femtosekundenbereich erzeugen. Die zentrale Wellenlänge beträgt $\lambda_0 = 800\,\text{nm}$, aber um Femtosekunden-Pulse erzeugen zu können, muss der Laser über einen großen Wellenlängenbereich arbeiten, und die verschiedenen Schwingungsmoden des Laserresonators müssen phasenstarr gekoppelt werden. Man nennt dies Modenkopplung (*mode locking*). In Analogie zum Gauß'schen Wellenpaket der Quantenmechanik (siehe Kap. 3 in Band 1) setzen wir das elektrische Feld des Laserpulses als komplexes Fourier-Integral an

$$E_x(z,t) = E_0 \int A(k) \mathrm{e}^{\mathrm{i}kz - \mathrm{i}\omega(k)t}\, dk \quad \text{mit} \quad A(k) = \exp\left(-\frac{(k - k_0)^2}{2\sigma_k^2}\right).$$

Die Zeitunschärfe sei $\sigma_t = 10\,\text{fs}$, und es gilt $\sigma_k = 1/(c\,\sigma_t)$. Der wesentliche Unterschied zur Quantenmechanik ist, dass $\omega(k)$ nicht quadratisch, sondern linear von k abhängt: $\omega(k) = c\,k$.

a) Um den zeitlichen Verlauf des Pulses zu erkennen, sollen $\text{Re}[E_x(0,t)]$ und $|E(0,t)|$ als Funktion von t aufgetragen werden.
b) Wenn man die Kurve $|A(k)|^2$ als Funktion der Wellenlänge aufträgt, erhält man ein Maß für die Wellenlängen-Bandbreite des Lasers.
c) Zeichne $|E_x(z,t)|^2$ als Funktion von z für die Zeiten $t = 0$, $t = 50\,\text{fs}$ und $t = 100\,\text{fs}$. Dies Bild zeigt sehr schön, dass sich der Laserpuls mit Lichtgeschwindigkeit fortbewegt und dabei seine Form beibehält, also nicht zerfließt.

4.3) Ein atomares Elektron wird durch Sonnenlicht zu einer harmonischen Schwingung mit einer Amplitude von 0,1 nm angeregt. Wie groß ist die abgestrahlte Leistung für rotes ($\lambda = 650\,\text{nm}$) bzw. blaues ($\lambda = 450\,\text{nm}$) Licht?

4.4) Ein 100-MHz-Radiosender strahlt eine Sendeleistung von 50 kW isotrop in alle Richtungen aus (dies ist eine Vereinfachung, in Wahrheit hat der Sender eine Richtcharakteristik). Berechne das elektrische und magnetische Feld in 100 km Abstand vom Sender. Eine Drahtschleife mit 30 cm Radius wird zum Nachweis der elektromagnetischen Wellen benutzt. Wie groß ist die induzierte Spannung in dieser Schleife? Wie sollte man die Schleife orientieren?

4.5) Die Strahlungsleistung der Sonne beträgt $P_{\text{Sonne}} = 3{,}9 \cdot 10^{26}\,\text{W}$, der Abstand zur Erde ist $1{,}5 \cdot 10^{11}\,\text{m}$. Wie groß ist die Intensität des Sonnenlichts auf der Erde (die Atmosphäre absorbiert etwa 30 %), welche Werte haben die elektrische und magnetische Feldstärke?

4.6) Der Strahlungsdruck des Sonnenlichts kann kleine Teilchen im Weltall von der Sonne wegblasen, so dass sie sich entgegengesetzt zur Gravitation bewegen. Wir nehmen an, dass diese Teilchen Kugeln der Dichte $3\,\mathrm{g/cm^3}$ sind und das Sonnenlicht absorbieren. Es soll gezeigt werden, dass Teilchen weggeblasen werden, sofern ihr Radius kleiner als ein kritischer Radius r_k ist, während bei Teilchen mit $r > r_k$ die anziehende Gravitation überwiegt. Der Wert von r_k ist zu berechnen. Anmerkung: der „Sonnenwind", vorwiegend hochenergetische Protonen und Elektronen, hat einen größeren Effekt als der Strahlungsdruck.

4.7) Mit Hilfe der Formel (4.37) kann man erklären, warum der Himmel am Mittag blau ist. Man kann aber auch verstehen, warum er bei Sonnenuntergang rot erscheint.

4.8) Die in Abb. 4.12 erläuterte Zeigeraddition von Amplituden soll auf ein Gitter mit 4 Schlitzen angewandt werden. Man kann so alle Minima und Nebenmaxima erklären. Siehe hierzu auch [14].

4.9) Die Scheinwerfer eines Autos haben einen Abstand von 1,25 m. Wie weit darf das Auto entfernt sein, damit ein normalsichtiger Beobachter bei Dunkelheit die beiden Lampen gerade noch als zwei getrennte Lichtquellen wahrnehmen kann? Der Pupillendurchmesser sei 5 mm. Rechnung für $\lambda = 500\,\mathrm{nm}$.

Kapitel 5
Elektromagnetische Wellen in Materie, Hohlleitern und Kabeln

5.1 Elektromagnetische Wellen in Materie

5.1.1 Homogene Medien

Wir beschränken uns auf nichtleitende Materialien. In Metallen und anderen elektrischen Leitern können sich Wellen nur mit exponentieller Dämpfung ausbreiten, da ihnen durch die Ohm'schen Verluste ständig Energie entzogen wird. Außerdem setzen wir voraus, dass das nichtleitende Medium *linear* ist. Das bedeutet, dass die dielektrische Polarisation eine lineare Funktion der Feldstärke ist. Das ist für die meisten Kunststoffe sowie für Glas oder Wasser erfüllt. Nichtlineare Medien sind sehr wichtig in der Lasertechnik und werden beispielsweise zur Frequenzverdoppelung des Laserlichts benutzt. Darauf werden wir hier nicht eingehen.

Aus den Maxwell'schen Gleichungen in Materie (3.17) kann man analog wie im vorigen Kapitel die Wellengleichung herleiten. Sie lautet

$$\nabla^2 \boldsymbol{E} = \frac{\varepsilon_r \mu_r}{c^2} \frac{\partial^2 \boldsymbol{E}}{\partial t^2} \equiv \frac{1}{v^2} \frac{\partial^2 \boldsymbol{E}}{\partial t^2} . \tag{5.1}$$

Für das Magnetfeld gilt die Gleichung ebenfalls. Der wesentliche Unterschied zur Wellengleichung im Vakuum ist die geänderte Geschwindigkeit: in Materie haben elektromagnetische Wellen die Geschwindigkeit

$$v = \frac{c}{\sqrt{\varepsilon_r \mu_r}} = \frac{c}{n} . \tag{5.2}$$

Dies ist die Phasengeschwindigkeit, $v = v_{\text{ph}}$.

Der Brechungsindex wird definiert durch

$$\boxed{n = \sqrt{\varepsilon_r \mu_r} .} \tag{5.3}$$

Für die meisten in der Optik verwendeten Materialien (Glas, Plexiglas etc.) ist die relative Permeabilität in guter Näherung 1 und $n = \sqrt{\varepsilon_r}$.

P. Schmüser, *Theoretische Physik für Studierende des Lehramts 2*,
DOI 10.1007/978-3-642-25395-9_5, © Springer-Verlag Berlin Heidelberg 2013

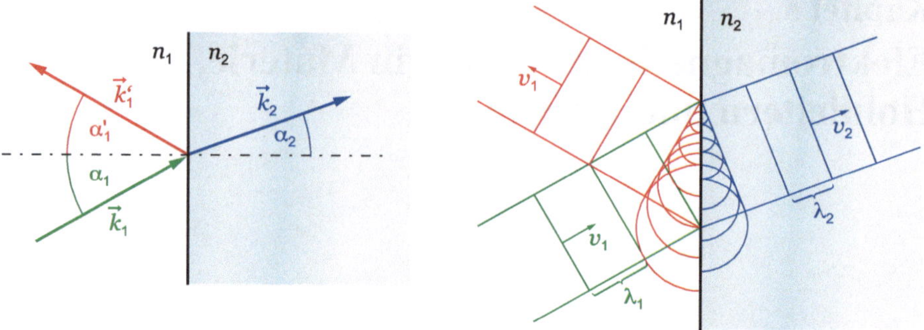

Abb. 5.1 Erklärung des Reflexions- und Brechungsgesetzes mit Hilfe des Prinzips von Huygens. Wir betrachten hier den Spezialfall, dass links Luft ist mit $n_1 = 1$ und rechts Glas mit $n_2 = 1{,}5$. Die Geschwindigkeit der Welle im Glas ist $v_2 = c/n_2 = 0{,}66\,c$, die Wellenlänge ist $\lambda_2 = \lambda_1/n_2 = 0{,}66\,\lambda_1$. *Links*: Strahlengang der geometrischen Optik. *Rechts*: Verlauf der Wellenfronten.

5.1.2 Reflexion und Brechung an Grenzflächen

Reflexions- und Brechungsgesetz

Wenn ein Lichtstrahl auf die Grenzfläche zwischen Luft und Glas trifft, wird ein kleiner Teil des Lichtes reflektiert, der größere Anteil tritt in das Glas ein, und dabei ändert sich die Richtung des Lichtes. Diesen Vorgang nennt man Brechung. Die Frequenz des Lichts bleibt gleich, aber die Wellenlänge ändert sich:

$$\lambda_{\text{glas}} = \frac{\lambda_{\text{luft}}}{n} \,. \tag{5.4}$$

Etwas allgemeiner betrachten wir jetzt zwei lineare Medien mit den Permittivitäten ε_{r1} und ε_{r2}. Die Medien seien nichtmagnetisch, $\mu_{r1} = \mu_{r2} = 1$. Die Brechungsindizes sind dann

$$n_1 = \sqrt{\varepsilon_{r1}}\,, \quad n_2 = \sqrt{\varepsilon_{r2}}\,.$$

Als Grenzfläche wählen wir die xy-Ebene bei $z = 0$, Medium 1 befinde sich links (im Halbraum $z < 0$), Medium 2 rechts (im Halbraum $z > 0$). Das Licht treffe von links auf die Grenzfläche, s. Abb. 5.1. Es gelten folgende Gesetzmäßigkeiten:

1. Der einfallende, der reflektierte und der gebrochene Strahl liegen in einer Ebene, die auch die Flächennormale enthält (hier die z-Achse).
2. *Reflexionsgesetz*: Einfallswinkel = Ausfallswinkel, $\alpha_1 = \alpha_1'$.
3. *Brechungsgesetz von Snellius*: $n_1 \sin\alpha_1 = n_2 \sin\alpha_2$.

Man kann diese Gesetze mit Hilfe ebener Wellen beweisen. Wir verzichten darauf, weil dieser Beweis zwar formal korrekt ist, aber wesentliche physikalische Sachverhalte verschleiert. Die Beschränkung auf ebene Wellen ist nämlich gleichbedeutend damit, dass man geometrische Optik und nicht Wellenoptik betreibt. Richard Feynman zeigt in seinem populär geschriebenen Buch „QED, die seltsame Theorie des

Lichts und der Materie“ [13], dass Licht keineswegs immer dem Reflexionsgesetz gehorcht, sondern dass Einfalls- und Ausfallswinkel verschieden sein können. Bei der Fresnel'schen Zonenplatte wird dies explizit ausgenutzt, um die Intensität der reflektierten Strahlung zu erhöhen. Die korrekte physikalische Beschreibung basiert auf der mathematisch äußerst aufwändigen Beugungstheorie von Kirchhoff, Fraunhofer, Fresnel und anderen, auf die wir nicht eingehen können. Wenn man den wahrscheinlichsten Lichtweg in der Beugungstheorie bestimmt (der gleichzeitig auch der kürzeste Lichtweg ist), so entspricht dieser dem Strahlengang der geometrischen Optik und erfüllt das Reflexions- und Brechungsgesetz.

Eine anschauliche Begründung des Reflexions- und Brechungsgesetzes basiert auf dem Prinzip von Huygens, das wir in Abb. 5.1 illustrieren. Die Elektronen in der Grenzfläche werden zu erzwungenen Schwingungen angeregt und emittieren Kugelwellen. Die Einhüllende dieser vielen Kugelwellen ergibt die Wellenfronten der reflektierten und gebrochenen Welle.

Reflektierte und transmittierte Intensität

Wir betrachten hier nur senkrechte Inzidenz. Eine ebene elektromagnetische Welle der Frequenz $f = \omega/(2\pi)$ läuft im Medium 1 in z-Richtung und trifft auf die Grenzfläche bei $z = 0$. Der Einfallswinkel ist also $\alpha_1 = 0$. Die einlaufende Welle sei in x-Richtung polarisiert, wir beschreiben das elektrische Feld durch

$$\boldsymbol{E}_e(z,t) = E_e \exp(\mathrm{i}\,[k_1 z - \omega t])\,\hat{\boldsymbol{x}} \quad \text{mit} \quad k_1 = \frac{2\pi}{\lambda_1} = \frac{n_1\omega}{c}\,. \tag{5.5}$$

Das Magnetfeld der Welle wird in Analogie zu Gl. (4.17) durch folgende Formel beschrieben

$$\boldsymbol{B}_e(z,t) = \frac{\boldsymbol{k}_1 \times \boldsymbol{E}_e}{\omega} = \frac{n_1 E_e}{c} \exp(\mathrm{i}\,[k_1 z - \omega t])\,\hat{\boldsymbol{y}}\,. \tag{5.6}$$

An der Grenzfläche wird die Welle teilweise reflektiert, teilweise transmittiert. Wichtig ist dabei, dass alle drei Wellen die gleiche Frequenz $f = \omega/(2\pi)$ haben. Um das zu verstehen, muss man sich Gedanken über die Physik der Reflexion und Brechung machen. Die einlaufende Welle regt die Elektronen in den Medien zu erzwungenen Schwingungen der Frequenz f an, und die schwingenden Ladungen emittieren Strahlung mit genau dieser Frequenz. Auch die lineare Polarisation der einlaufenden Welle bleibt bei senkrechter Inzidenz erhalten, denn die Elektronen schwingen genau in der Schwingungsebene dieser Welle. (Bei schrägem Einfall kann sich die Polarisation ändern). Das E-Feld der reflektierten Welle ist

$$\boldsymbol{E}_r(z,t) = E_r \exp(\mathrm{i}\,[-k_1 z - \omega t])\,\hat{\boldsymbol{x}}$$

mit einem noch unbekannten Koeffizienten E_r. Da die reflektierte Welle den Wellenvektor $\boldsymbol{k}'_1 = -\boldsymbol{k}_1$ hat, wird ihr B-Feld

$$\boldsymbol{B}_r(z,t) = -\frac{\boldsymbol{k}_1 \times \boldsymbol{E}_r}{\omega} = -\frac{n_1 E_r}{c} \exp(\mathrm{i}\,[-k_1 z - \omega t])\,\hat{\boldsymbol{y}}\,.$$

Die transmittierte Welle ist schließlich gegeben durch

$$\boldsymbol{E}_t(z,t) = E_t \exp(\mathrm{i}\,[k_2 z - \omega t])\,\hat{\boldsymbol{x}} \quad \text{mit} \quad k_2 = \frac{2\pi}{\lambda_2} = \frac{n_2\omega}{c}\,,$$
$$\boldsymbol{B}_t(z,t) = \frac{\boldsymbol{k}_2 \times \boldsymbol{E}_t}{\omega} = \frac{n_2 E_t}{c} \exp(\mathrm{i}\,[k_2 z - \omega t])\,\hat{\boldsymbol{y}}\,. \tag{5.7}$$

Die elektromagnetischen Feldvektoren sind bei senkrechter Inzidenz alle parallel zur Grenzfläche. Aus der Stetigkeit von $\boldsymbol{E}_\parallel$ gemäß Gl. (2.60) folgt:

$$E_e + E_r = E_t\,. \tag{5.8}$$

Da die Materialien als unmagnetisch vorausgesetzt worden sind ($\mu_{r1} = \mu_{r2} = 1$), ist wegen Gl. (2.63) auch $\boldsymbol{B}_\parallel$ stetig

$$B_e + B_r = B_t \quad \Rightarrow \quad n_1(E_e - E_r) = n_2 E_t\,. \tag{5.9}$$

Daraus berechnen wir

$$E_r = \frac{n_1 - n_2}{n_1 + n_2}\,E_e\,, \quad E_t = \frac{2n_1}{n_1 + n_2}\,E_e\,. \tag{5.10}$$

Die einlaufende, reflektierte und transmittierte Intensität sind nach Formel (4.26)

$$I_e = v_1 \frac{\varepsilon_0}{2}\,\varepsilon_{r1} E_e^2 = \frac{c}{n_1}\frac{\varepsilon_0}{2}\,n_1^2 E_e^2 = n_1 c\,\frac{\varepsilon_0}{2}\,E_e^2\,, \tag{5.11a}$$
$$I_r = v_1 \frac{\varepsilon_0}{2}\,\varepsilon_1 E_r^2 = n_1 c\,\frac{\varepsilon_0}{2}\,E_r^2\,, \tag{5.11b}$$
$$I_t = v_2 \frac{\varepsilon_0}{2}\,\varepsilon_{r2} E_t^2 = n_2 c\,\frac{\varepsilon_0}{2}\,E_t^2\,. \tag{5.11c}$$

Das Reflexions- und Transmissionsvermögen sind

$$R = \frac{I_r}{I_e} = \frac{(n_1 - n_2)^2}{(n_1 + n_2)^2}\,, \quad T = \frac{I_t}{I_e} = \frac{4n_1 n_2}{(n_1 + n_2)^2}\,. \tag{5.12}$$

Die Summe ist 1:

$$R + T = 1\,.$$

Dies folgt auch aus der Erhaltung der Energie, da wir Absorption in den Materialien vernachlässigt haben. (Die Absorption in Glas und anderen optischen Materialien kann man dadurch erfassen, dass man dem Brechungsindex einen Imaginärteil gibt. Darauf wollen wir nicht eingehen.)

Der Brechungsindex von Glas ist $n \approx 1{,}5$. Nach Formel (5.12) wird an jeder Grenzfläche Luft/Glas oder Glas/Luft rund 4 % der Intensität reflektiert. Antireflexbeschichtungen können diese Reflexion weitgehend unterdrücken. Ohne solche Beschichtungen wären mehrlinsige Kameraobjektive und insbesondere Zoomobjektive undenkbar. Durch Bedampfung mit einer Schicht der Dicke $\lambda/4$ erreicht man destruktive Interferenz zwischen den an der Vorderseite und der Rückseite reflektierten Wellen, falls deren Amplituden gleich sind. Dafür muss der Brechungsindex der Schicht die Bedingung $n_s = \sqrt{n_1 n_2}$ erfüllen.

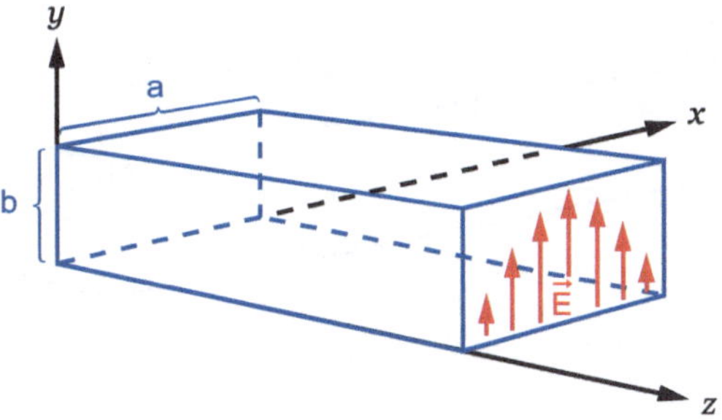

Abb. 5.2 Ein Rechteckhohlleiter mit transversalem E-Feld

Metallische Reflexion

Metalle haben ein gänzlich anderes Verhalten als Dielektrika. Außer bei extrem dünnen Schichten gibt es keine Transmission, da die elektromagnetische Welle beim Eintritt in das Metall exponentiell gedämpft wird. Ein Hochfrequenzfeld kann nur in einer dünnen Oberflächenschicht existieren. Man nennt dies den *Skin-Effekt*. Die charakteristische Eindringtiefe wird Skin-Tiefe genannt und berechnet sich gemäß der Formel

$$\delta = \sqrt{\frac{2}{\mu_0 \sigma_{\rm spez} \omega}}\,. \tag{5.13}$$

Für Kupfer bei Raumtemperatur ist die spezifische Leitfähigkeit $\sigma_{\rm spez} = 0{,}6 \cdot 10^8\,\Omega^{-1}\mathrm{m}^{-1}$, und die Skintiefe beträgt $\delta = 2\ \mu\mathrm{m}$ für eine Frequenz von $f = \omega/(2\pi) = 1$ GHz. Bei optischen Frequenzen liegt die Skintiefe im Bereich von einigen Nanometern. Das Reflexionsvermögen von Metallen kann sehr hoch werden. Für optische Spiegel verwendet man häufig Aluminium-beschichtete Glasspiegel. Das Reflexionsvermögen beträgt etwa 95 %, der Rest der Intensität wird absorbiert.

5.2 Elektromagnetische Wellen in Hohlleitern

Hohlleiterwellen sind in der Mikrowellentechnik und bei Beschleunigern sehr wichtig, sie sind darüber hinaus physikalisch sehr interessant. Im Unterschied zu elektromagnetischen Wellen im unbegrenzten Raum sind sie nicht rein transversal, sondern besitzen immer eine longitudinale Komponente, entweder beim E-Feld oder beim B-Feld. Ihre Phasengeschwindigkeit ist immer $> c$, die Gruppengeschwindigkeit ist immer $< c$.

Wir betrachten Rechteckhohlleiter (*rectangular wave guides*), die technisch sehr gebräuchlich sind (Abb. 5.2). Die Längsachse zeigt in die z-Richtung. Vorausgesetzt werden ideal leitende Wände. Dann muss die Tangentialkomponente des elektrischen Feldes an der Wand verschwinden. Wir suchen Lösungen der Wellenglei-

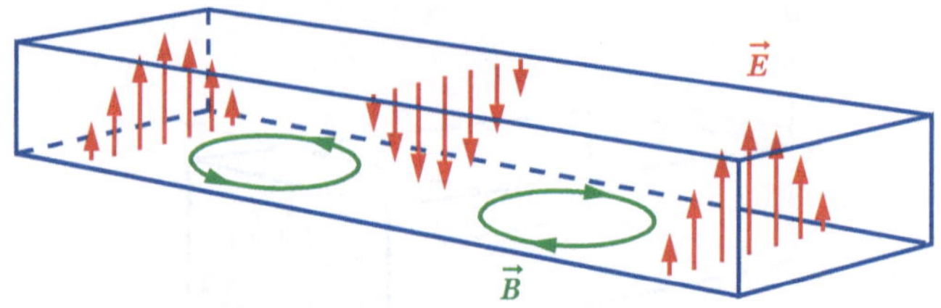

Abb. 5.3 Die einfachste TE-Welle in einem Rechteckhohlleiter

chung, die nur von x, z und t abhängen, aber nicht von y. Für eine Welle mit Ausbreitung in z-Richtung (Längsachse des Hohlleiters) machen wir den Ansatz

$$E_y(x,z,t) = E_0 \sin(k_x x) \sin(k_z z - \omega t) \,. \tag{5.14}$$

Die Feldstärke E_y muss null sein an den Wänden bei $x = 0$ und $x = a$. Daraus folgt

$$k_x = m\,\frac{\pi}{a} \,, \qquad m = 1, 2, 3 \ldots \,. \tag{5.15}$$

Die Lösung entspricht einer stehenden Welle in x-Richtung. Im Innern des Hohlleiters befindet sich Luft oder ein anderes Gas mit $\varepsilon_r = 1$. Dort gilt die Wellengleichung

$$\frac{\partial^2 \boldsymbol{E}}{\partial t^2} = c^2 \left(\frac{\partial^2 \boldsymbol{E}}{\partial x^2} + \frac{\partial^2 \boldsymbol{E}}{\partial z^2} \right).$$

Setzen wir (5.15) ein, so folgt

$$\omega^2 = c^2 (k_x^2 + k_z^2) \quad \Rightarrow \quad k_z = \sqrt{\frac{\omega^2}{c^2} - m^2 \left(\frac{\pi}{a}\right)^2} \,.$$

Im Folgenden beschränken wir uns auf die Grundschwingung $m = 1$. Damit eine Wellenausbreitung in z-Richtung erfolgen kann, muss die Wellenzahl k_z reell sein, d. h. der Inhalt der obigen Wurzel muss positiv sein. Das bedeutet: es gibt eine minimale Frequenz für Wellenausbreitung in Hohlleitern, die Abschneidefrequenz (*cutoff frequency*)

$$\omega \geq \omega_{\text{cutoff}} = \frac{c\,\pi}{a} \,, \qquad f \geq f_{\text{cutoff}} = \frac{c}{2a} \,. \tag{5.16}$$

Wellen mit $f < f_{\text{cutoff}}$ werden exponentiell gedämpft und dringen nur etwa eine Wellenlänge in den Hohlleiter ein. Bei $a = 3\,\text{cm}$ beträgt $f_{\text{cutoff}} = 5\,\text{GHz}$.

Das Magnetfeld kann man mit Hilfe der 3. Maxwell-Gl. aus dem elektrischen Feld berechnen. Es hat eine Transversalkomponente B_x und auch eine Longitudinalkomponente B_z:

$$B_x(x,z,t) = -\frac{k_z E_0}{\omega} \sin(k_x x) \sin(k_z z - \omega t) \,,$$
$$B_z(x,z,t) = -\frac{k_x E_0}{\omega} \cos(k_x x) \cos(k_z z - \omega t) \,.$$

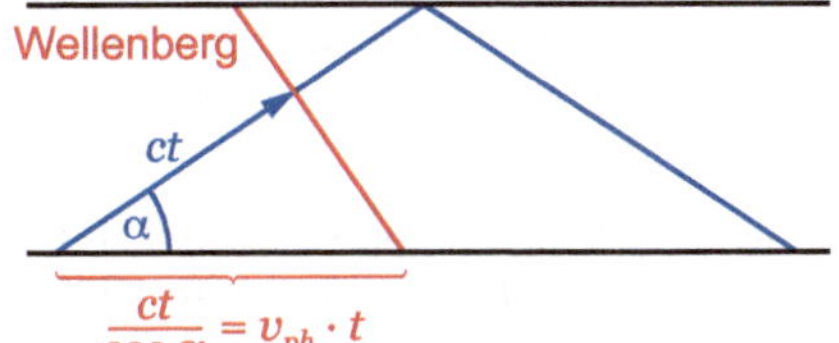

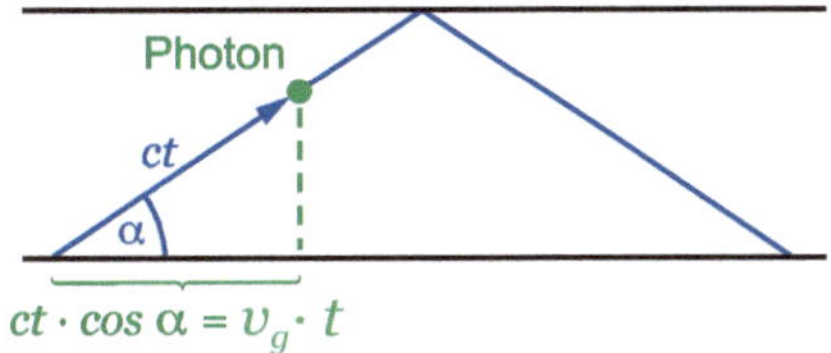

Abb. 5.4 Anschauliche Erklärung der Phasen- und Gruppengeschwindigkeit in einem Hohlleiter. Wenn man in Formel (5.14) den Faktor $\sin(k_x x)$ in der Form $\sin(k_x x) = (\exp(\mathrm{i}k_x x) - \exp(-\mathrm{i}k_x x))/(2\mathrm{i})$ schreibt, findet man, dass sich die Hochfrequenzwelle auf einem Zickzack-Kurs durch den Hohlleiter bewegt. Die Wellenfronten (z.B. die Wellenberge) haben die Geschwindigkeit c längs dieses Zickzack-Kurses, der Schnittpunkt einer Wellenfront mit der z-Achse bewegt sich mit der Phasengeschwindigkeit $v_{\mathrm{ph}} = c/\cos\alpha$. Die Photonen fliegen ebenfalls mit der Geschwindigkeit c entlang der Zickzackbahn. Die Projektion ihrer Bewegung auf die z-Achse ergibt die Gruppengeschwindigkeit $v_{\mathrm{g}} = c\cos\alpha$

Die Magnetfeldlinien bilden geschlossene Kurven in der xz-Ebene, die den Bereich mit maximalem $\partial E_y/\partial t$ umschließen. Die in Abb. 5.3 skizzierte Welle ist eine TE-Welle, das elektrische Feld ist transversal zur Ausbreitungsrichtung. Jede TE-Welle hat notwendigerweise eine Longitudinalkomponente des Magnetfeldes. Es gibt auch transversal-magnetische Wellen, die TM-Wellen. Diese haben eine Longitudinalkomponente des elektrischen Feldes.

Phasen- und Gruppengeschwindigkeit

Die Welle (5.14) hat die Phasengeschwindigkeit

$$v_{\mathrm{ph}} = \frac{\omega}{k_z} = c\,\frac{\sqrt{k_x^2 + k_z^2}}{k_z} > c\ . \tag{5.17}$$

Die Phasengeschwindigkeit in einem Hohlleiter ist immer größer als die Lichtgeschwindigkeit.

Eine Phasengeschwindigkeit $v_{\mathrm{ph}} > c$ ist kein Widerspruch zur Relativitätstheorie, da eine harmonische Welle nicht geeignet ist, Signale oder Information zu übertragen. Signalausbreitung erfolgt mit der *Gruppengeschwindigkeit*

$$v_{\mathrm{g}} = \frac{d\omega}{dk_z} = c\,\frac{k_z}{\sqrt{k_x^2 + k_z^2}} < c\ . \tag{5.18}$$

Eine anschauliche Erklärung der Phasen- und Gruppengeschwindigkeiten in einem Hohlleiter findet man in Abb. 5.4. Die Besonderheit von Hohlleiterwellen ist, dass das Produkt von Phasen- und Gruppengeschwindigkeit gleich dem Quadrat der Lichtgeschwindigkeit ist:

$$v_{\mathrm{ph}} \cdot v_{\mathrm{g}} = c^2\ .$$

Die Abb. 5.4 ist auch aus einem anderen Grund nützlich: man kann mit ihrer Hilfe leicht verstehen, dass die TE-Welle (5.14) auch eine magnetische Feldkomponente in Richtung der Achse des Hohlleiters hat. Entlang der Zickzackbahn läuft eine ganz normale elektromagnetische Welle, bei der sowohl $\boldsymbol{E}$ als auch $\boldsymbol{B}$ senkrecht auf der Ausbreitungsrichtung stehen. Da das elektrische Feld unserer TE-Welle vertikal polarisiert ist, liegt der Vektor $\boldsymbol{B}$ in der horizontalen xz-Ebene, und außerdem steht er senkrecht auf der Zickzackbahn. Das Magnetfeld $\boldsymbol{B}$ hat also notwendigerweise die beiden Komponenten B_x und B_z.

Wanderwellen mit einem longitudinalen elektrischen Feld sind im Prinzip zur Beschleunigung von Teilchen geeignet. Die TM-Wellen in einem Hohlleiter kommen aber nicht direkt in Frage, da sie wegen der zu hohen Phasengeschwindigkeit ($v_{\mathrm{ph}} > c$) den Teilchen davonlaufen. Durch periodisch angebrachte Blenden kann man die Phasengeschwindigkeit bei einer bestimmten Frequenz auf Werte knapp unter c reduzieren. Der Stanford Linear Accelerator ist aus 3 GHz-Wanderwellenstrukturen aufgebaut, in denen Elektronen oder Positronen wie Surfer auf einer Wanderwelle durch den gesamten Beschleuniger „reiten" und auf Maximalenergien von mehr als 40 GeV beschleunigt werden können.

5.3 Wellen in Koaxialkabeln

Koaxialkabel werden als Antennenkabel für Fernsehgeräte und Radios verwendet, zur Signalübertragung in elektronischen Schaltungen sowie zur Beobachtung elektronischer Pulse mit Oszilloskopen. Ein Physiklehrer sollte daher mit den Eigenschaften von Koaxialkabeln vertraut sein. Wir präsentieren hier eine kurzgefasste Herleitung der Wellengleichung für Kabel, ohne auf Details einzugehen.

Ein Koaxialkabel besteht aus einem Innenleiter mit Radius r_1 (in Antennenkabeln ist dies ein massiver Kupferdraht) und einem konzentrischen Außenleiter mit Radius r_2, der oft aus versilbertem Kupferdrahtgeflecht hergestellt ist. Der Isolator dazwischen ist ein dielektrisches Material wie Polyethylen. Das Kabel kann als sehr langer Zylinderkondensator angesehen werden. Wir nennen $I(z,t)$ den Strom auf dem Innenleiter und $U(z,t)$ die Spannung zwischen Innen- und Außenleiter. Es gelten folgende gekoppelte Differentialgleichungen, die wir ohne Beweis angeben:

$$\frac{\partial I}{\partial z} = -C' \frac{\partial U}{\partial t} , \quad \frac{\partial U}{\partial z} = -L' \frac{\partial I}{\partial t} . \tag{5.19}$$

Hierin sind C' und L' die Kapazität und die Induktivität des Kabels pro Längeneinheit.

$$C' = \frac{2\pi\varepsilon_r\varepsilon_0}{\ln(r_2/r_1)} , \quad L' = \frac{\mu_0}{2\pi} \ln(r_2/r_1) . \tag{5.20}$$

Die Kombination der beiden Gleichungen (5.19) führt zur Wellengleichung für Strom und Spannung

$$\frac{\partial^2 I}{\partial t^2} = v^2 \frac{\partial^2 I}{\partial z^2} , \quad \frac{\partial^2 U}{\partial t^2} = v^2 \frac{\partial^2 U}{\partial z^2} . \tag{5.21}$$

Die Phasengeschwindigkeit ist

$$v = v_{\text{ph}} = \frac{1}{\sqrt{L'C'}} = \frac{1}{\sqrt{\mu_0 \varepsilon_0 \varepsilon_r}} = \frac{c}{\sqrt{\varepsilon_r}} \,. \tag{5.22}$$

Dies ist typisch 70 % der Lichtgeschwindigkeit. Die Phasengeschwindigkeit hängt nicht von der Frequenz ab. Deshalb hat die Gruppengeschwindigkeit den gleichen Wert, $v_g = v_{\text{ph}}$. Eine wichtige Konsequenz ist, dass schmale elektronische Impulse ohne Formänderung durch Koaxialkabel übertragen werden können. Im Unterschied zur Quantenmechanik „zerfließen" die Wellenpakete nicht. Die Signallaufzeit liegt bei 5 ns/m.

Für den Strom wählen wir einen in die positive z-Richtung laufenden Wellenpuls

$$I(z,t) = I_0 f(z - vt) \,.$$

Dann folgt aus (5.19)

$$U(z,t) = \sqrt{\frac{L'}{C'}}\, I_0 f(z - vt) \equiv Z\, I(z,t) \,. \tag{5.23}$$

Die Größe

$$Z = \sqrt{\frac{L'}{C'}} \tag{5.24}$$

nennt man den *Wellenwiderstand* des Kabels. Der Wellenwiderstand ist kein Ohmscher Widerstand und verursacht keine Verluste. Der Wellenwiderstand eines Koaxialkabels ist

$$Z = \frac{\ln(r_2/r_1)}{2\pi \varepsilon_0 c \sqrt{\varepsilon_r}} \,.$$

Typischerweise liegt Z zwischen 50 Ω und 100 Ω.

Ein Signalübertragungskabel muss am Ende mit einem Ohm'schen Widerstand $R = Z$ abgeschlossen werden, sonst gibt es Reflexionen (Abb. 5.5). Bei einem offenen Ende wird ein Puls mit gleicher Polarität reflektiert, an einem kurzgeschlossenen Ende mit umgekehrter Polarität. Das einfache Zusammenlöten zweier Kabel mit verschiedenen Wellenwiderständen führt ebenfalls zu Reflexionen aufgrund der Fehlanpassung. Man findet für die reflektierte bzw. durchgelassene (transmittierte) Leistung

$$P_r = P_e \frac{(Z_1 - Z_2)^2}{(Z_1 + Z_2)^2} \,, \quad P_t = P_e \frac{4 Z_1 Z_2}{(Z_1 + Z_2)^2} \,. \tag{5.25}$$

Hierin ist P_e die einlaufende Leistung. Diese Formeln entsprechen genau den Formeln (5.12) für die reflektierte und durchgelassene Intensität einer elektromagnetischen Welle an der Grenzfläche zweier Dielektrika.

Bei Vernachlässigung des Ohm'schen Widerstandes von Innen- und Außenleiter ist das elektromagnetische Feld in einem Koaxialkabel rein transversal. Die elektrischen Feldlinien zeigen radial vom Innen- zum Außenleiter oder umgekehrt, die magnetischen Feldlinien bilden Kreise um den Innenleiter. Außerhalb des Kabels

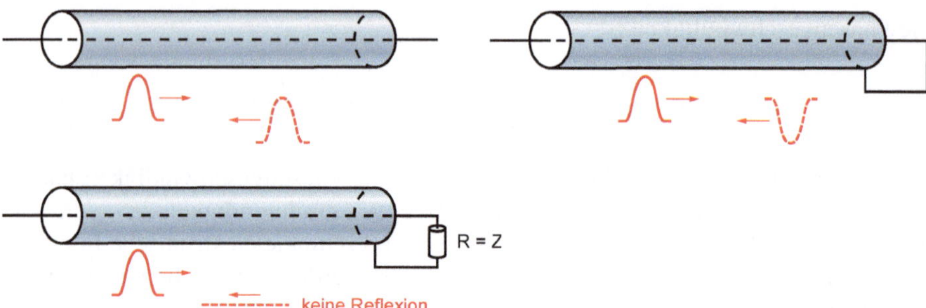

Abb. 5.5 *Oben*: Die Reflexion eines elektronischen Pulses an einem offenen oder kurzgeschlossenen Ende eines Koaxialkabels. *Unten*: Schließt man das Kabel mit dem Wellenwiderstand ab, so gibt es keine Reflexion

verschwinden die Felder. Wir haben eine TEM-Welle, bei der elektrisches und magnetisches Feld beide transversal sind. Ein weiterer Unterschied zum Hohlleiter ist, dass es keine Abschneidefrequenz gibt. Da im Kabel zwei isolierte Leiter vorliegen, kann man beliebig niedrige Frequenzen und sogar Gleichstrom transportieren, was beim Hohlleiter natürlich ganz unmöglich ist. Angesichts dieser Vorteile erhebt sich die Frage, warum man überhaupt Hohlleiter benutzt. Die Antwort ist, dass Hohlleiter viel besser geeignet sind, große Hochfrequenzleistungen zu transportieren, weil sie geringere Verluste haben und weil nicht die Gefahr von Hochspannungsüberschlägen zwischen Innen- und Außenleiter besteht.

5.4 Anwendungsbeispiele und didaktische Anmerkungen

In die Definitionsgleichung (4.27) des Poyntingvektors geht die Frequenz der Welle nicht ein. Die in Kap. 4 hergeleiteten Formeln gelten daher auch für den Grenzfall $\omega \to 0$. Die Konsequenz ist, dass wir den Poyntingvektor auch benutzen können, um den Energietransport bei Gleichströmen zu beschreiben. Dafür werden zwei Beispiele gegeben. (Ein Gleichstrom wird als extrem niederfrequenter Wechselstrom angesehen. Dies ist gerechtfertigt, denn jeder Gleichstrom wird irgendwann eingeschaltet und zu einem späteren Zeitpunkt wieder ausgeschaltet).

5.4.1 Speisung einer Glühlampe durch ein Koaxialkabel

Unser erstes Beispiel ist die Speisung einer Glühlampe durch ein Koaxialkabel. Zur Vereinfachung wird angenommen, dass sich zwischen Innen- und Außenleiter des Koaxialkabels Vakuum befindet und kein Isolator wie in den Antennenkabeln für Fernsehgeräte. Der Widerstand des Kabels ist viel kleiner als der Widerstand R der Glühlampe und wird vernachlässigt. Der Pluspol einer Batterie der Spannung

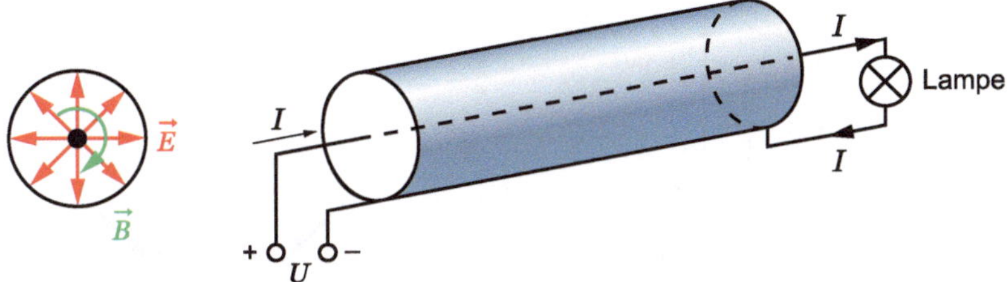

Abb. 5.6 Das elektrische und magnetische Feld innerhalb eines stromdurchflossenen Koaxialkabels. Der Poyntingvektor zeigt in Richtung des Stroms

U wird an den Innenleiter angeschlossen, der Minuspol an den Außenleiter. Das elektrische Feld im Kabel ist radial nach außen gerichtet (Abb. 5.6) und lautet als Funktion des Abstands r von der Achse

$$E(r) = \frac{U}{\ln(r_2/r_1)} \frac{1}{r} \quad \text{für} \quad r_1 \leq r \leq r_2 \, .$$

Für $r < r_1$ und $r > r_2$ wird das radiale elektrische Feld null. Dabei ist r_1 der Radius des Innenleiters und r_2 der Radius des Außenleiters. Das magnetische Feld umgibt den Innenleiter mit kreisförmigen Feldlinien und lautet

$$H(r) = \frac{I}{2\pi r} \quad \text{für} \quad r_1 \leq r \leq r_2 \, .$$

Der Poyntingvektor im Kabel zeigt in Richtung des Stromes und hat den Betrag

$$S(r) = E(r) \cdot H(r) = \frac{U\,I}{2\pi \ln(r_2/r_1)} \frac{1}{r^2} \quad \text{für} \quad r_1 \leq r \leq r_2 \, .$$

Um den Fluss der elektrischen Leistung durch das Kabel zu berechnen, integrieren wir $S(r)$ über die Querschnittsfläche zwischen Innen- und Außenleiter. Die im Kabel transportierte Leistung wird

$$P = \int_{r_1}^{r_2} S(r) 2\pi r dr = \frac{U\,I}{\ln(r_2/r_1)} \int_{r_1}^{r_2} \frac{1}{r} dr = U\,I \, .$$

Dies ist genau die Leistung, die im Ohm'schen Widerstand R dissipiert wird: $P = RI^2 = U\,I$. Wir erhalten das hochinteressante Resultat, dass die elektrische Energie durch das elektromagnetische Feld zwischen den Stromleitern übertragen wird und nicht in den Leitern selbst.

Man könnte naiv vermuten, dass die Energie von der Batterie bis zur Glühlampe als kinetische Energie der Leitungselektronen transportiert wird. Wie wir gesehen haben, ist dies nicht der Fall. Auch eine andere Beobachtung spricht dagegen. Die Driftgeschwindigkeit der Leitungselektronen ist sehr klein, weniger als 1 mm/s (Aufg. 5.3). Wenn wirklich die Elektronen die Energie zur Glühlampe transportieren würden, müsste man bei einem 10 m langen Kabel 3 Stunden warten, bis das Licht nach Betätigung des Schalters angeht. Wie jeder weiß, ist das absurd. In Wahrheit

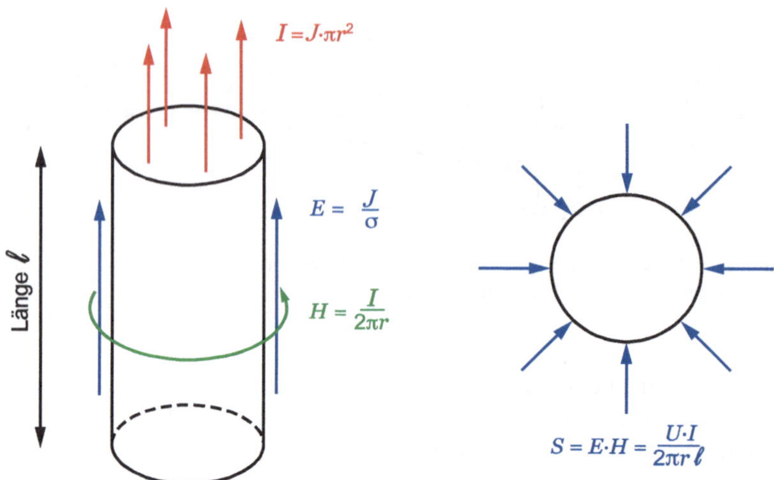

Abb. 5.7 Das elektrische und magnetische Feld außerhalb eines stromdurchflossenen Widerstands und die Richtung des Poyntingvektors

läuft nach Betätigung des Schalters eine elektromagnetische Welle durch das Kabel und erreicht nach 50 Nanosekunden die Lampe.

Eine vergleichbare Situation ergibt sich bei einem Verkehrsstau auf der Autobahn. Es kommt gelegentlich vor, dass der Elbtunnel nach einem Unfall komplett gesperrt wird und sich ein 10 km langer Stau aufbaut. Wenn die Durchfahrt wieder freigegeben wird, fahren die Autos in der Schlange nacheinander los, und es kann mehr als eine halbe Stunde dauern, bis das letzte Auto anfahren kann. Nun stellen wir uns vor, die Autos wären auf einen langen Güterzug geladen. Wenn der Zug anfährt, fahren mit ihm alle Autos gleichzeitig los. Dies entspricht dem Einschaltvorgang beim Kabel. Die elektromagnetische Welle ist quasi der Güterzug, der alle Elektronen praktisch gleichzeitig loslaufen lässt.

5.4.2 Wie kommt die elektrische Leistung in einen Widerstand?

Als zweites Beispiel betrachten wir einen zylindrischen Widerstandsdraht mit Radius r und Länge ℓ, der an eine Batterie der Spannung U angeschlossen ist und durch den ein Strom $I = U/R$ fließt. Entlang des Drahtes gibt es ein elektrisches Feld der Stärke $|\boldsymbol{E}| = U/\ell = RI/\ell$, und um den Draht herum erzeugt der Strom ein magnetisierendes Feld $H = I/(2\pi r)$. Der Poyntingvektor $\boldsymbol{S} = \boldsymbol{E} \times \boldsymbol{H}$ zeigt radial nach innen und hat den Betrag $S = RI^2/(2\pi r\ell)$. Die durch die Drahtoberfläche nach innen strömende Leistung ist

$$S \cdot 2\pi r\ell = RI^2 \,.$$

Was lernen wir daraus? Die im Widerstand R dissipierte Energie wird nicht – wie man vermuten könnte – in Form von kinetischer Energie der Leitungselektronen innerhalb des Drahtes transportiert, sondern strömt als Feldenergie von außen in den Draht hinein (siehe Abb. 5.7 und Aufg. 5.4).

5.4.3 Mikrowellen in Haushalt und Schule

Mikrowellenofen

Mikrowellenherde erwärmen nicht wie konventionelle Herde durch Wärmeleitung oder Infrarotstrahlung, sondern sie regen Wassermoleküle oder andere Moleküle mit elektrischen Dipolmomenten zu hochfrequenten Schwingungen an. Dies führt zu einer Temperaturerhöhung des gesamten Gargutes. Ein Magnetron mit einer Frequenz von 2,455 GHz und einer Leistung von 500–1000 W dient zur Erzeugung der elektromagnetischen Felder, die durch einen Hohlleiter in den Garraum geleitet werden. Dieser Raum muss größer als die Wellenlänge von 12 cm sein und metallische Wände zur Abschirmung haben. Die Tür hat eine Glasscheibe, auf deren Innenseite sich ein Lochblech befindet. Die Löcher sind viel kleiner als die Wellenlänge, so dass die Mikrowellen durch den Abschneideeffekt daran gehindert werden, aus dem Ofen zu entweichen. Der Wirkungsgrad eines Mikrowellenherdes liegt bei 65 %.

Schulversuch zum Abschneideeffekt in Hohlleitern

Die in Baumärkten erhältlichen Wasserleitungsrohre aus Kupfer eignen sich hervorragend als Hohlleiter für Mikrowellenversuche. Die Berechnung der Wellenformen ist sehr viel aufwändiger als bei Rechteckhohlleitern. Für die dominante TE_{11}-Mode ist die Abschneidefrequenz durch folgende Formel gegeben:

$$f_{\text{cutoff}} = \frac{1{,}8412\,c}{2\pi r_i} \,,$$

wobei r_i der Innenradius des Rohrs ist. Für eine Mikrowellenfrequenz von 10,5 GHz ist der minimale Rohrradius $r_{\text{min}} = 8{,}4$ mm. Mit Cu-Rohren von 18–19 mm Innendurchmesser und den zugehörigen 90°-Rohrbögen kann man sich Leitungen zusammenstecken (Löten ist nicht nötig), die ähnlich kompliziert verlaufen wie in einer Posaune oder einem Horn. Zur effektiven Ein- und Auskopplung der Mikrowellen braucht man Trichter, die man sich aus Cu-Blech löten kann und die auf den Eingang und Ausgang der Rohrleitung gesteckt werden (der Rohransatz des Trichters muss so groß sein, dass er von außen aufgesteckt werden kann). Die Mikrowellenleistung wird sehr gut transportiert. Sobald man aber mittels eines Reduzierstücks eine Verengung auf einen Durchmesser von 16 mm oder weniger einbaut, kommt am Ende praktisch nichts mehr heraus. Diese Verengung braucht nur wenige cm lang zu sein.

Die Mikrowelle wird an der Verengung reflektiert, was aber experimentell nicht so leicht nachzuweisen ist.

Auch die schon in Band 1 erwähnten, mit Aluminiumfolie beklebten Hartschaumplatten eignen sich hervorragend zum Studium des Abschneideeffekts. Wenn ihr Abstand kleiner als die halbe Wellenlänge ist, wird die parallel zu den Platten polarisierte Welle exponentiell gedämpft, während die orthogonal polarisierte Welle ohne Abschwächung den Zwischenraum durchqueren kann (s. Aufg. 5.7).

Zusammenfassung

1. Die 3D-Wellengleichung in Materie lautet
$$\nabla^2 \boldsymbol{E} = \frac{\varepsilon_r \mu_r}{c^2} \frac{\partial^2 \boldsymbol{E}}{\partial t^2} \equiv \frac{1}{v^2} \frac{\partial^2 \boldsymbol{E}}{\partial t^2} .$$
Die Geschwindigkeit ist $v = c/\sqrt{\varepsilon_r \mu_r} = c/n$.
2. An einer Grenzfläche zwischen Luft und Glas treten Reflexion und Brechung auf. Die Wellenlänge ändert sich in Glas, $\lambda_{\text{glas}} = \lambda_{\text{luft}}/n$. Das Reflexionsgesetz lautet: Einfallswinkel = Ausfallswinkel, das Brechungsgesetz von Snellius lautet: $n_1 \sin\alpha_1 = n_2 \sin\alpha_2$. Reflexions- und Brechungsgesetz können mit Hilfe des Prinzips von Huygens bewiesen werden.
3. Bei senkrechter Inzidenz von Licht auf die Grenzfläche zwischen zwei Medien mit den Brechungsindizes n_1 und n_2 sind das Reflexions- und Transmissionsvermögen
$$R = \frac{I_r}{I_e} = \frac{(n_1 - n_2)^2}{(n_1 + n_2)^2} , \quad T = \frac{I_t}{I_e} = \frac{4 n_1 n_2}{(n_1 + n_2)^2} .$$
4. Metallische Reflexion ist sehr kompliziert. Die elektromagnetische Welle dringt mit exponentieller Dämpfung in das Metall ein (Skin-Effekt). Die Skin-Tiefe ist $\delta = \sqrt{2/(\mu_0 \sigma_{\text{spez}} \omega)}$ und beträgt 2 μm in Cu bei 1 GHz und wenige Nanometer bei optischen Frequenzen.
5. Hohlleiterwellen sind nicht rein transversal, sondern besitzen immer eine longitudinale Komponente, entweder beim E-Feld oder beim B-Feld. Ihre Phasengeschwindigkeit ist immer $> c$, die Gruppengeschwindigkeit ist immer $< c$.
6. Es gibt eine minimale Frequenz für Wellenausbreitung in Hohlleitern, die Abschneidefrequenz (cutoff frequency) ist $\omega_{\text{cutoff}} = c\,\pi/a$, wobei a die Breite des Rechteckhohlleiters ist. Wellen mit $f < f_{\text{cutoff}}$ werden exponentiell gedämpft und dringen nur etwa eine Wellenlänge in den Hohlleiter ein.
7. In Koaxialkabeln hängt die Phasengeschwindigkeit $v_{\text{ph}} = 1/\sqrt{L'C'} = c/\sqrt{\varepsilon_r} \approx 0{,}7\,c$ nicht von der Frequenz ab. Die Gruppengeschwindigkeit hat den gleichen Wert. Kurze elektronische Impulse werden ohne Formänderung durch Koaxialkabel übertragen (im Unterschied zur Quantenmechanik „zerfließen" die Wellenpakete nicht).

8. Elektromagnetische Wellen in Koaxialkabeln sind rein transversal. Im Unterschied zum Wellenleiter gibt es keine Abschneidefrequenz. Der Wellenwiderstand eines Koaxialkabels ist $Z = \ln(r_2/r_1)/(2\pi\varepsilon_0 c\sqrt{\varepsilon_r})$. Typische Werte sind $Z = 50 \ldots 100\ \Omega$. Ein Signalübertragungskabel muss mit einem Ohmschen Widerstand $R = Z$ abgeschlossen werden, sonst gibt es Reflexionen.
9. Die in einem Widerstand R dissipierte Energie wird nicht als kinetische Energie der Leitungselektronen im Kabel zugeführt, sondern strömt als Feldenergie von außen in den Widerstand hinein.

Aufgaben

5.1) Ein Koaxialkabel hat folgende Parameter: Radius Innenleiter $r_1 = 1\,\text{mm}$, Radius Außenleiter $r_2 = 6\,\text{mm}$, Dielektrikum mit $\varepsilon_r = 2$.

a) Berechne die Phasengeschwindigkeit und den Wellenwiderstand des Kabels. Wie groß ist die Gruppengeschwindigkeit?
b) Eine harmonische Welle im Kabel ist gegeben durch $U(z,t) = U_0 \sin(kz - \omega t)$ mit $U_0 = 10\,\text{V}$ und $f = 100\,\text{MHz}$. Berechne den Strom $I(z,t)$. Wie groß ist die Wellenlänge im Kabel? Welche Leistung P wird transportiert? Um Reflexionen zu vermeiden, schließt man das Kabel am Ende mit einem geeigneten Widerstand R ab. Berechne R.

5.2) Ein langes Koaxialkabel wird am linken Ende an eine Batterie der Spannung $U = 20\,\text{V}$ angeschlossen, am rechten Ende an einen Ohm'schen Widerstand $R = 10\,\Omega$. Der Radius des Innenleiters sei $r_1 = 0{,}5\,\text{mm}$, der des Außenleiters $r_2 = 2{,}5\,\text{mm}$. Der Widerstand des Kabels sei vernachlässigbar. Berechne das elektrische und magnetische Feld im Bereich $r_1 \leq r \leq r_2$ sowie den Poynting-Vektor $\boldsymbol{S} = \boldsymbol{E} \times \boldsymbol{H}$. Welche Richtung hat $\boldsymbol{S}$? Zeige, dass der Fluss von $\boldsymbol{S}$ durch die Querschnittsfläche des Kabels zwischen Innen- und Außenleiter exakt gleich der im Widerstand R dissipierten Leistung ist.

5.3) Abschätzung der Driftgeschwindigkeit der Leitungselektronen in Kupfer. Die gemessene Hall-Konstante von Kupfer beträgt $A_H = -5{,}3 \cdot 10^{-11}\,\text{m}^3\,\text{C}^{-1}$.

a) Berechne die Dichte n_e der Leitungselektronen.
b) Wie groß ist die mittlere Zahl der Leitungselektronen pro Cu-Atom?
c) Welchen Wert hat die Driftgeschwindigkeit v_d für eine typische Stromdichte $J = 10\,\text{A/mm}^2$? Die Materialkonstanten von Cu findet man in Wikipedia.

5.4) Ein Edelstahlrohr hat eine Länge von $l = 5\,\text{m}$, einen Außendurchmesser von 10 mm und eine Wandstärke von 0,1 mm. Durch das Rohr fließt ein Strom von $I = 2\,\text{A}$. Berechne den Poyntingvektor an der Oberfläche des Rohrs und zeige, dass die im Edelstahl dissipierte Leistung gleich dem radial nach innen gerichteten Fluss des Poyntingvektors ist. Die spezifische Leitfähigkeit von Edelstahl DIN 1.4301 ist $\sigma_{\text{spez}} = 1{,}4 \cdot 10^6\,(\Omega\,\text{m})^{-1}$.

5.5) Ein Rechteck-Hohlleiter hat die Abmessungen $a = 20\,\text{cm}$, $b = 10\,\text{cm}$. Bestimme die Abschneidefrequenz $f_{\text{cutoff}} = \omega_{\text{cutoff}}/2\pi$ für vertikal polarisierte TE-Wellen. Berechne die Phasen- und Gruppengeschwindigkeit für $f = 2\, f_{\text{cutoff}}$. Für $t = 0$ soll der Verlauf der magnetischen Feldlinien in der xy-Ebene schematisch skizziert werden. Man kann daraus erkennen, dass die Feldlinien geschlossene Kurven bilden.

5.6) Wie lautet der Lösungsansatz für horizontal polarisierte TE-Wellen? Bestimme die Abschneidefrequenz dieser Wellen sowie die Phasen- und Gruppengeschwindigkeit für $f = 2\, f_{\text{cutoff}}$.

5.7) Die Wellenausbreitung zwischen zwei parallelen Metallplatten soll analysiert werden. Die Platten stehen senkrecht auf der x-Achse und befinden sich bei $x = 0$ und $x = a$. Wie lauten die Lösungsansätze für die beiden Polarisationsrichtungen des elektrischen Feldes $E_x(z,t)$ und $E_y(z,t)$? Die zugehörigen Magnetfelder sind zu berechnen. Für welche Polarisation gibt es eine Abschneidefrequenz?

5.8)

a) Aus welchen Maxwell-Gleichungen folgt, dass es keine rein elektrischen oder rein magnetischen Wellen gibt, sondern nur elektromagnetische Wellen?
b) Aus welchen Maxwell-Gleichungen folgt, dass ebene elektromagnetische Wellen im Vakuum transversal sind?
c) Warum steht $\boldsymbol{B}$ senkrecht auf $\boldsymbol{E}$?
d) Treffen diese Eigenschaften auch auf Wellen in einem Koaxialkabel zu? Aussage begründen.
e) Welche dieser Eigenschaften treffen auch auf Wellen in Hohlleitern zu, welche nicht?

5.9) Ein elektromagnetisches Perpetuum Mobile? Vorsicht, diese Aufgabe ist etwas hinterhältig. Mit einem Plattenkondensator wird ein statisches elektrisches Feld $\boldsymbol{E} = E_0\,\hat{\boldsymbol{x}}$ erzeugt, mit einem Permanentmagneten wird im gleichen Raumbereich ein statisches magnetisches Feld $\boldsymbol{B} = B_0\,\hat{\boldsymbol{y}}$ erzeugt. Der Poyntingvektor ist $\boldsymbol{S} = (1/\mu_0)\,\boldsymbol{E} \times \boldsymbol{B} = (1/\mu_0)\,E_0 B_0 \hat{\boldsymbol{z}} \neq 0$. Es scheint so, als gäbe es einen kontinuierlichen Energiestrom in z-Richtung, obwohl die Felder E_0 und B_0 zeitlich konstant sind. Das ist offensichtlich Unsinn, aber wo steckt der Denkfehler? Hinweis: es lohnt sich, die Argumentation in Kap. 5.4 genau zu lesen.

Kapitel 6
Relativistische Mechanik

6.1 Einleitung

Die wohl bekannteste Formel der Physik ist die Gleichung $E = mc^2$, die untrennbar mit dem Namen von Albert Einstein verbunden ist. Die hierin ausgedrückte Äquivalenz von Masse und Energie ist von außerordentlicher Bedeutung, in theoretischer wie in praktischer Hinsicht. Bei der Spaltung eines Urankerns in zwei mittelschwere Kerne wird so viel Energie frei, dass die Summe der Massen der Tochterkerne um 1 Promille kleiner ist als die Masse des Mutterkerns[1]. Man könnte also sagen, dass ein Kernreaktor Masse in Wärmeenergie umwandelt. Ähnlich verhält es sich bei der Bildung von Heliumkernen durch Kernfusion in der Sonne. Eine genauere Betrachtung zeigt aber, dass in den Kernspaltungs- und Kernfusions-Reaktionen streng genommen nicht Materie in Energie umgewandelt wird, denn die Bausteine der Atomkerne, die Nukleonen, bleiben bei diesen Kernprozessen erhalten. Was in Wahrheit passiert ist, dass Bindungsenergie-Differenzen in kinetische Energie der Sekundärteilchen überführt werden. Uran hat eine Bindungsenergie pro Nukleon von 7,5 MeV, die Tochterkerne haben Bindungsenergien pro Nukleon von 8,5 MeV, bei der Spaltung werden daher rund 200 MeV freigesetzt. Eine wirkliche Umwandlung von Masse in Energie tritt in der Teilchen-Antiteilchen-Annihilation auf. Die Umkehrung davon gibt es auch, zum Beispiel die Erzeugung von Teilchen-Antiteilchen-Paaren durch hochenergetische γ-Strahlung.

6.2 Inertialsysteme und Lorentz-Transformation

In der Speziellen Relativitätstheorie spielen *Inertialsysteme* eine fundamentale Rolle. Man versteht darunter nichtbeschleunigte Bezugssysteme, die sich relativ zuein-

[1] Auch bei einer chemischen Verbrennungsreaktion, z. B. $C + O_2 \rightarrow CO_2$, sollte im Prinzip ein solcher „Massendefekt" auftreten, doch ist die freigesetzte Energie so niedrig, dass die Massenänderung nicht messbar ist.

P. Schmüser, *Theoretische Physik für Studierende des Lehramts 2*,
DOI 10.1007/978-3-642-25395-9_6, © Springer-Verlag Berlin Heidelberg 2013

ander nur geradlinig und mit konstanter Geschwindigkeit bewegen dürfen. In diesen Systemen gilt das Trägheitsgesetz (daher der Name Inertialsystem): Massen werden nur dann beschleunigt, wenn Kräfte auf sie einwirken. Anders ist dies in einem Karussell oder einer startenden Weltraumrakete. Dies sind keine Inertialsysteme, sondern beschleunigte Bezugssysteme, die Gegenstand der Allgemeinen Relativitätstheorie sind.

Grundlage der Speziellen Relativitätstheorie ist das *Relativitätsprinzip*: die physikalischen Gesetze haben in allen Inertialsystemen dieselbe Gestalt. Eine physikalische Aussage darf nicht von dem speziell gewählten System abhängen, und es ist unmöglich, durch Messungen innerhalb eines Inertialsystems dessen absolute Geschwindigkeit zu ermitteln.

Einen guten Eindruck eines solchen Inertialsystems vermittelt ein Jumbo-Jet auf einem Transatlantikflug bei ruhigem Wetter und mit verdunkelten Fenstern. Wenn der Fluggast das Rauschen der Turbinen als Rauschen einer Klimaanlage deutet, wird er kaum unterscheiden können, ob das Flugzeug am Boden steht oder mit 900 km/h fliegt. Ein Lehrer, der mit seinem Physik-Leistungskurs im Flugzeug mitreist, kann sich alle möglichen mechanischen, elektrischen oder optischen Versuche ausdenken. Wenn diese Versuche auf den Innenbereich des geschlossenen „Kastens" Flugzeug eingeschränkt bleiben und keine Signale von außen empfangen werden, wird es dem Lehrer und seinen Schülern nicht gelingen, die Geschwindigkeit des Jets zu messen. Sobald aber das Flugzeug in Turbulenzen gerät, eine Kurve fliegt, startet oder landet, wird man dies im Innenraum sofort merken und messen können. Das Flugzeug hat dann seine Rolle als Inertialsystem verloren.

Die Erde ist kein Inertialsystem. Die Rotation um ihre Achse hat eine Scheinkraft zur Folge, die Corioliskraft, die beispielsweise bewirkt, dass sich die Schwingungsebene eines Foucault-Pendels dreht. Für viele Anwendungen kann man ein erdfestes Labor näherungsweise als Inertialsystem ansehen.

6.2.1 Galilei- und Lorentz-Transformation

Ein Relativitätsprinzip war bereits lange vor Einstein bekannt. Betrachten wir ein Koordinatensystem $S^* = (x^*, y^*, z^*)$, das sich mit der konstanten Geschwindigkeit v parallel zur z-Achse des *Laborsystems* $S = (x, y, z)$ bewegt, siehe Abb. 6.1. Diese Bezugssysteme sind durch die *Galilei-Transformation*

$$x = x^* , \quad y = y^* , \quad z = z^* + vt \tag{6.1}$$

miteinander verknüpft. Geschwindigkeiten werden verändert, aber Beschleunigungen bleiben invariant:

$$\dot{z} = \dot{z}^* + v , \quad \ddot{z} = \ddot{z}^* .$$

Die Newton'sche Gleichung $\boldsymbol{F} = m\ddot{\boldsymbol{r}}$ (Kraft = Masse · Beschleunigung) ist in beiden Bezugssystemen gültig.

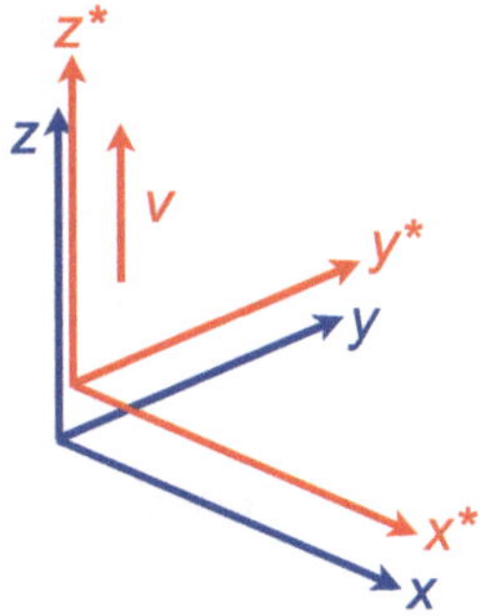

Abb. 6.1 Das Laborsystem $S = (x, y, z)$ und das in z-Richtung gleichförmig bewegte Bezugssystem $S^* = (x^*, y^*, z^*)$

Wie wirkt sich die Änderung der Geschwindigkeiten auf Licht aus? Als Beispiel wählen wir einen Eisenbahnwagen, der mit der Geschwindigkeit v in z-Richtung fährt. Im Fahrzeug wird ein Lichtsignal nach vorne ausgesendet, ein anderes nach hinten. Von der Erde aus betrachtet sollten diese Signale die Geschwindigkeiten $c + v$ und $c - v$ haben. Ein entsprechendes Experiment ist von Michelson und Morley ausgeführt worden, wobei die Erde als Raumschiff in einem hypothetischen Äther diente. Die große Überraschung war, dass Licht unabhängig von der Richtung immer genau die gleiche Geschwindigkeit c hat.

Albert Einstein nahm das Michelson-Experiment zum Anlass, die Konstanz der Lichtgeschwindigkeit in sämtlichen Inertialsystemen zu postulieren. Eine notwendige Konsequenz war dann, die Existenz einer absoluten und allgemein gültigen Zeit in Frage zu stellen und die Regeln der Galilei-Transformation abzuändern. Insbesondere erwies es sich als notwendig, die Zeitvariable mit in die Transformation einzubeziehen.

Die Basis für die Konstruktion der neuen Transformationsformeln bilden drei Postulate:

(I) Die Lichtgeschwindigkeit hat in allen Inertialsystemen denselben Wert $c = 2{,}998 \cdot 10^8\,\mathrm{m/s}$.
(II) Die physikalischen Gesetze haben in allen Inertialsystemen dieselbe Form.
(III) Raum und Zeit sind homogen und isotrop, d. h. prinzipiell sind kein Raum- oder Zeitpunkt und keine räumliche Richtung vor anderen ausgezeichnet.

In Anhang C.1 wird gezeigt, wie daraus die Lorentz-Transformation hergeleitet werden kann:

$$t = \gamma\left(t^* + \frac{v}{c^2} z^*\right), \tag{6.2a}$$

$$x = x^* , \tag{6.2b}$$

$$y = y^* , \tag{6.2c}$$

$$z = \gamma(z^* + vt^*) . \tag{6.2d}$$

Dabei ist γ der *Lorentz-Faktor*

$$\boxed{\gamma = \frac{1}{\sqrt{1-(v/c)^2}}\,.} \tag{6.3}$$

Das wichtigste Resultat ist:

In der Relativitätstheorie gibt es keine absolute Zeit.

Verschiedene Inertialsysteme haben verschiedene Zeitskalen. Bemerkenswert ist ferner, dass nur die Zeit und die zur Bewegungsrichtung parallele Koordinate (hier z) transformiert werden, während die dazu senkrechten Koordinaten (hier x und y) unverändert bleiben. Für niedrige Geschwindigkeiten, $v \ll c$, wird $\gamma \approx 1$ und $t = t^*$; die Zeitskalen der beiden Bezugssysteme werden identisch, und die Lorentz-Transformation geht in die Galilei-Transformation über.

Vom bewegten System S* aus gesehen fliegt das Laborsystem S mit der Geschwindigkeit $-v$ entlang der z-Achse, daher muss aus Symmetriegründen $z^* = \gamma(z - vt)$ gelten. Um also die umgekehrte Lorentz-Transformation vom Laborsystem S in das bewegte System S* zu bekommen, muss man nur das Vorzeichen von v ändern

$$t^* = \gamma\left(t - \frac{v}{c^2}\,z\right), \tag{6.4a}$$

$$x^* = x\,, \tag{6.4b}$$

$$y^* = y\,, \tag{6.4c}$$

$$z^* = \gamma(z - vt)\,. \tag{6.4d}$$

6.2.2 Zeitdilatation, Längenkontraktion

Eine unmittelbare Konsequenz der Lorentz-Transformation ist die Zeitdilatation (Zeitdehnung): gesehen vom Laborsystem $S = (t, x, y, z)$ geht eine Uhr im $S^* = (t^*, x^*, y^*, z^*)$-System langsamer. Aus den obigen Gleichungen kann man das leicht erkennen, indem man die Uhr im bewegten System an den Ort $(x^*, y^*, z^*) = (0, 0, 0)$ setzt, es wird dann $t = \gamma t^*$. Beispielsweise hat eine normale Quarzuhr eine Schwingungsperiode von 30 µs. Könnte man die Uhr so schnell fliegen lassen, dass ihr Lorentz-Faktor $\gamma = 2$ wäre, so würde man von der Erde aus eine Periode von 60 µs wahrnehmen.

Einstein hat die Zeitdehnung durch eines seiner berühmten *Gedankenexperimente* verdeutlicht, die Lichtuhr, die in Abb. 6.2 dargestellt ist. Die Uhr bewege sich mit der Geschwindigkeit v in horizontaler Richtung. Eine Lampe sendet einen kurzen Lichtblitz in vertikaler Richtung aus, der zu einem Spiegel im Abstand d läuft, dort reflektiert wird, zurückläuft und in einem Detektor registriert wird. Im Ruhesystem S^* der Uhr ist die Lichtlaufzeit von der Blitzlampe bis zum Spiegel

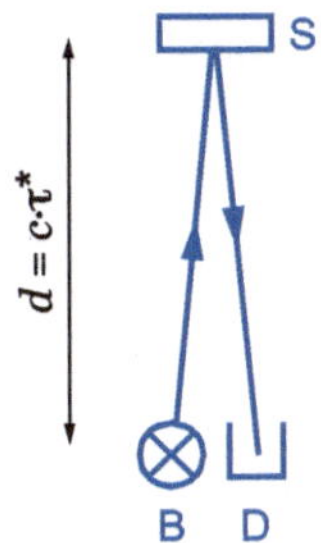

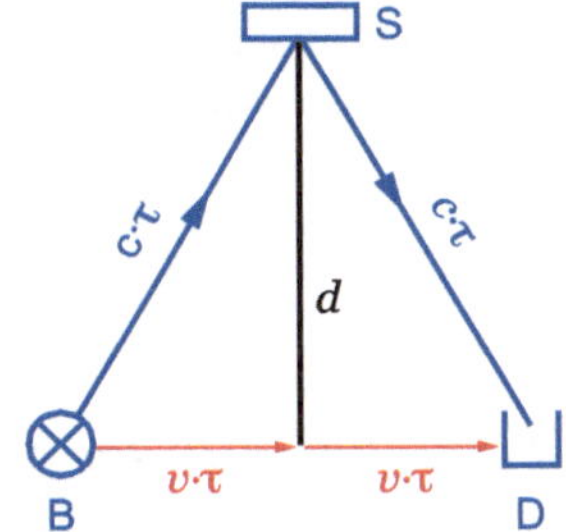

Abb. 6.2 Albert Einsteins Gedankenexperiment zur Zeitdehnung: die Lichtuhr. B: Blitzlampe, S: Spiegel, D: Detektor. Links wird die Uhr in ihrem Ruhesystem gezeigt, rechts im Laborsystem

(bzw. vom Spiegel bis zum Detektor)

$$\tau^* = d/c \; . \tag{6.5}$$

Wie sieht der Lichtweg vom Laborsystem aus? Der transversale Abstand d bleibt unverändert, aber wenn das Licht den Spiegel erreicht und dafür die Zeit τ gebraucht hat, ist der Spiegel in dieser Zeit um die Strecke $v\tau$ weitergeflogen. Das Licht folgt also der schrägen Bahn. Nach dem Satz von Pythagoras gilt

$$(c\tau)^2 = d^2 + (v\tau)^2 \; . \tag{6.6}$$

Hier wird explizit benutzt, dass die Lichtgeschwindigkeit auch im Laborsystem den Wert c hat. Aus den Gleichungen (6.5) und (6.6) ergibt sich dann

$$\boxed{\tau = \frac{\tau^*}{\sqrt{1 - v^2/c^2}} = \gamma\tau^* \; .} \tag{6.7}$$

Vom Laborsystem gesehen erscheint der Zeittakt der Uhr um den Lorentz-Faktor verlängert.

Eng verknüpft mit der Zeitdehnung ist die Längenkontraktion. Ein bewegter Maßstab habe in seinem Ruhesystem (dies ist das mitbewegte System S*) die Länge $\ell^* = (z_2^* - z_1^*)$. Wir behaupten, dass die Länge im Laborsystem S um den Lorentz-Faktor verkürzt erscheint

$$\boxed{\ell = \frac{\ell^*}{\gamma} \; .} \tag{6.8}$$

Nennen wir z_1^* und z_2^* die Anfangs- und Endpunkte des Stabes im System S*, so folgt aus Gl. (6.4d)

$$\ell^* = z_2^* - z_1^* = \gamma(z_2 - vt_2) - \gamma(z_1 - vt_1) \; .$$

Der ruhende Beobachter misst den Anfangs- und Endpunkt des Stabes zum gleichen Zeitpunkt $t_1 = t_2$. Daraus ergibt sich

$$\ell^* = \gamma(z_2 - z_1) = \gamma\ell \; .$$

6.2.3 Experimentelle Tests der Zeitdilatation

Die erreichbaren Geschwindigkeiten makroskopischer Körper sind immer sehr viel kleiner als die Lichtgeschwindigkeit, daher ist die wahrgenommene Verlangsamung bewegter Uhren nur sehr klein. Mit Atomuhren ist sie aber gut messbar und für das Globale Positionierungs-System GPS von großer Bedeutung. Die Zeitdilatation bewirkt, dass die Atomuhren an Bord der GPS-Satelliten verlangsamt sind und um 7 μs pro Tag hinter den Uhren auf der Erde zurückbleiben. Wichtiger ist allerdings ein gegenläufiger Effekt der Allgemeinen Relativitätstheorie: der Zeittakt der Uhren hängt auch vom Gravitationspotential ab. Die Uhren in den GPS-Satelliten laufen deshalb schneller, sie gewinnen etwa 45 μs pro Tag im Vergleich zu Uhren auf der Erde (siehe Aufg. 6.1). Eine weitere relativistische Korrektur beruht auf der Tatsache, dass die Beobachtungen nicht in einem Inertialsystem gemacht werden, sondern in einem Erd-zentrierten rotierenden System. Diese Korrektur wirkt sich unterschiedlich aus auf GPS-Satelliten, die die Erde auf verschiedenen Orbits umkreisen. Ignoriert man diesen Effekt, ergeben sich Fehler in der Positionsbestimmung von einigen 10 m.

Sehr drastisch sind die Lebensdauerverlängerungen kurzlebiger Elementarteilchen, die mit hohen Energien erzeugt werden. Die Halbwertszeit $T^*_{1/2}$ massiver instabiler Teilchen ist bezüglich ihres Ruhesystems definiert[2]. Die Zahl der Teilchen nimmt exponentiell ab und ist nach der Zeit $T^*_{1/2}$ auf die Hälfte abgesunken. Bei Teilchen, die mit der Geschwindigkeit $v = \beta c$ im „Laborsystem" fliegen, misst man eine längere Halbwertszeit

$$T^{\text{lab}}_{1/2} = \gamma T^*_{1/2} \; .$$

Das bekannteste Beispiel sind die μ-Teilchen der Höhenstrahlung. Die μ^--Leptonen (oder Myonen) sind schwere Verwandte der Elektronen ($m_\mu = 208\, m_e$) und zerfallen mit einer Halbwertszeit $T^*_{1/2} = 1{,}52\,\mu\text{s}$ in ein Elektron und zwei Neutrinos. Erzeugt werden sie in etwa 20–30 km Höhe als Sekundärprodukte bei Stößen hochenergetischer Protonen mit Atomkernen der äußeren Lufthülle:

$$\text{Proton + Kern} \to \pi\text{-Mesonen + Nukleonen}, \qquad \pi^\pm \to \mu^\pm + \text{Neutrino.}$$

Selbst wenn die μ-Teilchen mit der maximalen Geschwindigkeit von c fliegen sollten, könnten sie innerhalb ihrer Halbwertszeit nur 457 m zurücklegen. Die

[2] In der Teilchenphysik ist es üblich, die *mittlere Lebensdauer* $\tau = T_{1/2}/\ln 2$ anzugeben, wobei der Index $*$ weggelassen wird.

Wahrscheinlichkeit w, dass ein μ-Teilchen eine Strecke von 20 km „überlebt“, die $20\,000/457 = 44$ Halbwertszeiten entspricht, wäre verschwindend gering

$$w = \left(\frac{1}{2}\right)^{44} = 5{,}7 \cdot 10^{-14} \, .$$

Der beobachtete hohe Fluss von Myonen der Höhenstrahlung wäre unverständlich. Die Lösung des Rätsels liegt in der Lebensdauerverlängerung. Die Teilchen entstehen mit hohen Energien. Für einen Lorentz-Faktor von $\gamma = 16$ beträgt die Labor-Halbwertszeit $T_{1/2} = 16\, T^*_{1/2}$, und die Flugstrecke, die die Hälfte der Teilchen überlebt, ist $L_{\text{lab}} \approx c\, T_{1/2} = 7300$ m. Die Strecke von 20 000 m entspricht dann nur noch 2,7 Halbwertszeiten, und die Wahrscheinlichkeit, diese Strecke ohne Zerfall zurückzulegen, ist recht groß

$$w = \left(\frac{1}{2}\right)^{2{,}7} = 15\,\% \, .$$

Wie sieht die Situation im Ruhesystem der Teilchen aus? Hier gibt es keine Halbwertszeitverlängerung, wohl aber eine Längenkontraktion. Vom μ-Teilchen aus gesehen ist die 20 km-Strecke wie ein Maßstab, der dem Teilchen mit der Geschwindigkeit $v = \beta c$ entgegenfliegt und dessen Länge um den Faktor γ verkürzt ist, also nur 1250 m beträgt. Die Wahrscheinlichkeit, diesen Maßstab ohne Zerfall zu passieren, ist genau wieder $w = 15\,\%$. In beiden Bezugssystemen erhalten wir also die gleiche physikalische Aussage, dass nämlich 15 % der in 20 km Höhe erzeugten Myonen am Erdboden ankommen. Wir sehen, dass eine Grundannahme der Speziellen Relativitätstheorie erfüllt ist: physikalische Aussagen dürfen nicht von dem speziell gewählten Inertialsystem abhängen.

Ein Problem taucht aber trotzdem auf. Vom Laborsystem S aus gesehen gehen die Uhren im bewegten System S^* langsamer, die im Labor ruhenden Myonen würden also behaupten, dass ihre schnell fliegenden Brüder länger leben als sie selbst. Vom bewegten System S^* aus gesehen ist es gerade umgekehrt: die Uhren im Laborsystem erscheinen verlangsamt, und die bewegten Myonen (die ihrerseits in S^* ruhen) würden behaupten, dass ihre im Labor ruhenden Brüder länger leben als sie selbst. Das sind offenbar widersprüchliche Aussagen. Wer recht hat, ist gar nicht so leicht zu sagen, denn die Teilchen fliegen immer weiter voneinander weg und können nicht mehr nachprüfen, wer nun wirklich länger lebt, die im Labor bewegten oder die im Labor ruhenden Teilchen.

Realisierung des Zwillingsparadoxons

Es gibt jedoch ein Experiment, mit dem diese Prüfung möglich ist, und dieses beruht darauf, dass die Zeitdehnung auch in beschleunigten Koordinatensystemen auftritt. In Brookhaven und am CERN sind Speicherringe für Myonen gebaut worden, um

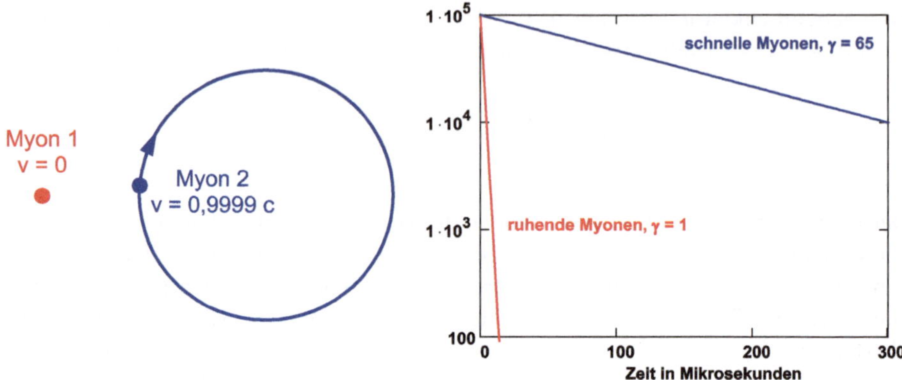

Abb. 6.3 Vergleich des Zerfalls ruhender Myonen ($v = 0,\ \gamma = 1$) mit dem Zerfall der hochenergetischen Myonen im Speicherring ($v = 0{,}9999\,c,\ \gamma = 65$). Zum Zeitpunkt $t = 0$ seien 10^5 Teilchen vorhanden. Aufgetragen ist die Zahl der Teilchen (auf einer logarithmischen Skala) als Funktion der Zeit in Mikrosekunden

das magnetische Moment des Myons mit hoher Präzision zu messen. Bei einem dieser Experimente wurden die Teilchen mit $\gamma = 65$ in den Ring eingeschossen. Die vom Labor aus beobachtete Abnahme der Teilchenzahl ist in Abb. 6.3 aufgetragen. Die Labor-Halbwertszeit ist $65 \cdot T^*_{1/2} = 99\,\mu\text{s}$. Im Speicherring kehren die Teilchen immer wieder zu ihrem Ausgangspunkt zurück. Das Einstein'sche Zwillingsparadoxon ist hier in der Tat realisiert: die schnell bewegten Teilchen leben immer noch, wenn ihre ruhenden Brüder schon längst „gestorben" sind. Diese eklantante Asymmetrie widerspricht nicht dem Relativitätsprinzip, denn die im Speicherring umlaufenden Myonen befinden sich in einem Nicht-Inertialsystem.

6.2.4 Transformation der Geschwindigkeit

Wir kommen auf unser Beispiel des Lichtblitzes in einem Eisenbahnwagen zurück. In einem mit der Geschwindigkeit v fahrenden Wagen bewege sich ein Objekt mit der Geschwindigkeit $\boldsymbol{u}^*$ (siehe Abb. 6.4). Die Komponente parallel zur Fahrtrichtung des Wagens ist

$$u^*_{\parallel} = u^*_z = \frac{dz^*}{dt^*} \,.$$

Nun benutzen wir die Gln. (6.2)

$$\begin{aligned} z &= \gamma(z^* + vt^*) \quad &\Rightarrow \quad dz &= \gamma(dz^* + v\,dt^*)\,, \\ t &= \gamma\left(t^* + \frac{v}{c^2}\,z^*\right) \quad &\Rightarrow \quad dt &= \gamma\left(dt^* + \frac{v}{c^2}\,dz^*\right)\,. \end{aligned}$$

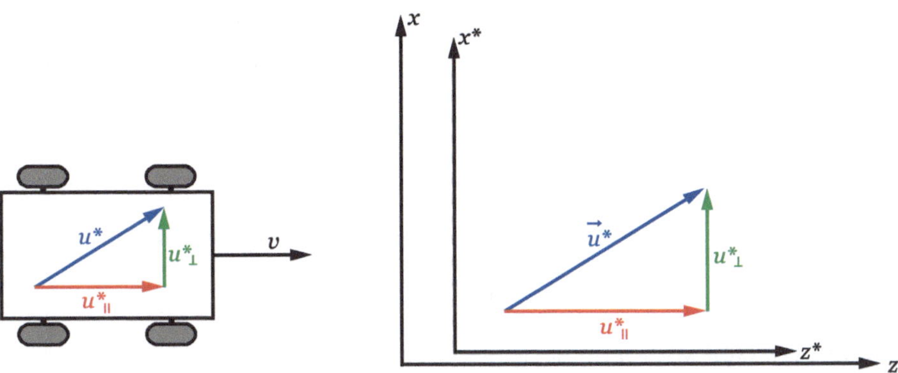

Abb. 6.4 Illustration zur Transformation der Geschwindigkeit

Einsetzen von $dz^* = u_z^* dt^*$ ergibt:

$$dz = \gamma(u_z^* + v)dt^* \,, \quad dt = \gamma\left(1 + \frac{v}{c^2}\,u_z^*\right)dt^* \,.$$

Damit wird

$$u_z = \frac{dz}{dt} = \frac{v + u_z^*}{1 + v\,u_z^*/c^2} \,.$$

Die Transformation der Parallelkomponente der Geschwindigkeit lautet also

$$\boxed{u_\parallel = \frac{v + u_\parallel^*}{1 + v\,u_\parallel^*/c^2} \,.} \tag{6.9}$$

In der nichtrelativistischen Mechanik würden wir die Geschwindigkeiten einfach addieren, d. h. die Geschwindigkeit des Objekts relativ zum Erdboden wäre $u_\parallel = v + u_\parallel^*$. Wenn v und $u_\parallel^*$ beide sehr klein gegen c sind, hat der Nenner den Wert 1, und es ergibt sich die nichtrelativistische Formel.

Nun betrachten wir statt des bewegten Objekts einen Lichtblitz, der parallel oder antiparallel zur Fahrtrichtung des Wagens ausgesandt wird. Im Bezugssystem des Wagens hat er die Geschwindigkeit $u_\parallel^* = c$ oder $u_\parallel^* = -c$. Setzen wir dies in Gl. (6.9) ein, so finden wir für die Geschwindigkeit des Lichtes relativ zum Erdboden ebenfalls die Werte $u_\parallel = +c$ oder $u_\parallel = -c$.

Die Transformation der Transversalkomponente der Geschwindigkeit leitet man wie folgt her. Aus $x = x^*$ folgt $dx = dx^*$ und

$$u_x = \frac{dx}{dt} = \frac{dx^*}{dt^*\gamma(1 + vu_\parallel^*/c^2)} \,.$$

Die Transformation der Transversalkomponente der Geschwindigkeit lautet somit

$$\boxed{u_\perp = \frac{u_\perp^*}{\gamma(1 + v\,u_\parallel^*/c^2)} \,.} \tag{6.10}$$

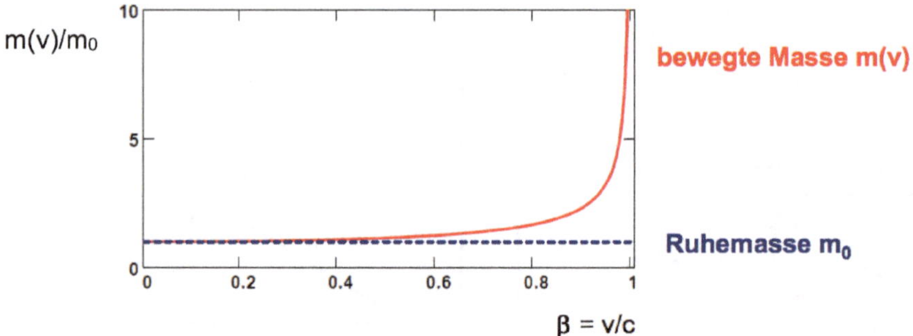

Abb. 6.5 Die bewegte Masse $m(v)$ als Funktion von $\beta = v/c$

Wenden wir diese Formel auf die Lichtemission senkrecht zur Bewegungsrichtung des Fahrzeugs an, so gilt folgende Rechnung:

$$u^*_{\parallel} = 0\,, \quad u^*_{\perp} = c \quad \Rightarrow \quad u_{\parallel} = v\,, \quad u_{\perp} = c/\gamma\,.$$

Das Quadrat der Geschwindigkeit in Laborsystem ist

$$u^2 = u^2_{\parallel} + u^2_{\perp} = v^2 + c^2(1 - v^2/c^2) = c^2\,.$$

Auch in diesem Fall hat der Lichtpuls die Geschwindigkeit c.

Man kann die Formeln (6.9) und (6.10) so verallgemeinern, dass der Geschwindigkeitsvektor $\boldsymbol{u}^*$ im bewegten System einen beliebigen Winkel zur Bewegungsrichtung des Wagens haben darf. Wenden wir die verallgemeinerte Formel auf den Lichtblitz an, so finden wir auch in diesem Fall, dass der Betrag der Geschwindigkeit im Laborsystem immer den Wert c hat. Die relativistischen Formeln zur „Addition" von Geschwindigkeiten stellen also sicher, dass die Lichtgeschwindigkeit in beliebigen Inertialsystemen stets den Betrag c hat.

6.3 Relativistische Masse, Impuls und Energie

6.3.1 Masse, Impuls und kinetische Energie

Die Masse wächst bei hohen Geschwindigkeiten an

In der Newton'schen Mechanik wird die Masse eines Körpers oder Teilchens als konstant angesehen. In Wirklichkeit nimmt die Masse bei hohen Geschwindigkeiten zu, was bei Elementarteilchen gut messbar ist:

$$\boxed{m(v) = \frac{m_0}{\sqrt{1 - v^2/c^2}} = \gamma\, m_0\,.} \tag{6.11}$$

Die *Ruhemasse* des Teilchens ist $m_0 = m(0)$. Dies ist die Masse, die man im *Ruhesystem* messen würde, dem Bezugssystem, in dem das Teilchen ruht. Die Masse eines bewegten Teilchens ist grundsätzlich größer und divergiert im Limes $v \to c$, siehe Abb. 6.5. In Anhang C diskutieren wir ein Gedankenexperiment zur relativistischen Masse, mit dem die Gl. (6.11) plausibel gemacht wird.

Impuls und kinetische Energie

Der relativistische Impuls ist das Produkt von Masse und Geschwindigkeit, nur muss man jetzt die bewegte Masse einsetzen:

$$\boxed{\boldsymbol{p} = m(v)\,\boldsymbol{v} = \gamma\, m_0\, \boldsymbol{v}\ .} \tag{6.12}$$

In einem abgeschlossenen System gilt der Impulserhaltungssatz genau wie in der Newton-Mechanik, vorausgesetzt man rechnet mit den relativistischen Ausdrücken für Masse und Impuls. Die Newton'sche Gleichung gilt jedoch nicht mehr in der gewohnten Form

$$\boldsymbol{F} = m\boldsymbol{a} \quad \text{Kraft} = \text{Masse} \cdot \text{Beschleunigung}\ ,$$

sondern man muss sie schreiben als

$$\boldsymbol{F} = \frac{d\boldsymbol{p}}{dt} \quad \text{Kraft} = \text{zeitliche Ableitung des Impulses}\ . \tag{6.13}$$

Um die Anwendung der Gleichung (6.13) zu zeigen, berechnen wir die Impulsänderung eines Protons in einem elektrischen Feld.

$$\frac{dp}{dt} = F \quad \text{mit} \quad F = e\,|\boldsymbol{E}|\ .$$

Zum Zeitpunkt $t = t_0$ sei die Geschwindigkeit des Protons $v_0 = 0$. Die in der Zeit $t_0 < t < t_1$ geleistete Arbeit ist

$$W = \int_{t_0}^{t_1} v\,F dt = \int_{t_0}^{t_1} v\,\frac{dp}{dt}\,dt\ .$$

Nun ist der Impuls eine Funktion der Geschwindigkeit:

$$p(v) = \frac{m_0 v}{\sqrt{1 - v^2/c^2}}\ ,$$

und daher wird nach der Kettenregel

$$\frac{dp}{dt} = \frac{dp}{dv} \cdot \frac{dv}{dt} = \frac{m_0}{(1 - v^2/c^2)^{3/2}} \cdot \frac{dv}{dt}\ .$$

Wegen $dv/dt \cdot dt = dv$ wird die Arbeit

$$W = \int_0^{v_1} \frac{m_0 v}{(1 - v^2/c^2)^{3/2}} dv = \left[\frac{m_0 c^2}{\sqrt{1 - v^2/c^2}} \right]_0^{v_1} = \frac{m_0 c^2}{\sqrt{1 - v_1^2/c^2}} - m_0 c^2 .$$

Die geleistete Arbeit ist gleich der vom Teilchen aufgenommenen kinetischen Energie. Dies führt uns zur Definition der relativistischen kinetischen Energie eines Teilchens der Ruhemasse m_0 und der Geschwindigkeit v:

$$\boxed{E_{\text{kin}} = \frac{m_0 c^2}{\sqrt{1 - v^2/c^2}} - m_0 c^2 = m_0 c^2 (\gamma - 1) .} \tag{6.14}$$

Wir betrachten den nichtrelativistischen Grenzfall dieser Gleichung. Wenn $v \ll c$ ist, kann man für die Wurzel unter Benutzung der Taylorentwicklung näherungsweise schreiben

$$\frac{1}{\sqrt{1 - v^2/c^2}} \approx 1 + \frac{v^2}{2c^2} .$$

Bei kleinen Geschwindigkeiten wird daher die kinetische Energie durch die nichtrelativistische Formel

$$E_{\text{kin}} = \frac{m_0}{2} v^2$$

beschrieben. Gleichung (6.14) gilt dagegen ganz allgemein und ist unentbehrlich in der Teilchenphysik, wo die Geschwindigkeiten praktisch immer groß sind.

6.3.2 Lorentz-Transformation von Energie und Impuls

Die totale relativistische Energie eines freien Teilchens ist die Summe der kinetischen Energie und der Ruheenergie

$$E = E_{\text{kin}} + m_0 c^2 = m_0 c^2 (\gamma - 1) + m_0 c^2 = \gamma\, m_0 c^2 = m(v) c^2 . \tag{6.15}$$

Eine wichtige Konsequenz der Gln. (6.11) und (6.15) ist, dass die Geschwindigkeit eines massebehafteten Teilchens stets kleiner als c sein muss[3]. In großen Beschleunigern kann man die Geschwindigkeiten von Elektronen oder Protonen extrem nah an c annähern, exakt erreichbar ist dieser Grenzwert aber nie, da unendlich hohe Energien $E = m(v)c^2$ dafür erforderlich wären.

Wenn sich das Teilchen in einem Potential befindet, müssen wir noch die potentielle Energie hinzufügen. Für ein Proton in einem elektrischen Potential wird die totale relativistische Energie

$$E = \gamma\, m_0 c^2 + e\Phi . \tag{6.16}$$

[3] Rein theoretisch lassen die Gleichungen der Relativitätstheorie auch „Teilchen“ zu, deren Geschwindigkeit stets größer als c ist. Diese als *Tachyonen* bezeichneten hypothetischen Objekte sind jedoch niemals nachgewiesen worden.

Im Folgenden beschränken wir uns auf freie Teilchen. Für diese gilt

$$\boldsymbol{p}^2c^2 + m_0^2c^4 = m_0^2c^2\gamma^2(v^2 + c^2(1 - v^2/c^2)) = \gamma^2 m_0^2 c^4 = E^2 \,.$$

Daraus folgt eine zweite Darstellung der totalen relativistischen Energie eines freien Teilchens

$$\boxed{E = \sqrt{\boldsymbol{p}^2c^2 + m_0^2c^4}\ .} \tag{6.17}$$

Die Energie und die drei Impulskomponenten werden in gleicher Weise Lorentztransformiert wie die Zeit und die Ortskoordinaten, siehe Gl. (6.2).

$$E = \gamma\left(E^* + v\,p_z^*\right), \tag{6.18a}$$

$$p_x = p_x^*\,, \tag{6.18b}$$

$$p_y = p_y^*\,, \tag{6.18c}$$

$$p_z = \gamma\left(p_z^* + \frac{v}{c^2}\,E^*\right). \tag{6.18d}$$

Anwendungsbeispiel: ein Proton fliegt mit der Geschwindigkeit v in z-Richtung. Berechne die Energie E und den Impuls $\boldsymbol{p}$. Das ist natürlich direkt möglich, wir wählen aber den Umweg über die Lorentz-Transformation. Im Ruhesystem des Protons ist $E^* = m_0c^2$ und $\boldsymbol{p}^* = 0$. Aus der Lorentz-Transformation (6.18) ergibt sich das erwartete Resultat

$$E = \gamma\, m_0 c^2\,, \quad p_z = \gamma\, m_0 v\,, \quad p_x = p_y = 0.$$

6.3.3 Der relativistische Doppler-Effekt

Eine wichtige Anwendung der Formeln (6.18) betrifft den relativistischen Doppler-Effekt. Ein Radarsender oder eine Lichtquelle nähern sich dem Beobachter mit der Geschwindigkeit $v = \beta c$. Wenn im Ruhesystem S^* der Quelle elektromagnetische Wellen der Frequenz f^* und der Wellenlänge $\lambda^* = c/f^*$ ausgesandt werden, so misst der Beobachter eine höhere Frequenz und eine kleinere Wellenlänge. Die Energie der Photonen in S^* ist $E^*_{\text{phot}} = \hbar\omega^* = 2\pi\hbar f^*$, ihr Impuls ist $p^*_{\text{phot}} = \hbar\omega^*/c$. Für den Spezialfall, dass die Photonen nach vorn emittiert werden (in Richtung auf den Beobachter zu), gilt $p^*_{\parallel} = p^*_{\text{phot}} = \hbar\omega^*/c$. Aus Gl. (6.18a) berechnen wir dann für die Frequenz und die Wellenlänge des Photons im Laborsystem

$$f = \gamma f^*(1+\beta) = f^* \sqrt{\frac{1+\beta}{1-\beta}} > f^*\,, \quad \lambda = \frac{\lambda^*}{\gamma(1+\beta)} = \lambda^* \sqrt{\frac{1-\beta}{1+\beta}} < \lambda^*\,. \tag{6.19}$$

Die gleiche Formel gilt, wenn die Quelle ruht und der Beobachter sich ihr mit der Geschwindigkeit $v = \beta c$ nähert[4]. Das muss auch so sein, denn das Laborsystem und das mit der Quelle mitbewegte System sind beide Inertialsysteme. Der Doppler-Effekt hat eine für Autofahrer unangenehme technische Anwendung in den Radarfallen der Polizei (Aufg. 6.6).

Bewegt sich die Quelle weg vom Beobachter, so ist $p_{\parallel}^* = -p_{\mathrm{phot}}^* = -\hbar\omega^*/c$, und es ergibt sich entsprechend

$$f = \gamma f^*(1-\beta) = f^* \sqrt{\frac{1-\beta}{1+\beta}} < f^* \, , \quad \lambda = \frac{\lambda^*}{\gamma(1-\beta)} = \lambda^* \sqrt{\frac{1+\beta}{1-\beta}} > \lambda^* \, . \tag{6.20}$$

Dies ist außerordentlich wichtig für die Astronomie: aus der *Rotverschiebung* der Spektrallinien lernt man, dass entfernte Galaxien mit hoher Geschwindigkeit von uns wegfliegen (Aufg. 6.7).

6.4 Das Konzept der Vierervektoren

Die Vektorrechnung wird in der Physik angewandt, um die Gleichungen unabhängig von einem speziellen Koordinatensystem schreiben zu können. Beispiele:

$$m\,\boldsymbol{a} = \boldsymbol{F} \, , \quad \nabla \times \boldsymbol{E} = -\frac{\partial \boldsymbol{B}}{\partial t} \, .$$

Ein weiterer Vorteil ist, dass Skalarprodukte invariant sind gegenüber Rotationen oder Translationen des Koordinatensystems. Beispiel: Leistung $P = \boldsymbol{v} \cdot \boldsymbol{F}$. Die hier verwendeten Vektoren sind Vektoren im dreidimensionalen Ortsraum (x, y, z) und werden im Folgenden als Dreiervektoren bezeichnet.

6.4.1 Vierervektoren für Zeit-Raum und Energie-Impuls

In der Relativitätstheorie ist die Zeit t keine absolute Größe mehr, sondern wird mittels der Lorentz-Transformation ähnlich wie die räumlichen Koordinaten (x, y, z) transformiert. Daher ist es zweckmäßig, einen vierdimensionalen „Minkowski"-Raum einzuführen, der die Zeit und den 3D-Ortsraum umfasst. Dabei gibt es eine kleine Fallunterscheidung: *kontravariante Vierervektoren* sind durch einen hochgestellten Index μ gekennzeichnet, *kovariante Vierervektoren* durch einen tiefgestellten Index μ. Der kontravariante Zeit-Orts-Vierervektor ist

$$X^{\mu} = (ct, x, y, z) = (ct, \boldsymbol{r}) \quad (\mu = 0,1,2,3) \, . \tag{6.21}$$

---

[4] Bei Schallwellen ist dies anders, denn sie haben ein Trägermedium wie etwa die Luft. Die Dopplerverschiebung ist unterschiedlich für eine bewegte Quelle und einen ruhenden Beobachter oder für eine ruhende Quelle und einen bewegten Beobachter.

Der kovariante Vektor unterscheidet sich davon im Vorzeichen der räumlichen Komponenten

$$X_\mu = (ct, -\boldsymbol{r}) \,. \tag{6.22}$$

Energie und Impuls bilden einen anderen Vierervektor, den man auch den Viererimpuls (*four momentum*) nennt

$$P^\mu = (E, c\,p_x, c\,p_y, c\,p_z) = (E, c\,\boldsymbol{p}) \,, \quad P_\mu = (E, -c\,\boldsymbol{p}) \,. \tag{6.23}$$

Anmerkungen: Bei unserer Definition der Vierervektoren wird der Zeit- bzw. Energiekomponente der Index $\mu = 0$ zugeordnet und den Orts- bzw. Impuls-Dreiervektoren die Indizes $\mu = 1{,}2{,}3$. Manche Autoren definieren die Zeit bzw. Energie als vierte Komponente. Alle Komponenten eines Vierervektors müssen die gleiche Dimension haben.

6.4.2 Das Vierer-Skalarprodukt

Das Skalarprodukt im Minkowski-Raum ist so definiert, dass man die Komponenten eines kovarianten Vierervektors und eines kontravarianten Vierervektors elementweise multipliziert und darüber summiert. Sei $A_\mu = (a_0, -\boldsymbol{a})$ und $B^\mu = (b_0, \boldsymbol{b})$, so ist das Skalarprodukt

$$A_\mu B^\mu \equiv \sum_{\mu=0}^{3} A_\mu B^\mu = a_0 b_0 - (a_1 b_1 + a_2 b_2 + a_3 b_3) = a_0 b_0 - \boldsymbol{a} \cdot \boldsymbol{b} \,. \tag{6.24}$$

Es ist üblich, das Summenzeichen wegzulassen mit der Vereinbarung, dass über gleiche Indizes summiert wird (Summationskonvention von Einstein). Das Vierer-Skalarprodukt ist also definiert als Produkt der Nullkomponenten abzüglich dem Dreier-Skalarprodukt der „Raumkomponenten“. Man muss unbedingt das Minuszeichen in (6.24) beachten, das von fundamentaler Bedeutung ist.

Den Sinn dieses Minuszeichens kann man leicht an folgendem Beispiel einsehen. Stellen wir uns vor, am Ort $\boldsymbol{r} = 0$ werde zur Zeit $t = 0$ eine elektromagnetische Welle ausgesandt, die sich isotrop im Raum ausbreitet. Nach Ablauf einer Zeit t hat sich die Wellenfront um eine Strecke $r = |\boldsymbol{r}| = \sqrt{x^2 + y^2 + z^2} = ct$ vom Ursprung entfernt. Daraus erkennt man, dass die Größe $c^2 t^2 - \boldsymbol{r}^2$ eine Invariante ist, sie gibt die Position der Wellenfront im Minkowski-Raum an.

Lorentz-Invarianz des Vierer-Skalarprodukts

Das Skalarprodukt hat zwei wichtige Invarianzeigenschaften:

1. Es ist invariant gegenüber räumlichen Rotationen, denn a_0 und b_0 ändern sich nicht bei Rotationen, und das Dreier-Skalarprodukt $\boldsymbol{a} \cdot \boldsymbol{b}$ ist rotationsinvariant.
2. Es ist invariant gegenüber Lorentz-Transformationen.

Beweis der Lorentz-Invarianz:

$$\begin{aligned} A_\mu B^\mu &= a_0 b_0 - a_x b_x - a_y b_y - a_z b_z \, , \\ &= \gamma^2(1-\beta^2) a_0^* b_0^* - a_x^* b_x^* - a_y^* b_y^* - \gamma^2(1-\beta^2) a_z^* b_z^* \, , \\ &= a_0^* b_0^* - a_x^* b_x^* - a_y^* b_y^* - a_z^* b_z^* = A_\mu^* B^{*\mu} \, . \end{aligned}$$

Also gilt

$$\boxed{A_\mu B^\mu = A_\mu^* B^{*\mu} \, .} \tag{6.25}$$

Würde man das Minuszeichen im Vierer-Skalarprodukt (6.24) durch ein Pluszeichen ersetzen, so wäre die Lorentz-Invarianz verletzt. Die Bedeutung des Minuszeichens können wir noch durch ein weiteres Beispiel demonstrieren, ein Proton, das mit der Geschwindigkeit $\boldsymbol{v}$ fliegt. Im Ruhesystem des Protons ist

$$E^* = m_0 c^2 \, , \quad \boldsymbol{p}^* = 0 \quad \Rightarrow \quad P_\mu^* = (m_0 c^2, 0, 0, 0) \, .$$

Das Vierer-Skalarprodukt des Viererimpulses mit sich selbst ergibt das Quadrat der Ruheenergie:

$$P_\mu^* P^{*\mu} = (E^*)^2 = m_0^2 c^4 \, .$$

Im Laborsystem sind Energie und Impuls des Protons $E = \gamma m_0 c^2$, $\boldsymbol{p} = \gamma m_0 \boldsymbol{v}$, d. h. der Viererimpuls hat die Gestalt $P^\mu = (E, c\boldsymbol{p})$. Das Quadrat des Viererimpulses ist

$$P_\mu P^\mu = E^2 - c^2 \boldsymbol{p}^2 = \gamma^2 m_0^2 c^4 (1 - v^2/c^2) = m_0^2 c^4$$

und hat genau den gleichen Wert wie im Ruhesystem. Würde man jedoch das Vierer-Skalarprodukt mit einem Pluszeichen definieren, so wäre $P_\mu P^\mu \neq P_\mu^* P^{*\mu}$. Das Vierer-Skalarprodukt ist außerordentlich nützlich in der Elementarteilchenphysik, siehe Kap. 6.5.4.

6.5 Anwendungsbeispiele und didaktische Anmerkungen

6.5.1 Anmerkungen zur Einstein'schen Lichtuhr

Es ist lehrreich, ein Experiment der nichtrelativistischen Mechanik mit Albert Einsteins Lichtuhr zu vergleichen. Das Experiment ist praxisnah und läuft folgendermaßen. Ein Fluss von 100 m Breite fließt von Westen nach Osten. Ein Mann möchte mit seinem Motorboot (Geschwindigkeit $u = 4\,\mathrm{m/s}$) den Fluss überqueren. Da Nebel die Sicht behindert, verlässt er sich auf seinen Kompass und richtet das Boot genau nach Norden aus, also senkrecht zum Flussufer. Zwei Fälle werden betrachtet:

1. Fall: der Fluss hat die Geschwindigkeit $v = 0$ (dies entspricht der Lichtuhr in ihrem Ruhesystem).

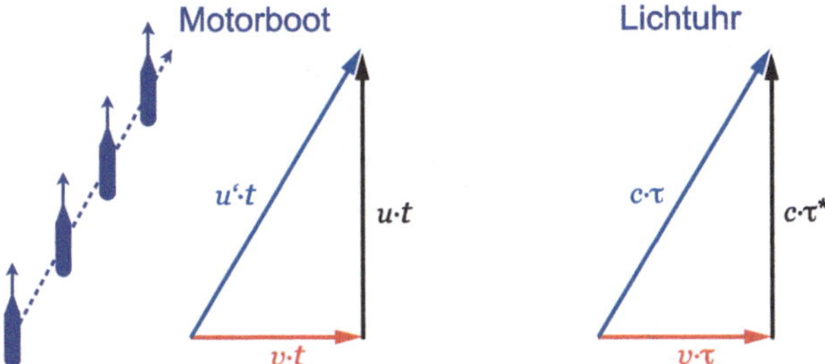

Abb. 6.6 Vergleich der Flussüberquerung eines Motorbootes mit dem halben Zeittakt der Lichtuhr

2. Fall: der Fluss hat die Geschwindigkeit $v = 3\,\mathrm{m/s}$ (dies entspricht der bewegten Lichtuhr, gesehen vom Laborsystem).

Die nichtrelativistische Mechanik ist hier anwendbar, die Zeit ist eine absolute Größe. In beiden Fällen dauert die Flussüberquerung $t = 25\,\mathrm{s}$. Die Geschwindigkeit u' des Bootes über dem Untergrund des Flusses ist verschieden für die beiden Fälle, sie beträgt $u' = u = 4\,\mathrm{m/s}$ im 1. Fall und $u' = \sqrt{u^2 + v^2} = 5\,\mathrm{m/s}$ im 2. Fall.

In Abb. 6.6 werden die Flussüberquerung bei strömendem Wasser und die bewegte Lichtuhr verglichen. Es ergeben sich ganz ähnliche rechtwinklige Dreiecke, deren Hypotenuse natürlich eine größere Länge als die vertikale Kathete hat. Die Interpretation der Bilder ist aber völlig unterschiedlich beim Boot und bei der Lichtuhr.

a) Wenn man gemäß der nichtrelativistischen Mechanik die Zeit als absolut ansieht, so kommt man notgedrungen zu der Aussage, dass die Geschwindigkeit des Bootes über dem Untergrund des Flusses von der Fließgeschwindigkeit des Wassers abhängt: $u' = 4\,\mathrm{m/s}$ für $v = 0$ und $u' = 5\,\mathrm{m/s}$ für $v = 3\,\mathrm{m/s}$ (es spricht ja auch überhaupt nichts dagegen, dass das Boot verschiedene Geschwindigkeiten hat).
b) Wenn man aber – wie bei der Lichtuhr – darauf besteht, dass die Geschwindigkeit des Lichts immer und überall den konstanten Wert $c = 3 \cdot 10^8\,\mathrm{m/s}$ haben muss, so ist man gezwungen, das Konzept einer absoluten Zeit aufzugeben. Das führt zur Zeitdilatation gemäß Gl. (6.7).

6.5.2 *Das Zwillingsparadoxon mit Menschen?*

Die Zeitdilatation hat immer wieder die Fantasie der Menschen angeregt. Ist es möglich, die Lebenszeit eines Menschen signifikant zu verlängern, indem man ihn auf eine relativistische Weltraumreise schickt? In Science-Fiction-Filmen ist dies Standard-Praxis, aber wir können uns leicht davon überzeugen, dass dies niemals möglich sein wird, sondern zu absurden Anforderungen führt. Wir brauchen dafür nur den Energie-Erhaltungssatz. Um seine Lebenszeit zu verdoppeln, muss der

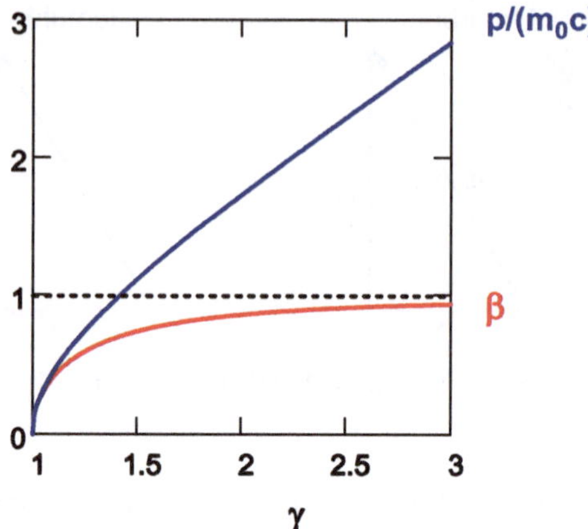

Abb. 6.7 Die normierte Geschwindigkeit $\beta = v/c$ und der normierte Impuls $p/(m_0c)$ als Funktion des Lorentz-Faktors $\gamma = E/(m_0c^2)$

Lorentz-Faktor den Wert $\gamma = 2$ haben, das bedeutet die Geschwindigkeit muss 87 % der Lichtgeschwindigkeit betragen. Nehmen wir ganz bescheiden an, die Ruhemasse von Mensch und Rakete sei $m_0 = 1000\,\text{kg}$ (in Wahrheit wäre sie natürlich viel größer). Für $\gamma = 2$ beträgt die kinetische Energie gemäß Gl. (6.14)

$$E_{\text{kin}} = m_0\,c^2(\gamma - 1) = m_0c^2 = 0{,}9 \cdot 10^{20}\,\text{Joule} = 2{,}5 \cdot 10^{13}\,\text{kWh}\,.$$

Ein Kraftwerk mit 1,3 GW Leistung müsste 2200 Jahre laufen, um diese Energie zu erzeugen. Es ist offensichtlich, dass sich manche Science-Fiction-Autoren nicht um Energiebilanzen kümmern. Von einem Physiklehrer kann man das aber erwarten. Die Absurdität der Idee einer menschlichen Zeitreise wird auch in Aufg. 6.12 diskutiert.

6.5.3 Relativitätstheorie und Teilchenbeschleuniger

In Elektron- oder Proton-Kreisbeschleunigern spielen die Existenz einer nur asymptotisch erreichbaren Maximalgeschwindigkeit und die relativistische Massenzunahme ($m(v) = \gamma\,m_0$) eine herausragende Rolle. In Abb. 6.7 sind die normierte Geschwindigkeit $\beta = v/c$ und der normierte Impuls $p/(m_0c)$ als Funktion des Lorentz-Faktors aufgetragen.

Die Ablenkung im Magnetfeld hängt von der bewegten Masse ab

Die Ablenkung der Teilchen in den Magneten wird durch die Lorentz-Kraft bewirkt. In einem Synchrotron hat die Kreisbahn der Teilchen einen konstanten Radius R, und das Magnetfeld muss mit wachsender Energie der Teilchen erhöht werden, damit sie immer auf derselben Bahn umlaufen[5]. Nichtrelativistisch berechnet man das erforderliche magnetische Ablenkfeld durch Gleichsetzen von Zentripetalkraft und Lorentz-Kraft:

$$\frac{m_0 v^2}{R} = evB \quad \Rightarrow \quad B = \frac{m_0 v}{eR} . \tag{6.26}$$

Die relativistische Verallgemeinerung dieser Formel lautet

$$B = \frac{p}{eR} = \frac{\gamma m_0 v}{eR} = \frac{m(v)v}{eR} . \tag{6.27}$$

Das Magnetfeld muss demnach proportional zur bewegten Masse erhöht werden, damit die Teilchen auf der vorgesehenen Kreisbahn bleiben. Bei den großen Beschleunigern der Elementarteilchenphysik ist der Unterschied zwischen den Gleichungen (6.26) und (6.27) enorm. In den Protonenbeschleuniger HERA in Hamburg werden die Teilchen mit einer Energie von 40 GeV eingeschossen (Lorentz-Faktor $\gamma = 43$) und auf 920 GeV beschleunigt ($\gamma = 980$). Bereits beim Einschuss haben die Protonen eine Geschwindigkeit von $v = 0{,}9997\,c$, bei der Maximalenergie ist $v = 0{,}9999995\,c$. Der Bahnradius in HERA ist etwa $R = 600$ m. Das Feld in den supraleitenden Magneten hat gemäß der relativistischen Gleichung (6.27) den Wert von 0,23 T bei 40 GeV und 5,2 T bei 920 GeV. Beim Betrieb von HERA werden diese Feldwerte in der Tat eingestellt und die Maschine funktioniert einwandfrei. Obwohl also die Geschwindigkeit der Protonen zwischen 40 und 920 GeV nur noch unwesentlich zunimmt, muss das Magnetfeld um den Faktor 23 ansteigen. Dieses Anwachsen ist genau proportional zur bewegten Masse $m(v) = \gamma m_0$. Aus der nichtrelativistischen Gl. (6.26) würde man übrigens ein Feld von nur 0,05 T berechnen.

Das Beispiel HERA zeigt, dass der Begriff *Beschleuniger* bei relativistischen Energien eigentlich unangebracht ist. Die Geschwindigkeit ändert sich im HERA-Ring kaum noch, die Beschleunigung $a = dv/dt$ ist vernachlässigbar klein. In Wahrheit wird die Energiezufuhr zur Vergrößerung der bewegten Masse verwendet. Man sollte diese Maschinen eigentlich „Massenerhöher" nennen, aber der Name Beschleuniger (engl. accelerator, franz. accelerateur, holl. versneller) hat sich so sehr eingebürgert, dass er nicht mehr zu ändern ist.

Ist *c* wirklich der Grenzwert der Geschwindigkeit?

Dass c die maximale und für massive Teilchen nur im Grenzfall $\gamma \to \infty$ asymptotisch erreichbare Geschwindigkeit ist, wird in Kreisbeschleunigern wie HERA tagtäglich getestet. Bei jedem Umlauf durchqueren die Teilchen Hochfrequenz-Resonatoren, in denen ihre Energie erhöht wird. Die Hochfrequenz f_{HF} dieser Reso-

[5] In einem Zyklotron ist das anders, dort lässt man das Magnetfeld konstant, aber der Bahnradius wächst mit der Energie der Teilchen.

natoren wird auf ein exakt ganzzahliges Vielfaches der Umlauffrequenz f_0 der Teilchen im Ring eingeregelt, damit die Teilchen nicht außer Takt geraten und möglicherweise gebremst statt beschleunigt werden. Im Protonenring von HERA beträgt $f_0 = 52\,\text{kHz}$, und die Hochfrequenz hat den Wert $f_{\text{HF}} = 4000 f_0 = 208\,\text{MHz}$. Der 920 GeV-Protonenstrahl wird routinemäßig für 10 Stunden im HERA-Ring gespeichert und macht dann mehr als 10^9 Umläufe. Würde die Teilchengeschwindigkeit auch nur einen winzigen Bruchteil eines Promilles von dem berechneten Wert $v = 0{,}9999995\,c$ abweichen, so wäre die Synchronisation der Teilchen mit der Hochfrequenz in kürzester Zeit zerstört. Falls die Teilchen im Gegensatz zur Relativitätstheorie auf eine Geschwindigkeit $v > c$ gebracht werden könnten, hätte man dies mit Sicherheit längst entdeckt.

Das Prinzip des Colliders

Wie nutzt man Beschleuniger optimal zur Erzeugung neuer Teilchen? In den Anfängen der Teilchenphysik hat man hochenergetische Teilchenstrahlen aus dem Beschleuniger ejiziert und auf ruhende Target-(Ziel)-Teilchen geschossen. Diese Methode hat den Nachteil, dass nur ein Bruchteil der primären Energie zur Erzeugung neuer, schwerer Teilchen zur Verfügung steht und der Rest als gemeinsame Bewegungsenergie verloren geht.

Man kann dies an einem Beispiel verdeutlichen. Bei extremem Glatteis kann ein PKW der Masse m_1 nicht mehr rechtzeitig bremsen und prallt mit der Geschwindigkeit v auf einen stehenden PKW mit $m_2 = m_1$. Nach dem Aufprall sind beide Autos stark deformiert und verkeilen sich ineinander. Aufgrund des Impuls-Erhaltungssatzes befinden sie sich nicht in Ruhe, sondern rutschen beide mit der Geschwindigkeit $v^* = v/2$ weiter. Die gemeinsame Bewegungsenergie ist $(m_1 + m_2)v^{*2}/2 = 0\ 5 \cdot m_1 v^2/2$, d. h. 50 % der kinetischen Energie des ersten Autos vor dem Stoß. Die verbleibenden 50 % deformieren die Knautschzonen der Autos. Interessant wird der Zusammenstoß, wenn das erste Auto viel schwerer als das zweite ist, also z. B. ein LKW mit $m_1 = 10 m_2$. Dann wird die gemeinsame Bewegungsenergie höher und die „unelastische“ Verformungsenergie hat einen geringeren Anteil an der Primärenergie.

Bei Teilchenreaktionen ist es gerade dieser „unelastische“ Energieanteil, der für die Erzeugung neuer Teilchen zur Verfügung steht. Wir nehmen Proton-Proton-Wechselwirkungen, wobei die einlaufenden Teilchen in einem Beschleuniger auf hohe Energien gebracht werden und die Target-Teilchen die Protonen im flüssigen Wasserstoff sind, die man als ruhend ansehen kann. Die Ruheenergie des Protons ist $m_p c^2 = 938\,\text{MeV}$. Zunächst sei die Strahlenergie gering, zum Beispiel $E_{\text{kin}} = 50\,\text{MeV} \ll m_p c^2 = 938\,\text{MeV}$. Dann hat das einlaufende Proton die Masse $m_1 = \gamma m_p \approx m_p$, das ruhende Target-Teilchen hat immer die Masse $m_2 = m_p$. Dies entspricht dem Zusammenstoß der beiden gleich schweren PKWs. Die für die Erzeugung neuer Teilchen verfügbare Energie errechnet man mit Hilfe der relativistischen Kinematik zu knapp 25 MeV, also 50 % der kinetischen Energie des einlaufenden Protons.

Nun wählen wir eine sehr hohe Strahlenergie von $E = E_{\text{kin}} + m_p c^2 = \gamma m_p c^2$ mit einem Lorentz-Faktor $\gamma = 100$. Die bewegte Masse des einlaufenden Teilchens ist jetzt die hundertfache Ruhemasse, $m_1 = \gamma m_p$, und wie beim Zusammenstoß von LKW und PKW steht ein geringerer Anteil der primären Energie zur Erzeugung neuer Teilchen zur Verfügung. In diesem Fall sind es nur 12 %, während 88 % als nutzlose gemeinsame Bewegungsenergie der Sekundärteilchen verloren gehen.

Sehr viel dramatischer wird dieser Verlust in Positron-Elektron-Wechselwirkungen. Schießen wir einen hochenergetischen Positronenstrahl auf ruhende Elektronen, um die J/Ψ-Teilchen mit einer Ruheenergie von 3100 MeV zu erzeugen, so müsste der Positronen-Strahl eine Energie von 9400 GeV ($9{,}4 \cdot 10^{12}$ eV) haben. Dies ist ein absurd hoher Wert, die höchste in einem Kreisbeschleuniger jemals erzielte Elektronen- oder Positronen-Energie lag knapp über 100 GeV.

Der offensichtliche Ausweg aus diesem Dilemma ist, beide Teilchensorten auf hohe Energie zu beschleunigen und dann frontal aufeinanderzuschießen. Das ist das Prinzip der *Collider*, die in den meisten Fällen Speicherringe sind. Um in einem Elektron-Positron-Speicherring die J/Ψ-Teilchen erzeugen zu können, muss jeder Strahl nur auf eine Energie von $3100/2$ MeV $=$ 1550 MeV beschleunigt werden. Die Summe der Elektron- und Positron-Energien kann zu 100 % für die Erzeugung von Teilchen genutzt werden.

6.5.4 Relativitätstheorie und Elementarteilchenphysik

Elektron-Positron-Annihilation

In der Teilchenphysik kommt die Spezielle Relativitätstheorie voll zur Geltung. Die Äquivalenz von Energie und Masse $E = mc^2$ zeigt sich bei der Erzeugung neuer Teilchen in der Elektron-Positron-Annihilation

$$e^- + e^+ \rightarrow \tau^- + \tau^+ \ ,$$

wo im ersten Schritt die Annihilation eines hochenergetischen Elektrons und Positrons in ein (virtuelles) Photon abläuft und im zweiten Schritt die Umwandlung dieses Photons in ein Paar von τ-Leptonen. (Die τ-Leptonen sind die schwersten Verwandten der Elektronen mit einer Ruhemasse $m_\tau = 3477\, m_e$). Damit der Prozess energetisch erlaubt ist, müssen die Energien von Elektron und Positron jeweils mindestens den Wert $m_\tau c^2 = 1777$ MeV haben. Treffen die Teilchen mit dieser Energie frontal aufeinander und wird dabei die obige Reaktion ausgelöst, so wird die gesamte Energie der Primärteilchen (die große kinetische Energie von $2 \cdot 1776{,}5$ MeV und die kleine Ruheenergie von $2m_e c^2 = 1{,}02$ MeV) in Massenenergie $2m_\tau c^2$ umgewandelt.

Umgekehrt ist es beim Zerfall eines schweren Teilchens in leichtere Teilchen. Das sehr schwere neutrale Z^0-Teilchen, das Feldquant der neutralen schwachen

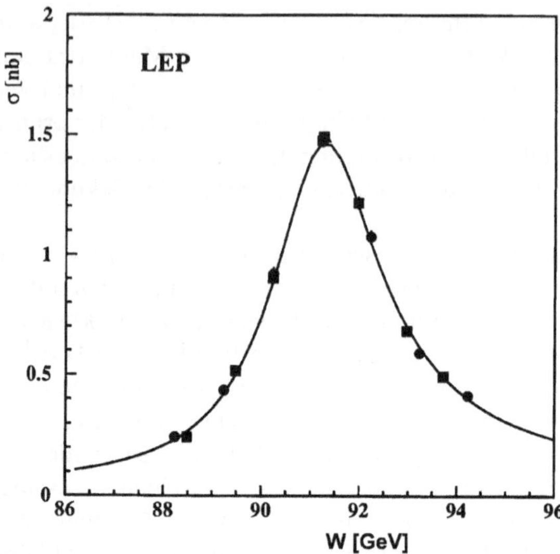

Abb. 6.8 Der Wirkungsquerschnitt für die Erzeugung der Z^0-Teilchen in der Reaktion $e^- + e^+ \rightarrow Z^0$ mit dem nachfolgenden Zerfall $Z^0 \rightarrow \mu^- + \mu^+$. Gezeigt werden Messungen am Elektron-Positron-Speicherring LEP bei CERN. Das Z^0 hat eine extrem kurze Lebensdauer von $\approx 10^{-25}$ s und zerfällt sofort in Hadronen (Teilchen der starken Wechselwirkung, vorwiegend Mesonen) oder Paare von Leptonen ($e^- + e^+$, $\mu^- + \mu^+$, $\tau^- + \tau^+$, Neutrino plus Antineutrino)

Wechselwirkung, zerfällt mit einer Wahrscheinlichkeit von 3,3 % in ein Myonpaar

$$Z^0 \rightarrow \mu^- + \mu^+ .$$

Seine Ruheenergie von $m_Z c^2 = 91\,\text{GeV} = 91\,000\,\text{MeV}$ ist viel größer als $2m_\mu c^2 = 212\,\text{MeV}$. Bei dem Zerfall bleibt also sehr viel Bewegungsenergie übrig, die Sekundärteilchen fliegen wegen der Impulserhaltung in entgegengesetzter Richtung auseinander. Beim Z^0-Zerfall wird die Massenenergie zu nahezu 100 % in kinetische Energie umgewandelt.

Der Wirkungsquerschnitt (die Wahrscheinlichkeit) für die Erzeugung der Z^0-Teilchen in der Reaktion $e^- + e^+ \rightarrow Z^0 \rightarrow \mu^- + \mu^+$ wird in Abb. 6.8 als Funktion der Gesamtenergie $W = E_- + E_+$ gezeigt. Wenn die Summe der Elektron- und Positron-Energien den Wert $W = m_Z c^2 = 91$ GeV annimmt, wird ein sehr hohes, resonanzartiges Maximum beobachtet. Am Speicherring LEP sind viele Millionen von Z^0-Ereignissen registriert und analysiert worden. Das heutige *Standard-Modell* der Teilchenphysik beruht großenteils auf diesen Präzisionsdaten.

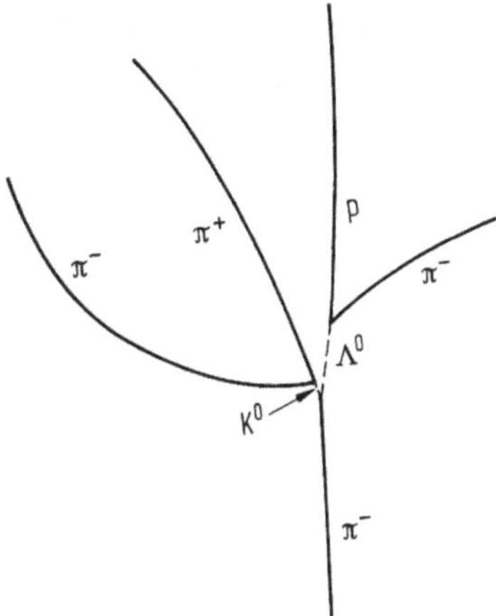

Abb. 6.9 Skizze einer Blasenkammeraufnahme der Reaktion $\pi^- + p \rightarrow K^0 + \Lambda^0$ mit den anschließenden Zerfällen $\Lambda^0 \rightarrow p + \pi^-$ und $K^0 \rightarrow \pi^- + \pi^+$. Das einlaufende π^--Meson kommt von unten

Erzeugung von K- und Λ-Teilchen

Als Beispiel für die Anwendung der relativistischen Kinematik besprechen wir die Reaktion

$$\pi^- + p \rightarrow K^0 + \Lambda^0 .$$

Prozesse dieser Art sind in den Anfangsjahren der Teilchenphysik oft mit Flüssigwasserstoff-Blasenkammern untersucht worden. Der große Vorteil dieses Nachweisgerätes war, dass man ein fast vollständiges Bild des Ereignisses bekam. Geladene Teilchen erzeugen durch Ionisation Spuren von feinen Dampfblasen, die fotografiert werden können. Ungeladene Teilchen sind allerdings unsichtbar.

Die Skizze einer typischen Blasenkammeraufnahme wird in Abb. 6.9 gezeigt. Das einlaufende hochenergetische π^--Meson macht eine Spur, die plötzlich aufhört. Hier hat das Teilchen ein ruhendes Proton des flüssigen Wasserstoffs getroffen und die Reaktion ausgelöst. Die Spuren der neutralen Sekundärteilchen sind unsichtbar, aber nach einer kurzen Flugstrecke zerfallen beide in geladene Teilchen und werden dadurch erkennbar: $\Lambda^0 \rightarrow p + \pi^-$ und $K^0 \rightarrow \pi^- + \pi^+$.

Nun betrachten wir die Erzeugungsreaktion und fragen uns, welche Mindestenergie das π^--Meson haben muss, um ein $K\,\Lambda$-Paar erzeugen zu können. Das Vierer-Skalarprodukt erweist sich hier als außerordentlich nützlich. Für die Reaktion

$$\pi^- + p \rightarrow K^0 + \Lambda^0$$

gelten die Erhaltungssätze von Energie und Impuls

$$E_1 + E_2 = E_3 + E_4 ,$$
$$\boldsymbol{p}_1 + \boldsymbol{p}_2 = \boldsymbol{p}_3 + \boldsymbol{p}_4 ,$$

die man kompakter als Erhaltungssatz des Viererimpulses schreiben kann

$$P_1^\mu + P_2^\mu = P_3^\mu + P_4^\mu \,. \tag{6.28}$$

Die Ruheenergien der Teilchen sind

$$m_\pi c^2 = 140\,\text{MeV}\,, \quad m_p c^2 = 938\,\text{MeV}\,,$$
$$m_K c^2 = 498\,\text{MeV}\,, \quad m_\Lambda c^2 = 1116\,\text{MeV}\,.$$

Die Sekundärteilchen sind deutlich schwerer als die Primärteilchen, die Reaktion kann also nicht ablaufen, wenn die Primärteilchen in Ruhe sind. Im Experiment werden hochenergetische π-Mesonen auf ruhende Protonen geschossen. Die Viererimpulse der Primärteilchen im Laborsystem sind

$$P_1^\mu = (E_\pi, c\boldsymbol{p}_\pi)\,, \quad P_2^\mu = (m_p c^2, 0,0,0)\,.$$

Die Frage ist: wie hoch muss die Laborenergie der π-Mesonen mindestens sein, damit die Erzeugungsreaktion überhaupt ablaufen kann? Um diese Aufgabe zu lösen, begeben wir uns in das Schwerpunktsystem der Reaktion. Im Schwerpunktsystem laufen π-Meson und Proton mit gleich großen, aber entgegengesetzt gerichteten Impulsen $\boldsymbol{p}_1^* = -\boldsymbol{p}_2^*$ aufeinander zu. Die K- und Λ-Teilchen laufen mit gleich großen Impulsen $\boldsymbol{p}_3^* = -\boldsymbol{p}_4^*$ auseinander. Die Summe der Viererimpulse ist im Anfangs- und Endzustand

$$P_1^{*\mu} + P_2^{*\mu} = (E_\pi^* + E_p^*, 0, 0, 0)\,, \quad P_3^{*\mu} + P_4^{*\mu} = (E_K^* + E_\Lambda^*, 0, 0, 0)\,.$$

Die Schwelle der Reaktion ist dadurch gegeben, dass man die Impulse der K- und Λ-Teilchen im Schwerpunktsystem gegen null gehen lässt. An der Schwelle gilt

$$P_3^{*\mu} + P_4^{*\mu} = (m_K c^2 + m_\Lambda c^2, 0, 0, 0)\,,$$
$$(P_{3\mu}^* + P_{4\mu}^*)(P_3^{*\mu} + P_4^{*\mu}) = (m_K + m_\Lambda)^2 c^4\,.$$

Aus dem Viererimpuls-Erhaltungssatz und der Lorentz-Invarianz des Vierer-Skalarprodukts folgt

$$\begin{aligned}(P_{1\mu} + P_{2\mu})(P_1^\mu + P_2^\mu) &= (P_{3\mu} + P_{4\mu})(P_3^\mu + P_4^\mu) \\ &= (P_{3\mu}^* + P_{4\mu}^*)(P_3^{*\mu} + P_4^{*\mu}) = (m_K + m_\Lambda)^2 c^4\,.\end{aligned}$$

Das linke Vierer-Skalarprodukt werten wir im Laborsystem aus und lösen nach E_π auf

$$(P_{1\mu} + P_{2\mu})(P_1^\mu + P_2^\mu) = (E_\pi + m_p c^2)^2 - c^2\boldsymbol{p}_\pi^2 = 2E_\pi m_p c^2 + (m_\pi^2 + m_p^2)c^4\,.$$

Die minimale Energie des π-Mesons ist daher

$$(E_\pi)_{\min} = \frac{(m_K + m_\Lambda)^2 c^2 - (m_\pi^2 + m_p^2)c^2}{2m_p} = 905\,\text{MeV}. \tag{6.29}$$

Im vorliegenden Blasenkammerexperiment war E_π wesentlich höher.

Zusammenfassung

1. In der Speziellen Relativitätstheorie spielen Inertialsysteme (nicht beschleunigte Bezugssysteme) eine fundamentale Rolle. Das Relativitätsprinzip besagt, dass die physikalischen Gesetze in allen Inertialsystemen dieselbe Gestalt haben und dass physikalische Aussagen nicht von dem speziell gewählten System abhängen.
2. Das Michelson-Morley-Experiment bewies, dass der hypothetische Licht-Äther keinen Mitführungseffekt zeigt und dass die Lichtgeschwindigkeit unabhängig von der Raumrichtung immer den gleichen Wert c hat. Albert Einstein folgerte aus der Konstanz der Lichtgeschwindigkeit, dass es keine absolute und allgemein gültige Zeit gibt. Die Galilei-Transformation muss durch die Lorentz-Transformation (6.2) ersetzt werden, in der die Zeit und die zur Bewegungsrichtung parallele Koordinate transformiert werden, während die dazu senkrechten Koordinaten unverändert bleiben.
3. Konsequenzen der Lorentz-Transformation sind Zeitdilatation und Längenkontraktion: bewegte Uhr gehen langsamer, bewegte Maßstäbe erscheinen verkürzt. Die Verlängerung der Lebensdauer relativistischer Elementarteilchen kann sehr groß sein.
4. Die relativistischen Formeln (6.9) und (6.10) zur „Addition" von Geschwindigkeiten stellen sicher, dass die Lichtgeschwindigkeit in beliebigen Inertialsystemen stets den Wert c hat.
5. Die Masse eines Teilchens wächst bei hohen Geschwindigkeiten an: $m(v) = \gamma m_0$.
6. Impuls und kinetische Energie sind $\boldsymbol{p} = \gamma m_0 \boldsymbol{v}$ und $E_{\text{kin}} = m_0 c^2(\gamma - 1)$. Die totale relativistische Energie eines freien Teilchens ist die Summe der kinetischen Energie und der Ruheenergie $E = E_{\text{kin}} + m_0 c^2 = \gamma m_0 c^2 = \sqrt{p^2 c^2 + m_0^2 c^4}$.
7. Energie und Impulsvektor werden in gleicher Weise Lorentz-transformiert wie Zeit und Ortsvektor.
8. Der vierdimensionale Minkowski-Raum umfasst die Zeitkoordinate und den 3D-Ortsraum, die Vierervektoren sind $X^\mu = (ct, \boldsymbol{r})$. Energie und Impuls bilden einen Vierervektor $P^\mu = (E, c\,\boldsymbol{p})$. Das Skalarprodukt von zwei Vierervektoren $A_\mu B^\mu = a_0 b_0 - \boldsymbol{a} \cdot \boldsymbol{b}$ ist invariant gegenüber räumlichen Rotationen und Lorentz-Transformationen.
9. In einem Kreisbeschleuniger muss das Magnetfeld proportional zur bewegten Masse erhöht werden.
10. Bei der Erzeugung und Vernichtung von Teilchen-Antiteilchen-Paaren spielt die Relation $E = m\,c^2$ eine fundamentale Rolle.
11. Die Lorentz-Invarianz des Vierer-Skalarprodukts ist sehr wichtig in der Elementarteilchenphysik.

Aufgaben

6.1) In einem starken Gravitationsfeld laufen Uhren langsamer als in einem schwachen Feld. Für die Atomuhren in GPS-Satelliten und auf der Erde ist das Gravitationsfeld der Erde relevant. Sei T_∞ die von einer Atomuhr angezeigte Zeit, die sich in unendlicher Entfernung befindet. Die Zeit einer Uhr im Abstand R vom Erdmittelpunkt ist in guter Näherung durch folgende einfache Formel gegeben:

$$T(R) = T_\infty \left(1 - \frac{G\, M_{\text{Erde}}}{R\, c^2}\right).$$

Der Radius der Kreisbahn eines GPS-Satelliten ist $R_{\text{GPS}} = 26\,600\,\text{km}$. Zeige, dass die GPS-Uhr im Vergleich zur erdfesten Uhr um 45 µs pro Tag voreilt durch den Gravitationseffekt und um 7 µs pro Tag zurückfällt durch den Geschwindigkeitseffekt gemäß Gl. (6.7).

6.2) Die Formel (4.44) für die Lichtgeschwindigkeit in fließendem Wasser soll aus der relativistischen Transformation der Geschwindigkeit gemäß Gl. (6.9) hergeleitet werden. Dabei ist auszunutzen, dass die Geschwindigkeit v des Wassers sehr klein im Vergleich zu c ist und Gl. (6.9) durch Taylorentwicklung vereinfacht werden kann.

6.3) Bestimme die Mindestenergie im Laborsystem, die ein γ-Quant haben muss, um die Reaktion $\gamma + p \rightarrow K^0 + \Sigma^+$ auslösen zu können. Das Proton ist im Laborsystem in Ruhe. Die Ruhemassen der Teilchen sind $m_\gamma = 0$, $m_p = 938\,\text{MeV}/c^2$, $m_{K^0} = 497\,\text{MeV}/c^2$, $m_{\Sigma^+} = 1189\,\text{MeV}/c^2$.

6.4) Ein π^0-Meson ($m_{\pi^0} = 135\,\text{MeV}/c^2$, $\tau = 0{,}8 \cdot 10^{-16}$ s) fliegt mit einer Gesamtenergie von $E = 100$ GeV in x-Richtung. a) Wie groß ist seine mittlere Lebensdauer τ_{lab} im Laborsystem und wie weit wird es im Mittel fliegen, bevor es zerfällt? b) Im Ruhesystem zerfalle das Meson in zwei γ-Quanten, von denen eines genau in y-Richtung fliegt. Berechne die Energien und Richtungen der Quanten im Laborsystem.

6.5) Addition von Geschwindigkeiten. Ein K^0-Meson fliegt mit $v = 0{,}7\,c$ in z-Richtung. Das Teilchen zerfällt in zwei geladene π-Mesonen ($m_\pi = 139{,}6\,\text{MeV}/c^2$). Berechne die Geschwindigkeiten der π-Mesonen im Ruhesystem der K-Mesonen. Der Geschwindigkeitsvektor der π^+ (im Ruhesystem des K-Mesons) schließt einen Winkel α mit der z-Achse ein. Berechne die Laborsystem-Geschwindigkeiten $u_{||}$ und $u_\perp$ der beiden π-Mesonen für die Winkel $\alpha = 0°, 45°, 90°$. Alternativ kann man eine Lorentz-Transformation durchführen und damit das Ergebnis überprüfen.

6.6) Für das Verkehrsradar werden Frequenzen zwischen 9 und 35 GHz verwendet, die Leistungen liegen bei 100 mW. Wir betrachten einen Radarsender, der bei $f = 20$ GHz arbeitet. Ein Auto nähert sich dem Sender mit $v = 100\,\text{km/h}$. Welche Frequenz würde man mit einem Frequenz-Messgerät im Auto messen? Wie groß ist die vom Auto zum Radarsender zurückgestrahlte Frequenz? Die Polizei will die

Geschwindigkeit mit einem Fehler $\Delta v < 2\,\mathrm{km/h}$ bestimmen. Welche Frequenzauflösung braucht man im Radarempfänger?

6.7) Die H_α-Spektrallinie des Wasserstoff-Atoms hat auf der Erde die Wellenlänge $\lambda = 656\,\mathrm{nm}$. Im Licht einer weit entfernten Galaxie misst man diese Linie bei $\lambda' = 1458\,\mathrm{nm}$. Welche Geschwindigkeit hat die Galaxie relativ zur Erde? Nähert sie sich der Erde an oder entfernt sie sich?

6.8) An einem Beschleuniger werden durch Beschuss von Atomkernen mit hochenergetischen Protonen positiv geladene K-Mesonen erzeugt. Mit einem Magnetspektrometer wählt man 10^8 Teilchen mit 10 GeV Energie aus. Ein Detektor ist in einem Abstand L aufgestellt, der so gewählt wird, dass die Zahl der K-Mesonen durch Zerfälle auf die Hälfte abgesunken ist. Berechne L. Wie viele K^+-Mesonen kämen am Detektor an, wenn es keine Zeitdilatation gäbe? Die Ruhemasse der Teilchen beträgt $493{,}7\,\mathrm{MeV}/c^2$, ihre mittlere Lebensdauer ist $\tau = 1{,}24 \cdot 10^{-8}\,\mathrm{s}$.

6.9) In der Elektron-Positron-Annihilation kann das Teilchen $\Psi(3770)$ erzeugt werden (Ruheenergie in MeV in der Klammer).

a) Welche Energien braucht man in einem e^+e^--Speicherring? Das Ψ-Teilchen zerfällt vorzugsweise in ein Paar von D-Mesonen, z. B. $\Psi \rightarrow D^+ + D^-$. Berechne die Geschwindigkeit der D-Mesonen sowie ihre mittlere Flugstrecke. $m_D c^2 = 1869{,}6\,\mathrm{MeV}$ und $\tau_D = 1{,}04 \cdot 10^{-12}\,\mathrm{s}$.
b) Theoretisch denkbar wäre, das Teilchen $\Psi(3770)$ zu erzeugen, indem man sehr hochenergetische Positronen auf ruhende Elektronen schießt (warum nicht umgekehrt?). Wie hoch muss die Positronen-Energie sein?

6.10) Ein unbekanntes neutrales Teilchen X zerfällt in der Form $X \rightarrow K^- + \pi^+$. Gemessen werden die folgenden Impulsvektoren im Laborsystem: $\boldsymbol{p}_K = (4896, 506, 0)\,\mathrm{MeV}/c$ und $\boldsymbol{p}_\pi = (377{,}3, -506{,}0)\,\mathrm{MeV}/c$. Wie lauten die Viererimpulse P_1^μ, P_2^μ, P_3^μ der drei Teilchen? Bestimme die Masse des Teilchens X und seine Geschwindigkeit $\boldsymbol{v}$.

6.11) Zur Ablenkung und Fokussierung werden im Protonenspeicherring HERA supraleitende Dipol- und Quadrupol-Magnete eingesetzt. Die Flugrichtung der Protonen ist die z-Richtung. Der Krümmungsradius der Bahn in den Dipolmagneten beträgt $R = 585\,\mathrm{m}$.

a) Berechne das Dipolfeld $B_y = B_0$ für eine Protonen-Energie von 900 GeV.
b) Die Quadrupole haben ein Feld der Form $B_x = gy, \quad B_y = gx$ (vgl. hierzu Abb. 2.8). Zeige, dass ein Quadrupol je nach Vorzeichen von g horizontal fokussiert und vertikal defokussiert oder umgekehrt. Finde ein Vektorpotential $A_z(x, y)$, aus dem man das Quadrupolfeld berechnen kann.

6.12) Wenn ein Körper der Masse $m_0 = 1000\,\mathrm{kg}$ ungebremst mit 98 % der Lichtgeschwindigkeit auf die Erde treffen würde, hätte er eine ungeheure Zerstörungskraft. Es ist lehrreich diese mit der Zerstörungswirkung einer Atom- oder Wasserstoffbombe zu vergleichen oder mit dem Meteoriteneinschlag vor 65 Millionen Jahren, der vermutlich das Aussterben der Dinosaurier verursachte.

Kapitel 7
Relativistische Elektrodynamik

7.1 Das Magnetfeld als relativistischer Effekt

In traditionellen Lehrbüchern der Experimentalphysik wird das Magnetfeld über die Wirkungen eingeführt, die stromdurchflossene Spulen und Permanentmagnete auf Eisenfeilspäne oder Kompassnadeln ausüben. Der innere Zusammenhang zwischen elektrischen und magnetischen Feldern bleibt dabei häufig verborgen. In der neueren Literatur und ganz besonders in den Feynman-Vorlesungen über Physik [2] und dem Berkeley Physik Kurs [6] wird demonstriert, dass die Existenz des Magnetfelds und der Lorentz-Kraft aus dem Coulomb-Gesetz in Kombination mit der Speziellen Relativitätstheorie hergeleitet werden kann. Wir folgen hier der Herleitung in [5].

Die Lorentz-Kraft als relativistische Ergänzung der Coulomb-Kraft

Wir stellen uns einen Stromleiter vor, in dem positive Ladungsträger nach rechts wandern und gleich viele negative Ladungsträger nach links, siehe Abb. 7.1. Man kann dabei an ein Glasrohr denken, das mit einem Elektrolyten gefüllt ist, in dem die positiven und die negativen Ionen die gleiche Geschwindigkeit v haben. Wir nennen λ_p die positive *Linienladungsdichte* (positive Ladung pro Längeneinheit) und λ_n die negative Linienladungsdichte. Im Laborsystem gilt $\lambda_n = -\lambda_p$. Der Strom erhält gleiche Beiträge von den positiven und negativen Ionen und wird

$$I = \lambda_p v + \lambda_n(-v) = 2\lambda_p \, v \; .$$

Wir wissen natürlich schon, dass der Strom ein azimutales Magnetfeld erzeugt (s. Gl. (2.38))

$$B = \frac{\mu_0 I}{2\pi r} \; ,$$

DOI 10.1007/978-3-642-25395-9_7, © Springer-Verlag Berlin Heidelberg 2013

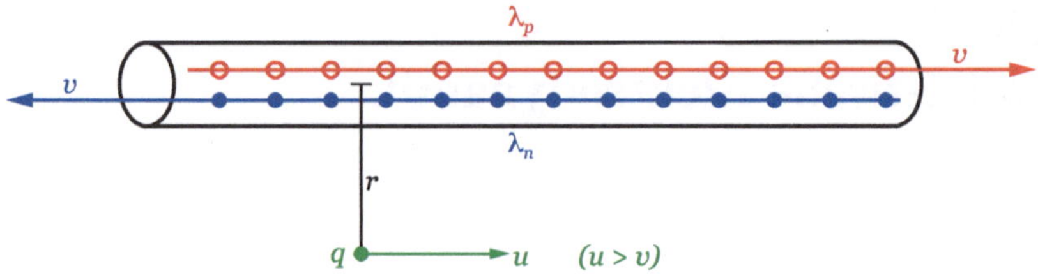

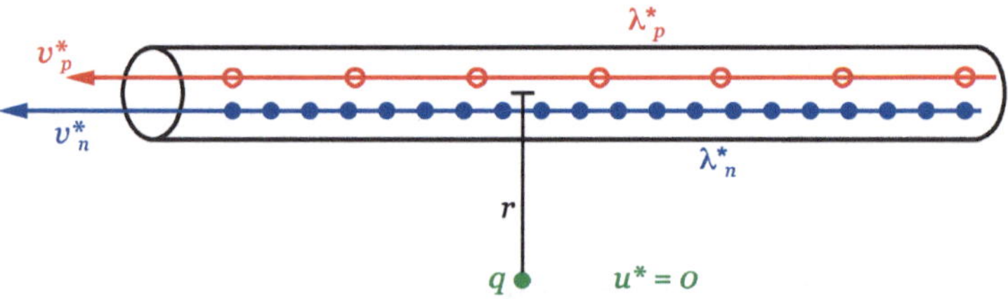

Abb. 7.1 Ein Stromleiter mit positiven und negativen Ladungsträgern. *Oben*: Laborsystem, die Testladung q fliegt nach rechts. *Unten*: Ruhesystem der Testladung. Die positiven und negativen Ladungsträger haben verschiedene Geschwindigkeiten und verschiedene Linienladungsdichten. Der Unterschied zwischen λ_p^* und λ_n^* ist extrem übertrieben dargestellt, in Wahrheit ist er so gering, dass man ihn auf der Zeichnung gar nicht wahrnehmen könnte

wobei die Richtung der Feldlinien durch die Rechte-Hand-Regel gegeben ist. Auf eine parallel zum Strom bewegte positive Ladung wirkt die Lorentz-Kraft

$$\boldsymbol{F}_{\text{Lor}} = q\,\boldsymbol{u} \times \boldsymbol{B}\ . \tag{7.1}$$

Sie weist zum Stromleiter hin.

Nun wollen wir zeigen, dass sich diese Kraft auch ohne Kenntnis magnetischer Felder ergibt, wenn wir die Coulomb-Kraft und die Spezielle Relativitätstheorie kombinieren.

Im Laborsystem verschwindet die Gesamtladung des Stromleiters, und das elektrische Feld des Leiters ist gleich null:

$$E(r) = \frac{\lambda_p + \lambda_n}{2\pi\varepsilon_0 r} = 0\ .$$

Im Abstand r vom Stromleiter befinde sich eine Testladung $q > 0$. Falls die Testladung ruht, übt der Leiter keine Coulomb-Kraft auf sie aus, da $E(r) = 0$ ist. Nun lassen wir die Testladung mit der Geschwindigkeit u nach rechts fliegen (wir wählen $u > v$, eine analoge Betrachtung gilt für $u \leq v$). Im Ruhesystem der Testladung haben die positiven Ionen jetzt eine andere Geschwindigkeit als die negativen Ionen. Gemäß Formel (6.9) gilt für die Beträge der Geschwindigkeiten

$$v_p^* = \frac{u - v}{1 - (uv)/c^2}\ , \quad v_n^* = \frac{u + v}{1 + (uv)/c^2}\ . \tag{7.2}$$

Es ist leicht einzusehen, dass $v_n^* > v_p^*$ ist. Daher wird die Sequenz der negativen Ionen stärker längenkontrahiert als die der positiven Ionen. Dies ist in Abb. 7.1 stark übertrieben dargestellt. Wegen der unterschiedlichen Linienladungsdichten (es gilt $\lambda_p^* < |\lambda_n^*|$) hat der Stromleiter eine negative Gesamtladungsdichte im Ruhesystem der Testladung q. Das bedeutet: auf die positive Ladung q wirkt eine anziehende Kraft. Dies ist das wesentliche Resultat.

Die detaillierte Rechnung ist in Anhang C.3 zu finden, dort wird bewiesen, dass auf die Testladung die Kraft

$$F = -q\,uB \tag{7.3}$$

ausgeübt wird. Dies ist die bekannte Form (7.1) der Lorentz-Kraft.

Wenn man die Herleitung genau ansieht, wird deutlich, dass die Lorentz-Kraft ihre tiefere Ursache in der relativistischen Längenkontraktion hat, die bei einer bewegten Testladung verschieden stark ist für die positiven und die negativen Ionen. Ohne Längenkontraktion wäre die Gesamtladungsdichte nicht nur im Laborsystem gleich null, sondern auch im mitbewegten System der Testladung. Es gäbe dann keine magnetische Kraft.

Es ist bemerkenswert, dass aus der relativistischen Behandlung die charakteristischen Eigenschaften der Lorentz-Kraft folgen, die sie von der elektrischen Kraft unterscheiden: ihre Proportionalität zur Geschwindigkeit u der Testladung und ihre Ausrichtung senkrecht zum Magnetfeld $\boldsymbol{B}$ und senkrecht zur Geschwindigkeit $\boldsymbol{u}$. Weitere Beispiele hierzu sind in [6] zu finden.

Der Permanentmagnetismus ist auch ein relativistischer Effekt

Die permanente Magnetisierung der Materie beruht auf den magnetischen Momenten der Elektronen. Die Dirac-Gleichung als relativistische Verallgemeinerung der Schrödinger-Gleichung liefert eine quantitative Erklärung dafür. In der nichtrelativistischen Quantenmechanik ist das magnetische Moment ein freier Parameter, für den es keine theoretische Rechtfertigung gibt.

7.2 Transformation des elektromagnetischen Feldes

Elektrische und magnetische Felder sind eng miteinander verkoppelt. Eine ruhende Ladung erzeugt ein rein elektrisches Feld, eine bewegte Ladung erzeugt ebenfalls ein elektrisches Feld, aber da sie einen Strom darstellt, erzeugt sie außerdem ein magnetisches Feld. Ein ruhender Permanentmagnet erzeugt ein rein magnetisches Feld, ein bewegter Permanentmagnet entspricht im Laborsystem einem zeitlich veränderlichen Magnetfeld, welches aufgrund des Induktionsgesetzes ein elektrisches Wirbelfeld induziert.

Diese aus der Elektrodynamik bekannten Erscheinungen weisen darauf hin, dass beim Übergang von einem Inertialsystem in ein anderes die elektrische und magnetische Feldstärke nicht separat transformiert werden, sondern dass beide miteinan-

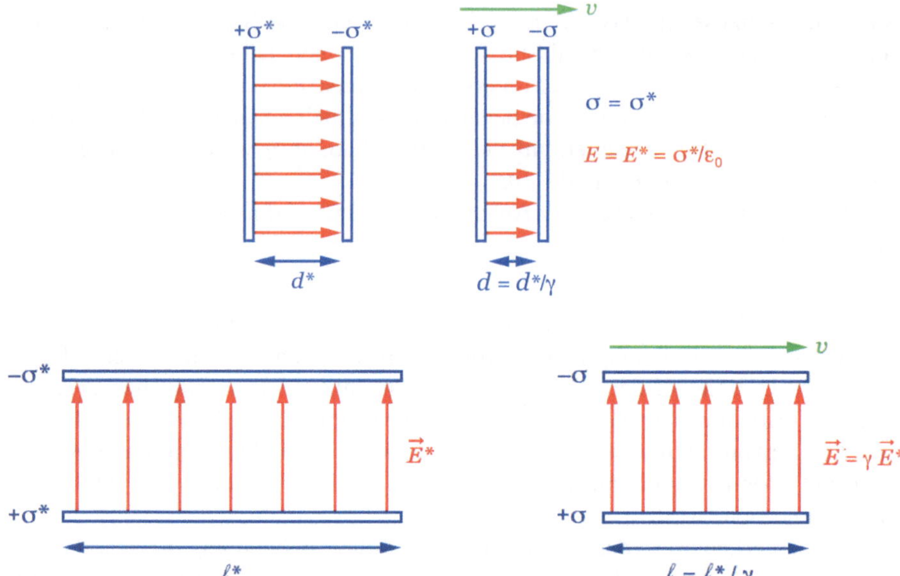

Abb. 7.2 *Oben*: Ein parallel zum elektrischen Feld bewegter Plattenkondensator. Bei dem bewegten Kondensator bleibt die Plattengröße gleich, aber der Plattenabstand wird auf $d = d^*/\gamma$ verkürzt. Die Flächenladungsdichte und auch das elektrische Feld bleiben invariant. *Unten*: Ein senkrecht zum elektrischen Feld bewegter Plattenkondensator. Im Ruhesystem des Kondensators (*links*) haben die Platten die Länge ℓ^* und die Breite b^*. Die Flächenladungsdichte ist $\sigma^* = Q/(b^* \, \ell^*)$, und das Feld ist $E^* = \sigma^*/\varepsilon_0$. Im Laborsystem (*rechts*) verkürzt sich eine Kante infolge der Längenkontraktion, es wird $\ell = \ell^*/\gamma$, während die Breite unverändert bleibt, $b = b^*$. Da die Ladung Q auf den Platten invariant ist, erhöht sich die Flächenladungsdichte auf $\sigma = Q/(b\,\ell) = \gamma\sigma^*$, und das elekrische Feld wird $E = \sigma/\varepsilon_0 = \gamma E^*$

der verkoppelt sind. Die Transformation des elektromagnetischen Feldes von einem Bezugssystem in ein anderes ist in der Tat viel komplizierter als die Transformation von Zeit und Ort oder von Energie und Impuls. Dies wird im nächsten Abschnitt gezeigt. Im Anschluss daran führen wir das Viererpotential ein, das wie ein Vierervektor transformiert wird und aus dem man dann die elektrischen und magnetischen Feldstärken im bewegten System berechnen kann. Die mathematisch abstraktere Behandlung mit Hilfe des elektromagnetischen Feldstärkentensors findet man in Anhang C.4.

7.2.1 Transformation der Felder E und B

Das System S^* bewege sich mit der Geschwindigkeit $\boldsymbol{v}$ relativ zum Laborsystem S. Zerlegen wir die Feldstärken in ihre Anteile parallel und senkrecht zum Vektor $\boldsymbol{v}$:

$$\boldsymbol{E} = \boldsymbol{E}_{\parallel} + \boldsymbol{E}_{\perp} \,, \quad \boldsymbol{B} = \boldsymbol{B}_{\parallel} + \boldsymbol{B}_{\perp} \,,$$

so lauten die Transformationsgleichungen

$$E_{\|} = E^*_{\|}\,, \qquad\qquad B_{\|} = B^*_{\|}\,, \tag{7.4a}$$

$$\boldsymbol{E}_{\perp} = \gamma\,(\boldsymbol{E}^*_{\perp} - \boldsymbol{v}\times\boldsymbol{B}^*_{\perp})\,, \qquad \boldsymbol{B}_{\perp} = \gamma\left(\boldsymbol{B}^*_{\perp} + \frac{1}{c^2}\,\boldsymbol{v}\times\boldsymbol{E}^*_{\perp}\right). \tag{7.4b}$$

Die Parallelkomponente des elektrischen bzw. magnetischen Feldes bleibt gleich, die Transversalkomponente wird um den Lorentzfaktor vergrößert und erhält zusätzlich einen Term vom jeweils anderen Feld.

Gedankenexperiment zur Transformation des elektrisches Feldes

Unser Modellsystem ist ein aufgeladener Plattenkondensator, der mit einer konstanten Geschwindigkeit v bewegt wird, siehe Abb. 7.2.

a) Im ersten Experiment wird der Kondensator parallel zum elektrischen Feld bewegt. Dabei verringert sich der Plattenabstand, aber die Fläche der Kondensatorplatten und damit auch die Flächenladungsdichte bleiben invariant. Es folgt $E_{\|} = E^*_{\|}$, in Übereinstimmung mit Gl. (7.4a).
b) Im zweiten Experiment wird der Kondensator senkrecht zum elektrischen Feld bewegt. Dabei bleiben die Plattenbreite b und der Abstand d invariant, während sich die Plattenlänge infolge der Längenkontraktion verkürzt, $\ell = \ell^*/\gamma$, was zur Erhöhung der Flächenladungsdichte führt. Das transversale Feld wird vergrößert: $\boldsymbol{E}_{\perp} = \gamma\boldsymbol{E}^*_{\perp}$, in Übereinstimmung mit Gl. (7.4b).

7.2.2 Viererpotential und Viererstromdichte

Das skalare und das Vektorpotential bilden einen Vierervektor, das *Viererpotential*

$$A^{\mu} = \left(\frac{\Phi}{c}\,, \boldsymbol{A}\right), \quad A_{\mu} = \left(\frac{\Phi}{c}\,, -\boldsymbol{A}\right). \tag{7.5}$$

Ladungs- und Stromdichte können auch zu einem Vierervektor, der *Viererstromdichte*, kombiniert werden.

$$J^{\mu} = (c\,\rho, \boldsymbol{J})\,, \quad J_{\mu} = (c\,\rho, -\boldsymbol{J})\,. \tag{7.6}$$

Wir führen noch den *Vierergradienten* ein

$$\partial^{\mu} = \left(\frac{1}{c}\frac{\partial}{\partial t}\,, -\nabla\right), \quad \partial_{\mu} = \left(\frac{1}{c}\frac{\partial}{\partial t}\,, +\nabla\right). \tag{7.7}$$

Die räumliche Komponente hat beim Vierergradienten das umgekehrte Vorzeichen wie bei den übrigen Vierervektoren. Der mathematische Beweis ist etwas mühsam und wird hier übergangen. Die Kontinuitätsgleichung (3.8) kann mit Hilfe der Vierervektoren kompakt geschrieben werden:

$$\partial_\mu J^\mu = 0 \simeq \frac{\partial \rho}{\partial t} + \nabla \cdot \boldsymbol{J} = 0 \,. \tag{7.8}$$

Das Viererpotential und die Viererstromdichte werden beide genau wie der Viererimpuls Lorentz-transformiert, siehe die Gln. (6.18) und (7.9). Aus dem transformierten Viererpotential kann man mit Hilfe der Gleichungen

$$\boldsymbol{E} = -\nabla \Phi - \frac{\partial \boldsymbol{A}}{\partial t} \,, \quad \boldsymbol{B} = \nabla \times \boldsymbol{A}$$

die Felder im neuen Bezugssystem berechnen. Wir wenden diese Methode jetzt an, um das Feld eines relativistischen Teilchens zu berechnen.

7.2.3 Elektrisches Feld eines relativistischen Teilchens

Ein Teilchen mit der Ladung q fliege mit einer konstanten Geschwindigkeit v geradlinig in z-Richtung. Es kann sich um ein hochenergetisches Proton oder Elektron handeln. Wenn v nahe bei c liegt, wird das elektrische Feld ganz anders aussehen als bei einem ruhenden oder langsam fliegenden Teilchen.

Im Ruhesystem S^* des Teilchens gibt es nur ein skalares Potential, das Vektorpotential ist null

$$\Phi^* = \frac{q}{4\pi\varepsilon_0 r^*} \,, \; \boldsymbol{A}^* = (0, 0, 0) \Rightarrow A^{*\mu} = (\Phi^*/c, 0, 0, 0)$$

Jetzt machen wir eine Lorentz-Transformation in das Laborsystem:

$$\Phi = \gamma(\Phi^* + v A_z^*) = \gamma \Phi^* \,, \tag{7.9a}$$

$$A_x = A_x^* = 0 \,, \tag{7.9b}$$

$$A_y = A_y^* = 0 \,, \tag{7.9c}$$

$$A_z = \gamma\left(A_z^* + \frac{v}{c^2}\Phi^*\right) = \frac{\gamma v}{c^2}\Phi^* \,. \tag{7.9d}$$

Im vorliegenden Fall einer bewegten Ladung gibt es einen einfachen Zusammenhang zwischen dem skalaren Potential und dem Vektorpotential

$$\boldsymbol{A} = \frac{\boldsymbol{v}}{c^2}\Phi \,. \tag{7.10}$$

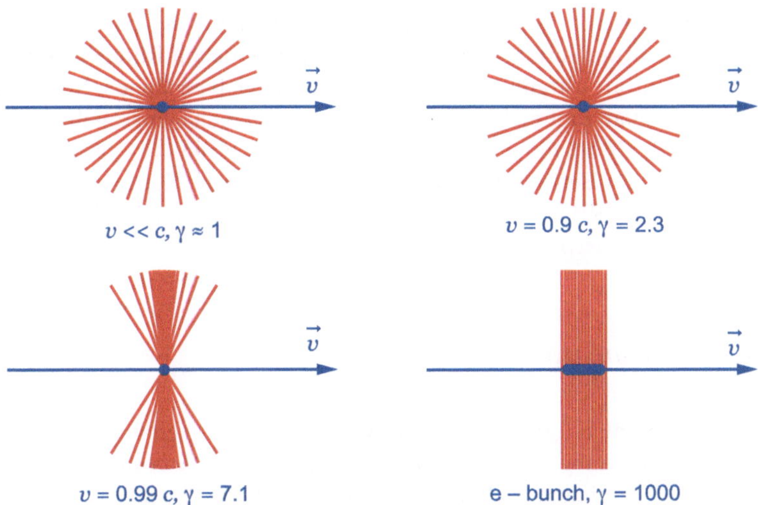

Abb. 7.3 Die elektrischen Feldlinien eines Elektrons in Abhängigkeit von seiner Geschwindigkeit. *Oben links*: $v \ll c$, $\gamma = 1$. *Oben rechts*: $v = 0{,}9\,c$, $\gamma = 2{,}3$. *Unten links*: $v = 0{,}99\,c$, $\gamma = 7{,}1$. *Unten rechts*: Feld eines hochrelativistischen Elektronenpakets mit $\gamma = 1000$. Die Feldlinien sind praktisch senkrecht zur Geschwindigkeit

Wir zeigen in Anhang C.5, wie die Felder $\boldsymbol{E}$ und $\boldsymbol{B}$ aus dem Viererpotential $A^{\mu} = (\Phi/c, \boldsymbol{A})$ berechnet werden. Man findet

$$\boldsymbol{E}(r,\theta) = \frac{q}{4\pi\varepsilon_0 r^2} \cdot \frac{(1-\beta^2)}{(1-\beta^2\sin^2\theta)^{3/2}} \cdot \hat{\boldsymbol{r}} \qquad \boldsymbol{B}(r,\theta) = \frac{1}{c^2}\,\boldsymbol{v} \times \boldsymbol{E}(r,\theta)\,, \quad (7.11)$$

wobei θ der Winkel zwischen dem Radiusvektor $\boldsymbol{r}$ und der z-Achse ist. Für niedrige Geschwindigkeiten ($\beta = v/c \ll 1$) ergibt Gl. (7.11) genau das Feld einer ruhenden Punktladung, deren elektrische Feldlinien isotrop in alle Raumrichtungen zeigen und deren Magnetfeld verschwindet. Mit wachsender Energie ändert sich das Feldlinienbild jedoch in dramatischer Weise. Die elektrischen Feldlinien eines Elektrons in Abhängigkeit von seiner Geschwindigkeit sind in Abb. 7.3 dargestellt. Je größer γ wird, umso stärker sind die Feldlinien um eine Kreisscheibe senkrecht zur Flugrichtung konzentriert. Bei ultra-relativistischen Teilchen ($\gamma > 1000$) stehen sie praktisch senkrecht auf dem Geschwindigkeitsvektor $\boldsymbol{v}$.

7.3 Relativistische Strahlungsquellen

Relativistische Strahlungsquellen für Forschung in Physik, Chemie, Biologie oder den Materialwissenschaften haben in den vergangenen Jahrzehnten ständig an Bedeutung gewonnen. Die ersten Labors entstanden an Elektronensynchrotrons, die primär für Experimente der Elementarteilchenphysik gebaut wurden. Ein Beispiel ist das Deutsche Elektronen-Synchrotron DESY in Hamburg, wo parallel zum Experimentierprogramm der Teilchenphysiker die Experimente mit Röntgenstrahlung im Hamburger Synchrotronstrahlungs-Laboratorium Hasylab begannen. In den folgenden Jahrzehnten sind zahlreiche Synchrotrons und Speicherringe gebaut worden, die ausschließlich als hochintensive Lichtquellen im UV- und Röntgenbereich dienen, zum Beispiel das Berliner Synchrotron BESSY oder die European Synchrotron Radiation Facility ESRF in Grenoble. Die Leistung konventioneller Röntgenröhren wird um rund 10 Zehnerpotenzen übertroffen.

7.3.1 Synchrotronstrahlung

In einem Kreisbeschleuniger senden relativistische Elektronen bei der Ablenkung im Magnetfeld eine intensive Strahlung aus, die man *Synchrotronstrahlung* nennt und die sich vom sichtbaren Licht bis in den Röntgenbereich erstreckt. Für die Elementarteilchenphysiker ist diese Strahlung ein großes Ärgernis, denn sie verhindert, dass man Elektronen auf ähnlich hohe Energien wie Protonen beschleunigen kann. Die bislang höchste Elektronenenergie von 107 GeV wurde im Large Electron Positron Collider LEP am CERN erreicht. Der Large Hadron Collider hat den gleichen Umfang von 26 km wie LEP, aber die Protonen-Energien betragen bis zu 7000 GeV.

Die abgestrahlte Leistung kann man aus der Larmor-Formel (4.38) mit Hilfe einer geeigneten Lorentz-Transformation herleiten, wir geben hier nur das Resultat an. Die emittierte Strahlungsleistung (*radiation power*) eines Elektrons der relativistischen Energie $E = \gamma m_e c^2$, das in einem Magnetfeld B auf einer Kreisbahn mit Radius R umläuft, beträgt

$$P_{\text{rad}} = \frac{e^4 \gamma^2 B^2}{6\pi\varepsilon_0 c\, m_e^2} . \tag{7.12}$$

In einem Synchrotron wird das Magnetfeld synchron mit dem Teilchenimpuls erhöht (daher der Name „Synchrotron“)

$$B = \frac{p}{e\,R} \approx \frac{E}{c\,e\,R} ,$$

und die Strahlungsleistung wächst mit der vierten Potenz der Energie.

$$P_{\text{rad}} = \frac{e^2 c}{6\pi\varepsilon_0 R^2} \frac{E^4}{(m_e c^2)^4} . \tag{7.13}$$

Die Strahlungsverluste werden extrem groß in einer Maschine wie LEP. Bei $E = 100$ GeV beträgt der Energieverlust eines Elektrons oder Positrons etwa 3 GeV pro Umlauf. Die Strahlungsleistung ist umgekehrt proportional zur vierten Potenz der Ruhemasse, und dies erklärt, dass die Synchrotronstrahlung von Protonen um den Faktor $(m_e/m_p)^4 = 0{,}9 \cdot 10^{-13}$ geringer ist und fast immer vernachlässigt werden kann.

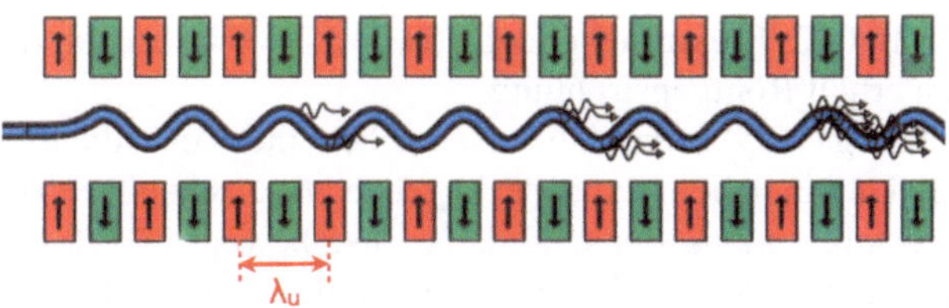

Abb. 7.4 Schematische Ansicht eines Undulatormagneten mit alternierender Polarität des Magnetfeldes. Der Abstand zwischen zwei gleichen Magnetpolen wird die Undulatorperiode λ_u genannt. Eingezeichnet ist auch die sinusförmige Bahn der Elektronen, die zur Vereinfachung in die Zeichenebene geklappt ist (in Wahrheit verläuft die Sinusbahn senkrecht zur Zeichenebene). Die Schwingungsamplitude ist stark übertrieben, sie beträgt nur einige μm

Die Synchrotronstrahlung in Ablenkmagneten hat ein kontinuierliches Spektrum, das einen weiten Frequenzbereich überdeckt. Die *kritische Frequenz*

$$\omega_c = \frac{3c\gamma^3}{2R} \tag{7.14}$$

ist so definiert, dass die über die Frequenz integrierte Strahlungsleistung je zur Hälfte unterhalb bzw. oberhalb von ω_c liegt. Aus Gl. (7.14) geht hervor, dass die extrem hochfrequente Strahlung im Ultraviolett- und Röntgenbereich mit der dritten Potenz der Elektronen-Energie anwächst. Ein charakteristisches Merkmal der Strahlung hochrelativistischer Elektronen oder Positronen ist die scharfe Kollimation des Lichtes auf einen Kegel mit dem Öffnungswinkel von etwa $1/\gamma$, der um die Tangente der Teilchenbahn zentriert ist.

7.3.2 Undulatorstrahlung

In modernen Beschleuniger-basierten Lichtquellen wird die Strahlung für Forschungszwecke in *Undulatormagneten* erzeugt. Diese sind periodische Anordnungen von vielen kurzen Dipolmagneten mit alternierender Polarität. Eine schematische Darstellung wird in Abb. 7.4 gezeigt. Den Abstand zwischen benachbarten Nordpolen bzw. benachbarten Südpolen nennt man die *Undulatorperiode* λ_u, sie liegt bei $\lambda_u \approx 25\,\text{mm}$. Undulatormagnete sind oft mehrere hundert Perioden lang. Das Magnetfeld hat entlang der Undulatorachse einen annähernd sinusförmigen Verlauf, und die Elektronen durchlaufen in dem Magneten eine wellenförmige Bahn. Die Schwingung senkrecht zur Hauptflugrichtung veranlasst die Teilchen, Strahlung zu emittieren, die bei hochenergetischen Elektronen stark nach vorn gebündelt ist. Die Wellenlänge dieses Lichtes ergibt sich zu

$$\lambda_\ell \approx \frac{\lambda_u}{2\gamma^2} \,. \tag{7.15}$$

Für einen Lorentzfaktor $\gamma = E/(m_e c^2) = 1000$ beträgt die Wellenlänge der *Undulatorstrahlung* λ_ℓ dann weniger als 20 nm, das entspricht ultraviolettem Licht.

Wählt man $\gamma = 10\,000$ (Elektronenenergie 5 GeV), so wird λ_ℓ um den Faktor 100 kleiner, und man erhält Röntgenstrahlung.

Um die Beziehung (7.15) verständlich zu machen, muss man die Relativitätstheorie gleich zweimal heranziehen. Zunächst begeben wir uns in ein Bezugssystem S^*, das sich gleichförmig entlang der Undulatorachse bewegt und dessen Geschwindigkeit $v = \beta c$ gleich der mittleren Geschwindigkeit der Elektronen in dieser Richtung ist. Im S^*-System erscheint der Undulatormagnet wegen der Längenkontraktion um den Lorentzfaktor verkürzt, die transformierte Undulatorperiode ist $\lambda_u^* = \lambda_u/\gamma$, also 25 µm für $\gamma = 1000$. In diesem System bewegen sich die Elektronen nicht mehr in Längsrichtung, sondern führen nur noch hochfrequente transversale Schwingungen aus. Wie Hertz'sche Dipole emittieren sie dabei elektromagnetische Strahlung, deren Wellenlänge λ^* genau gleich der transformierten Undulatorperiode λ_u^* ist. Für den Beobachter im Laborsystem erscheint das oszillierende Elektron wie eine Lichtquelle, die mit der Geschwindigkeit $v = \beta c$ auf ihn zufliegt. Gemäß der Formel (6.19) für den relativistischen Doppler-Effekt misst er als Lichtwellenlänge

$$\lambda_\ell = \frac{\lambda^*}{\gamma(1+\beta)} = \frac{\lambda_u}{\gamma^2(1+\beta)} \approx \frac{\lambda_u}{2\gamma^2} ,$$

da $\beta \approx 1$ ist. Bei dieser Betrachtung sind mehrere Vereinfachungen gemacht worden. Die korrekte Formel für die Wellenlänge der Undulatorstrahlung als Funktion des Beobachtungswinkels θ lautet

$$\lambda_\ell = \frac{\lambda_u}{2\gamma^2}\left(1 + \frac{K^2}{2} + \gamma^2\theta^2\right) \quad \text{mit} \quad K = \frac{e\,B\,\lambda_u}{2\pi m_e c} . \tag{7.16}$$

Dabei ist $K \approx 1$ der sogenannte *Undulatorparameter*. Die Strahlung ist linear polarisiert, der elektrische Vektor liegt in der Ebene der wellenförmigen Elektronenbahn.

Undulatorstrahlung in Vorwärtsrichtung ($\theta = 0$) ist annähernd monochromatisch, die relative Linienbreite ist umgekehrt proportional zur Anzahl N_u der Undulatorperioden:

$$\frac{\Delta\lambda_\ell}{\lambda_\ell} = \frac{1}{N_u} .$$

Die Lichtwellenlänge wird größer, wenn man die Strahlung nicht genau in Vorwärtsrichtung beobachtet, sondern unter einem Winkel θ gegen die Flugrichtung der Elektronen. Dies ist in Abb. 7.5 gut zu erkennen, wo die Wellenfronten der Undulatorstrahlung dargestellt sind, die von einem Elektron auf seiner sinusförmigen Bahn emittiert werden.

Freie-Elektronen-Laser

Die nächste größere Verbesserung der Leistungsfähigkeit Beschleuniger-basierter Lichtquellen bietet der Freie-Elektronen-Laser (FEL). Die wesentlichen Komponenten eines FEL sind ein Linearbeschleuniger, der einen gepulsten hochrelativis-

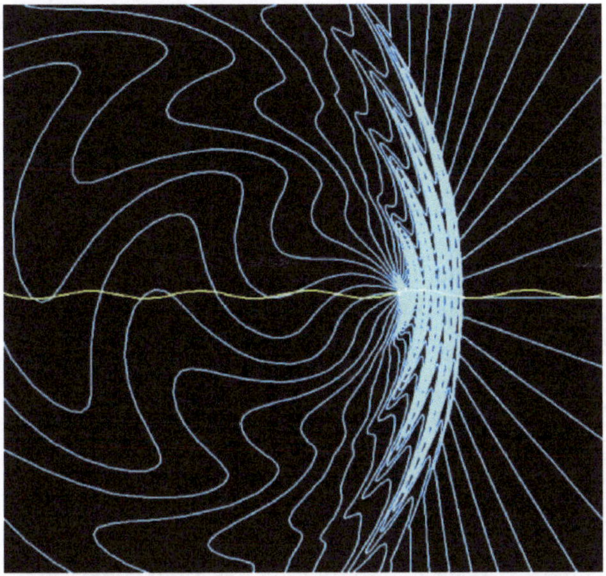

Abb. 7.5 Berechnete Wellenfronten der Undulatorstrahlung eines Elektrons mit $v = 0{,}9\,c$. Der Undulatorparameter ist $K = 1$. Die *gelbe Sinuskurve* zeigt die Elektronenbahn im Undulator. Die Winkelabhängigkeit der Wellenlänge ist gut zu erkennen. (Rechnung von T. Shintake)

tischen Elektronenstrahl erzeugt, und ein sehr langer Undulatormagnet. In einem FEL strahlen die Elektronen kohärent, und die abgestrahlte Leistung ist proportional zu N_e^2, wobei N_e die Zahl der Elektronen in einer Kohärenzlänge ist. Für einen typischen Wert von $N_e = 10^6$ ist die Lichtintensität des FEL rund eine Million mal größer als bei der konventionellen Undulatorstrahlung.

7.4 Anwendungsbeispiel und didaktische Anmerkungen

7.4.1 Feld eines relativistischen Protonen-Pakets

Wir kommen auf die Betrachtungen in Kap. 2.3 zurück. In einem Speicherring sind die Teilchen nicht gleichmäßig um den Ring verteilt, sondern in kurzen Paketen konzentriert. Im Protonen-Speicherring von HERA laufen 200 dieser Pakete um, die eine Länge $l \approx 30\,\text{cm}$ und einen Radius $R < 0{,}5\,\text{mm}$ haben (gemessen im Laborsystem). In einem Paket befinden sich N Protonen (typisch ist $N = 5 \cdot 10^{10}$), die Ladung ist $Q = N\,e$. Bei 920 GeV ist die Länge im mitbewegten Bezugssystem der Protonenpakete sehr groß: $l^* = \gamma l \approx 300\,\text{m}$, aber der Radius bleibt unverändert klein, $R^* = R < 0{,}5\,\text{mm}$, da die Transversalkoordinaten bei einer Lorentztransformation ungeändert bleiben. Man kann in sehr guter Näherung von einer unendlich langen zylindrischen Ladungsverteilung ausgehen. Wir wählen unsere

z-Achse in Strahlrichtung und definieren $r = \sqrt{x^2 + y^2}$ als Abstand von der Achse.

Wir betrachten zunächst den Bereich außerhalb des Protonen-Pakets, $r > R$. Das elektrische Feld dieses sehr langen und dünnen Ladungspakets ist radial nach außen gerichtet und durch Formel (2.30) gegeben

$$E_r^*(r) = \frac{N\,e}{2\pi\varepsilon_0 l^*\, r} \quad \text{für} \quad r \geq R\,. \tag{7.17}$$

Das Magnetfeld verschwindet im System S^*. Im Laborsystem erhält man durch Anwendung der Formeln (7.4) ein radiales elektrisches Feld und ein azimutales magnetisches Feld:

$$\begin{aligned} E_r(r) &= \gamma E_r^* = \frac{N\,e}{2\pi\varepsilon_0 l\, r} \quad \text{für} \quad r \geq R\,, \\ B_\varphi(r) &= \frac{v}{c^2}\,\gamma E_r^* = \frac{N\,e\,v}{2\pi\varepsilon_0 c^2 l\, r}\,. \end{aligned} \tag{7.18}$$

Hier ist v die Geschwindigkeit der Protonen. Der Strahlstrom ist $I = N\,e\,v/l$. Benutzt man noch $\mu_0 = (\varepsilon_0 c^2)^{-1}$, so folgt für das Magnetfeld

$$B_\varphi(r) = \frac{\mu_0 I}{2\pi\, r} \quad \text{für} \quad r \geq R\,. \tag{7.19}$$

Dies entspricht exakt dem Feld eines Linienstroms.

Jetzt wird das Feld innerhalb des Teilchenpakets berechnet ($r \leq R$). Nach Gl. (2.33) ist

$$E_r^*(r) = \frac{N\,e}{2\pi\varepsilon_0\, l^*} \cdot \frac{r}{R^2} \quad \text{für} \quad r \leq R\,. \tag{7.20}$$

Im Laborsystem erhalten wir wiederum ein radiales elektrisches Feld und ein azimutales magnetisches Feld, die beide linear mit dem Abstand r von der Achse anwachsen

$$E_r(r) = \gamma E_r^*(r) = \frac{N\,e}{2\pi\varepsilon_0\, l R^2} \cdot r\,, \quad B_\varphi(r) = \frac{v}{c^2}\, E_r(r) \quad \text{für} \quad r \leq R\,. \tag{7.21}$$

Ein Test-Proton innerhalb des Pakets erfährt eine Kraft aufgrund des radialen elektrischen Feldes und des azimutalen magnetischen Feldes:

$$\boldsymbol{F} = e\,(\boldsymbol{E} + \boldsymbol{v} \times \boldsymbol{B})\,.$$

Die elektrische Kraft zeigt radial nach außen, die magnetische Kraft zeigt radial nach innen, ist aber etwas kleiner. Die Gesamtkraft ist

$$F_r(r) = \frac{N\,e^2}{2\pi\varepsilon_0\, l R^2} \cdot r \cdot \left(1 - \frac{v^2}{c^2}\right) = \frac{N\,e^2}{2\pi\varepsilon_0\, l R^2} \cdot r \cdot \frac{1}{\gamma^2} \quad \text{für} \quad r \leq R\,. \tag{7.22}$$

Die Gesamtkraft ist um den Faktor $1/\gamma^2$ kleiner als die elektrische Kraft allein und verschwindet im ultra-relativistischen Grenzfall $\gamma \to \infty$. Das bedeutet, dass die defokussierenden Raumladungskräfte, die bei niedrigen Energien sehr störend sein können, im Grenzfall sehr hoher Teilchenenergien vernachlässigbar werden.

7.4.2 Elektrische und magnetische Kräfte in unserer Umwelt

Jeder kennt die magnetischen Feldlinien eines Hufeisenmagneten, die man mit Eisenfeilspänen schön sichtbar machen kann. Sehr viel mühsamer ist es, die elektrischen Feldlinien zwischen zwei Elektroden (Pluspol und Minuspol) mit Grießkörnchen sichtbar zu machen. Magnetische Kräfte können riesig werden. Mit starken Dauer- oder Elektromagneten kann man tonnenschwere Lasten anheben, Elektrolokomotiven ziehen lange, schwer beladene Güterwagen. Aber was tut ein Professor oder Lehrer, wenn er die Coulomb-Kraft demonstrieren will? Er reibt einen Bernsteinstab mit Katzenfell und kann gerade mal Papierschnitzel anheben! Dabei ist die magnetische Kraft inhärent doch so viel schwächer als die elektrische Kraft, was man am Beispiel eines zylinderförmigen Protonenbündels erkennen kann. Wenn die Länge des Zylinders groß im Vergleich zu seinem Durchmesser ist, gelten die Formeln (7.21) und (7.22) auch für niedrige Geschwindigkeiten, und die magnetische Kraft ist um den Faktor $(v/c)^2$ schwächer als die elektrische Kraft:

$$F_{\text{mag}} = \frac{v^2}{c^2} F_{\text{el}} \, .$$

Für eine typische thermische Geschwindigkeit von einigen 1000 m/s ist die magnetische Kraft um 10 Zehnerpotenzen kleiner als die elektrische Kraft, und bei kleineren Geschwindigkeiten ist dies Missverhältnis noch viel ausgeprägter.

In unserer Umwelt haben wir es aber nicht mit geladenen Teilchenstrahlen zu tun, sondern mit Stoffen und Körpern, in denen die positiven Ladungen der Atomkerne und die negativen Ladungen der Elektronen derart perfekt ausbalanciert sind, dass die Coulomb-Kräfte praktisch null werden und die an sich viel kleineren magnetischen Kräfte völlig dominieren.

Zusammenfassung

1. Magnetfeld und Lorentz-Kraft folgen aus dem Coulomb-Gesetz in Kombination mit der Speziellen Relativitätstheorie. Die tiefere Ursache ist die relativistische Längenkontraktion, die bei einer bewegten Testladung verschieden stark ist für die positiven und die negativen Ladungsträger in einem stromführenden Leiter.
2. Skalares und Vektorpotential bilden einen Vierervektor, ebenso Ladungs- und Stromdichte
$$A^{\mu} = \left(\frac{\Phi}{c}, \boldsymbol{A}\right), \quad J^{\mu} = (c\,\rho, \boldsymbol{J}) \, .$$
Die Kontinuitätsgleichung lautet in Viererschreibweise $\partial_{\mu} J^{\mu} = 0$.
3. Bei ultra-relativistischen Teilchen stehen die Feldlinien senkrecht auf dem Geschwindigkeitsvektor.

4. Die Transformation des elektromagnetischen Feldes von einem Inertialsystem in ein anderes ist komplizierter als bei Vierervektoren:

$$E_\parallel = E_\parallel^* , \quad B_\parallel = B_\parallel^* ,$$
$$\boldsymbol{E}_\perp = \gamma\,(\boldsymbol{E}_\perp^* - \boldsymbol{v}\times\boldsymbol{B}_\perp^*), \quad \boldsymbol{B}_\perp = \gamma\left(\boldsymbol{B}_\perp^* + \frac{1}{c^2}\,\boldsymbol{v}\times\boldsymbol{E}_\perp^*\right). \tag{7.23}$$

5. Die Transformationen $E_\parallel = E_\parallel^*$ und $\boldsymbol{E}_\perp = \gamma\boldsymbol{E}_\perp^*$ kann man mit einem Gedankenexperiment (bewegter Plattenkondensator) verständlich machen.
6. In einem Kreisbeschleuniger emittieren relativistische Elektronen Synchrotronstrahlung mit einem kontinuierlichen Spektrum. Die Strahlungsleistung ist

$$P_{\text{rad}} = \frac{e^4\gamma^2 B^2}{6\pi\varepsilon_0 c\, m_e^2} .$$

7. Undulatorstrahlung in Vorwärtsrichtung ist annähernd monochromatisch, die Lichtwellenlänge ist $\lambda_\ell \approx \lambda_u/(2\gamma^2)$ mit der Undulatorperiode λ_u.
8. In hochrelativistischen Teilchenstrahlen werden die abstoßenden elektrischen Raumladungskräfte weitgehend durch die anziehenden magnetischen Kräfte kompensiert.

Aufgaben

7.1) Skizziere die elektrischen Feldlinien eines Protons mit $\beta = 0{,}3$, $\beta = 0{,}9$ bzw. $\beta = 0{,}99$ in einem Polardiagramm. Wie groß ist das elektrische Feld senkrecht zur Flugrichtung in 0,1 nm Abstand vom Proton für die drei Fälle?

7.2) Im Large Hadron Collider haben die Protonen eine Energie von 3500 GeV (Stand 2011). Ein Protonenpaket („bunch“) hat im Laborsystem eine Länge von $l_b = 36\,\text{cm}$ und enthält $1{,}2 \cdot 10^{11}$ Teilchen. Die Ladungsverteilung ist annähernd zylindersymmetrisch und gaußförmig. Im Wechselwirkungspunkt ist $\sigma = 24\,\mu\text{m}$. Berechne die Länge eines Pakets im Ruhesystem der Protonen. Im Laborsystem sind die elektrischen und magnetischen Kräfte (Betrag und Richtung) zu berechnen, die (a) auf ein mitfliegendes Proton und (b) auf ein in Gegenrichtung fliegendes Proton wirken. Der Abstand der Testteilchen von der Achse des Zylinders sei $r_0 = \sigma$. Wie groß ist die Gesamtkraft im Fall (a) oder (b)? Worin bestehen die Unterschiede?

7.3) Das Betatron ist ein relativistischer Elektronenbeschleuniger, bei dem die Energiezufuhr auf dem Induktionsgesetz beruht. Die Funktionsweise des Betatrons soll analysiert werden. Eine interessante Beobachtung ist, dass das magnetische Führungsfeld $B_0(t)$ am Radius r_0 der kreisförmigen Elektronenbahn halb so groß sein muss wie das mittlere Feld $\overline{B}(t)$ des Betatronmagneten im Bereich $0 \le r < r_0$. Wie kann man das verstehen?

7.4) Die Maximalenergie eines Betatrons ist auf etwa 300 MeV begrenzt. Dafür gibt es technische und physikalische Gründe. Welche sind dies?

Kapitel 8
Ausblick: Quantenelektrodynamik

In diesem abschließenden Kapitel der „Theoretischen Physik für Studierende des Lehramts“ führen wir zusammen, was wir über Quantentheorie, Elektrodynamik und Relativitätstheorie gelernt haben. Aus der Synthese dieser Gebiete in der Quantenelektrodynamik (QED) ergeben sich weitreichende Konsequenzen. Man kann mit Recht sagen, dass in diesem Fall das Ganze mehr ist als die Summe seiner Bestandteile. Ohne auf mathematische Einzelheiten einzugehen, sollen die Grundideen der relativistischen Quantentheorie und einige wesentliche Ergebnisse vorgestellt werden, die für die moderne Physik von fundamentaler Bedeutung sind.

8.1 Die Klein-Gordon-Gleichung

Die Vereinigung von zwei der wichtigsten Theorien des frühen 20. Jahrhunderts, der Speziellen Relativitätstheorie und der Quantenmechanik, zu einer relativistischen Quantentheorie hat sich als sehr fruchtbar erwiesen und zu radikal neuen Einsichten geführt[1]. Die Schrödinger-Gleichung beruht auf der nichtrelativistischen Mechanik und ist auf Teilchenreaktionen bei hohen Energien nicht anwendbar. Es hat schon kurz nach der Vollendung der Quantenmechanik Versuche gegeben, eine relativistische Verallgemeinerung zu finden, man ist dabei aber auf unerwartete begriffliche Schwierigkeiten gestoßen. Um die Problematik zu erläutern, wollen wir die Betrachtungen zur Schrödinger-Gleichung in Band 1 auf den relativistischen Fall übertragen. Dies führt uns zur Klein-Gordon-Gleichung, der einfachsten relativistischen Wellengleichung.

In Band 1 sind die Operatoren für Energie und Impuls eingeführt worden:

$$\boxed{\widehat{E} = \mathrm{i}\hbar\frac{\partial}{\partial t}\,, \quad \widehat{\boldsymbol{p}} = -\mathrm{i}\hbar\nabla\,.} \tag{8.1}$$

[1] Es ist bis heute nicht gelungen, die Allgemeine Relativitätstheorie und die Quantentheorie zu vereinigen.

P. Schmüser, *Theoretische Physik für Studierende des Lehramts 2*,
DOI 10.1007/978-3-642-25395-9_8, © Springer-Verlag Berlin Heidelberg 2013

Es wird postuliert, dass die Operatoren diese Gestalt auch in der relativistischen Quantenelektrodynamik und den anderen relativistischen Quantenfeldtheorien (Standard-Modell der vereinheitlichten elektro-schwachen Wechselwirkung, Quantenchromodynamik) beibehalten, wobei der Energieoperator dann allerdings die Summe von kinetischer Energie und Ruheenergie umfasst.

Zunächst soll daran erinnert werden, wie man zur Schrödinger-Gleichung kommt. Ausgangspunkt ist die nichtrelativistische Energie-Impuls-Beziehung, in der wir Energie und Impuls durch die Operatoren (8.1) ersetzen und auf die Wellenfunktion anwenden. Für ein freies Elektron ergibt das

$$E = \frac{\boldsymbol{p}^2}{2m_e}\,, \quad \mathrm{i}\hbar\frac{\partial\psi}{\partial t} = -\frac{\hbar^2}{2m_e}\,\nabla^2\psi\,.$$

Diese Vorgehensweise wird nun auf den relativistischen Fall übertragen. Wir beginnen mit der relativistischen Energie-Impuls-Beziehung im kräftefreien Fall (vgl. Kap. 6)

$$E^2 = \boldsymbol{p}^2c^2 + m_0^2c^4$$

und substituieren die Operatoren (8.1). Dies führt uns zur *Klein-Gordon-Gleichung*

$$\boxed{-\hbar^2\frac{\partial^2\psi}{\partial t^2} = -\hbar^2c^2\left(\frac{\partial^2\psi}{\partial x^2} + \frac{\partial^2\psi}{\partial y^2} + \frac{\partial^2\psi}{\partial z^2}\right) + m_0^2c^4\psi\,.} \tag{8.2}$$

Es gibt einen ganz wesentlichen Unterschied zur Schrödinger-Gleichung: die Klein-Gordon-Gleichung ist von der zweiten Ordnung in der Zeit. Als Folge davon existieren zwei Typen von Lösungen:

$$\psi_p(\boldsymbol{r},t) = A\,\exp(\mathrm{i}\boldsymbol{k}\cdot\boldsymbol{r})\exp(-\mathrm{i}\omega t)\,, \quad \psi_n(\boldsymbol{r},t) = A\,\exp(\mathrm{i}\boldsymbol{k}\cdot\boldsymbol{r})\exp(+\mathrm{i}\omega t)\,. \tag{8.3}$$

Für beide Typen von Lösungen finden wir durch Einsetzen in (8.2)

$$\hbar^2\omega^2 = c^2\hbar^2\boldsymbol{k}^2 + m_0^2c^4 = c^2\boldsymbol{p}^2 + m_0^2c^4\,. \tag{8.4}$$

Wählen wir $\hbar\,\omega = +\sqrt{c^2\boldsymbol{p}^2 + m_0^2c^4}$ als positiv definit, so ergibt sich bei Anwendung des Energieoperators

$$\widehat{E}\psi_p = \mathrm{i}\hbar\frac{\partial\psi_p}{\partial t} = +\hbar\,\omega\psi_p\,, \quad \widehat{E}\psi_n = \mathrm{i}\hbar\frac{\partial\psi_n}{\partial t} = -\hbar\,\omega\psi_n\,.$$

Dies ist ein sehr befremdliches Resultat: die Energie E kann sowohl positive wie negative Werte annehmen. Die hier betrachtete Energie enthält aber keinen potentiellen Energieanteil (potentielle Energien sind ja häufig negativ), sie ist vielmehr die Summe der positiven Ruheenergie und der positiven kinetischen Energie und somit eine Größe, die in jedem Fall größer als null sein muss.

Die Lösungen vom Typ ψ_p sind physikalisch akzeptabel, es sind die Wellenfunktionen mit positiver Energie

$$E_p = +\hbar\omega = +\sqrt{c^2 \boldsymbol{p}^2 + m_0^2 c^4} \ .$$

Ein ernsthaftes Problem stellen dagegen die Lösungen vom Typ ψ_n dar, diese Wellenfunktionen haben negative Energie-Eigenwerte

$$E_n = -\hbar\omega = -\sqrt{c^2 \boldsymbol{p}^2 + m_0^2 c^4} \ .$$

Die Klein-Gordon-Gleichung führt also zu Resultaten, die lange Zeit unverständlich blieben. Eine zweite Schwierigkeit ist, dass auch die Wahrscheinlichkeitsdichte negative Werte annehmen kann. Dies waren die Gründe, dass die Klein-Gordon-Gleichung zunächst aufgegeben wurde.

Probleme mit negativen kinetischen Energien gibt es bei der Schrödinger-Gleichung nicht, da sie von der ersten Ordnung in der Zeit ist. Die Definitionsgleichung (8.1) des Energie-Operators stellt sicher, dass nur ψ_p eine Lösung der Schrödinger-Gleichung sein kann, nicht aber ψ_n. Alle Schrödinger-Wellenfunktionen haben in der Tat eine Zeitabhängigkeit der Form $\exp(-\mathrm{i}\omega t)$, und bei freien Teilchen sind die Energien stets ≥ 0.

8.2 Die Dirac-Gleichung

Die negativen Energiewerte sind offensichtlich mit der zweiten Zeitableitung in der Klein-Gordon-Gleichung verknüpft. Um diese Schwierigkeit zu umgehen, suchte *Paul Dirac* nach einer Gleichung, die wie die Schrödinger-Gleichung nur von der ersten Ordnung in der Zeit ist. Die Lorentz-Invarianz erfordert dann, dass auch die räumlichen Ableitungen nur in erster Ordnung vorkommen. Für ein freies Elektron machte Dirac daher den Ansatz

$$\boxed{\mathrm{i}\hbar\frac{\partial\psi}{\partial t} = -\mathrm{i}\hbar c\left(\alpha_1\frac{\partial\psi}{\partial x} + \alpha_2\frac{\partial\psi}{\partial y} + \alpha_3\frac{\partial\psi}{\partial z}\right) + \beta m_e c^2\psi} \tag{8.5}$$

mit noch unbekannten Koeffizienten α_j und β. Es stellt sich heraus, dass die Koeffizienten nicht einfach als komplexe Zahlen gewählt werden dürfen, sondern 4×4-Matrizen sind, und dass ψ ein vierkomponentiger Wellenfunktionsvektor ist, der Dirac-Spinor genannt wird. Warum das so ist, wird in Anhang D erklärt. Der tiefere Grund liegt in der Erkenntnis, dass jede Lösung ψ der Dirac-Gleichung gleichzeitig auch eine Lösung der Klein-Gordon-Gleichung sein muss, da diese Gleichung eine notwendige Konsequenz der relativistischen Energie-Impuls-Beziehung $E^2 = (p_x^2 + p_y^2 + p_z^2)c^2 + m_0^2 c^4$ ist. In Anhang D werden die mathematischen Details besprochen, und es wird die Form der Matrizen α_j und β und der Dirac-Spinoren hergeleitet.

Hier soll die Dirac-Gleichung für einen sehr einfachen Spezialfall gelöst werden, an dem man aber bereits wesentliche Charakteristika relativistischer Wellengleichungen und ihrer Lösungen erkennen kann, nämlich für ein freies ruhendes Elektron[2]. Da der Impuls und der Wellenvektor des Teilchens null sind, verschwindet die Ortsabhängigkeit der Wellenfunktion. Zur Erinnerung: ein freies Teilchen beschreiben wir durch eine ebene Welle mit der Ortsabhängigkeit $\exp(\mathrm{i}\,\boldsymbol{k}\cdot\boldsymbol{r}) = \exp(\mathrm{i}\,(k_x x + k_y y + k_z z))$. Für $\boldsymbol{k} = \boldsymbol{p}/\hbar = 0$ sind die Ableitungen $\partial\psi/\partial x = \partial\psi/\partial y = \partial\psi/\partial z = 0$, und die Dirac-Gleichung nimmt die einfache Gestalt an

$$\mathrm{i}\hbar\frac{\partial\psi}{\partial t} = m_e c^2 \beta\psi \,. \tag{8.6}$$

Die Dirac-β-Matrix hat die Form (s. Anhang D)

$$\beta = \begin{pmatrix} 1 & 0 & 0 & 0 \\ 0 & 1 & 0 & 0 \\ 0 & 0 & -1 & 0 \\ 0 & 0 & 0 & -1 \end{pmatrix}.$$

Gleichung (8.6) hat vier unabhängige Lösungen. Es gibt zwei Funktionen mit der Zeitabhängigkeit $\exp(-\mathrm{i}\omega_0 t)$:

$$\psi_1 = \exp(-\mathrm{i}\omega_0 t)\begin{pmatrix} 1 \\ 0 \\ 0 \\ 0 \end{pmatrix}, \quad \psi_2 = \exp(-\mathrm{i}\omega_0 t)\begin{pmatrix} 0 \\ 1 \\ 0 \\ 0 \end{pmatrix} \quad \text{mit} \quad \omega_0 = \frac{m_e c^2}{\hbar}\,, \tag{8.7}$$

und zwei Funktionen mit der Zeitabhängigkeit $\exp(+\mathrm{i}\omega_0 t)$:

$$\psi_3 = \exp(+\mathrm{i}\omega_0 t)\begin{pmatrix} 0 \\ 0 \\ 1 \\ 0 \end{pmatrix}, \quad \psi_4 = \exp(+\mathrm{i}\omega_0 t)\begin{pmatrix} 0 \\ 0 \\ 0 \\ 1 \end{pmatrix}. \tag{8.8}$$

Wendet man den Energie-Operator auf ψ_1 oder ψ_2 an, so erhält man positive Energiewerte:

$$\widehat{E}\psi_1 = E_1\psi_1\,, \quad \widehat{E}\psi_2 = E_2\psi_2 \quad \text{mit} \quad E_1 = E_2 = +\hbar\omega_0 = +m_e c^2\,.$$

Die dritte und vierte Funktion ergeben bei Anwendung des Energie-Operators jedoch einen negativen Wert:

$$\widehat{E}\psi_3 = E_3\psi_3\,, \quad \widehat{E}\psi_4 = E_4\psi_4 \quad \text{mit} \quad E_3 = E_4 = -\hbar\omega_0 = -m_e c^2\,.$$

Daraus erkennen wir, dass Diracs ursprüngliche Hoffnung, die negativen Energiewerte mit seiner relativistischen Verallgemeinerung der Schrödinger-Gleichung vermeiden zu können, nicht in Erfüllung ging. Das war zunächst eine herbe Enttäu-

[2] Die Dirac-Gleichung ist als Verallgemeinerung der Schrödinger-Gleichung für relativistische Teilchen konstruiert worden, aber sie gilt selbstverständlich auch für nichtrelativistische Teilchen.

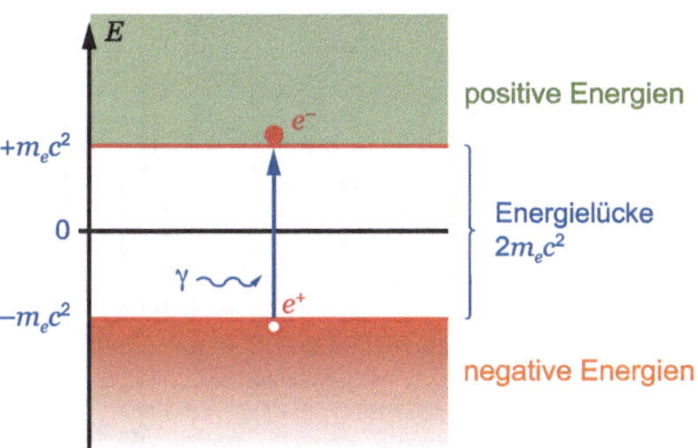

Abb. 8.1 Dirac-Bild der Antiteilchen. Die positiven Energieniveaus der Elektronen mit $E \geq +m_e c^2$ befinden sich in dem *grün schattierten Bereich*, die negativen Energieniveaus mit $E \leq -m_e c^2$ sind im *rot schattierten Bereich*. Nach der Dirac-Interpretation sind die negativen Niveaus sämtlich mit Elektronen besetzt. Ein γ-Quant der Energie $E_\gamma > 2m_e c^2$ kann ein Elektron e^- von einem Zustand negativer Energie in einen Zustand positiver Energie anheben. Das verbleibende „Loch" im See der Elektronen negativer Energie verhält sich wie eine positive Ladung mit positiver Energie. Dies ist das Positron e^+

schung, aber wirklich große Theoretiker – und Paul Dirac gehörte sicherlich zu den herausragenden theoretischen Physikern des 20. Jahrhunderts – akzeptieren das Unvermeidliche und suchen nach einer neuen Erklärung. Da Dirac sich außerstande sah, die negativen Energiezustände zu eliminieren, machte er die kühne Annahme, dass diese Zustände tatsächlich existieren, aber normalerweise sämtlich mit Elektronen besetzt sind. Nach dieser Deutung ist der Grundzustand, oft auch das *Vakuum* genannt, nicht leer, sondern enthält unendlich viele Elektronen mit negativer Energie.

Das Pauli-Prinzip verbietet den Übergang eines „normalen" Elektrons von seinem Zustand positiver Energie in ein negatives Energieniveau, so dass man normalerweise von den vielen negativen Niveaus nichts merkt. Das ist ein Glück, denn sonst würden die atomaren Elektronen in negative Energiezustände übergehen und die gesamte Materie zum Verschwinden bringen. Durch ein γ-Quant mit einer Energie von mehr als $2m_e c^2$ könnte jedoch ein Elektron von einem negativen auf ein positives Energieniveau angehoben werden. Das verbleibende Loch im „See" der Elektronen mit $E < 0$ sollte sich wie ein Teilchen mit positiver Ladung und positiver Energie verhalten. Aufgrund dieser Überlegungen hat Paul Dirac die Existenz von Antiteilchen vorhergesagt und damit eine der revolutionärsten Ideen der theoretischen Physik hervorgebracht. Das Antiteilchen des Elektrons nennt man Positron, es hat die gleiche Masse m_e, aber die entgegengesetzte Ladung $+e$.

Die Elektron-Positron-Paarerzeugung wird schematisch in Abb. 8.1 gezeigt. Das auf dem positiven Energieniveau befindliche Elektron kann auch wieder in das Loch zurückfallen. In der Sprache der Teilchenphysik ist dies die Elektron-Positron-Annihilation. Die Ruheenergie der beiden Teilchen wird dabei auf γ-Quanten übertragen.

Das Positron wurde 1932 von Anderson in der Höhenstrahlung entdeckt. Die Blasenkammeraufnahme in Abb. 8.2 zeigt die Erzeugung eines Elektron-Positron-

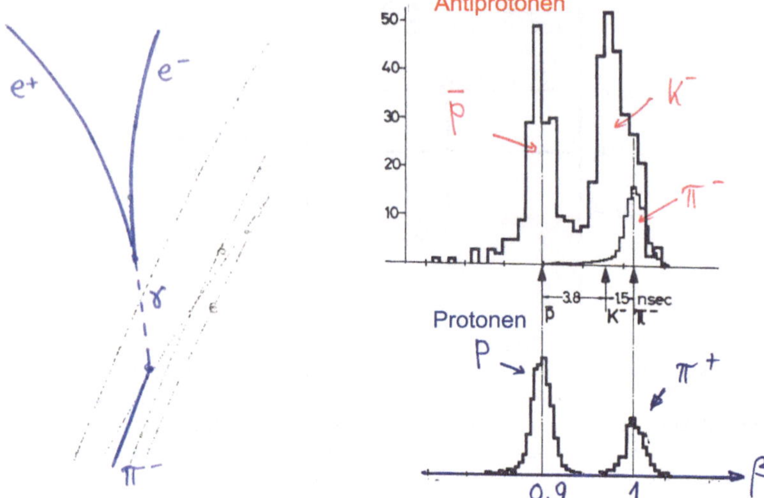

Abb. 8.2 *Links*: Erzeugung eines Elektron-Positron-Paars in einer Flüssig-Wasserstoff-Blasenkammer. Ein geladenes π^--Meson trifft auf ein ruhendes Proton im flüssigen Wasserstoff und löst die Reaktion $\pi^- + p \to \pi^0 + n$ aus. Das neutrale π^0-Meson zerfällt in zwei Gamma-Quanten, von denen eines ein Elektron-Positron-Paar erzeugt. In der Blasenkammer sind nur geladene Teilchen sichtbar. *Rechts*: Erzeugung von Antiprotonen $\bar{p}$ durch hochenergetische γ-Strahlung bei DESY. In einem magnetischen Spektrometer wird die Geschwindigkeit $v = \beta c$ der Teilchen bei einem Impuls von $2\,\text{GeV}/c$ gemessen. *Oberes Bild*: negativ geladene Teilchen, die Antiprotonen haben $\beta = v/c \approx 0{,}9$, die K^--Mesonen haben $\beta \approx 0{,}97$ und die π^--Mesonen $\beta \approx 1$. *Unteres Bild*: Kontrollmessung mit positiv geladenen Teilchen (Protonen und π^+-Mesonen)

Paars. Das Antiproton wurde 23 Jahre später an einem eigens dafür gebauten Beschleuniger (Bevatron in Berkeley, USA) in Proton-Kern-Stößen entdeckt. Die Erzeugung von Antiprotonen durch hochenergetische γ-Strahlung gelang erstmals in einem Experiment bei DESY (Abb. 8.2).

Aus dem Vergleich der Formeln (8.7) und (8.8) lernen wir, dass das Elektron und sein Antiteilchen, das Positron, exakt die gleiche Ruhemasse m_e haben. Die elektrischen Ladungen von Elektron und Positron haben exakt den gleichen Betrag, aber verschiedenes Vorzeichen. Das kann mathematisch bewiesen werden, wenn man die Dirac-Gleichung mit elektromagnetischem Feld analysiert. Für eine anschauliche Begründung siehe Kap. 8.4.2.

8.3 Spin und magnetisches Moment des Elektrons

Die Dirac-Gleichung sagt nicht nur Antiteilchen voraus, sondern macht noch weitere tiefgehende Aussagen über Eigenschaften, die in der nichtrelativistischen Quantenmechanik nicht begründet werden konnten. Dies betrifft den Spin (Eigendrehimpuls) des Elektrons von $\hbar/2$ und sein „anomales" magnetisches Moment. Der Operator der z-Komponente des Spins hat in der Dirac-Theorie die Form

$$\widehat{S}_z = \frac{\hbar}{2}\begin{pmatrix} 1 & 0 & 0 & 0 \\ 0 & -1 & 0 & 0 \\ 0 & 0 & 1 & 0 \\ 0 & 0 & 0 & -1 \end{pmatrix}. \tag{8.9}$$

Wendet man $\widehat{S}_z$ auf die Spinoren ψ_1 und ψ_2 an, so folgt

$$\widehat{S}_z\psi_1 = +\frac{\hbar}{2}\,\psi_1\,, \quad \widehat{S}_z\psi_2 = -\frac{\hbar}{2}\,\psi_2\,. \tag{8.10}$$

Die Spinoren ψ_1 und ψ_2 beschreiben demnach die beiden Spineinstellungen des Elektrons. Ganz entsprechend gilt

$$\widehat{S}_z\psi_3 = +\frac{\hbar}{2}\,\psi_3\,, \quad \widehat{S}_z\psi_4 = -\frac{\hbar}{2}\,\psi_4\,.$$

Nach Anwendung der weiter unten diskutierten Zeitumkehr-Transformation beschreiben ψ_3 und ψ_4 das Positron mit seinen zwei Spineinstellungen. Aus der Dirac-Gleichung folgt also, dass Elektron und Positron Teilchen mit Spin $1/2$ sind.

Ein weiteres, selbst von Dirac ursprünglich nicht erwartetes Resultat seiner Gleichung ist das anomale magnetische Moment des Elektrons. Aus der Dirac-Gleichung mit elektromagnetischem Potential folgt ohne jede Zusatzannahme, dass das magnetische Moment den Wert

$$\mu_e = -\frac{e\hbar}{2m_e} \equiv -\mu_B \tag{8.11}$$

hat, in Übereinstimmung mit dem Experiment. Der Beweis ist mathematisch recht aufwändig und kann hier nicht gebracht werden. Dieser Wert ist doppelt so groß wie erwartet, wenn man sich das Elektron als geladene Kugel vorstellt, die mit dem Drehimpuls $\hbar/2$ um die eigene Achse rotiert. Das magnetische Moment dieser Kugel sollte nämlich ein halbes Bohr-Magneton betragen. Ein mechanisches Modell des Elektrons ergibt also falsche Resultate. Diese sog. „magnetomechanische Anomalie“ des Elektrons konnte erst durch die relativistische Quantentheorie Paul Diracs aufgeklärt werden. Ein anschauliches Bild des „Dirac-Elektrons“ ist mir nicht bekannt. Das Positron hat als Antiteilchen des Elektrons eine positive Ladung und ein positives magnetisches Moment der Größe μ_B.

Die elementaren Bausteine der Materie, Elektronen und Quarks, sind sämtlich Spin-$1/2$-Fermionen und gehorchen der Dirac-Gleichung. Protonen und Neutronen haben zwar auch den Spin $\hbar/2$, aber ihre Wellenfunktionen sind keine Lösungen der Dirac-Gleichung. Dies folgt schon aus den ungewöhnlichen Werten der magnetischen Momente:

$$\mu_p = 2{,}79\,\mu_K\,, \quad \mu_n = -1{,}91\,\mu_K \quad \left(\mu_K = \frac{e\hbar}{2m_p} \quad \text{Kernmagneton}\right). \tag{8.12}$$

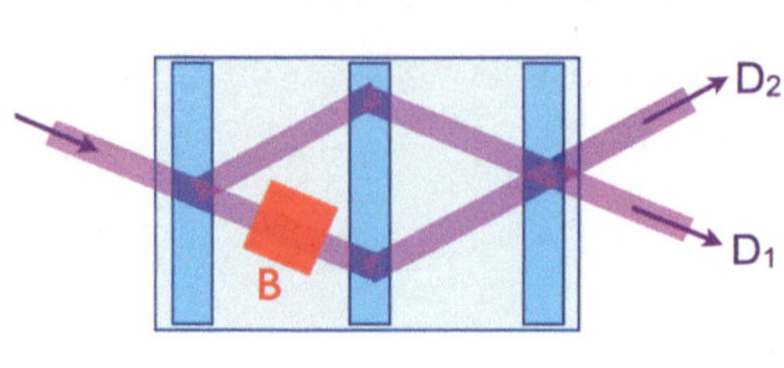

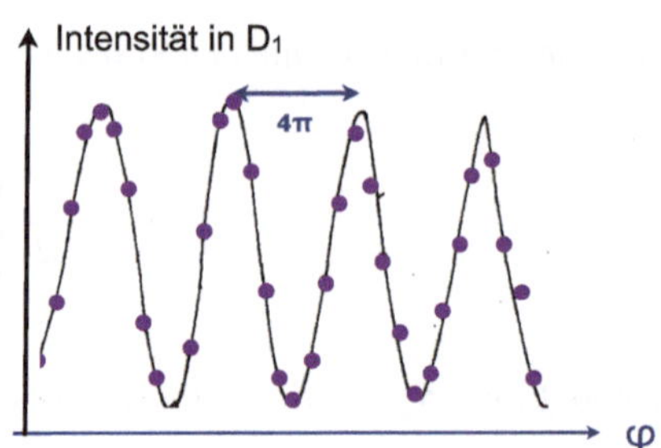

Abb. 8.3 Neutron-Interferenzen in einem Perfektkristall-Interferometer. In einem Arm des Interferometers durchläuft das Neutron ein Magnetfeld $\boldsymbol{B}$. Gezeigt wird die Intensität im Detektor D_1 als Funktion des Präzessionswinkels φ, die Intensität in D_2 verläuft spiegelbildlich dazu. Bei einer Spin-Rotation um 2π geht ein Interferenzmaximum in ein Minimum über. Gezeichnet mit freundlicher Genehmigung nach einer Abbildung von Prof. Helmut Rauch

Diese experimentell bestimmten magnetischen Momente waren ein erster Hinweis darauf, dass Proton und Neutron eine innere Struktur besitzen. Heute wissen wir, dass sie aus drei Quarks aufgebaut sind und eine Ausdehnung von rund $1\,\text{fm} = 10^{-15}\,\text{m}$ haben, im Gegensatz zum Elektron oder den Quarks, die elementar sind und einen Radius von weniger als als 0,001 fm haben, sofern sie überhaupt eine Ausdehnung besitzen.

2π-Rotations-Antisymmetrie der Dirac-Spinoren

Bei einer Rotation des Koordinatensystems um den Winkel $2\pi \simeq 360°$ geht eine Schrödinger-Wellenfunktion in sich selbst über. Dies erscheint so selbstverständlich, dass man man sich darüber wundert, dass es auch anders sein könnte. Aus der Dirac-Theorie folgt jedoch die eigentümliche Vorhersage, dass die Spinoren bei einer 2π-Rotation in ihr Negatives übergehen. Erst bei einer 4π-Rotation, also nach zwei kompletten Umdrehungen, gehen sie in sich selbst über (für einen Beweis siehe z. B. [11]). Dies ist eine Konsequenz des halbzahligen Spins.

Das Vorzeichen einer Wellenfunktion kann mit einem Interferenzexperiment ermittelt werden. Mit den in Band 1 diskutierten Neutron-Interferenzen ist diese befremdliche Antisymmetrie der Dirac-Spinoren bei einer 2π-Rotation verifiziert worden. Die experimentellen Daten und eine schematische Darstellung des verwendeten Perfektkristall-Interferometers werden in Abb. 8.3 gezeigt. Ein Foto des Perfektkristall-Interferometers findet man in [15] sowie in Band 1, Abb. 1.6. In einem der Interferometerarme durchläuft das Neutron ein transversales Magnetfeld, in welchem das magnetische Moment des Neutrons eine Präzessionsbewegung durchführt. Der Rotationswinkel φ des magnetischen Momentenvektors, der natürlich identisch mit dem Rotationswinkel des Spinvektors ist, kann aus dem Feld B und der Länge ℓ des Magneten berechnet werden (Aufg. 8.5). Das gemessene Interferenzmuster als Funktion von φ zeigt sehr eindrücklich, dass eine 2π-Rotation ein

Interferenzmaximum in ein Minimum überführt. Erst bei einer 4π-Rotation gehen Maxima in Maxima über und Minima in Minima.

8.4 Ergänzungen und didaktische Anmerkungen

8.4.1 Analogie zwischen Positronen und Löchern im Halbleiter

Wie wir gesehen haben, folgt die Existenz der Antiteilchen aus der Vereinigung von Relativitätstheorie und Quantentheorie. Das Dirac-Bild der Antiteilchen ist später mit großem Erfolg auf Halbleiter übertragen worden. Hier wollen wir nur sehr kurz auf das Bändermodell des Festkörpers eingehen. In einem periodischen Kristall befinden sich die Elektronen in Energiebändern $E_n(k)$, die den Energieniveaus E_n der Atome entsprechen. Dabei ist n der sog. Bandindex und k die Wellenzahl. Das höchste voll besetzte Band nennt man das Valenzband. Ein voll besetztes Band kann keinen elektrischen Strom leiten, denn dazu müssten die Elektronen Energie im elektrischen Feld aufnehmen können. Das Pauli-Prinzip verbietet dies aber, weil sämtliche Energieniveaus im Band besetzt sind. Ein anschauliches Bild des Valenzbandes ist ein langer Stau auf einer Straße mit einer Baustelle. Kein Auto kann fahren, weil vor ihm schon ein anderes Auto steht.

Das nächsthöhere Band über dem Valenzband heißt Leitungsband. In Metallen ist das Leitungsband teilweise mit Elektronen gefüllt. Diese können Energie im elektrischen Feld aufnehmen, weil ihnen viele freie Energieniveaus zu Verfügung stehen, und auf diese Weise einen Strom transportieren (daher der Name „Leitungsband"). In Isolatoren ist das Leitungsband leer, und es kann kein Strom fließen. Das gilt im Prinzip auch für Halbleiter, doch ist bei diesen die Energielücke zwischen Valenz- und Leitungsband relativ klein, sie beträgt 1,1 eV in Silizium. Durch ein Lichtquant kann ein Elektron vom Valenzband in das Leitungsband gehoben werden. Die verbleibende Lücke im Valenzband wird „Loch" (engl. hole) genannt, sie verhält sich wie ein positiver Ladungsträger. In Analogie zur Teilchen-Antiteilchen-Paarerzeugung durch γ-Quanten (Abb. 8.1) kann man im Halbleiter Elektron-Loch-Paare durch infrarote oder optische Photonen erzeugen. Das in das Leitungsband gehobene Elektron kann einen Strom transportieren; das Loch kann dies ebenfalls.

Wie kann man verstehen, dass sich das Loch im Valenzband wie ein Teilchen mit positiver Ladung verhält? Wir bemühen wieder unsere Analogie des Staus und betrachten eine Autobrücke mit zwei übereinander liegenden Fahrbahnen (Abb. 8.4). Auf der unteren Fahrbahn herrscht ein totaler Stau, und die Autos stehen alle still (dies ist das volle Valenzband). Die obere Fahrbahn ist völlig leer (das leere Leitungsband). Jetzt heben wir mit einem Kran ein Auto von unten nach oben. Dazu brauchen wir Energie (beim Halbleiter ist dies die Energie des Photons). Das Auto auf der oberen Fahrbahn hat freie Fahrt und fährt nach rechts. Was macht die Lücke in der Autoschlange auf der unteren Fahrbahn? Jeder Autofahrer weiß, was passiert: die Autos schieben sich sukzessive nach rechts vor, und dabei wan-

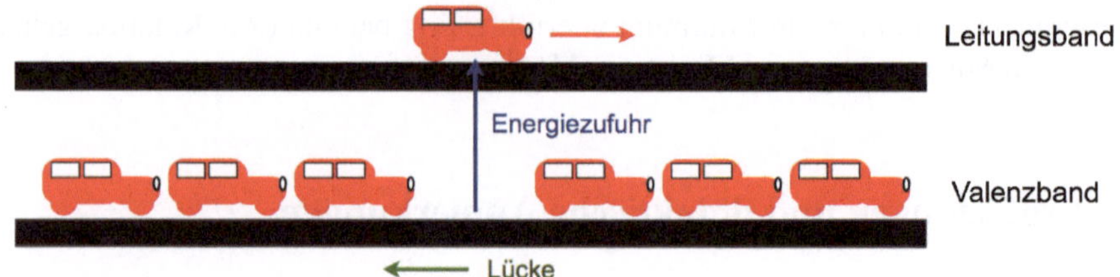

Abb. 8.4 Eine Autobrücke mit zwei übereinander liegenden Fahrbahnen als Modell eines Halbleiters

dert die Lücke immer weiter nach links. Das Gleiche tut ein Loch im Valenzband eines Halbleiters: es wandert zum Minuspol der Batterie, da die Elektronen sich in Richtung Pluspol bewegen. Löcher im Halbleiter sind positive Ladungsträger.

8.4.2 Das Konzept der Feynman-Graphen

Richard Feynman ist berühmt geworden durch seine fundamentalen Beiträge zur Quantenelektrodynamik und insbesondere durch die Erfindung der nach ihm benannten Graphen, die eine bildliche Darstellung der QED-Reaktionen ermöglichen und mit deren Hilfe die Berechnung dieser Prozesse wesentlich vereinfacht wird. Wir wollen hier nur die grundlegenden Ideen der Feynman-Graphen vermitteln, auf die mathematischen Methoden zur Berechnung der QED-Prozesse können wir nicht eingehen.

Das Stückelberg-Feynman-Bild der Antiteilchen

Die im Jahr 1928 aufgestellte Dirac-Gleichung hatte triumphale Erfolge – sie sagte den Spin $\hbar/2$ des Elektrons voraus und sein korrektes magnetisches Moment – aber gleichzeitig bescherte sie den Physikern auch neue, sehr ernsthafte Probleme, die unendlich vielen Zustände negativer Energie. Es gab zur damaligen Zeit keine triviale Möglichkeit, diese „unphysikalischen" Zustände loszuwerden. Durch Diracs Hypothese, dass die Zustände negativer Energie normalerweise alle mit Elektronen besetzt seien, wurden die unerwünschten Lösungen der Dirac-Gleichung gewissermaßen in das „Vakuum" verbannt. Dieses Vakuum hatte aber sehr unattraktive Eigenschaften, es enthielt unendlich viele Teilchen und hatte eine unendliche negative Energie. Etwa zwei Jahrzehnte später schlugen Stückelberg und Feynman unabhängig voneinander eine alternative Deutung der problematischen Wellenfunktionen ψ_3 und ψ_4 vor[3]. Ihre Idee war, dass diese Wellenfunktionen selber keine direkte

[3] Zur Erinnerung: die Problematik dieser Wellenfunktionen liegt in dem positiven Vorzeichen in der Exponentialfunktion: $\exp(+\mathrm{i}\,\omega t)$. Um auf die physikalisch interpretierbare Form $\exp(-\mathrm{i}\,|\omega t|)$ zu kommen, gibt es zwei Alternativen. (a) Man nimmt an, die Energie und damit

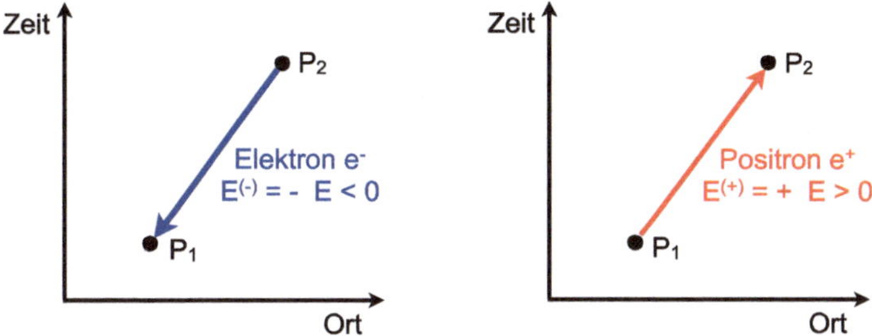

Abb. 8.5 Stückelberg-Feynman-Interpretation der Dirac-Wellenfunktionen mit negativer Energie. Ein Elektron negativer Energie, das rückwärts in der Zeit von einem Punkt P_2 zu einem Punkt P_1 läuft, entspricht einem Positron mit positiver Energie, das vorwärts in der Zeit von P_1 nach P_2 läuft

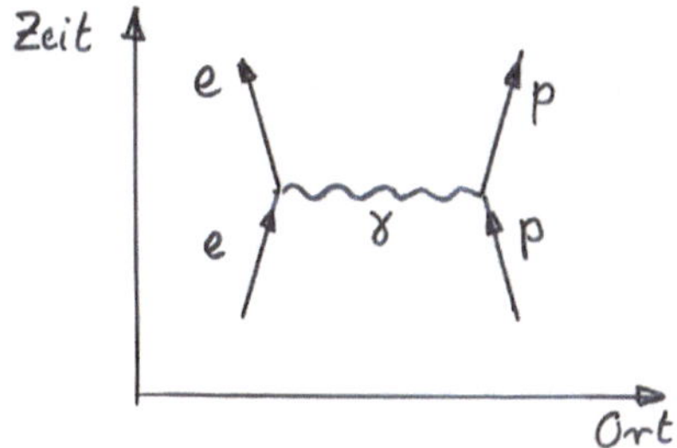

Abb. 8.6 Feynman-Graph für die Elektron-Proton-Streuung. Eine *gerade Linie* symbolisiert die ungestörte Bewegung eines Teilchens, hier also des Elektrons oder Protons vor und nach der Streuung, während das ausgetauschte Photon durch eine *Wellenlinie* angedeutet wird. Man kann den Graphen so interpretieren, dass das Proton am rechten Vertex ein Photon emittiert, welches am linken Vertex vom Elektron absorbiert wird. Man könnte aber genauso gut annehmen, dass das Photon vom Elektron emittiert und vom Proton absorbiert wird. Dieses Diagramm ist symbolisch aufzufassen, es macht keine Aussage über die Richtung der Kraft zwischen Elektron und Proton. Ein ähnliches Diagramm wird für die Positron-Proton-Streuung gezeichnet. Insbesondere soll die Konvergenz der einlaufenden und die Divergenz der auslaufenden Linien nicht implizieren, dass die Teilchen sich abstoßen

physikalische Bedeutung haben, sie aber dadurch gewinnen, dass man die Zeitrichtung umkehrt. Dies wird in Abb. 8.5 illustriert. Ein Elektron mit negativer Energie, das rückwärts in der Zeit von einem Punkt P_2 zu einem Punkt P_1 läuft, entspricht einem Teilchen mit positiver Ladung und positiver Energie, das vorwärts in der Zeit von P_1 nach P_2 läuft. Wenn man eine geeignete Zeitumkehr-Transformation anwendet, können ψ_3 und ψ_4 in der Tat als Wellenfunktionen der Positronen interpretiert werden. Nach Abb. 8.5 ist anschaulich klar, dass die elektrischen Ladungen von Elektron und Positron den gleichen Betrag, aber verschiedenes Vorzeichen haben.

Der erste große Vorteil der Stückelberg-Feynman-Interpretation ist, dass die problematischen Wellenfunktionen ψ_3 und ψ_4 durch eine Zeitumkehrtransformation

---

die Frequenz sei negativ, also $\omega = -|\omega| < 0$. Dies ist das Dirac-Bild. (b) Man lässt die Energie positiv, dreht aber die Zeitrichtung um, $t \rightarrow -t$. Dies ist das Stückelberg-Feynman-Bild.

in physikalisch sinnvolle Wellenfunktionen der Positronen umgewandelt werden, d.h. es gibt überhaupt keine Zustände mit negativer Energie[4]. Der zweite Vorteil ist, dass man mit dieser Deutung auch Bosonen beschreiben kann, was im Dirac-Bild natürlich unmöglich ist (s. Aufg. 8.7). Drittens kann man mit Hilfe der Stückelberg-Feynman-Interpretation in konsistenter Weise alle Streuprozesse von Teilchen und Antiteilchen, zusätzlich aber auch Erzeugungs- und Vernichtungsprozesse beschreiben.

Feynman-Graphen

Um das Prinzip der Feynman-Graphen zu erläutern, betrachten wir die Streuung von hochenergetischen Elektronen an Protonen. Das negativ geladene Elektron wird vom positiv geladenen Proton angezogen und ändert seine Richtung im Streuprozess. In der Sprache der QED ist das vom Proton erzeugte elektrische Feld aus Feldquanten, den Photonen, aufgebaut. Der elementare Streuprozess besteht darin, dass das Proton ein Photon emittiert und dieses vom Elektron absorbiert wird (oder umgekehrt). Symbolisch wird dieser Vorgang durch das in Abb. 8.6 gezeigte Feynman-Diagramm dargestellt.

Alle QED-Reaktionen können aus vier elementaren Prozessen aufgebaut werden, die in Abb. 8.7 skizziert sind:

(1) die Emission eines Photons durch ein geladenes Fermion,
(2) die Absorption eines Photons durch ein geladenes Fermion,
(3) die Erzeugung eines Fermion-Antifermion-Paars durch ein Photon,
(4) die Annihilation eines Fermion-Antifermion-Paars in ein Photon.

Die beteiligten Teilchen oder Photonen sind *reell*, wenn sie ein- oder auslaufen, und sie sind *virtuell*, wenn sie nur im Zwischenzustand als innere Linien auftreten. Ein reelles Teilchen erfüllt die relativistische Energie-Impuls-Beziehung $E^2 = \boldsymbol{p}^2c^2 + m_0^2c^4$, ein virtuelles Teilchen verletzt diese Beziehung und kann daher nicht als freies Teilchen existieren.

In den Elementarprozessen sind Energie und Impuls immer erhalten, aber mindestens eines der Teilchen oder Quanten ist virtuell. Beispielsweise ist die Elektron-Positron-Annihilation in ein reelles Photon kinematisch unmöglich, denn im Ruhesystem des Paares müsste das Photon die Energie $2E$, aber den Impuls 0 haben. Dies Photon muss also virtuell sein, sein Massenquadrat ist $m_\gamma^2 = 4E^2/c^2 > 0$. Alle realen Prozesse lassen sich aber durch Kombination der Elementarprozesse aufbauen. In der elastischen Elektron-Proton-Streuung (Abb. 8.6) werden die beiden ersten

[4] Bereits Mitte der 1930er Jahre gelang es auf andere Weise, das Vakuum von seiner unendlich großen negativen Energie zu befreien, indem man den Formalismus der Quantenfeldtheorie auf Teilchen und Antiteilchen anwandte. In diesen Jahren bewies Wolfgang Pauli auch seine berühmten Theoreme über Spin und Statistik: Teilchen mit halbzahligem Spin haben eine antisymmetrische Gesamtwellenfunktion und gehorchen der Fermi-Dirac-Statistik, Teilchen oder Quanten mit ganzzahligem Spin haben eine symmetrische Gesamtwellenfunktion und gehorchen der Bose-Einstein-Statistik.

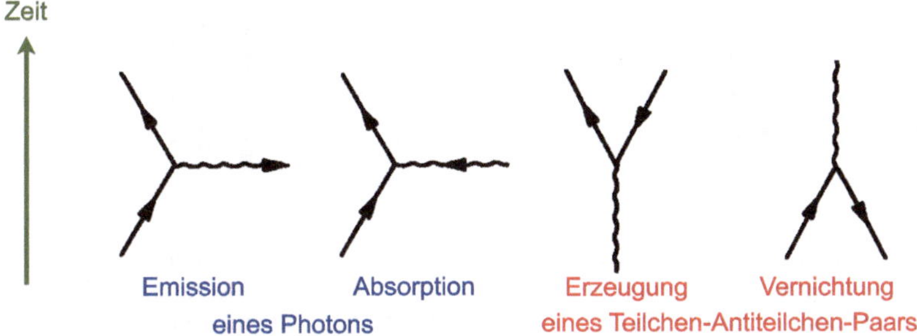

Abb. 8.7 Die vier elementaren Prozesse der Quantenelektrodynamik

Abb. 8.8 Kombination der elementaren Prozesse zu realen Prozessen; die Schnittstelle wird durch die *gestrichelte Linie* angedeutet. Gezeigt werden die Feynman-Graphen für: *links*: Elektron-Positron-Annihilation in ein virtuelles Photon und die nachfolgende Erzeugung eines $\mu^-\mu^+$-Paars, *rechts*: Compton-Effekt. 1. Schritt: ein reelles Elektron absorbiert ein reelles Photon und wird dadurch zu einem virtuellen Elektron. 2. Schritt: das virtuelle Elektron emittiert ein reelles Photon und wandelt sich dabei in ein reelles Elektron um. Für die mathematische Auswertung dieser Graphen siehe z. B. [11]

Elementarprozesse kombiniert. Das ausgetauschte Photon ist virtuell. In Abb. 8.8 werden zwei weitere QED-Prozesse gezeigt. Bei der Reaktion $e^- + e^+ \to \mu^- + \mu^+$ werden die Elementarprozesse (4) und (3) kombiniert, das Photon im Zwischenzustand ist virtuell. Zur Beschreibung der Comptonstreuung kombiniert man die Elementarprozesse (2) und (1), aber in anderer Weise als bei der elastischen Streuung; im Compton-Graphen tritt ein virtuelles Elektron auf.

8.4.3 Die komplexe Natur des physikalischen Vakuums

In Kap. 4.6.1 haben wir uns mit dem Konzept des Äthers befasst, der im 19. Jahrhundert als Trägermedium elektromagnetischer Wellen im Vakuum diskutiert wurde. Man stellte sich vor, dass der Äther fest im Raum verankert sei und dass Bewegungen relativ zum Äther einen Mitführungseffekt des Lichts hervorrufen müssten. Im Michelson-Morley-Experiment wurde vergeblich nach diesem Mitführungseffekt gesucht. Der experimentelle Befund, dass Licht unabhängig von seiner Richtung relativ zur Erdbahn immer die gleiche Geschwindigkeit c hat, war der Aus-

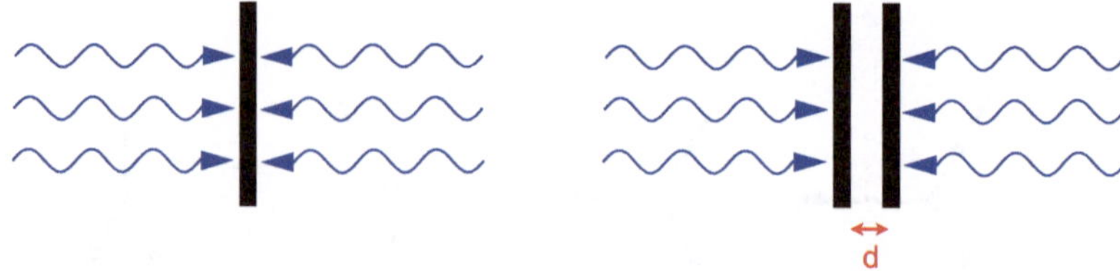

Abb. 8.9 Veranschaulichung der Casimir-Kraft. Zur Vereinfachung werden nur Wellen in horizontaler Richtung betrachtet. Aus dem *linken Bild* wird deutlich, dass die auf eine Einzelplatte wirkende Nettokraft verschwindet. Bei zwei parallelen Platten, deren Abstand $d < \lambda/2$ ist, gibt es keine Photonen im Zwischenraum, daher werden die beiden Platten durch die von außen auftreffenden Photonen zusammengedrückt

gangspunkt von Einsteins Spezieller Relativitätstheorie. Albert Einstein hatte damit dem Konzept des Äthers ein Ende bereitet, und nach 1905 wurde das „Vakuum", der materie- und feldfreie Raum, als vollkommen „leer" angesehen.

Ironischerweise änderte die zwei Jahrzehnte später entwickelte relativistische Quantenfeldtheorie die Sichtweise, und das Vakuum wurde allmählich wieder „bevölkert". Eine sehr lesenswerte Darstellung der Ideen und historischen Entwicklung der Quantenfeldtheorie findet man in einem Physics-Today-Artikel von Victor Weisskopf [16], aus dem hier einige Passagen und Gedankengänge übernommen werden. Im Jahr 1927 publizierte Paul Dirac eine bahnbrechende Arbeit mit dem Titel *The Quantum Theory of the Emission and Absorption of Radiation*. Das elektromagnetische Strahlungsfeld wird als ein Ensemble von unendlich vielen quantisierten harmonischen Oszillatoren behandelt. Über sein Vektorpotential ist das Strahlungsfeld an die Stromdichte der geladenen Teilchen gekoppelt. Wenn elektromagnetische Strahlung der passenden Frequenz vorhanden ist, treten die Prozesse der stimulierten Emission und der Absorption auf, die es auch in der nichtrelativistischen Quantenmechanik gibt.

Vakuumfluktuationen sind die Ursache der spontanen Emission

Die Quantenfeldtheorie beschreibt nicht nur die stimulierte Emission und Absorption von Strahlung, sondern leistet noch mehr, indem sie einen prinzipiellen Mangel der nichtrelativistischen Quantenmechanik behebt. Aus der Schrödinger-Gleichung folgt nämlich, dass die Atome auch in angeregten Zuständen stationär sind, sofern keine Strahlung vorhanden ist. Spontane Übergänge in den Grundzustand können deshalb nicht vorkommen (vergleiche hierzu Kap. 8 und Kap. 10 in Band 1). In der Quantenfeldtheorie ist dies anders. Ein Quanten-Oszillator kann wegen der Heisenberg'schen Unschärferelation niemals exakt in Ruhe sein. Auch im „Vakuum", definiert als der Zustand der niedrigsten Energie, treten Nullpunktsschwingungen auf, und diese Nullpunktsschwingungen sind es, die die „spontane Emission" erzwingen. Diese theoretische Erkenntnis Diracs ist durch neuere Messungen auch experimentell untermauert worden, siehe Band 1, Kap. 8.4.1.

Die Nullpunktsschwingungen können auch *virtuelle* Elektron-Positron-Paare erzeugen, die kurzzeitig auftauchen und sofort wieder verschwinden. Das Vakuum ist also in ständiger Bewegung. Diese *Vakuumfluktuationen* haben messbare Konsequenzen. Neben der Existenz der spontanen Emission sind dies kleine Abweichungen von den Vorhersagen der Dirac-Gleichung: die Energieaufspaltung zwischen dem $2s_{1/2}$-Niveau und dem $2p_{1/2}$-Niveau des H-Atoms (*Lamb shift*), die Abweichung des magnetischen Moments des Elektrons vom Bohr'schen Magneton. Beide Effekte sind mit hoher Präzision gemessen und berechnet worden, die Übereinstimmung der Messungen mit den QED-Rechnungen ist fantastisch.

Der sanfte Druck des „Nichts"

Von den holländischen Physikern Hendrik Casimir und Dirk Polder wurde im Jahr 1948 vorausgesagt, dass die Nullpunktsschwingungen sogar mechanisch messbare Kräfte verursachen können. Wie soll man sich diesen sog. *Casimir-Effekt* vorstellen?

Wir betrachten zunächst zwei gleich starke elektromagnetische Wellen, die in horizontaler Richtung nach rechts bzw. nach links laufen. An einer senkrechten Metallplatte werden die Wellen reflektiert und übertragen dabei gleich große, aber gegenläufige Druckkräfte auf die Platte, siehe Abb. 8.9. Die Nettokraft ist null. Anders wird dies, wenn wir zwei parallele Metallplatten in das Wellenfeld bringen, deren Abstand so klein ist ($d < \lambda/2$), dass im Zwischenraum keine Welle existieren kann (hier wird der Abschneideeffekt wirksam, siehe Kap. 5.2). In diesem Fall fehlen die Gegenkräfte, und die linke Platte wird nach rechts gedrückt, die rechte Platte nach links. Für einen Beobachter sieht es so aus, als ob zwischen den Platten eine Anziehungskraft bestünde.

Diese Überlegungen kann man auf die Nullpunktsschwingungen im Vakuum übertragen. Im Zwischenraum können nur solche Wellen existieren, deren Wellenlänge die Bedingung $\lambda \leq 2\,d$ erfüllt, und je enger der Abstand wird, umso mehr Wellen werden aus dem Zwischenraum herausgedrängt. Die anziehende Casimirkraft zwischen den Platten wächst daher mit kleiner werdendem Abstand rasch an. Sie ist durch folgende Formel gegeben

$$F_{\text{Cas}} = \frac{\pi^2 \hbar c}{240} \frac{a}{d^4}, \tag{8.13}$$

wobei a die Fläche der Platten ist. Diese Formel ist durch neuere Messungen quantitativ bestätigt worden, siehe Aufgabe 8.6.

Der Higgs-Mechanismus

Die nächste Population des physikalischen Vakuums kam mit der Vereinheitlichung der elektromagnetischen und schwachen Wechselwirkungen ab Anfang der 1970er Jahre. Das *Standard-Modell der elektro-schwachen Wechselwirkung* ist theoretisch sehr gut fundiert und beruht auf einer verallgemeinerten Eichinvarianz (eine Einführung findet man in [11]). Die Vorhersagen dieser Theorie sind an den Elektron-Positron-Collidern mit hervorragender Präzision bestätigt worden, es gibt jedoch ein tiefliegendes Problem: die Eichinvarianz ist nur gültig, wenn alle Feldquanten und Teilchen masselos sind. Für die Photonen trifft das zu, aber die Feldquanten der schwachen Wechselwirkung, die Z^0- und $W^\pm$-Bosonen, haben extrem hohe Massen, $M_Z = 91\,\text{GeV}/c^2$ und $M_W = 80\,\text{GeV}/c^2$, sie sind fast hundertmal so schwer wie das Proton. Massive Feldquanten erzeugen ein Yukawa-Potential

$$\Phi(r) \propto \frac{\mathrm{e}^{-\mu r}}{r} \quad \text{mit} \quad \mu = \frac{Mc}{\hbar}\,, \tag{8.14}$$

dessen Reichweite für Massen im Bereich von $90\,\text{GeV}/c^2$ extrem kurz ist, $1/\mu \approx 2 \cdot 10^{-18}$ m, etwa 1/1000 des Protonradius.

Bis heute ist nur ein einziger Weg bekannt, den Z^0- und $W^\pm$-Bosonen eine Masse zu geben und gleichzeitig die Eichinvarianz zu bewahren: dies ist der berühmte Higgs-Mechanismus, benannt nach den schottischen Physiker Peter Higgs. Die grundlegende Idee ist folgende: die schwache Wechselwirkung hat „an sich“ eine unendliche Reichweite und Feldquanten mit Masse null, genau wie die elektromagnetische Wechselwirkung, aber die schwachen Kräfte werden durch ein Hintergrundfeld abgeschirmt, so dass die beobachtete Reichweite auf $2 \cdot 10^{-18}$ m reduziert wird. Als Folge dieser Abschirmung wird den a priori masselosen Feldquanten Z^0 und $W^\pm$ eine „effektive Masse“ verliehen[5]. Ein Abschirmvorgang dieser Art ist der Meissner-Ochsenfeld-Effekt in Supraleitern, der dafür sorgt, dass ein externes Magnetfeld nur in eine dünne Oberflächenschicht eindringen kann und im Inneren des Supraleiters verschwindet (siehe [8]). In dieser nur 50 nm dicken Schicht fließen widerstandsfreie Suprasträme, die das Magnetfeld exponentiell abklingen lassen.

Auch die Massen der Quarks und Leptonen werden auf den Higgs-Mechanismus zurückgeführt. Das Higgs-Feld muss überall im Raum vorhanden sein, denn auch in der Sonne und anderen Sternen verlaufen Prozesse der schwachen Wechselwirkung mit den in irdischen Labors gemessenen Wahrscheinlichkeiten. In gewisser Weise ist damit das Konzept des Äthers wieder zurückgekehrt, wenn auch niemand dies so nennt, weil der Name „Äther“ seit Michelson und Einstein negativ besetzt ist.

Der Higgs-Mechanismus wird mit den Methoden der Quantenfeldtheorie beschrieben. Aus der Theorie folgt, dass ein neues Teilchen mit Spin 0 existieren muss, das man „Higgs-Teilchen“ nennt. Die Besonderheit dieses Teilchens ist, dass es an

[5] Effektive Massen treten auf, wenn man in der Newton'schen Bewegungsgleichung (Masse · Beschleunigung = Summe aller Kräfte) nur die externen Kräfte berücksichtigt und interne Kräfte ignoriert. Ein triviales Beispiel ist ein mit Helium gefüllter Ballon. Der Ballon steigt nach oben, entgegen der Richtung der Schwerkraft. Ignoriert man die Auftriebskraft in der Luft, so müsste man dem Ballon eine negative effektive Masse zuordnen, da er scheinbar von der Erde abgestoßen wird. Effektive Massen sind sehr gebräuchlich in der Festkörperphysik. Auf die Elektronen in einem Kristall wirken starke innere Kräfte und zusätzlich die äußere Kraft in einem angelegten elektromagnetischen Feld. Der Experimentator kennt die inneren Kräfte meistens nicht und ignoriert sie daher. Dann darf er sich aber nicht wundern, dass die effektive Masse m_{eff} des Elektrons sehr verschieden sein kann von der Masse m_e des freien Teilchens.

alle bekannten Feldquanten, Leptonen und Quarks koppelt, und zwar in einer eigentümlichen Weise: die Kopplungsstärke ist proportional zur Masse des jeweiligen Feldquants, Leptons oder Quarks. Es gibt zwei massive Feldquanten, drei massive Leptonen und sechs massive Quarks, also müsste es 11 verschiedene Kopplungsparameter geben. Die Werte dieser Parameter können zur Zeit nicht theoretisch vorhergesagt werden, sondern müssen aus den experimentell bestimmten Massen berechnet werden. Dies ist ein deutlicher Schwachpunkt des Standard-Modells und kann wohl als Hinweis gewertet werden, dass eine tiefer liegende Theorie existieren müsste.

Die Elementarteilchen-Physiker suchen seit Jahrzehnten fieberhaft nach diesem theoretisch vorhergesagten Teilchen als dem abschließenden Baustein des Standard-Modells. Bis zum Jahr 2011 waren alle Suchen erfolglos, aber die neuesten Daten vom Large Hadron Collider (Stand Juli 2012) haben einen großen Fortschritt gebracht. An den beiden Detektoren ATLAS und CMS wurde ein neues Teilchen gefunden, dessen Masse von 125 GeV/c^2 in dem Bereich liegt, wo man aufgrund zahlreicher früherer Experimente und theoretischer Analysen das Higgs-Teilchen erwarten würde. Viele Physiker glauben, dass es sich bei dem neuentdeckten Teilchen um das Higgs-Teilchen handeln könnte, aber ein wissenschaftlich fundierter Beweis steht noch aus. Dafür müsste nachgewiesen werden, dass dies Teilchen den Spin 0 hat und dass seine Kopplungen an die Leptonen, Quarks und Feldquanten proportional zu deren Massen sind.

Tatsächlich realisiert ist der Higgs-Mechanismus in der Festkörperphysik, er ist die Ursache der schon erwähnten exponentiellen Abschirmung magnetischer Felder in Supraleitern. Die Higgs-Teilchen der Supraleitung sind die *Cooper-Paare*, diese sind locker gebundene Paare von zwei Elektronen entgegengesetzter Spinausrichtung, die sich wie Bosonen verhalten. Die Bardeen-Cooper-Schrieffer-(BCS)-Theorie der Supraleitung ist wohl etabliert und experimentell verifiziert. In der BCS-Theorie vermitteln kurzzeitige dynamische Deformationen des Kristallgitters die Bindung zwischen den Elektronen. Niemand zweifelt daran, dass Cooper-Paare existieren und die Träger des widerstandsfreien Stroms sind. Trotzdem dürfte es unmöglich sein, ein einzelnes Cooper-Paar aus dem Supraleiter herauszulösen, denn diese Paare existieren nur im Kollektiv und bilden eine makroskopische kohärente Wellenfunktion. Außerhalb des Supraleiters entfallen die bindenden Kräfte, und das Paar würde sich sofort in zwei Einzelelektronen auftrennen.

Es besteht auch noch die Denkmöglichkeit, dass das Higgs kein elementares Teilchen, sondern ein zusammengesetztes System ist, und dass es in Analogie zu den Cooper-Paaren nicht als freies Teilchen beobachtbar ist. Vielleicht werden aber auch ganz neuartige theoretische Ansätze zur Masse-Erzeugung der Feldquanten, Quarks und Leptonen gebraucht, zumal eine Erklärung für die rätselhafte *Dunkle Materie* und die *Dunkle Energie* im Kosmos bisher nicht bekannt ist. Es ist zu vermuten, dass das physikalische Vakuum (oder der leere Raum) noch viele weitere Überraschungen bereithält.

Zusammenfassung

1. Die Klein-Gordon-Gleichung ergibt sich, wenn man die relativistische Energie-Impuls-Beziehung $E^2 = \boldsymbol{p}^2c^2 + m_0^2c^4$ in eine Operatorgleichung umschreibt.
2. Die Klein-Gordon-Gleichung ist von der zweiten Ordnung in der Zeit und hat zwei Typen von Lösungen. Die Wellenfunktionen mit positiver Energie entsprechen den Lösungen der Schrödinger-Gleichung. Die Wellenfunktionen mit negativer Energie waren lange Zeit unverständlich.
3. Die Dirac-Gleichung ist die korrekte relativistische Verallgemeinerung der Schrödinger-Gleichung für Elektronen (und Quarks). Sie ist eine Differentialgleichung von der ersten Ordnung in der Zeit und den Ortskoordinaten. Um den auch hier auftretenden negativen Energiewerten einen physikalischen Sinn zu geben, postulierte Dirac, dass im Grundzustand alle Zustände negativer Energie besetzt sind. Durch Energiezufuhr könnte ein Elektron von einem negativen Energieniveau auf ein positives angehoben werden. Dirac sagte die Existenz von Antiteilchen voraus. Das Antielektron (Positron) wurde 1932 von Anderson entdeckt, das Antiproton 25 Jahre später.
4. Die Dirac-Gleichung sagt den Spin $1/2$ des Elektrons und sein magnetisches Moment voraus. Die Lösungen dieser Gleichung sind vierkomponentige Spinoren, die sowohl Elektron wie Positron mit ihren beiden Spineinstellungen beschreiben.
5. Das Dirac-Bild der Antiteilchen kann auf Halbleiter übertragen werden. Löcher im Valenzband sind positive Ladungsträger und entsprechen den Positronen.
6. In der Stückelberg-Feynman-Interpretation entspricht ein Elektron mit negativer Energie, das rückwärts in der Zeit läuft, einem Positron mit positiver Energie, das vorwärts in der Zeit läuft. Die Elektronen-Wellenfunktionen negativer Energie werden durch Zeitumkehr in die Wellenfunktionen der Positronen transformiert. Dadurch entfällt das Problem der negativen Energieniveaus.
7. Die Feynman-Graphen ermöglichen eine bildliche Darstellung der QED-Reaktionen und vereinfachen die Berechnung dieser Prozesse. Alle QED-Reaktionen können aus vier elementaren Prozessen aufgebaut werden:

   a) Emission eines Photons durch ein geladenes Fermion,
   b) Absorption eines Photons durch ein geladenes Fermion,
   c) Erzeugung eines Fermion-Antifermion-Paares durch ein Photon,
   d) Annihilation eines Fermion-Antifermion-Paares in ein Photon.

8. Die Quantenfeldtheorie beschreibt ein elektromagnetisches Strahlungsfeld als Ensemble von unendlich vielen quantisierten harmonischen Oszillatoren, deren Nullpunktsschwingungen die „spontane Emission" von Strahlung stimulieren. Das physikalische Vakuum ist nicht „leer", sondern enthält unendlich viele Nullpunktsschwingungen und kurzlebige Teilchen-Antiteilchen-Paare, die messbare Auswirkung haben, z. B. die Lamb-Verschiebung im H-Atom und die winzige Abweichung des magnetischen Moments des Elektrons vom Vorhersagewert der Dirac-Gleichung.

9. Der Higgs-Mechanismus der Elementarteilchenphysik verleiht den a priori masselosen Feldquanten der schwachen Wechselwirkung sowie den Quarks und Leptonen eine „effektive Masse“. Das Higgs-Feld muss überall im Raum vorhanden sein, denn auch in der Sonne und anderen Sternen verlaufen Teilchenreaktionen wie in irdischen Labors. Ein zweifelsfreier experimenteller Nachweis des Higgs-Teilchens ist noch nicht gelungen.

Aufgaben

8.1) Die folgende vierkomponentige Wellenfunktion beschreibt ein Elektron, das sich mit dem Impuls $p_z = p$ in z-Richtung bewegt:

$$\psi(z,t) = A\,\mathrm{e}^{\mathrm{i}\,k\,z}\,\mathrm{e}^{-\mathrm{i}\,\omega\,t}\begin{pmatrix} 1 \\ 0 \\ \frac{c\,p}{E+m_e c^2} \\ 0 \end{pmatrix}, \quad p = \hbar\,k\,,$$

$$\hbar\,\omega = +\sqrt{p^2\,c^2 + m_e^2\,c^4} > 0\,.$$

Zeige, dass die Dirac-Gleichung erfüllt ist und dass das Elektron positive Energie hat. Welche Spineinstellung hat es? Hinweis: die Eigenwerte von Energie, Impuls und Spin erhält man durch Anwendung der zugehörigen Operatoren.

8.2) Ein „Elektron“ negativer Energie werde durch die Wellenfunktion

$$\psi_n(z,t) = A\,\mathrm{e}^{-\mathrm{i}\,k\,z}\,\mathrm{e}^{+\mathrm{i}\,\omega\,t}\begin{pmatrix} 0 \\ -\frac{c\,p}{|E|+m_e c^2} \\ 0 \\ 1 \end{pmatrix}$$

beschrieben. Zeige, dass auch in diesem Fall die Dirac-Gleichung erfüllt ist und dass $E = -\sqrt{p^2\,c^2 + m_e^2\,c^4} < 0$ ist. In welche Richtung bewegt sich das „Elektron“ und welche Spinkomponente in z-Richtung hat es?

Die Wellenfunktion des zugehörigen Positrons erhält man, indem man auf die konjungiert komplexe Wellenfunktion das Produkt der Dirac-Matrizen $\beta\,\alpha_2$ anwendet:

$$\psi_p(z,t) = \mathrm{i}\,\beta\,\alpha_2\,\psi_n^*(z,t)\,.$$

Zeige, dass dies Teilchen – das Positron – eine positive Energie hat, und bestimme seine Impulsrichtung sowie die Spinkomponente in z-Richtung. Wie kann man das Ergebnis im Stückelberg-Feynman-Bild verstehen?

8.3) Zeige, dass die obigen Wellenfunktionen auch Lösungen der Klein-Gordon-Gleichung sind.

8.4) Die elementaren Prozesse der QED sind Emission oder Absorption eines Photons durch ein geladenes Teilchen sowie die Teilchen-Antiteilchen-Erzeugung durch ein Photon und die Teilchen-Antiteilchen-Vernichtung in ein Photon. Zeige, dass alle diese Prozesse aufgrund des Energie-Impuls-Satzes nicht im Vakuum ablaufen können, sofern alle Teilchen und Quanten „reell" sind (d. h. ihre bekannte Masse haben). Als Beispiel: ein 1 GeV-Positron trifft auf ein ruhendes Elektron, beide verschwinden und erzeugen ein Photon. Wende den Impulssatz an und zeige, dass dann der Energiesatz verletzt ist (oder umgekehrt).

8.5) Im Neutronen-Interferenzexperiment von Rauch et al. wird die Phase der Wellenfunktion dadurch geändert, dass der magnetische Momentenvektor eine Präzession in einem Magnetfeld B ausführt mit der Larmorfrequenz $\omega_L = 2\pi f_L = 2|\mu_n|B/\hbar$. Die Wellenlänge der Neutronen beträgt $\lambda = 0{,}182\,\text{nm}$.

a) Wie groß ist ihre Geschwindigkeit und kinetische Energie (in eV)?
b) Die Länge des Magneten beträgt $\ell = 15\,\text{mm}$. Welche Feldstärke B muss man einstellen, damit der Momentenvektor eine 2π-Drehung ausführt?

8.6) Dies ist eine anspruchsvolle aber auch spannende Aufgabe, weil ganz aktuelle Forschungsergebnisse analysiert werden. Der Casimireffekt wurde im Jahr 2002 von Bressi et al. [17] experimentell untersucht. Ein dünnes Siliziumplättchen von 19 mm Länge, 1,2 mm Breite und 47 µm Dicke war am unteren Ende eingespannt und wurde wie eine Zungenfeder (*cantilever*) zu mechanischen Schwingungen der Frequenz $f_0 = 138275\,\text{Hz}$ angeregt. Die rücktreibende Kraft und die quadrierte Frequenz der Schwingung sind gegeben durch $F_0(x) = -K_0\,x$ und $\omega_0^2 = (2\pi f_0)^2 = K_0/(0{,}3\,m_0)$ mit der Federkonstanten K_0 und der Masse m_0 des Plättchens. Der Faktor 0,3 tritt auf, weil keine lineare, sondern eine Biegeschwingung vorliegt. Als Gegenfläche zur Messung der Casimirkraft diente ein Si-Plättchen der Fläche $a = 1{,}2 \times 1{,}2\,\text{mm}^2$, das über einen Piezo-Kristall hochpräzise an das obere Ende der Zungenfeder herangefahren werden konnte (s. Fig. 1 in [17]). Bei Abständen $d < 1\,\mu\text{m}$ wurde eine deutliche Verschiebung der Resonanzfrequenz der Zungenfeder gemessen. Die gemessene Änderung der quadrierten Frequenz $\Delta f^2 = f^2 - f_0^2$ als Funktion des Abstands d ist in der Tabelle aufgeführt.

d [µm]	1,5	1,0	0,87	0,79	0,68	0,62	0,58	0,55
Δf^2 [Hz^2]	−100	−290	−440	−860	−1430	−2000	−3000	−3900

Diese Daten sollen mit der theoretischen Vorhersage verglichen und grafisch aufgetragen werden (siehe hierzu auch Fig. 4 in [17]). Hinweis: die Casimirkraft ändert die Federkonstante: $K_0 \to K_0 + K_{\text{Cas}}(d)$. Man macht folgende Näherung für die Casimirkraft

$$F_{\text{Cas}}(d+x) = \frac{\pi^2\hbar c}{240}\,\frac{a}{(d+x)^4} \approx -4\,\frac{\pi^2\hbar c}{240}\,\frac{a}{d^5}\cdot x \equiv -K_{\text{Cas}}(d)\cdot x \quad \text{für} \quad |x| \ll d.$$

Die Dichte von Silizium ist $2{,}33\,\text{g/cm}^3$.

8.7) Die Klein-Gordon-Gleichung ist die relativistische Verallgemeinerung der Schrödinger-Gleichung für Teilchen mit Spin 0, beispielsweise π^+-Mesonen. Deren Antiteilchen sind die π^--Mesonen, die die gleiche Masse und Lebensdauer haben. Warum ist das Dirac-Bild der Antiteilchen hier nicht anwendbar? Darf man die Stückelberg-Feynman-Interpretation der Antiteilchen benutzen?

Anhang A
Vektoranalysis

In diesem Anhang wird eine kurze Einführung in die Vektorrechnung, Vektoranalysis und die Integraltheoreme gegeben. Auf Beweise wird weitgehend verzichtet. Ausführlichere Darstellungen findet man in den Standard-Lehrbüchern der Elektrodynamik wie [4], [5], [6] und bei Großmann [18].

A.1 Vektoralgebra

Wenn man auf einem zugefrorenen See einen Schlitten 300 m nach Norden schiebt und danach 400 m nach Osten, hat man insgesamt 700 m zurückgelegt, der Schlitten ist aber nur 500 m vom Startort entfernt. Offensichtlich darf man die Strecken nicht einfach addieren. Der Grund ist, dass Verschiebungen eine Größe (Länge) und eine Richtung haben. Solche Objekte nennt man Vektoren. Wir kennzeichnen sie durch fett gedruckte Symbole. Wichtige Vektoren der Physik sind: Ortsvektor $\boldsymbol{r}$, Geschwindigkeit $\boldsymbol{v}$, Impuls $\boldsymbol{p}$, Kraft $\boldsymbol{F}$, elektrisches Feld $\boldsymbol{E}$, Magnetfeld $\boldsymbol{B}$, Vektorpotential $\boldsymbol{A}$. Im Unterschied dazu werden Objekte, die nur eine Größe aber keine Richtung haben, Skalare genannt. Beispiele sind Masse, Temperatur, Ladungsdichte, elektrisches Potential.

Im Folgenden betrachten wir Vektoren im dreidimensionalen Raum, der durch ein kartesisches Koordinatensystem[1] (x, y, z) mit orthogonalen geradlinigen Achsen beschrieben wird. Die Einheitsvektoren $\hat{\boldsymbol{x}}$, $\hat{\boldsymbol{y}}$ und $\hat{\boldsymbol{z}}$ sind parallel zu den x, y, z-Achsen orientiert und haben den Betrag 1. Einen beliebigen Vektor $\boldsymbol{a}$ kann man als Linearkombination der Einheitsvektoren darstellen

$$\boldsymbol{a} = a_x\hat{\boldsymbol{x}} + a_y\hat{\boldsymbol{y}} + a_z\hat{\boldsymbol{z}}$$

mit den Komponenten a_x, a_y und a_z.

[1] Benannt nach René Descartes (Latein: Cartesius).

P. Schmüser, *Theoretische Physik für Studierende des Lehramts 2*,
DOI 10.1007/978-3-642-25395-9, © Springer-Verlag Berlin Heidelberg 2013

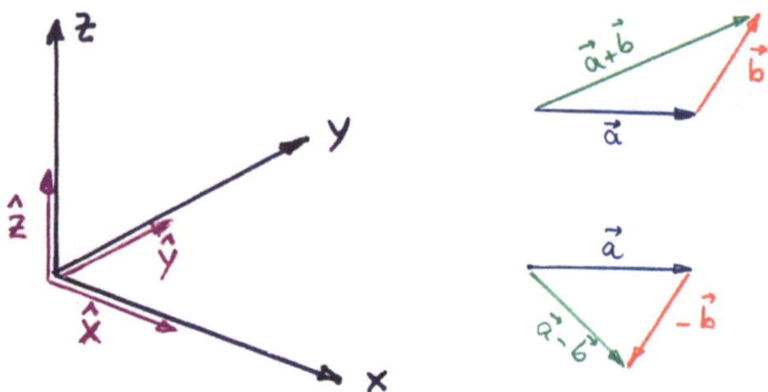

Abb. A.1 Das kartesische Koordinatensystem (x, y, z) mit den Einheitsvektoren $\hat{\boldsymbol{x}}$, $\hat{\boldsymbol{y}}$ und $\hat{\boldsymbol{z}}$ und die Summe und Differenz von Vektoren.

Addition von Vektoren

Die Summe $\boldsymbol{c} = \boldsymbol{a} + \boldsymbol{b}$ von zwei Vektoren $\boldsymbol{a}$ und $\boldsymbol{b}$ kann man geometrisch definieren: man zeichnet den Vektor $\boldsymbol{a}$ und platziert das Ende des Vektors $\boldsymbol{b}$ an den Kopf von $\boldsymbol{a}$, siehe Abb. A.1. In Komponenten gilt

$$c_x = a_x + b_x \,, \quad c_y = a_y + b_y \,, \quad c_z = a_z + b_z \,,$$

man addiert also die Komponenten. Entsprechend wird die Differenz $\boldsymbol{c} = \boldsymbol{a} - \boldsymbol{b}$ berechnet, indem man die Komponenten voneinander subtrahiert

$$c_x = a_x - b_x \,, \quad c_y = a_y - b_y \,, \quad c_z = a_z - b_z \,.$$

A.1.1 Skalarprodukt und Vektorprodukt

Skalarprodukt

Das Skalarprodukt (Punktprodukt) zweier Vektoren ist definiert durch

$$\boldsymbol{a} \cdot \boldsymbol{b} = a\, b \cos\alpha \,, \tag{A.1}$$

wobei a und b die Länge der Vektoren bezeichnen und α der Winkel zwischen ihnen ist. In Komponenten lautet das Skalarprodukt

$$\boldsymbol{a} \cdot \boldsymbol{b} = a_x b_x + a_y b_y + a_z b_z \,. \tag{A.2}$$

Das Skalarprodukt ergibt einen Skalar, d. h. eine Zahl (und keinen Vektor). Das Skalarprodukt ist kommutativ:

$$\boldsymbol{b} \cdot \boldsymbol{a} = \boldsymbol{a} \cdot \boldsymbol{b} \,.$$

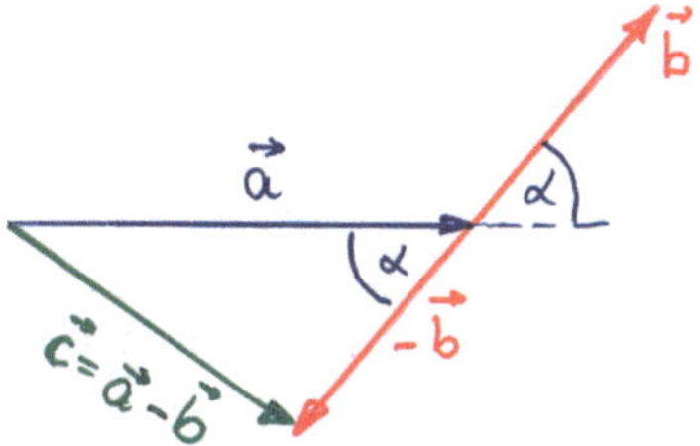

Abb. A.2 Illustration zum Cosinussatz $c^2 = a^2 + b^2 - 2ab\cos\alpha$. Für $\alpha = \pi/2$ ergibt sich der Satz von Pythagoras

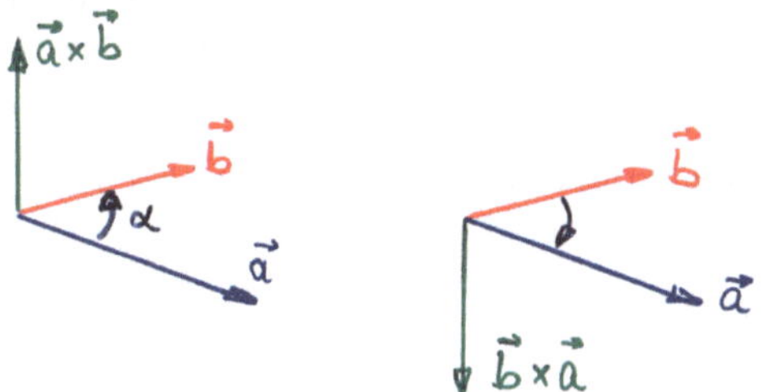

Abb. A.3 Die Vektorprodukte $\boldsymbol{a} \times \boldsymbol{b}$ und $\boldsymbol{b} \times \boldsymbol{a}$

Aus $\boldsymbol{a} \cdot \boldsymbol{b} = 0$ folgt, dass die beiden Vektoren senkrecht aufeinander stehen. Den Betrag (die Länge) eines Vektors kann man berechnen, indem man das Skalarprodukt des Vektors mit sich selbst bildet

$$a = |\boldsymbol{a}| = \sqrt{\boldsymbol{a} \cdot \boldsymbol{a}} = \sqrt{a_x^2 + a_y^2 + a_z^2} \,. \tag{A.3}$$

Nun berechnen wir das Betragsquadrat des Vektors $\boldsymbol{c} = \boldsymbol{a} - \boldsymbol{b}$:

$$c^2 = (\boldsymbol{a} - \boldsymbol{b}) \cdot (\boldsymbol{a} - \boldsymbol{b}) = a^2 + b^2 - 2ab\cos\alpha \,. \tag{A.4}$$

Dies ist der Cosinussatz, die Verallgemeinerung des Satzes von Pythagoras für nicht-rechtwinklige Dreiecke (siehe Abb. A.2). In der Physik wird das Skalarprodukt angewandt, um die Arbeit $W = \boldsymbol{F} \cdot \boldsymbol{s}$ oder die Leistung $P = \boldsymbol{F} \cdot \boldsymbol{v}$ zu berechnen.

Vektorprodukt

Das Vektorprodukt (Kreuzprodukt) von zwei Vektoren ist ein Vektor

$$\boldsymbol{a} \times \boldsymbol{b} = a\, b \sin\alpha\, \hat{\boldsymbol{n}} \,. \tag{A.5}$$

Dabei ist $\hat{\boldsymbol{n}}$ ein Einheitsvektor, der senkrecht auf der durch die Vektoren $\boldsymbol{a}$ und $\boldsymbol{b}$ aufgespannten Ebene steht. Es gibt natürlich zwei Richtungen senkrecht zu dieser Ebene (nach „oben“ und nach „unten“). Die Richtung von $\hat{\boldsymbol{n}}$ ist durch die

Rechtschrauben-Regel (oder rechte-Hand-Regel) festgelegt, siehe Abb. A.3. Aus dieser Definition folgt unmittelbar

$$\boldsymbol{b} \times \boldsymbol{a} = -\boldsymbol{a} \times \boldsymbol{b} \; . \tag{A.6}$$

Das Vektorprodukt ist also nicht kommutativ. Aus Gl. (A.6) folgt $\boldsymbol{a} \times \boldsymbol{a} = 0$ für beliebige Vektoren. Für die kartesischen Einheitsvektoren gilt

$$\hat{\boldsymbol{x}} \times \hat{\boldsymbol{y}} = \hat{\boldsymbol{z}} \, , \quad \hat{\boldsymbol{y}} \times \hat{\boldsymbol{z}} = \hat{\boldsymbol{x}} \, , \quad \hat{\boldsymbol{z}} \times \hat{\boldsymbol{x}} = \hat{\boldsymbol{y}} \; .$$

Daraus ergibt sich die Komponentendarstellung des Vektorprodukts

$$\boldsymbol{a} \times \boldsymbol{b} = (a_y b_z - a_z b_y)\, \hat{\boldsymbol{x}} + (a_z b_x - a_x b_z)\, \hat{\boldsymbol{y}} + (a_x b_y - a_y b_x)\, \hat{\boldsymbol{z}} \; . \tag{A.7}$$

In der Physik tritt das Vektorprodukt beim Drehimpuls $\boldsymbol{L} = \boldsymbol{r} \times \boldsymbol{p}$ und bei der Lorentz-Kraft $\boldsymbol{F}_{\mathrm{Lor}} = q\, \boldsymbol{v} \times \boldsymbol{B}$ auf.

Rechenregeln

Für die gemischten Skalar- und Vektorprodukte gilt die Regel

$$\boldsymbol{a} \cdot (\boldsymbol{b} \times \boldsymbol{c}) = \boldsymbol{b} \cdot (\boldsymbol{c} \times \boldsymbol{a}) = \boldsymbol{c} \cdot (\boldsymbol{a} \times \boldsymbol{b}) \; . \tag{A.8}$$

Das dreifache Vektorprodukt darf man nicht in der Form $\boldsymbol{a} \times \boldsymbol{b} \times \boldsymbol{c}$ schreiben, da das Ergebnis nicht eindeutig ist. Durch Setzen von Klammern kann man unterscheiden, ob erst das Vektorprodukt $\boldsymbol{a} \times \boldsymbol{b}$ oder $\boldsymbol{b} \times \boldsymbol{c}$ gebildet wird. Im ersten Fall gilt

$$(\boldsymbol{a} \times \boldsymbol{b}) \times \boldsymbol{c} = \boldsymbol{b}\, (\boldsymbol{a} \cdot \boldsymbol{c}) - \boldsymbol{a}\, (\boldsymbol{b} \cdot \boldsymbol{c}) \; . \tag{A.9}$$

Im zweiten Fall erhält man ein anderes Resultat

$$\boldsymbol{a} \times (\boldsymbol{b} \times \boldsymbol{c}) = \boldsymbol{b}\, (\boldsymbol{a} \cdot \boldsymbol{c}) - \boldsymbol{c}\, (\boldsymbol{a} \cdot \boldsymbol{b}) \; . \tag{A.10}$$

A.1.2 Rotationsinvarianz des Skalarprodukts

Eine wichtige Eigenschaft des Skalarprodukts ist, dass es bei Rotationen oder Translationen des Koordinatensystems invariant bleibt. Das ist aufgrund der Definition (A.1) offensichtlich, aber auch in der Komponentendarstellung leicht einzusehen. Als Beispiel betrachten wir eine Rotation um die z-Achse

$$\begin{aligned} x' &= x \cos\theta + y \sin\theta \; , \\ y' &= -x \sin\theta + y \cos\theta \; , \\ z' &= z \; . \end{aligned}$$

Das Skalarprodukt wird wie folgt umgerechnet

$$\begin{aligned}
\boldsymbol{a}' \cdot \boldsymbol{b}' &= a'_x b'_x + a'_y b'_y + a'_z b'_z \\
&= (a_x \cos\theta + a_y \sin\theta)(b_x \cos\theta + b_y \sin\theta) \\
&\quad + (-a_x \sin\theta + a_y \cos\theta)(-b_x \sin\theta + b_y \cos\theta) + a_z b_z \\
&= (a_x b_x + a_y b_y)(\cos^2\theta + \sin^2\theta) + a_z b_z \\
&= \boldsymbol{a} \cdot \boldsymbol{b} \ .
\end{aligned}$$

Matrixschreibweise der Koordinatentransformation

Schreibt man die Vektoren $\boldsymbol{r}$ und $\boldsymbol{r}'$ als Spaltenvektoren, so kann man die obige Rotation des Koordinatensystems als Matrixmultiplikation schreiben

$$\begin{pmatrix} x' \\ y' \\ z' \end{pmatrix} = \begin{pmatrix} \cos\theta & \sin\theta & 0 \\ -\sin\theta & \cos\theta & 0 \\ 0 & 0 & 1 \end{pmatrix} \cdot \begin{pmatrix} x \\ y \\ z \end{pmatrix} . \tag{A.11}$$

Die Umkehrtransformation ist einfach. Um die inverse Rotationsmatrix zu erhalten, ersetzt man θ durch $-\theta$, d.h. man rotiert in der Gegenrichtung:

$$\begin{pmatrix} x \\ y \\ z \end{pmatrix} = \begin{pmatrix} \cos\theta & -\sin\theta & 0 \\ \sin\theta & \cos\theta & 0 \\ 0 & 0 & 1 \end{pmatrix} \cdot \begin{pmatrix} x' \\ y' \\ z' \end{pmatrix} . \tag{A.12}$$

Das Produkt der Rotationsmatrix und ihrer Inversen ist natürlich die Einheitsmatrix

$$\begin{pmatrix} \cos\theta & \sin\theta & 0 \\ -\sin\theta & \cos\theta & 0 \\ 0 & 0 & 1 \end{pmatrix} \cdot \begin{pmatrix} \cos\theta & -\sin\theta & 0 \\ \sin\theta & \cos\theta & 0 \\ 0 & 0 & 1 \end{pmatrix} = \begin{pmatrix} 1 & 0 & 0 \\ 0 & 1 & 0 \\ 0 & 0 & 1 \end{pmatrix} .$$

A.2 Dreidimensionale Differentialrechnung

Bei einer Funktion $f(x)$ von einer Variablen gibt uns die Ableitung an, wie schnell sich die Funktion ändert, wenn wir das Argument um einen kleinen Betrag dx ändern:

$$df = \left(\frac{df}{dx}\right) dx \ .$$

Gegeben sei nun eine Funktion von drei Variablen $f(x, y, z)$. Hier kommt es darauf an, in welche Richtung man sich bewegt, und da man im Raum beliebig viele Richtungen auswählen kann, sieht das Problem sehr kompliziert aus. Es ist aber möglich, die Änderung von f längs einer beliebigen Richtung auf die Änderungen von f längs der drei Koordinatenachsen zurückzuführen:

$$df = \left(\frac{\partial f}{\partial x}\right) dx + \left(\frac{\partial f}{\partial y}\right) dy + \left(\frac{\partial f}{\partial z}\right) dz \,. \tag{A.13}$$

Man kann dies als Skalarprodukt schreiben:

$$df = \nabla f \cdot d\boldsymbol{s} \,. \tag{A.14}$$

Dabei ist

$$\nabla f = \left(\frac{\partial f}{\partial x}\right) \hat{\boldsymbol{x}} + \left(\frac{\partial f}{\partial y}\right) \hat{\boldsymbol{y}} + \left(\frac{\partial f}{\partial z}\right) \hat{\boldsymbol{z}}$$

der Gradient der Funktion f und $d\boldsymbol{s}$ der infinitesimale Verschiebungsvektor

$$d\boldsymbol{s} = dx\, \hat{\boldsymbol{x}} + dy\, \hat{\boldsymbol{y}} + dz\, \hat{\boldsymbol{z}} \,.$$

Geometrische Interpretation des Gradienten

Wie jeder Vektor hat der Gradient eine Größe und eine Richtung. Wir schreiben das Skalarprodukt in (A.14) in der Form

$$df = \nabla f \cdot d\boldsymbol{s} = |\nabla f| \cdot |d\boldsymbol{s}| \cos\alpha \,,$$

wobei α der Winkel zwischen den Vektoren ∇f und $d\boldsymbol{s}$ ist. Hält man die Länge des Verschiebungsvektors $ds = |d\boldsymbol{s}|$ konstant und variiert die Richtung im Raum, so ergibt sich die größte Änderung df für den Winkel $\alpha = 0$. Daraus erkennen wir:

Der Vektor ∇f zeigt in die Richtung des maximalen Wachstums der Funktion $f(x, y, z)$. Die Größe $|\nabla f|$ gibt die Steigung in dieser Richtung an.

Der Nabla-Operator

Formal sieht der Gradient einer Funktion ∇f wie das Produkt eines Vektors ∇ mit einem Skalar f aus. Wir schreiben den Nabla-Operator als Vektor

$$\nabla = \hat{\boldsymbol{x}} \frac{\partial}{\partial x} + \hat{\boldsymbol{y}} \frac{\partial}{\partial y} + \hat{\boldsymbol{z}} \frac{\partial}{\partial z} \,. \tag{A.15}$$

Natürlich ist Nabla kein Vektor im üblichen Sinn. Der Operator Nabla hat keine spezifische Bedeutung an sich, sondern gewinnt diese erst, wenn man ihn auf eine Funktion anwendet. Dafür gibt es drei Möglichkeiten:

- Anwendung von Nabla auf eine skalare Funktion $f(x, y, z)$ ergibt eine Vektorfunktion, den Gradienten: $\operatorname{grad} f = \nabla f$.
- Das Skalarprodukt von Nabla mit einer Vektorfunktion $\boldsymbol{G}(x, y, z)$ ergibt eine skalare Funktion, die Divergenz: $\operatorname{div} \boldsymbol{G}(x, y, z) = \nabla \cdot \boldsymbol{G}(x, y, z)$.

- Das Vektorprodukt von Nabla mit einer Vektorfunktion $\boldsymbol{G}(x,y,z)$ ergibt eine Vektorfunktion, die Rotation: $\operatorname{rot}\boldsymbol{G}(x,y,z) = \nabla \times \boldsymbol{G}(x,y,z)$.

Wir diskutieren diese Begriffe in Zusammenhang mit den zugehörigen Integralsätzen.

A.3 Integraltheoreme

A.3.1 Gradienten-Theorem

Differenzierbare Funktionen einer Variablen x erfüllen den Hauptsatz der Differential- und Integralrechnung: das bestimmte Integral über die Ableitung der Funktion ist gleich der Differenz der Funktionswerte an den Grenzen des Integrals.

$$\int_a^b \frac{df}{dx}\,dx = f(b) - f(a)\,. \tag{A.16}$$

Die direkte Verallgemeinerung für Funktionen $f(x,y,z)$ von drei Variablen ist das *Gradienten-Theorem*: Das Linienintegral über den Gradienten der Funktion ($\operatorname{grad} f = \nabla f$) ist gleich der Differenz der Funktionswerte an den Grenzpunkten des Integrals.

$$\int_{\boldsymbol{r}_a}^{\boldsymbol{r}_b} (\nabla f)\cdot d\boldsymbol{s} = f(\boldsymbol{r}_b) - f(\boldsymbol{r}_a)\,. \tag{A.17}$$

Die entscheidende Aussage ist, dass dieses Linienintegral nicht von der Form und der Länge des Weges zwischen dem Anfangs- und Endpunkt abhängt, sondern für jeden beliebigen Weg den gleichen Wert hat. Der Beweis ist nicht schwierig. Wir unterteilen den Weg in N sehr kurze Abschnitte der Länge Δs und definieren $N+1$ Punkte auf diesem Weg

$$\boldsymbol{r}_1 = \boldsymbol{r}_a\,,\ \boldsymbol{r}_2 = \boldsymbol{r}_1 + \Delta\boldsymbol{s}_1\,,\quad \boldsymbol{r}_3 = \boldsymbol{r}_2 + \Delta\boldsymbol{s}_2\,,\ldots\quad \boldsymbol{r}_{N+1} = \boldsymbol{r}_N + \Delta\boldsymbol{s}_N = \boldsymbol{r}_b\,.$$

Damit können wir schreiben

$$\int_{\boldsymbol{r}_a}^{\boldsymbol{r}_b} (\nabla f)\cdot d\boldsymbol{s} = \sum_{j=1}^{N} \int_{\boldsymbol{r}_j}^{\boldsymbol{r}_{j+1}} (\nabla f)\cdot d\boldsymbol{s} \approx \sum_{j=1}^{N} [f(\boldsymbol{r}_{j+1}) - f(\boldsymbol{r}_j)] = f(\boldsymbol{r}_b) - f(\boldsymbol{r}_a)\,.$$

Dabei haben wir benutzt, dass wegen Gl. (A.14) für ein sehr kurzes (infinitesimales) Wegstück folgende Beziehung gilt

$$\int_{\boldsymbol{r}_j}^{\boldsymbol{r}_{j+1}} (\nabla f)\cdot d\boldsymbol{s} \approx f(\boldsymbol{r}_{j+1}) - f(\boldsymbol{r}_j)\,.$$

Beispiel für ein wegabhängiges Linienintegral

Wenn eine Vektorfunktion $\boldsymbol{G}(x, y, z)$ nicht als Gradient einer skalaren Funktion darstellbar ist, so hängt der Wert des Linienintegrals nicht nur von Anfangs- und Endpunkt ab, sondern auch noch vom Verlauf des Weges zwischen diesen Punkten. Wir nehmen als Beispiel die Vektorfunktion

$$G_x(x, y, z) = xy \ , \quad G_y(x, y, z) = y \ , \quad G_z(x, y, z) = 0$$

und berechnen das Linienintegral von $\boldsymbol{r}_a = (0{,}0{,}0)$ nach $\boldsymbol{r}_b = (1{,}1{,}0)$ über die beiden Wege:

$$C1: \quad (0{,}0{,}0) \to (1{,}0{,}0) \to (1{,}1{,}0) \ , \quad C2: \quad (0{,}0{,}0) \to (0{,}1{,}0) \to (1{,}1{,}0) \ .$$

Das Linienintegral über den Weg $C1$ ist

$$\int_{C1} \boldsymbol{G} \cdot d\boldsymbol{s} = \int_0^1 G_x(x{,}0{,}0)dx + \int_0^1 G_y(1, y{,}0)dy = \int_0^1 0\, dx + \int_0^1 y dy = 1/2 \ .$$

Dies ist verschieden vom Linienintegral über den Weg $C2$

$$\int_{C2} \boldsymbol{G} \cdot d\boldsymbol{s} = \int_0^1 G_y(0, y{,}0)dy + \int_0^1 G_x(x{,}1{,}0)dx = \int_0^1 y dy + \int_0^1 x dx = 1 \ .$$

Es existiert keine Funktion $f(x, y, z)$ mit der Eigenschaft $\nabla f = \boldsymbol{G}$.

A.3.2 Berechnung der Potentialfunktion

In der Physik spielen *konservative Kräfte* eine wichtige Rolle. Dies sind Kräfte, bei denen das Linienintegral

$$\int_{\boldsymbol{r}_a}^{\boldsymbol{r}_b} \boldsymbol{F} \cdot d\boldsymbol{s}$$

nur von Anfangs- und Endpunkt abhängt, aber nicht von der Form und Länge des Weges zwischen diesen Punkten. Für konservative Kräfte kann man eine potentielle Energie definieren, und für die Summe aus kinetischer und potentieller Energie gilt ein Erhaltungssatz (daher der Name „konservative Kraft“). Wichtige Beispiele sind die Gravitationskraft und die Coulombkraft zwischen ruhenden Ladungen. Das Linienintegral des elektrischen Feldes wird in Kap. 2 genauer betrachtet.

Wir betrachten nun eine Vektorfunktion $\boldsymbol{G}(x, y, z)$ (oft auch *Vektorfeld* genannt), bei der das Linienintegral zwischen beliebig gewählten Anfangs- und Endpunkten wegunabhängig ist. Wir definieren eine skalare Funktion durch die Gleichung

$$f(\boldsymbol{r}) = \int_{\boldsymbol{r}_a}^{\boldsymbol{r}} \boldsymbol{G} \cdot d\boldsymbol{s} \tag{A.18}$$

mit einem fest gewählten Anfangspunkt $\boldsymbol{r}_a$ und einem variablen Endpunkt $\boldsymbol{r}$. Da das Integral für beliebige Wege immer denselben Wert ergibt, ist $f(\boldsymbol{r}) = f(x, y, z)$ eine eindeutig definierte Funktion des Ortes.

Machen wir den Weg infinitesimal kurz, so folgt aus den Gleichungen (A.18) und (A.14) für die Änderung der Funktion

$$df = \boldsymbol{G} \cdot d\boldsymbol{s} = \nabla f \cdot d\boldsymbol{s} \; .$$

Diese beiden Ausdrücke haben für beliebig orientierte Verschiebungsvektoren $d\boldsymbol{s}$ den gleichen Wert. Daraus folgt:

$$\boldsymbol{G} = \nabla f \; . \tag{A.19}$$

Mit anderen Worten: jede Vektorfunktion $\boldsymbol{G}(x, y, z)$, deren Linienintegrale zwischen beliebig gewählten Anfangs- und Endpunkten wegunabhängig sind, kann als Gradient einer skalaren Funktion $f(x, y, z)$ dargestellt werden.

Lassen wir den Anfangs- und Endpunkt zusammenfallen, so folgt, dass das Linienintegral eines Gradientenfeldes über eine geschlossene Kurve verschwindet. Man nennt dies auch ein Ringintegral und schreibt es mit einem Kreis im Integralzeichen:

$$\oint (\nabla f) \cdot d\boldsymbol{s} = 0 \; .$$

Anmerkung: in der Physik ist es üblich und sinnvoll die beiden Gleichungen (A.18) und (A.19) mit einem Minuszeichen zu schreiben, da der Zusammenhang zwischen der Kraft und der potentiellen Energie lautet:

$$E_{\text{pot}}(\boldsymbol{r}) = E_{\text{pot}}(\boldsymbol{r}_a) - \int_{\boldsymbol{r}_a}^{\boldsymbol{r}} \boldsymbol{F} \cdot d\boldsymbol{s} \; , \quad \boldsymbol{F} = -\nabla E_{\text{pot}} \; .$$

A.3.3 Gauß-Theorem

Im dreidimensionalen Raum gibt es zwei weitere Integralsätze, die in der Theorie der Funktionen einer Variablen keine Entsprechung haben. Diese involvieren Flächen- und Volumenintegrale. Zuerst betrachten wir das *Gauß-Theorem*, das oft auch als Divergenz-Theorem bezeichnet wird.

Die Divergenz einer Vektorfunktion ist eine skalare Funktion. Sie ist definiert als

$$\operatorname{div} \boldsymbol{G} = \nabla \cdot \boldsymbol{G} = \frac{\partial G_x}{\partial x} + \frac{\partial G_y}{\partial y} + \frac{\partial G_z}{\partial z} \; . \tag{A.20}$$

Der Satz von Gauß lautet: das Volumenintegral über die Divergenz eines Vektorfeldes $\boldsymbol{G}$ ist gleich dem Fluss des Vektorfeldes $\boldsymbol{G}$ durch die geschlossene Oberfläche S des Volumens

$$\boxed{\iiint_V (\nabla \cdot \boldsymbol{G})\, dV = \oiint_S (\boldsymbol{G} \cdot \hat{\boldsymbol{n}})\, da \; .} \tag{A.21}$$

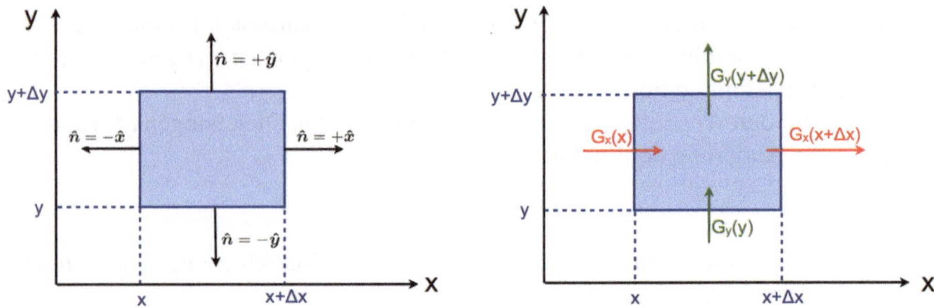

Abb. A.4 *Links*: Definition der Normalenvektoren auf der Oberfläche eines Quaders. Gezeigt wird die Projektion auf die xy-Ebene. *Rechts*: Der Fluss eines Vektorfeldes $\boldsymbol{G}$ durch die geschlossene Oberfläche

Zur Erinnerung: bei einer geschlossenen Oberfläche S ist die Richtung des Normalenvektors $\hat{\boldsymbol{n}}$ so definiert, dass $\hat{\boldsymbol{n}}$ nach außen zeigt und senkrecht auf dem Flächenelement da steht.

Wir beweisen das Divergenztheorem für einen kleinen Quader mit den Kantenlängen Δx, Δy, Δz und dem Volumen $\Delta V = \Delta x \Delta y \Delta z$ (siehe Abb. A.4). Der Fluss von $\boldsymbol{G}$ durch die Oberfläche des Quaders setzt sich zusammen aus dem Flüssen durch die kleinen Rechtecke $\Delta y \Delta z$, $\Delta x \Delta z$ und $\Delta x \Delta y$, welche die Oberfläche bilden und die senkrecht zur x-, y- bzw. z-Achse orientiert sind. Nun betrachten wir die beiden Rechtecke der Fläche $\Delta a = \Delta y \Delta z$, die senkrecht zur x-Achse orientiert sind und sich an den Orten x und $x + \Delta x$ befinden. Für das linke Rechteck gilt $\hat{\boldsymbol{n}} = -\hat{\boldsymbol{x}}$ und $(\boldsymbol{G} \cdot \hat{\boldsymbol{n}})\, \Delta a = -G_x(x)\, \Delta a$, weil der Normalenvektor $\hat{\boldsymbol{n}}$ nach außen zeigt. Für das rechte Rechteck gilt $\hat{\boldsymbol{n}} = +\hat{\boldsymbol{x}}$ und $(\boldsymbol{G} \cdot \hat{\boldsymbol{n}})\, \Delta a = G_x(x + \Delta x)\, \Delta a$. Entsprechende Ausdrücke findet man für die y- und z-Richtungen. Insgesamt wird der Fluss durch die geschlossene Oberfläche des Quaders

$$\begin{aligned}\oiint_S (\boldsymbol{G} \cdot \hat{\boldsymbol{n}})\, da &= [G_x(x + \Delta x) - G_x(x)]\Delta y \Delta z + [G_y(y + \Delta y) - G_y(y)]\Delta x \Delta z \\ &\quad + [G_z(z + \Delta z) - G_z(z)]\Delta x \Delta y \\ &\approx \left(\frac{\partial G_x}{\partial x} + \frac{\partial G_y}{\partial y} + \frac{\partial G_z}{\partial z} \right) \Delta x \Delta y \Delta z = (\boldsymbol{\nabla} \cdot \boldsymbol{G})\, \Delta V \,.\end{aligned}$$

Ein beliebiges Volumen kann man sich in viele infinitesimale Quader unterteilt denken. Die Flüsse von $\boldsymbol{G}$ im Innern heben sich heraus: was bei dem einen Quader rechts herausfließt, fließt bei dem nächsten links hinein. Übrig bleibt nur der Fluss durch die äußere Oberfläche S, die das gesamte Volumen V umschließt. (Anmerkung: dies ist eine Plausibilitätsbetrachtung und kein rigoroser mathematischer Beweis).

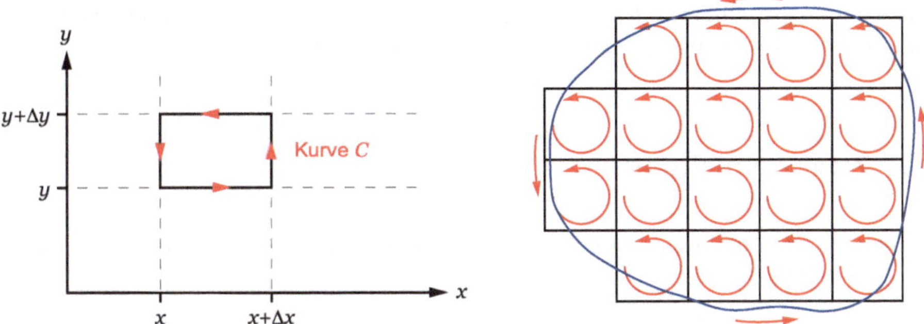

Abb. A.5 Illustration zum Satz von Stokes. *Links* wird das Ringintegral über die Randkurve C eines kleinen Rechtecks gezeigt. *Rechts*: eine beliebig geformte Fläche S wird durch viele kleine Rechtecke approximiert. Die Ringintegrale über die inneren Rechtecke heben sich heraus. Bei hinreichend feiner Unterteilung bleibt nur das Ringintegral über die Randkurve C der Fläche S übrig.

A.3.4 Stokes-Theorem

Die Rotation einer Vektorfunktion (eines Vektorfeldes) ist selbst eine Vektorfunktion. Sie ist definiert als

$$\operatorname{rot} \boldsymbol{G} = \nabla \times \boldsymbol{G} = \left(\frac{\partial G_z}{\partial y} - \frac{\partial G_y}{\partial z}\right)\hat{\boldsymbol{x}} + \left(\frac{\partial G_x}{\partial z} - \frac{\partial G_z}{\partial x}\right)\hat{\boldsymbol{y}} + \left(\frac{\partial G_y}{\partial x} - \frac{\partial G_x}{\partial y}\right)\hat{\boldsymbol{z}} \,. \tag{A.22}$$

Der Satz von Stokes lautet: das Flächenintegral der Rotation eines Vektorfeldes $\boldsymbol{G}$ über eine Fläche S ist gleich dem Linienintegral des Vektorfeldes $\boldsymbol{G}$ über die geschlossene Randkurve C der Fläche S

$$\boxed{\iint_S ([\nabla \times \boldsymbol{G}] \cdot \hat{\boldsymbol{n}})\, da = \oint_C \boldsymbol{G} \cdot d\boldsymbol{s} \,.} \tag{A.23}$$

Wir beweisen den Satz für ein infinitesimales Rechteck in der xy-Ebene mit der Fläche $\Delta a = \Delta x \Delta y$, vgl. Abb. A.5. Die Flächennormale ist $\hat{\boldsymbol{n}} = \hat{\boldsymbol{z}}$. Jetzt werten wir das Ringintegral über die Randkurve C des Rechtecks aus.

$$\begin{aligned}
\oint_C \boldsymbol{G} \cdot d\boldsymbol{s} &= [G_x(y) - G_x(y + \Delta y)] \cdot \Delta x + \left[G_y(x + \Delta x) - G_y(x)\right] \cdot \Delta y \\
&= \left(\frac{G_x(y) - G_x(y + \Delta y)}{\Delta y} + \frac{G_y(x + \Delta x) - G_y(x)}{\Delta x}\right) \cdot \Delta x \Delta y \\
&\approx \left(\frac{\partial G_y}{\partial x} - \frac{\partial G_x}{\partial y}\right) \cdot \Delta x \Delta y = ([\nabla \times \boldsymbol{G}] \cdot \hat{\boldsymbol{n}}) \Delta a \,.
\end{aligned}$$

Eine beliebige Fläche S kann man näherungsweise aus kleinen Rechtecken zusammensetzen. Wenn man die Ringintegrale über alle Teilflächen aufaddiert, heben sich die Ringintegrale benachbarter Rechtecke im Innern von S heraus, und übrig bleibt das Ringintegral über die Randkurve C der Gesamtfläche. (Anmerkung: auch dies ist eine Plausibilitätsbetrachtung und kein rigoroser mathematischer Beweis).

A.4 Zweite Ableitungen

Wenn man den Nabla-Operator zweimal anwendet, gibt es dafür viele verschiedene Möglichkeiten.

(1) Laplace-Operator

Das Skalarprodukt von Nabla mit sich selbst heißt Laplace-Operator.

$$(\nabla \cdot \nabla) f \equiv \nabla^2 f = \frac{\partial^2 f}{\partial x^2} + \frac{\partial^2 f}{\partial y^2} + \frac{\partial^2 f}{\partial z^2} . \tag{A.24}$$

(2) Divergenz eines Gradienten

Die Divergenz eines Gradienten entspricht dem Laplace-Operator.

$$\nabla \cdot (\nabla f) = \nabla^2 f = \frac{\partial^2 f}{\partial x^2} + \frac{\partial^2 f}{\partial y^2} + \frac{\partial^2 f}{\partial z^2} . \tag{A.25}$$

(3) Rotation eines Gradienten

Die Rotation eines Gradientenfeldes ist identisch null

$$\nabla \times (\nabla f) = 0 . \tag{A.26}$$

(4) Gradient einer Divergenz

Der Gradient der Divergenz eines Vektorfeldes $\boldsymbol{G}$ ist nicht identisch mit Laplace-Operator angewandt auf $\boldsymbol{G}$, es kommt auf die Klammersetzung an.

$$\nabla(\nabla \cdot \boldsymbol{G}) \neq (\nabla \cdot \nabla)\boldsymbol{G} = \nabla^2 \boldsymbol{G} . \tag{A.27}$$

(5) Divergenz einer Rotation

Die Divergenz eines Rotationsfeldes ist identisch null

$$\nabla \cdot (\nabla \times \boldsymbol{G}) = 0 . \tag{A.28}$$

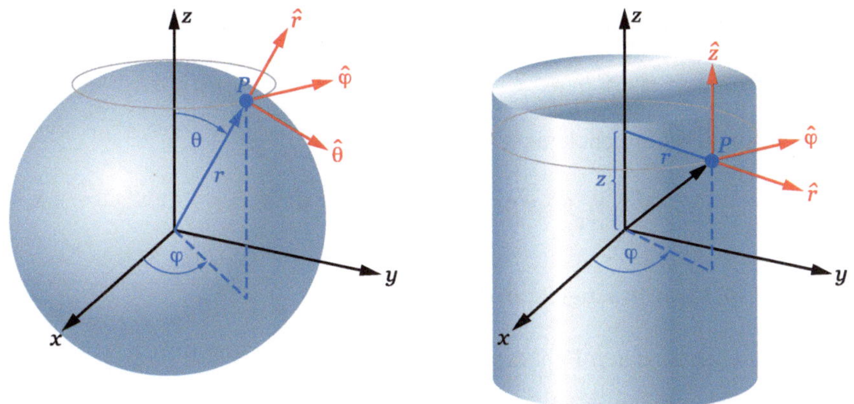

Abb. A.6 *Links*: Definition der Kugelkoordinaten. Die Richtungen der Einheitsvektoren $\hat{\boldsymbol{r}}$, $\hat{\boldsymbol{\theta}}$, $\hat{\boldsymbol{\varphi}}$ hängen vom Polarwinkel θ und vom Azimutalwinkel φ ab. *Rechts*: Definition der Zylinderkoordinaten. Die Richtungen der Einheitsvektoren $\hat{\boldsymbol{r}}$, $\hat{\boldsymbol{\varphi}}$ hängen vom Azimutalwinkel φ ab, während der Einheitsvektor $\hat{\boldsymbol{z}}$ wie bei kartesischen Koordinaten immer dieselbe Richtung hat

(6) Rotation einer Rotation

Die Rotation eines Rotationsfeldes kommt häufig vor

$$\nabla \times (\nabla \times \boldsymbol{G}) = \nabla(\nabla \cdot \boldsymbol{G}) - \nabla^2 \boldsymbol{G} \ . \tag{A.29}$$

A.5 Kugel- und Zylinderkoordinaten

Kugelkoordinaten

Die Kugelkoordinaten (r, θ, φ) eines Punktes $P = (x, y, z)$ werden in Abb. A.6 definiert. Ihre Verknüpfungen mit kartesischen Koordinaten lauten

$$x = r \sin\theta \cos\varphi \ , \quad y = r \sin\theta \sin\varphi \ , \quad z = r \cos\theta \tag{A.30}$$

und

$$r = \sqrt{x^2 + y^2 + z^2} \ , \quad \theta = \arccos(z/r) \ , \quad \varphi = \arctan(y/x) \ . \tag{A.31}$$

Man definiert drei Einheitsvektoren $\hat{\boldsymbol{r}}$, $\hat{\boldsymbol{\theta}}$, $\hat{\boldsymbol{\varphi}}$, die jeweils in die Richtung zeigen, in der sich die betreffende Koordinate vergrößert. Ihr Zusammenhang mit den kartesischen Einheitsvektoren ist

$$\hat{\boldsymbol{r}} = \sin\theta \cos\varphi \ \hat{\boldsymbol{x}} + \sin\theta \sin\varphi \ \hat{\boldsymbol{y}} + \cos\theta \ \hat{\boldsymbol{z}} \ , \tag{A.32a}$$

$$\hat{\boldsymbol{\theta}} = \cos\theta \cos\varphi \ \hat{\boldsymbol{x}} + \cos\theta \sin\varphi \ \hat{\boldsymbol{y}} - \sin\theta \ \hat{\boldsymbol{z}} \ , \tag{A.32b}$$

$$\hat{\boldsymbol{\varphi}} = -\sin\varphi \ \hat{\boldsymbol{x}} + \cos\varphi \ \hat{\boldsymbol{y}} \ . \tag{A.32c}$$

Eine infinitesimale Verschiebung im Raum kann man schreiben

$$ds = dx\,\hat{\boldsymbol{x}} + dy\,\hat{\boldsymbol{y}} + dz\,\hat{\boldsymbol{z}} = dr\,\hat{\boldsymbol{r}} + r\,d\theta\,\hat{\boldsymbol{\theta}} + r\,\sin\theta d\varphi\,\hat{\boldsymbol{\varphi}}\,. \tag{A.33}$$

Das infinitesimale Volumenelement ist

$$dV = dx\,dy\,dz = r^2 \sin\theta\,dr\,d\theta\,d\varphi\,. \tag{A.34}$$

Der Nabla-Operator in Kugelkoordinaten

Der Gradient einer skalaren Funktion ist

$$\nabla f = \frac{\partial f}{\partial r}\,\hat{\boldsymbol{r}} + \frac{1}{r}\frac{\partial f}{\partial\theta}\,\hat{\boldsymbol{\theta}} + \frac{1}{r\sin\theta}\frac{\partial f}{\partial\varphi}\,\hat{\boldsymbol{\varphi}}\,. \tag{A.35}$$

Die Divergenz einer Vektorfunktion ist

$$\nabla\cdot\boldsymbol{G} = \frac{1}{r^2}\frac{\partial(r^2 G_r)}{\partial r} + \frac{1}{r\sin\theta}\frac{\partial(\sin\theta\,G_\theta)}{\partial\theta} + \frac{1}{r\sin\theta}\frac{\partial G_\varphi}{\partial\varphi}\,. \tag{A.36}$$

Die Rotation einer Vektorfunktion ist

$$\begin{aligned}\nabla\times\boldsymbol{G} = {} & \frac{1}{r\sin\theta}\left[\frac{\partial(\sin\theta\,G_\varphi)}{\partial\theta} - \frac{\partial G_\theta}{\partial\varphi}\right]\hat{\boldsymbol{r}} + \frac{1}{r}\left[\frac{1}{\sin\theta}\frac{\partial G_r}{\partial\varphi} - \frac{\partial(rG_\varphi)}{\partial r}\right]\hat{\boldsymbol{\theta}} \\ & + \frac{1}{r}\left[\frac{\partial(rG_\theta)}{\partial r} - \frac{\partial G_r}{\partial\theta}\right]\hat{\boldsymbol{\varphi}}\,. \end{aligned}\tag{A.37}$$

Der Laplace-Operator angewandt auf eine skalare Funktion lautet

$$\nabla^2 f = \frac{1}{r}\frac{\partial^2}{\partial r^2}(r\,f) + \frac{1}{r^2\sin\theta}\frac{\partial}{\partial\theta}\left(\sin\theta\frac{\partial f}{\partial\theta}\right) + \frac{1}{r^2\sin^2\theta}\frac{\partial^2 f}{\partial\varphi^2}\,. \tag{A.38}$$

Es gilt

$$\frac{1}{r}\frac{\partial^2}{\partial r^2}(r\,f) = \frac{1}{r^2}\frac{\partial}{\partial r}\left(r^2\frac{\partial f}{\partial r}\right) = \frac{\partial^2 f}{\partial r^2} + \frac{2}{r}\frac{\partial f}{\partial r}\,.$$

Zylinderkoordinaten

Die Zylinderkoordinaten (r, φ, z) eines Punktes $P = (x, y, z)$ werden auch in Abb. A.6 definiert. Ihre Verknüpfungen mit kartesischen Koordinaten lauten

$$x = r\cos\varphi\,, \quad y = r\sin\varphi\,, \quad z = z \tag{A.39}$$

und

$$r = \sqrt{x^2 + y^2}\,, \quad \varphi = \arctan(y/x)\,. \tag{A.40}$$

Anmerkung: üblicherweise nennt man den radialen Abstand von der Zylinderachse $\rho = \sqrt{x^2 + y^2}$. Da ρ für die Ladungsdichte reserviert ist, verwenden wir den Buchstaben r. Man muss dann beachten, dass r in Kugelkoordinaten und in Zylinderkoordinaten eine unterschiedliche Bedeutung hat.

Man definiert drei Einheitsvektoren $\hat{\boldsymbol{r}}$, $\hat{\boldsymbol{\varphi}}$, $\hat{\boldsymbol{z}}$, die jeweils in die Richtung zeigen, in der sich die betreffende Koordinate vergrößert. Ihr Zusammenhang mit den kartesischen Einheitsvektoren ist

$$\hat{\boldsymbol{r}} = \cos\varphi\, \hat{\boldsymbol{x}} + \sin\varphi\, \hat{\boldsymbol{y}} \; , \tag{A.41a}$$

$$\hat{\boldsymbol{\varphi}} = -\sin\varphi\, \hat{\boldsymbol{x}} + \cos\varphi\, \hat{\boldsymbol{y}} \; , \tag{A.41b}$$

$$\hat{\boldsymbol{z}} = \hat{\boldsymbol{z}} \; . \tag{A.41c}$$

Eine infinitesimale Verschiebung im Raum kann man schreiben

$$d\boldsymbol{s} = dx\, \hat{\boldsymbol{x}} + dy\, \hat{\boldsymbol{y}} + dz\, \hat{\boldsymbol{z}} = dr\, \hat{\boldsymbol{r}} + +r\, d\varphi\, \hat{\boldsymbol{\varphi}} + dz\, \hat{\boldsymbol{z}} \; . \tag{A.42}$$

Das infinitesimale Volumenelement ist

$$dV = dx\, dy\, dz = r\, dr\, d\varphi\, dz \; . \tag{A.43}$$

Der Nabla-Operator in Zylinderkoordinaten

Der Gradient einer skalaren Funktion ist

$$\nabla f = \frac{\partial f}{\partial r}\, \hat{\boldsymbol{r}} + \frac{1}{r}\frac{\partial f}{\partial \varphi}\, \hat{\boldsymbol{\varphi}} + \frac{\partial f}{\partial z}\, \hat{\boldsymbol{z}} \; . \tag{A.44}$$

Die Divergenz einer Vektorfunktion ist

$$\nabla \cdot \boldsymbol{G} = \frac{1}{r}\frac{\partial (r G_r)}{\partial r} + \frac{1}{r}\frac{\partial G_\varphi}{\partial \varphi} + \frac{\partial G_z}{\partial z} \; . \tag{A.45}$$

Die Rotation einer Vektorfunktion ist

$$\nabla \times \boldsymbol{G} = \left[\frac{1}{r}\frac{\partial G_z}{\partial \varphi} - \frac{\partial G_\varphi}{\partial z}\right] \hat{\boldsymbol{r}} + \left[\frac{\partial G_r}{\partial z} - \frac{\partial G_z}{\partial r}\right] \hat{\boldsymbol{\varphi}} + \frac{1}{r}\left[\frac{\partial (r G_\varphi)}{\partial r} - \frac{\partial G_r}{\partial \varphi}\right] \hat{\boldsymbol{z}} \; . \tag{A.46}$$

Der Laplace-Operator angewandt auf eine skalare Funktion lautet

$$\nabla^2 f = \frac{1}{r}\frac{\partial}{\partial r}\left(r \frac{\partial f}{\partial r}\right) + \frac{1}{r^2}\frac{\partial^2 f}{\partial \varphi^2} + \frac{\partial^2 f}{\partial z^2} \; . \tag{A.47}$$

Anhang B
Ergänzungen zur Elektrodynamik

B.1 Der Energiesatz in der Maxwell-Theorie

Zuerst wird der Spezialfall des Vakuums ohne Ladungen und Ströme betrachtet. Die dritte Maxwell-Gleichung wird von links skalar mit $\boldsymbol{B}$ multipliziert, die vierte mit $\boldsymbol{E}$:

$$\boldsymbol{B} \cdot (\nabla \times \boldsymbol{E}) = -\,\boldsymbol{B} \cdot \frac{\partial \boldsymbol{B}}{\partial t} = -\frac{1}{2}\,\frac{\partial \boldsymbol{B}^2}{\partial t}\,,$$

$$\boldsymbol{E} \cdot (\nabla \times \boldsymbol{B}) = \mu_0\varepsilon_0\, \boldsymbol{E} \cdot \frac{\partial \boldsymbol{E}}{\partial t} = \frac{\mu_0\varepsilon_0}{2}\,\frac{\partial \boldsymbol{E}^2}{\partial t}\,.$$

Jetzt nutzen wir die folgende Identität aus:

$$\boldsymbol{B} \cdot (\nabla \times \boldsymbol{E}) - \boldsymbol{E} \cdot (\nabla \times \boldsymbol{B}) = \nabla \cdot (\boldsymbol{E} \times \boldsymbol{B})\,.$$

Wegen $\boldsymbol{E} \times \boldsymbol{B} = \mu_0 \boldsymbol{S}$ folgt

$$\frac{\partial}{\partial t}\left(\frac{\boldsymbol{B}^2}{2\mu_0} + \frac{\varepsilon_0 \boldsymbol{E}^2}{2}\right) = \frac{\partial}{\partial t}\left(w_{\mathrm{el}} + w_{\mathrm{mag}}\right) = -\nabla \cdot \boldsymbol{S}\,. \tag{B.1}$$

In integraler Form:

$$\frac{d}{dt}\iiint \left(w_{\mathrm{el}} + w_{\mathrm{mag}}\right) dV = -\oiint (\boldsymbol{S} \cdot \hat{\boldsymbol{n}})\, da\,. \tag{B.2}$$

Die zeitliche Änderung der Feldenergie in einem Volumen ist gekoppelt mit einem Energiestrom durch die Oberfläche. Die Feldenergie wird erhöht, wenn Energie durch die Oberfläche hineinströmt, sie wird erniedrigt, wenn Energie herausfließt.

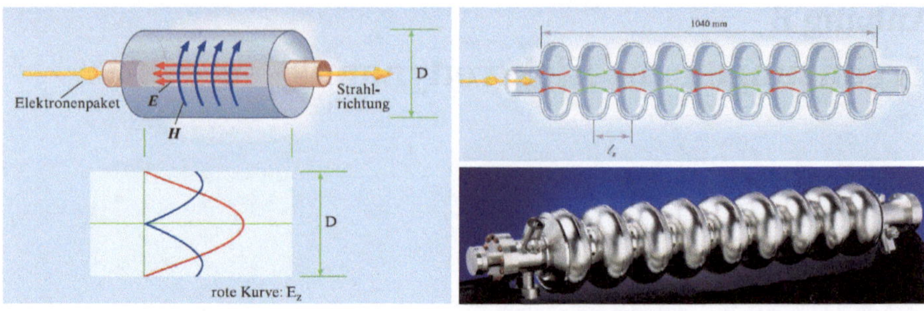

Abb. B.1 *Links*: Schematische Darstellung eines einzelligen Hohlraumresonators zur Beschleunigung von Elektronen. *Rechts*: Querschnitt und Foto der neunzelligen supraleitenden Hohlraumresonatoren, die im Linearbeschleuniger des Freie-Elektronen-Lasers bei DESY eingesetzt werden. Im Foto ist das Strahlrohr durch Flansche verschlossen. Einer der seitlich angebrachten Flansche dient zur Einspeisung der Hochfrequenzleistung

Der Energiesatz bei Anwesenheit von Strömen

Die 4. Maxwell-Gl. lautet in diesem Fall

$$\nabla \times \boldsymbol{B} = \mu_0 \boldsymbol{J} + \mu_0 \varepsilon_0 \frac{\partial \boldsymbol{E}}{\partial t} .$$

Die analoge Rechnung wie eben führt zu folgendem Resultat:

$$\frac{d}{dt} \iiint \left(w_{\text{el}} + w_{\text{mag}} \right) dV = - \oiint (\boldsymbol{S} \cdot \hat{\boldsymbol{n}}) \, da - \iiint (\boldsymbol{J} \cdot \boldsymbol{E}) \, dV . \tag{B.3}$$

Diese Gleichung besagt, dass die zeitliche Änderung der elektromagnetischen Feldenergie in dem Volumen V auf zwei Ursachen zurückzuführen ist: (1) den Energiefluss durch die geschlossene Oberfläche und (2) die Leistung des elektrischen Feldes an den Strömen.

Dieser Sachverhalt kann sehr gut an einem supraleitenden Hohlraumresonator illustriert werden, wie er bei DESY zur Beschleunigung von Elektronen verwendet wird (Abb. B.1). Die Hochfrequenzleistung eines Klystrons wird über eine Einkoppelantenne in den Resonator eingespeist. Dies entspricht dem ersten Integral in Gl. (B.3), das hier ein negatives Vorzeichen hat, weil der Energiefluss nach innen gerichtet ist: die vom Klystron zugeführte HF-Energie erhöht die Feldenergie im Resonator. Der Teilchenstrahl hingegen entzieht dem Resonator Energie und wird auf diese Weise beschleunigt. Die auf den Teilchenstrahl übertragene Energie wird durch das zweite Integral in Gl. (B.3) beschrieben. Die Energiedissipation in der Wand des Resonators ist extrem gering, weil das Material supraleitend ist. Dieser Energieanteil wird hier vernachlässigt.

B.2 Strahlung eines elektrischen Dipols

Bei der Berechnung der Strahlung eines elektrischen Dipols folge ich Ref. [5]. Das retardierte Potential (4.32)

$$\Phi(\boldsymbol{r},t) = \frac{q_0}{4\pi\varepsilon_0}\left[\frac{\cos[\omega(t-r_1/c)]}{r_1} - \frac{\cos[\omega(t-r_2/c)]}{r_2}\right] \tag{B.4}$$

soll in mehreren Schritten vereinfacht werden.

1. Approximation: $d \ll r$

Die Abstände r_1 und r_2 in Abb. 4.5 berechnen wir mit dem Cosinussatz und wenden danach die Taylorentwicklung an.

$$r_1 = \sqrt{r^2 + d^2/4 - r\,d\,\cos\theta} \approx r - \frac{d\,\cos\theta}{2}, \quad \frac{1}{r_1} \approx \frac{1}{r}\left(1 + \frac{d\,\cos\theta}{2r}\right),$$
$$r_2 = \sqrt{r^2 + d^2/4 + r\,d\,\cos\theta} \approx r + \frac{d\,\cos\theta}{2}, \quad \frac{1}{r_2} \approx \frac{1}{r}\left(1 - \frac{d\,\cos\theta}{2r}\right).$$

Weiterhin gilt

$$\begin{aligned}
\cos[\omega(t-r_1/c)] &\approx \cos[\omega(t-r/c)]\,\cos\left(\frac{\omega\,d}{2c}\cos\theta\right) \\
&\quad - \sin[\omega(t-r/c)]\,\sin\left(\frac{\omega\,d}{2c}\cos\theta\right), \\
\cos[\omega(t-r_2/c)] &\approx \cos[\omega(t-r/c)]\,\cos\left(\frac{\omega\,d}{2c}\cos\theta\right) \\
&\quad + \sin[\omega(t-r/c)]\,\sin\left(\frac{\omega\,d}{2c}\cos\theta\right).
\end{aligned}$$

2. Approximation: $d \ll \lambda \;\Rightarrow\; \omega\,d/(2c) \ll 1$

Daraus folgt: $\cos(\omega\,d/(2c)\,\cos\theta) \approx 1$ und $\sin(\omega\,d/(2c)\,\cos\theta) \approx (\omega\,d/(2c)\,\cos\theta)$, also:

$$\cos[\omega(t-r_1/c)] \approx \cos[\omega(t-r/c)] - \frac{\omega\,d}{2c}\cos\theta\,\sin[\omega(t-r/c)]\,,$$
$$\cos[\omega(t-r_2/c)] \approx \cos[\omega(t-r/c)] + \frac{\omega\,d}{2c}\cos\theta\,\sin[\omega(t-r/c)]\,.$$

Setzt man dies und die Näherung für $1/r_1$ und $1/r_2$ in Gl. (B.4) ein, so folgt für das Potential

$$\Phi(\boldsymbol{r},t) \approx \frac{q_0 d\,\cos\theta}{4\pi\varepsilon_0 r}\left[\frac{1}{r}\cos[\omega(t-r/c)] - \frac{\omega}{c}\sin[\omega(t-r/c)]\right].$$

3. Approximation: $r \gg \lambda$ (Fernzone)

In der Fernzone ist $1/r \ll \omega/c$, und der Term $\cos[\omega(t-r/c)]/r$ kann weggelassen werden. Die endgültige Form des skalaren Potentials in der Fernzone ist damit näherungsweise

$$\Phi(\boldsymbol{r},t) = -\frac{q_0 d\,\omega}{4\pi\varepsilon_0 c}\cos\theta\,\frac{\sin[\omega(t-r/c)]}{r}. \tag{B.5}$$

Berechnung des Vektorpotentials

Der Strom entlang der Dipolachse ist

$$I(t) = \frac{dq}{dt} = -q_0\omega\sin(\omega t).$$

Nach Formel (2.56) ist das Vektorpotential dieses Stroms

$$A_z(\boldsymbol{r},t) = \frac{\mu_0}{4\pi}\int_{-d/2}^{d/2}\frac{I(t-r/c)}{r}dz.$$

Da der Abstand d der Ladungen im Dipol klein ist, kann man den Integranden durch seinen Wert bei $z=0$ ersetzen mit dem Ergebnis

$$A_z(r,t) = -\frac{\mu_0 q_0 d\,\omega}{4\pi}\,\frac{\sin[\omega(t-r/c)]}{r} = -\frac{q_0 d\,\omega}{4\pi\varepsilon_0 c^2}\,\frac{\sin[\omega(t-r/c)]}{r}. \tag{B.6}$$

Die x- und y-Komponenten sind null. In Kugelkoordinaten lautet das Vektorpotential

$$A_r(r,\theta,t) = A_z(r,t)\cos\theta, \quad A_\theta(r,\theta,t) = -A_z(r,t)\sin\theta, \quad A_\varphi = 0. \tag{B.7}$$

Es hängt nur von r und θ ab, aber nicht von φ.

Berechnung der Felder

Die Gleichung

$$\boldsymbol{E} = -\nabla\Phi - \frac{\partial \boldsymbol{A}}{\partial t}$$

werten wir in Kugelkoordinaten (r,θ,φ) aus. Das skalare Potential hängt nur von r und θ ab und nicht von φ, das ist aus (B.5) ersichtlich. Der Gradient des skalaren

Potentials ist

$$\nabla\Phi = \frac{\partial\Phi}{\partial r}\hat{\boldsymbol{r}} + \frac{1}{r}\frac{\partial\Phi}{\partial\theta}\hat{\boldsymbol{\theta}} = \frac{q_0 d\,\omega}{4\pi\varepsilon_0 c}\cos\theta\left[\frac{\sin[\omega(t-r/c)]}{r^2} + \frac{\omega\,\cos[\omega(t-r/c)]}{c\,r}\right]\hat{\boldsymbol{r}}$$
$$+\,\frac{q_0 d\,\omega}{4\pi\varepsilon_0 c}\sin\theta\,\frac{\sin[\omega(t-r/c)]}{r^2}\,\hat{\boldsymbol{\theta}}\,.$$

Die mit $1/r^2$ abfallenden Terme können in der Fernzone ($r \gg \lambda$) ignoriert werden, und damit vereinfacht sich Gradient des skalaren Potentials zu

$$\nabla\Phi = \frac{q_0 d\,\omega^2}{4\pi\varepsilon_0 c^2}\cos\theta\,\frac{\cos[\omega(t-r/c)]}{r}\,\hat{\boldsymbol{r}}\,. \tag{B.8}$$

Jetzt wird die Zeitableitung des Vektorpotentials (B.7) berechnet.

$$\frac{\partial \boldsymbol{A}}{\partial t} = -\frac{q_0 d\,\omega^2}{4\pi\varepsilon_0 c^2}\cos\theta\,\frac{\cos[\omega(t-r/c)]}{r}\,\hat{\boldsymbol{r}} + \frac{q_0 d\,\omega^2}{4\pi\varepsilon_0 c^2}\sin\theta\,\frac{\cos[\omega(t-r/c)]}{r}\,\hat{\boldsymbol{\theta}}\,. \tag{B.9}$$

Addiert man (B.8) und (B.9), so fällt die radiale Komponente weg. Das elektrische Feld hat in der Fernzone nur eine Komponente in Richtung des Einheitsvektors $\hat{\boldsymbol{\theta}}$.

$$\boldsymbol{E}(r,\theta) = -\frac{q_0 d\,\omega^2}{4\pi\varepsilon_0 c^2}\sin\theta\,\frac{\cos[\omega(t-r/c)]}{r}\cdot\hat{\boldsymbol{\theta}}\,.$$

Das Magnetfeld ist

$$\boldsymbol{B} = \nabla\times\boldsymbol{A} = \frac{1}{r}\left[\frac{\partial(rA_\theta)}{\partial r} - \frac{\partial A_r}{\partial\theta}\right]\hat{\boldsymbol{\varphi}}$$
$$= -\frac{q_0 d\,\omega\sin\theta}{4\pi\varepsilon_0 c^2}\left[\frac{\omega}{c}\,\frac{\cos[\omega(t-r/c)]}{r} + \frac{\sin[\omega(t-r/c)]}{r^2}\right]\hat{\boldsymbol{\varphi}}\,.$$

Das Magnetfeld hat nur eine Azimutalkomponente, die magnetischen Feldlinien bilden Kreise um die Dipolachse, wie beim Magnetfeld eines Linienstroms. In der Fernzone dominiert der $1/r$-Term, und das Feld hat die Form

$$\boldsymbol{B}(r,\theta) = -\frac{q_0 d\,\omega^2}{4\pi\varepsilon_0 c^3}\sin\theta\,\frac{\cos[\omega(t-r/c)]}{r}\cdot\hat{\boldsymbol{\varphi}}\,.$$

Mit der Abkürzung

$$E_0 = -\frac{q_0 d\,\omega^2}{4\pi\varepsilon_0 c^2}$$

erhalten wir schließlich für die Felder

$$\boldsymbol{E}(r,\theta) = E_0\sin\theta\,\frac{\cos[\omega(t-r/c)]}{r}\cdot\hat{\boldsymbol{\theta}}\,, \tag{B.10a}$$

$$\boldsymbol{B}(r,\theta) = \frac{E_0}{c}\sin\theta\,\frac{\cos[\omega(t-r/c)]}{r}\cdot\hat{\boldsymbol{\varphi}}\,. \tag{B.10b}$$

Poyntingvektor und Strahlungsleistung

Wegen $\boldsymbol{E} \times \boldsymbol{B} \sim \hat{\boldsymbol{\theta}} \times \hat{\boldsymbol{\varphi}} = \hat{\boldsymbol{r}}$ fließt der Energiestrom in der Fernzone in radialer Richtung. Der Poyntingvektor ist

$$\boldsymbol{S}(r,\theta) = \frac{1}{\mu_0} \boldsymbol{E} \times \boldsymbol{B} = \frac{q_0^2 d^2 \omega^4 \sin^2\theta}{16\pi^2 \varepsilon_0 c^3} \frac{\cos^2[\omega(t - r/c)]}{r^2} \hat{\boldsymbol{r}} . \tag{B.11}$$

Gemittelt über eine Periode ist $\langle \cos^2[\omega(t - r/c)] \rangle = 1/2$. Die Intensität als Funktion des Abstands r und des Emissionswinkels θ relativ zur Dipolachse ist daher

$$I(r,\theta) = |\langle \boldsymbol{S}(r,\theta) \rangle| = \frac{q_0^2 d^2 \omega^4}{32\pi^2 \varepsilon_0 c^3} \cdot \frac{\sin^2\theta}{r^2} . \tag{B.12}$$

Zur Berechnung der abgestrahlten Leistung wird die Intensität über eine Kugeloberfläche mit dem großen Radius R integriert. Da I nicht vom Azimutwinkel φ abhängt, ist das Oberflächenelement $da = 2\pi R^2 \sin\theta d\theta$.

$$P_{\text{rad}} = 2\pi R^2 \int_0^\pi I(R,\theta) \sin\theta d\theta = \frac{q_0^2 d^2 \omega^4}{16\pi \varepsilon_0 c^3} \int_0^\pi \sin^3\theta d\theta .$$

Das letzte Integral hat den Wert $4/3$, und somit ergibt sich für die abgestrahlte Leistung eines Hertz'schen Dipols

$$P_{\text{rad}} = \frac{q_0^2 d^2 \omega^4}{12\pi \varepsilon_0 c^3} . \tag{B.13}$$

Die Leistung wächst mit dem Quadrat der Ladung q_0 an und mit der vierten Potenz der Frequenz $\omega = 2\pi f$.

Anhang C
Ergänzungen zur Relativitätstheorie

C.1 Herleitung der Lorentz-Transformation

Beweis der Transformationsformeln

Die hier skizzierte Herleitung verdanke ich Prof. Joachim Bartels (Universität Hamburg). Ausgangspunkt sind drei Postulate:

(I) Die Lichtgeschwindigkeit hat in allen Inertialsystemen denselben Wert $c = 2{,}9979 \cdot 10^8$ m/s.
(II) Die physikalischen Gesetze haben in allen Inertialsystemen dieselbe Form.
(III) Raum und Zeit sind homogen und isotrop, d. h. prinzipiell sind kein Raum- oder Zeitpunkt und keine räumliche Richtung vor anderen ausgezeichnet.

Wir betrachten zwei Bezugssysteme S und S^*, die sich mit der konstanten Geschwindigkeit v in z-Richtung relativ zueinander bewegen. Von S aus betrachtet fliegt S^* in positiver z-Richtung. Zur Zeit $t = t^* = 0$ fallen die Nullpunkte beider Systeme zusammen. Man macht nun die Annahme, die Transformationen der Raum- und Zeitkoordinaten seien linear, d. h.

$$z = a_1 z^* + a_2 t^* , \quad t = b_1 t^* + b_2 z^* , \tag{C.1}$$

wobei die Koeffizienten von der Relativgeschwindigkeit v abhängen, nicht aber von Raum und Zeit. Auf diese Weise ist sichergestellt, dass man nicht in Widerspruch zur Homogenität des Raumes in Postulat (III) gerät. Senkrecht zur Bewegungsrichtung bleiben die Koordinaten wie bei der Galilei-Transformation invariant:

$$x = x^* , \quad y = y^* . \tag{C.2}$$

Der Ursprung von S (Koordinate $z = 0$) bewegt sich, von S^* aus gesehen, mit der Geschwindigkeit v in der negativen z-Richtung. Daher gilt

$$a_2 = v a_1 . \tag{C.3}$$

Wegen Postulat (I) gilt für ein Lichtsignal, das zur Zeit $t = t^* = 0$ vom Ursprung in S und S^* ausgesendet wird:

$$c^2t^2 - \boldsymbol{r}^2 = c^2t^{*2} - \boldsymbol{r}^{*2} = 0 \,.$$

Aus der Lorentz-Invarianz des Vierer-Skalarprodukts (6.25) folgt die noch stärkere Aussage, dass für beliebige Raum-Zeit-Punkte (d.h. nicht nur für Punkte auf der Front der Lichtwelle) die Gleichheit gilt:

$$c^2t^2 - \boldsymbol{r}^2 = c^2t^{*2} - \boldsymbol{r}^{*2} \,. \tag{C.4}$$

Hier ist besonders das Minuszeichen zwischen Zeit- und Ortsbeitrag bemerkenswert. Diese Gleichung besagt, dass die quadratische Form $c^2t^2 - \boldsymbol{r}^2$ in allen Inertialsystemen denselben Wert hat. Man nennt diese Form auch das Quadrat der *invarianten Länge* im vierdimensionalen Raum-Zeit-Kontinuum. Die invariante Länge spielt eine ähnliche Rolle wie die Länge eines Vektors im euklidischen Raum, die unter Drehungen invariant ist.

Wir wollen nun die Koeffizienten in Gl. (C.1) bestimmen. Dazu setzen wir den Ansatz (C.1) in die linke Seite der Gl. (C.4) ein und vergleichen die Koeffizienten von z^{*2}, t^{*2} und z^*t^*. Wir erhalten die Bestimmungsgleichungen

$$c^2b_1^2 - a_2^2 = c^2 \,, \tag{C.5a}$$

$$a_1^2 - c^2b_2^2 = 1 \,, \tag{C.5b}$$

$$a_1a_2 = c^2b_1b_2 \,. \tag{C.5c}$$

Wir setzen $a_1 = \gamma$ mit einer noch zu bestimmenden Konstanten γ. Wegen Gl. (C.3) ist dann $a_2 = v\gamma$. Aus Gl. (C.5a) folgt $b_1^2 = 1 + (v^2/c^2)\gamma^2$, und aus (C.5b) folgt $b_2^2 = (\gamma^2 - 1)/c^2$. Setzen wir diese Ausdrücke in die quadrierte Gl. (C.5c) ein, so erhalten wir eine Bestimmungsgleichung für γ:

$$v^2\gamma^4 = c^2[1 + (v^2/c^2)\gamma^2][\gamma^2 - 1] \quad \Rightarrow \quad \gamma^2(1 - v^2/c^2) = 1 \,.$$

Wie zu erwarten, ist γ identisch mit dem berühmtem *Lorentz-Faktor*

$$\gamma = \frac{1}{\sqrt{1 - (v/c)^2}} \,. \tag{C.6}$$

Die Lorentz-Transformation lautet daher

$$t = \gamma\left(t^* + \frac{v}{c^2}\,z^*\right), \tag{C.7a}$$

$$x = x^* \,, \tag{C.7b}$$

$$y = y^* \,, \tag{C.7c}$$

$$z = \gamma(z^* + vt^*) \,. \tag{C.7d}$$

Lorentz-Transformation als Matrixmultiplikation

Wie in Kap. 6 betrachten wir ein Koordinatensystem $S^* = (x^*, y^*, z^*)$, das sich mit der konstanten Geschwindigkeit $v = \beta c$ in der positiven z-Richtung des Laborsystems $S = (x, y, z)$ bewegt. Die Lorentz-Transformation des Vierervektors X^μ von S nach S^* lautet gemäß Gl. (6.4)

$$\begin{aligned} X^{*0} &= \gamma \left(X^0 - \beta X^3\right), \\ X^{*1} &= X^1 , \\ X^{*2} &= X^2 , \\ X^{*3} &= \gamma(X^3 - \beta X^0) . \end{aligned}$$

Wenn man die Vierervektoren als Spaltenvektoren darstellt, kann die Lorentz-Transformation in Form einer Matrixgleichung geschrieben werden

$$\begin{pmatrix} X^{*0} \\ X^{*1} \\ X^{*2} \\ X^{*3} \end{pmatrix} = \begin{pmatrix} \gamma & 0 & 0 & -\beta\gamma \\ 0 & 1 & 0 & 0 \\ 0 & 0 & 1 & 0 \\ -\beta\gamma & 0 & 0 & \gamma \end{pmatrix} \cdot \begin{pmatrix} X^0 \\ X^1 \\ X^2 \\ X^3 \end{pmatrix} \equiv \Lambda \cdot \begin{pmatrix} X^0 \\ X^1 \\ X^2 \\ X^3 \end{pmatrix} . \tag{C.8}$$

Die Umkehrtransformation wird durch die inverse Matrix Λ^{-1} vermittelt

$$\begin{pmatrix} X^0 \\ X^1 \\ X^2 \\ X^3 \end{pmatrix} = \Lambda^{-1} \cdot \begin{pmatrix} X^{*0} \\ X^{*1} \\ X^{*2} \\ X^{*3} \end{pmatrix} = \begin{pmatrix} \gamma & 0 & 0 & \beta\gamma \\ 0 & 1 & 0 & 0 \\ 0 & 0 & 1 & 0 \\ \beta\gamma & 0 & 0 & \gamma \end{pmatrix} \cdot \begin{pmatrix} X^{*0} \\ X^{*1} \\ X^{*2} \\ X^{*3} \end{pmatrix} . \tag{C.9}$$

Die inverse Matrix Λ^{-1} unterscheidet sich von Λ nur durch das Vorzeichen in den Außerdiagonaltermen ($+\beta\gamma$ anstatt $-\beta\gamma$). Das ist sofort einzusehen, weil sich das System S in der negativen z-Richtung relativ zum System S^* bewegt.

Die Transformationsmatrizen haben die Determinante 1, woraus folgt, dass das Quadrat der Länge eines Vierervektors Lorentz-invariant ist. Eine ähnliche Eigenschaft kennen wir auch für die räumlichen Drehungen.

C.2 Gedankenexperiment zur relativistischen Masse

Wir wollen zeigen, dass die Masse eines bewegten Teilchens sich von der Ruhemasse m_0 unterscheiden muss und durch den Ausdruck

$$m(v) = \frac{m_0}{\sqrt{1 - v^2/c^2}}$$

gegeben ist. Wir präsentieren hier eine vereinfachte Version der Betrachtung in den *Feynman Lectures on Physics* [2] (Band I, Kap. 16-4). Analysiert werden zentrale

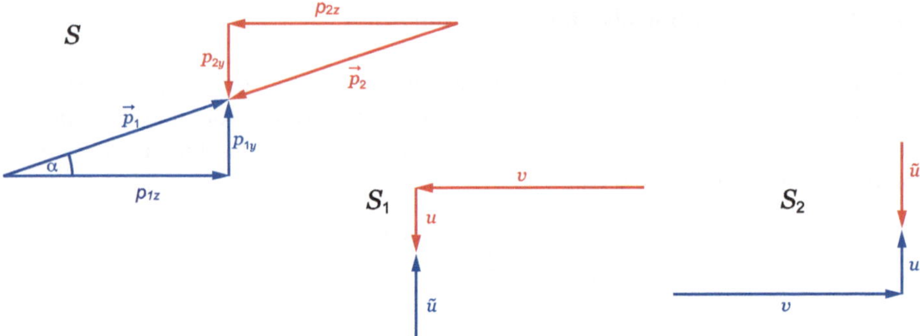

Abb. C.1 *Links*: Impulserhaltung im Laborsystem S bei dem zentralen Stoß eines Protons (*blau*) und eines Antiprotons (*rot*). Der Winkel α ist sehr klein. *Mitte und rechts*: die Geschwindigkeiten in den bewegten Inertialsystemen S_1 und S_2

Stöße von Protonen und Antiprotonen in einem Speicherring. Bei der Annihilation können viele Sekundärteilchen entstehen, für die wir uns aber nicht interessieren. Wir wählen das Koordinatensystem so, dass die Teilchen in der yz-Ebene fliegen und die z-Achse einen kleinen Winkel α mit der Strahlrichtung einschließt (s. Abb. C.1). Im Laborsystem S fliegen die Primärteilchen mit genau gleichen, aber entgegengesetzt gerichteten Impulsen frontal aufeinander zu, $\boldsymbol{p}_1 = -\boldsymbol{p}_2$. Der Gesamtimpuls ist null. Wir betrachten noch zwei weitere Inertialsysteme, S_1 und S_2, die sich relativ zu S parallel zur z-Achse bewegen. Da Transversalimpulse bei einer Lorentz-Transformation invariant bleiben, verschwindet die y-Komponente des Gesamtimpulses auch in S_1 und S_2.

Jetzt transformieren wir vom Laborsystem S in ein Bezugssystem S_1, das sich synchron mit dem Proton entlang der z-Achse bewegt, also mit der Geschwindigkeit v_{1z} in der positiven z-Richtung. In S_1 hat das Antiproton eine erhöhte Geschwindigkeit v in der negativen z-Richtung und eine kleine Geschwindigkeit u in der negativen y-Richtung, während das Proton die Geschwindigkeitskomponente null in z-Richtung und eine kleine Geschwindigkeitskomponente $+\tilde{u}$ in y-Richtung besitzt. Anschaulich würde man erwarten, dass u und $\tilde{u}$ gleich groß sind, wir werden aber beweisen, dass $\tilde{u} \neq u$ ist.

In einem Bezugssystem S_2, das sich synchron mit dem Antiproton mit der Geschwindigkeit v_{1z} in der negativen z-Richtung bewegt, hat aus Symmetriegründen das Proton die Geschwindigkeit v in der positiven z-Richtung und die Geschwindigkeit u in der positiven y-Richtung, das Antiproton hat die Geschwindigkeit null in z-Richtung und eine kleine Geschwindigkeitskomponente $\tilde{u}$ in der negativen y-Richtung.

Jetzt kommt der Trick. Das Antiproton hat die z-Geschwindigkeit $-v$ in S_1 und die z-Geschwindigkeit null in S_2. Man gelangt von S_1 nach S_2, indem man eine Lorentz-Transformation mit der Geschwindigkeit v längs der z-Achse ausführt, denn dabei wird die Longitudinalgeschwindigkeit des Antiprotons gemäß Gl. (6.9) auf null transformiert. Bei dieser Transformation geht die Transversalgeschwindigkeit des Antiprotons von u in $\tilde{u}$ über. Nun wenden wir Formel (6.10) an, die die Lorentz-Transformation der Transversalgeschwindigkeit beschreibt, und erhalten

$$\tilde{u} = \frac{u}{\sqrt{1 - v^2/c^2}} \,. \tag{C.10}$$

Wir sehen, dass u und $\tilde{u}$ in der Tat verschieden sind.

Was würde passieren, wenn die Masse unabhängig von der Geschwindigkeit wäre? Die unmittelbare Konsequenz wäre die Verletzung des Impulssatzes im System S_1 und im System S_2. Die y-Komponente des Gesamtimpulses wäre ungleich null:

$$m_0 u - m_0 \tilde{u} \neq 0 \,.$$

Dies ist wegen der Lorentz-Invarianz des Transversalimpulses nicht erlaubt.

Der Impulssatz kann „gerettet" werden, wenn man annimmt, dass die Masse von der Geschwindigkeit abhängt. In S_1 ist die Geschwindigkeit $\tilde{u}$ des Protons sehr klein, und in guter Näherung ist $m(\tilde{u}) = m(0) = m_0$. Die Geschwindigkeit des Antiprotons hat den Betrag $\sqrt{v^2 + u^2} \approx v$ und ist groß. Wenn wir Impulserhaltung fordern, gilt für die y-Komponenten der Impulse von Proton und Antiproton

$$m_0 \tilde{u} = m(v)\, u$$

Damit ergibt sich die behauptete Gleichung

$$m(v) = \frac{m_0}{\sqrt{1 - v^2/c^2}} = \gamma m_0 \,. \tag{C.11}$$

C.3 Zur Herleitung der Lorentz-Kraft

Die folgende Herleitung orientiert sich an der Darstellung in [5]. Um die Linienladungsdichten λ_p^* und λ_n^* im Ruhesystem der Testladung zu berechnen, müssen wir von den Linienladungsdichten $\pm\lambda_0$ in den jeweiligen Ruhsystemen der positiven bzw. negativen Ionen ausgehen, die durch die Formeln $\lambda_0 = \lambda_p \sqrt{1 - v^2/c^2} = -\lambda_n \sqrt{1 - v^2/c^2}$ gegeben sind. Es folgt daraus

$$\lambda_p^* = \frac{\lambda_0}{\sqrt{1 - (v_p^*/c)^2}} \,, \quad \lambda_n^* = -\frac{\lambda_0}{\sqrt{1 - (v_n^*/c)^2}} \,. \tag{C.12}$$

Nun wollen wir die auf die Ladung q wirkende Kraft berechnen. Das elektrische Feld im Ruhesystem der Testladung ist

$$E^*(r) = \frac{\lambda_p^* + \lambda_n^*}{2\pi\varepsilon_0 r} = \frac{\lambda_0}{2\pi\varepsilon_0 r} \cdot \left(\frac{1}{\sqrt{1 - (v_p^*/c)^2}} - \frac{1}{\sqrt{1 - (v_n^*/c)^2}} \right) .$$

Da die Geschwindigkeiten u und v sehr viel kleiner als c sind, gilt $v_p^* \approx u - v \ll c$ und $v_n^* \approx u + v \ll c$, und durch Taylorentwicklung finden wir

$$\frac{1}{\sqrt{1-(v_p^*/c)^2}} \approx 1 + \frac{v_p^{*2}}{2c^2} \approx 1 + \frac{(u-v)^2}{2c^2} \,,$$
$$\frac{1}{\sqrt{1-(v_n^*/c)^2}} \approx 1 + \frac{v_n^{*2}}{2c^2} \approx 1 + \frac{(u+v)^2}{2c^2} \,.$$

Die beiden Ausdrücke werden subtrahiert

$$\frac{1}{\sqrt{1-(v_p^*/c)^2}} - \frac{1}{\sqrt{1-(v_n^*/c)^2}} \approx -\frac{2uv}{c^2} \,.$$

Nun wird noch benutzt, dass $\lambda_0 = \lambda_p \sqrt{1 - v^2/c^2} \approx \lambda_p$ ist. Auf die Testladung wirkt die Kraft

$$F^*(r) = q\,E^*(r) \approx -q\,u\,\frac{2\lambda_p v}{2\pi c^2 \varepsilon_0 r} = -q\,u\,\frac{\mu_0 I}{2\pi r} \,, \tag{C.13}$$

wobei $I = 2\lambda_p v$ und $\mu_0 = 1/(c^2\varepsilon_0)$ benutzt wurde.

Da $u \ll c$ ist, hat die Kraft im Laborsystem denselben Wert[1]. Wenn wir nun noch das Magnetfeld durch die Gl. (2.38) einführen:

$$B = \frac{\mu_0 I}{2\pi r} \,,$$

so kommen wir auf die bekannte Form der Lorentz-Kraft

$$F = -q\,uB \,. \tag{C.14}$$

C.4 Der elektromagnetische Feldstärkentensor

Die elektrischen und magnetischen Feldstärken können nicht durch Vierervektoren dargestellt werden. Vielmehr bilden sie zusammen den elektromagnetischen Feldstärkentensor, der eine zentrale Größe der Elektrodynamik darstellt. Die folgenden Formeln und Rechnungen werden ohne Beweis angegeben.

$$F \equiv F^{\mu\nu} = \begin{pmatrix} 0 & -E_x/c & -E_y/c & -E_z/c \\ E_x/c & 0 & -B_z & B_y \\ E_y/c & B_z & 0 & -B_x \\ E_z/c & -B_y & B_x & 0 \end{pmatrix} . \tag{C.15}$$

[1] Die Transversalkomponente der Kraft wird wie folgt transformiert: $F_\perp = F_\perp^*/\gamma$, und für $u \ll c$ ist $\gamma \approx 1$.

Das Transformationsgesetz eines Tensors lautet in Matrixschreibweise

$$F^* = \Lambda \cdot F \cdot \Lambda^T \ , \tag{C.16}$$

d. h. wir erhalten den Feldstärkentensor F^* im S^*-System, indem wir den Tensor F im Laborsystem S von links mit der Matrix Λ und von rechts mit der transponierten Matrix Λ^T multiplizieren (diese ist identisch mit Λ). Hieraus ergeben sich die Transformationsgleichungen für die Felder $\boldsymbol{E}$ und $\boldsymbol{B}$. Für das Beispiel einer Lorentz-Transformation in z-Richtung finden wir

$$\begin{pmatrix} 0 & -E_x^*/c & -E_y^*/c & -E_z^*/c \\ E_x^*/c & 0 & -B_z^* & B_y^* \\ E_y^*/c & B_z^* & 0 & -B_x^* \\ E_z^*/c & -B_y^* & B_x^* & 0 \end{pmatrix}$$
$$= \begin{pmatrix} \gamma & 0 & 0 & -\beta\gamma \\ 0 & 1 & 0 & 0 \\ 0 & 0 & 1 & 0 \\ -\beta\gamma & 0 & 0 & \gamma \end{pmatrix} \cdot \begin{pmatrix} 0 & -E_x/c & -E_y/c & -E_z/c \\ E_x/c & 0 & -B_z & B_y \\ E_y/c & B_z & 0 & -B_x \\ E_z/c & -B_y & B_x & 0 \end{pmatrix} \cdot \begin{pmatrix} \gamma & 0 & 0 & -\beta\gamma \\ 0 & 1 & 0 & 0 \\ 0 & 0 & 1 & 0 \\ -\beta\gamma & 0 & 0 & \gamma \end{pmatrix} . \tag{C.17}$$

Für die Umkehrtransformation muss man nur das Vorzeichen von β ändern:

$$\begin{pmatrix} 0 & -E_x/c & -E_y/c & -E_z/c \\ E_x/c & 0 & -B_z & B_y \\ E_y/c & B_z & 0 & -B_x \\ E_z/c & -B_y & B_x & 0 \end{pmatrix} \tag{C.18}$$
$$= \begin{pmatrix} \gamma & 0 & 0 & \beta\gamma \\ 0 & 1 & 0 & 0 \\ 0 & 0 & 1 & 0 \\ \beta\gamma & 0 & 0 & \gamma \end{pmatrix} \cdot \begin{pmatrix} 0 & -E_x^*/c & -E_y^*/c & -E_z^*/c \\ E_x^*/c & 0 & -B_z^* & B_y^* \\ E_y^*/c & B_z^* & 0 & -B_x^* \\ E_z^*/c & -B_y^* & B_x^* & 0 \end{pmatrix} \cdot \begin{pmatrix} \gamma & 0 & 0 & \beta\gamma \\ 0 & 1 & 0 & 0 \\ 0 & 0 & 1 & 0 \\ \beta\gamma & 0 & 0 & \gamma \end{pmatrix} .$$

Die Auswertung dieser Matrixgleichung (entweder „per Hand“ oder mit Codes wie Mathcad oder Mathematica) ergibt

$$\begin{aligned} E_x &= \gamma(E_x^* + vB_y^*), & B_x &= \gamma\left(B_x^* - \tfrac{v}{c^2}E_y^*\right), \\ E_y &= \gamma(E_y^* - vB_x^*), & B_y &= \gamma\left(B_y^* + \tfrac{v}{c^2}E_x^*\right), \\ E_z &= E_z^*, & B_z &= B_z^* \ . \end{aligned} \tag{C.19}$$

Dies entspricht genau den Gl. (7.4), wenn man dort den Geschwindigkeitsvektor in z-Richtung wählt.

C.5 Feld eines gleichförmig bewegten Teilchens

Ein Teilchen mit der Ladung q fliege mit einer konstanten Geschwindigkeit v geradlinig in z-Richtung. Das Viererpotential lautet gemäß Gl. (7.9)

$$\begin{aligned} \Phi &= \gamma(\Phi^* + vA_z^*) = \gamma\Phi^* \ , \\ A_x &= A_x^* = 0, \\ A_y &= A_y^* = 0, \\ A_z &= \gamma\left(A_z^* + \frac{v}{c^2}\Phi^*\right) = \frac{\gamma v}{c^2}\Phi^* \ . \end{aligned}$$

Berechnung des elektrischen Feldes:

$$\begin{aligned} E_x &= -\frac{\partial\Phi}{\partial x} = -\frac{\gamma q}{4\pi\varepsilon_0}\frac{\partial}{\partial x}[x^2 + y^2 + \gamma^2(z - vt)^2]^{-1/2} \\ &= \frac{\gamma q}{4\pi\varepsilon_0}\,\frac{x}{[x^2 + y^2 + \gamma^2(z - vt)^2]^{3/2}} \ . \end{aligned}$$

E_y wird ganz entsprechend berechnet. Für die Longitudinalkomponente ist die Rechnung aufwändiger:

$$\begin{aligned} E_z &= -\frac{\partial\Phi}{\partial z} - \frac{\partial A_z}{\partial t} \\ &= -\frac{\gamma q}{4\pi\varepsilon_0}\left[\frac{\partial}{\partial z}[x^2 + y^2 + \gamma^2(z - vt)^2]^{-1/2}\right. \\ &\quad \left. + \frac{v}{c^2}\frac{\partial}{\partial t}[x^2 + y^2 + \gamma^2(z - vt)^2]^{-1/2}\right] \\ &= \frac{\gamma q}{4\pi\varepsilon_0}\,\frac{(z - vt)}{[x^2 + y^2 + \gamma^2(z - vt)^2]^{3/2}} \ . \end{aligned}$$

Die drei Feldkomponenten sind

$$E_x = \frac{\gamma q}{4\pi\varepsilon_0}\cdot\frac{1}{[\,x^2 + y^2 + \gamma^2(z - vt)^2\,]^{3/2}}\cdot x \ , \qquad \text{(C.20a)}$$

$$E_y = \frac{\gamma q}{4\pi\varepsilon_0}\cdot\frac{1}{[\,x^2 + y^2 + \gamma^2(z - vt)^2\,]^{3/2}}\cdot y \ , \qquad \text{(C.20b)}$$

$$E_z = \frac{\gamma q}{4\pi\varepsilon_0}\cdot\frac{1}{[\,x^2 + y^2 + \gamma^2(z - vt)^2\,]^{3/2}}\cdot (z - vt) \ . \qquad \text{(C.20c)}$$

Die Feldverteilung bewegt sich synchron mit dem geladenen Teilchen mit der Geschwindigkeit v entlang der z-Achse. Zum Zeitpunkt $t = 0$ kann man das Feld vektoriell schreiben als

$$\boldsymbol{E}(\boldsymbol{r}) = \frac{\gamma q}{4\pi\varepsilon_0}\cdot\frac{1}{[\,x^2 + y^2 + \gamma^2 z^2\,]^{3/2}}\cdot\boldsymbol{r} \ .$$

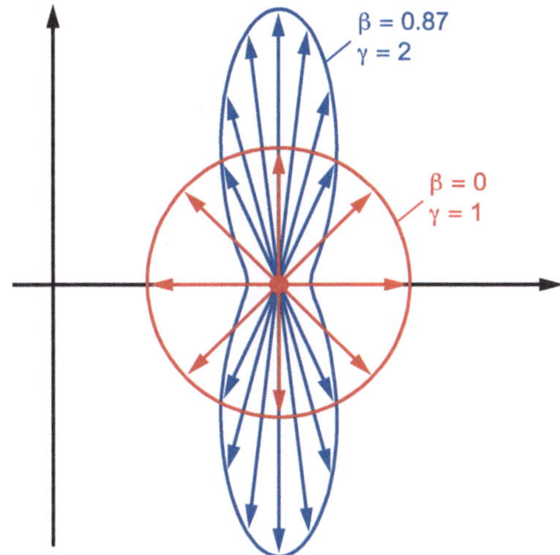

Abb. C.2 Polarwinkelverteilung des elektrischen Feldes eines ruhenden und eines gleichförmig bewegten Teilchens mit $\beta = v/c = 0{,}87$

Wie üblich nennen wir θ den Winkel zwischen dem Radiusvektor $\boldsymbol{r}$ und der z-Achse; es gilt

$$z^2 = r^2 \cos^2\theta = r^2(1 - \sin^2\theta)\,, \quad x^2 + y^2 = r^2 \sin^2\theta\,.$$

Wenn man noch $\gamma^2 = 1/(1 - \beta^2)$ einsetzt, findet man für das E-Feld als Funktion von r und θ

$$\boldsymbol{E}(r,\theta) = \frac{q}{4\pi\varepsilon_0 r^2} \cdot \frac{(1 - \beta^2)}{(1 - \beta^2 \sin^2\theta)^{3/2}} \cdot \hat{\boldsymbol{r}}\,. \tag{C.21}$$

Hier ist $\hat{\boldsymbol{r}} = \boldsymbol{r}/r$ ein Einheitsvektor in Richtung des Radiusvektors $\boldsymbol{r}$. Wenn $\beta = v/c \ll 1$ ist, ergibt Gl. (C.21) genau das Feld einer ruhenden oder langsam bewegten Punktladung, deren Feldlinien isotrop in alle Raumrichtungen zeigen. Mit wachsender Geschwindigkeit bildet sich eine immer stärker werdende Anisotropie heraus.

Die Polarwinkelverteilung des elektrischen Feldes eines ruhenden und eines gleichförmig bewegten Teilchens wird in Abb. C.2 gezeigt. Das Feld konzentriert sich mit wachsendem γ auf eine flache, senkrecht zur Bahn orientierte Scheibe. Die Transversalkomponente wächst linear mit γ an. Das Magnetfeld ist durch den einfachen Ausdruck

$$\boldsymbol{B} = \frac{1}{c^2}\,\boldsymbol{v} \times \boldsymbol{E} \tag{C.22}$$

gegeben.

Die hier präsentierten Rechnungen gelten nur für Teilchen, die sich geradlinig und mit konstanter Geschwindigkeit bewegen. Wenn die Teilchen beschleunigt werden, beispielsweise durch Ablenkung in einem Magnetfeld, wird der mathematische Formalismus viel komplizierter.

Anhang D
Herleitung und Eigenschaften der Dirac-Gleichung

Die Form der Dirac-Gleichung

Eine relativistisch invariante Differentialgleichung, die nur die erste Ableitung nach der Zeit enthält, muss auch von erster Ordnung in den Ortskoordinaten $(x, y, z) \equiv (x_1, x_2, x_3)$ sein. Für die Wellengleichung eines freien Elektrons machte Dirac den Ansatz (8.5). Dividiert durch i$\hbar$ lautet dieser Ansatz

$$\frac{\partial \psi}{\partial t} = -c\left(\alpha_1 \frac{\partial \psi}{\partial x_1} + \alpha_2 \frac{\partial \psi}{\partial x_2} + \alpha_3 \frac{\partial \psi}{\partial x_3}\right) - \frac{\mathrm{i}}{\hbar}\,\beta m_e c^2 \psi\,. \tag{D.1}$$

Wir werden gleich sehen, dass die Wellenfunktion als vierkomponentiger Vektor und die Koeffizienten α_j und β als 4×4-Matrizen angesetzt werden müssen. Wie kommt man zu diesem Ergebnis?
Erstens muss die relativistische Energie-Impuls-Beziehung

$$E^2 = (p_x^2 + p_y^2 + p_z^2)c^2 + m_0^2 c^4$$

erfüllt werden, und zweitens bleibt die Form (8.1) der Energie- und Impulsoperatoren weiterhin gültig:

$$\widehat{E} = \mathrm{i}\hbar\,\frac{\partial}{\partial t}\,, \quad \widehat{p}_j = -\mathrm{i}\hbar\,\frac{\partial}{\partial x_j}\,.$$

Die Konsequenz ist: jede Lösung ψ der Dirac-Gleichung muss auch eine Lösung der Klein-Gordon-Gleichung sein.

Um auf die Klein-Gordon-Gleichung zu kommen, bilden wir die zweite Zeitableitung. Dazu wird (D.1) nach t differenziert

$$\frac{\partial^2 \psi}{\partial t^2} = -c\left(\alpha_1 \frac{\partial}{\partial x_1}\left(\frac{\partial \psi}{\partial t}\right) + \alpha_2 \frac{\partial}{\partial x_2}\left(\frac{\partial \psi}{\partial t}\right) + \alpha_3 \frac{\partial}{\partial x_3}\left(\frac{\partial \psi}{\partial t}\right)\right) - \frac{\mathrm{i}}{\hbar}\,\beta m_e c^2 \frac{\partial \psi}{\partial t}\,.$$

Auf der rechten Seite wird $\partial\psi/\partial t$ aus (D.1) eingesetzt:

$$\frac{\partial^2\psi}{\partial t^2} = c^2 \sum_{j=1}^{3} \alpha_j^2 \frac{\partial^2\psi}{\partial x_j^2} - \left(\frac{m_e c^2}{\hbar}\right)^2 \beta^2\psi$$
$$+ c^2 \sum_{j\neq k} \frac{1}{2}\left(\alpha_j\alpha_k + \alpha_k\alpha_j\right)\frac{\partial^2\psi}{\partial x_j \partial x_k} + \frac{im_e c^3}{\hbar}\sum_{j=1}^{3}\left(\alpha_j\beta + \beta\alpha_j\right)\frac{\partial\psi}{\partial x_j}\,. \tag{D.2}$$

In der Klein-Gordon-Gleichung gibt es keine gemischten und keine ersten Ableitungen, daher muss die zweite Zeile der Gl. (D.2) identisch null sein:

$$c^2 \sum_{j\neq k} \frac{1}{2}\left(\alpha_j\alpha_k + \alpha_k\alpha_j\right)\frac{\partial^2\psi}{\partial x_j \partial x_k} + \frac{im_e c^3}{\hbar}\sum_{j=1}^{3}\left(\alpha_j\beta + \beta\alpha_j\right)\frac{\partial\psi}{\partial x_j} \equiv 0\,.$$

Da dies für beliebige Funktionen ψ erfüllt sein muss, folgt daraus

$$\alpha_j\alpha_k + \alpha_k\alpha_j = 0 \quad \text{für } j \neq k\,, \quad \alpha_j\beta + \beta\alpha_j = 0\,. \tag{D.3}$$

Mit reellen oder komplexen Zahlen kann man diese Relationen nicht erfüllen, da deren Multiplikation dem Kommutativgesetz gehorcht. Es werden daher Matrizen mit komplexen Koeffizienten versucht. Die erste Zeile der Gl. (D.2) ist identisch mit der Klein-Gordon-Gleichung, wenn noch folgende weitere Bedingungen gelten:

$$\alpha_j^2 = I\,, \quad \beta^2 = I\,,$$

wobei I die Einheitsmatrix ist. Die Matrizen müssen folgende Bedingungen erfüllen:

1. Der Hamilton-Operator $\widehat{H}$ ist hermitesch, also sind es auch die Matrizen α_j, β.
2. $\alpha_j^2 = \beta^2 = I$ (Einheitsmatrix). Daraus folgt, dass die Eigenwerte ± 1 sind.
3. Die Matrizen haben alle die Spur 0 (die Spur ist die Summe der Diagonalelemente). Dies folgt aus den Regeln (D.3):

$$\text{Spur}(\alpha_j) = \text{Spur}(\underbrace{\beta\beta}_{I}\,\alpha_j) = \text{Spur}(\underbrace{\beta\alpha_j}_{-\alpha_j\beta}\,\beta) = -\text{Spur}(\alpha_j)\,.$$

Nun ist die Spur die Summe der Eigenwerte. Da diese die Werte $+1$ und -1 haben, muss die Dimension N der Matrizen gerade sein. Die Dimension $N = 2$ reicht nicht aus, denn es gibt nur drei linear unabhängige hermitesche Matrizen mit Spur 0. Dies sind die Pauli-Matrizen:

$$\sigma_1 = \begin{pmatrix} 0 & 1 \\ 1 & 0 \end{pmatrix}, \quad \sigma_2 = \begin{pmatrix} 0 & -\mathrm{i} \\ \mathrm{i} & 0 \end{pmatrix}, \quad \sigma_3 = \begin{pmatrix} 1 & 0 \\ 0 & -1 \end{pmatrix}.$$

Die kleinste mögliche Dimension ist $N = 4$. Eine spezielle Darstellung lautet

$$\alpha_1 = \begin{pmatrix} 0&0&0&1 \\ 0&0&1&0 \\ 0&1&0&0 \\ 1&0&0&0 \end{pmatrix}, \quad \alpha_2 = \begin{pmatrix} 0&0&0&-\mathrm{i} \\ 0&0&\mathrm{i}&0 \\ 0&-\mathrm{i}&0&0 \\ \mathrm{i}&0&0&0 \end{pmatrix},$$
$$\alpha_3 = \begin{pmatrix} 0&0&1&0 \\ 0&0&0&-1 \\ 1&0&0&0 \\ 0&-1&0&0 \end{pmatrix}, \quad \beta = \begin{pmatrix} 1&0&0&0 \\ 0&1&0&0 \\ 0&0&-1&0 \\ 0&0&0&-1 \end{pmatrix}. \tag{D.4}$$

Die Wellenfunktion ist ein vierkomponentiger Spaltenvektor, der *Dirac-Spinor* genannt wird.

Nichtrelativistischer Grenzfall der Dirac-Gleichung

Wir betrachten zunächst ein freies, ruhendes Elektron. Sein Wellenvektor ist $\boldsymbol{k} = 0$, es gilt daher $\nabla\psi = 0$. Die Dirac-Gleichung lautet dann

$$\mathrm{i}\hbar\frac{\partial\psi}{\partial t} = m_e c^2 \beta\,\psi\ .$$

Diese Gleichung hat vier unabhängige Lösungen. Es gibt zwei Funktionen mit positiver Energie:

$$\psi_1 = \exp(-\mathrm{i}\omega_0 t)\begin{pmatrix} 1\\0\\0\\0 \end{pmatrix}, \quad \psi_2 = \exp(-\mathrm{i}\omega_0 t)\begin{pmatrix} 0\\1\\0\\0 \end{pmatrix},$$
$$E_1 = E_2 = +\hbar\omega_0 = +m_e c^2\ .$$

Die dritte und vierte Funktion ergeben bei Anwendung des Energieoperators jedoch einen negativen Wert der Ruhe-Energie.

$$\psi_3 = \exp(+\mathrm{i}\omega_0 t)\begin{pmatrix} 0\\0\\1\\0 \end{pmatrix}, \quad \psi_4 = \exp(+\mathrm{i}\omega_0 t)\begin{pmatrix} 0\\0\\0\\1 \end{pmatrix},$$
$$E_3 = E_4 = -\hbar\omega_0 = -m_e c^2\ .$$

Wenn man eine Zeitumkehr-Transformation anwendet, können ψ_3 und ψ_4 als Wellenfunktionen der Positronen interpretiert werden.

Nun sollen die Funktionen positiver Energie im Grenzfall nichtverschwindender, aber kleiner kinetischer Energien betrachtet werden.

$$E = \sqrt{\boldsymbol{p}^2 c^2 + m_e^2 c^4} \approx m_e c^2 + \boldsymbol{p}^2/(2m_e) \, .$$

Die „schnelle" Zeitabhängigkeit der Wellenfunktion ist im wesentlichen $\exp(-\mathrm{i}\omega_0 t)$ wie beim ruhenden Elektron. Wenn wir folgenden Ansatz machen

$$\psi(\boldsymbol{r}, t) = \exp(-\mathrm{i}\omega_0 t) \begin{pmatrix} \varphi(\boldsymbol{r}, t) \\ \chi(\boldsymbol{r}, t) \end{pmatrix} ,$$

so sind die zweikomponentigen Spinoren φ und χ nur „langsam" zeitabhängig:

$$\varphi, \chi \propto \exp(-\mathrm{i}\omega' t) \quad \text{mit} \quad \hbar\omega' = \boldsymbol{p}^2/(2m_e) \ll m_e c^2 \, .$$

Durch Einsetzen in die Dirac-Gleichung findet man, dass im nichtrelativistischen Grenzfall die χ-Komponente klein ist und dass die „große" φ-Komponente die Schrödingergleichung erfüllt.

Die Dirac-Gleichung eines Elektrons im elektromagnetischen Feld

Das elektromagnetische Feld beschreiben wir durch das skalare Potential Φ und das Vektorpotential $\boldsymbol{A}$. In der Dirac-Gleichung muss der Hamilton-Operator des freien Elektrons um die potentielle Energie $E_{\mathrm{pot}} = -e\,\Phi$ ergänzt werden, genau wie bei der Schrödinger-Gleichung. Bei Magnetfeldern ist es trickreich. Der Aharonov-Bohm-Effekt (3.13) besagt, dass die Anwesenheit eines Vektorpotentials die *de Broglie*-Wellenlänge beeinflusst und demgemäß auch den Impuls-Operator verändert. Setzt man die modifizierten Energie-Impuls-Operatoren in die Dirac-Gleichung ein, so kann man daraus die Regeln zur Auswertung der Feynman-Graphen herleiten. Im nichtrelativistischen Grenzfall ergibt sich auf diese Weise das magnetische Moment $\mu_e = -\mu_B$ des Elektrons.

Anhang E
SI-Einheiten und häufig benutzte Symbole

In diesem Buch wird ausschließlich das internationale Einheitensystem (SI-System) benutzt (Tabelle E.1). In den Tabellen E.3 und E.4 sind die Symbole häufig benutzter physikalischer Größen, die Dimension in SI-Einheiten und die Namen der Größen zusammengestellt.

Tabelle E.1 Liste der SI-Einheiten

Physikalische Größe	Name der Einheit	Umrechnung in SI-Basiseinheiten
Zeit	Sekunde [s]	s
Länge	Meter [m]	m
Masse	Kilogramm [kg]	kg
Stromstärke	Ampere [A]	A
Kraft	Newton [N]	$1\,\mathrm{N} = 1\,\mathrm{kg\,m/s^2}$
Energie	Joule [J]	$1\,\mathrm{J} = 1\,\mathrm{N\,m}$
Energie	Elektronenvolt [eV]	$1\,\mathrm{eV} = 1{,}602 \cdot 10^{-19}\,\mathrm{J}$
Ladung	Coulomb [C]	$1\,\mathrm{C} = 1\,\mathrm{A\,s}$
Spannung	Volt [V]	$1\,\mathrm{V} = 1\,\mathrm{J/C}$
Widerstand	Ohm [Ω]	$1\,\Omega = 1\,\mathrm{V/A}$
Leistung	Watt [W]	$1\,\mathrm{W} = 1\,\mathrm{V\,A} = 1\,\mathrm{J/s}$
Magnetfeld	Tesla [T]	$1\,\mathrm{T} = 1\,\mathrm{V\,s/m^2}$
Kapazität	Farad [F]	$1\,\mathrm{F} = 1\,\mathrm{C/V}$
Induktivität	Henry [H]	$1\,\mathrm{H} = 1\,\mathrm{V\,s/A}$

Tabelle E.2 Wichtige Naturkonstanten

Naturkonstante	Bedeutung
$c = 299\,792\,458\,\mathrm{m/s}$	Lichtgeschwindigkeit im Vakuum
$\hbar = h/(2\pi) = 1{,}05457163 \cdot 10^{-34}\,\mathrm{J\,s}$	Planck-Konstante
$\quad = 6{,}58211899 \cdot 10^{-16}\,\mathrm{eV\,s}$	(Planck'sches Wirkungsquantum)
$e = 1{,}6021765 \cdot 10^{-19}\mathrm{C}$	Elementarladung
$G = 6{,}6743 \cdot 10^{-11}\,\mathrm{N\,kg^{-2}\,m^2}$	Gravitationskonstante
$\varepsilon_0 = 8{,}8541878 \cdot 10^{-12}\,\mathrm{A\,s/(V\,m)}$	elektrische Feldkonstante
$k_B = 1{,}3806504 \cdot 10^{-23}\mathrm{J/K}$	Boltzmann-Konstante
$\mu_0 = 4\,\pi \cdot 10^{-7}\mathrm{V\,s/(A\,m)}$	magnetische Feldkonstante
$\mu_B = e\,\hbar/(2m_e) = 5{,}788381756 \cdot 10^{-5}\,\mathrm{eV/T}$	Bohr'sches Magneton
$\mu_K = e\,\hbar/(2m_p) = 3{,}152451238 \cdot 10^{-8}\,\mathrm{eV/T}$	Kernmagneton
$m_e = 9{,}1093819 \cdot 10^{-31}\,\mathrm{kg}$	Ruhemasse des Elektrons
$m_p = 1{,}6726216 \cdot 10^{-27}\,\mathrm{kg}$	Ruhemasse des Protrons
$N_A = 6{,}02214179 \cdot 10^{-23}\,\mathrm{Mol^{-1}}$	Avogadro-Konstante

Tabelle E.3 Liste häufig benutzter Symbole

Symbol	SI-Einheiten	Name/Bedeutung
a	$\mathrm{m^2}$	Fläche (area)
a	$\mathrm{m/s^2}$	Beschleunigung (acceleration)
$\boldsymbol{A}$	$\mathrm{V\,s/m}$	magnetisches Vektorpotential
$\boldsymbol{B}$	T	Magnetfeld
$\beta = v/c$	–	normierte Teilchengeschwindigkeit (beta)
C	F	Kapazität
χ_e, χ_m	–	elektrische/magnetische Suszeptibilität (chi)
$\boldsymbol{D}$	$\mathrm{C/m^2}$	elektrische Verschiebungsdichte
$\boldsymbol{E}$	$\mathrm{V/m}$	elektrisches Feld
E_kin	J	kinetische Energie
E_pot	J	potentielle Energie
f	Hz	Frequenz
$\boldsymbol{F}$, $\boldsymbol{F}_\mathrm{Lor}$	N	Kraft (force), Lorentzkraft
Φ	V	skalares Potential (Phi)
ϕ_el	V m	elektrischer Fluss (phi)
ϕ_mag	V s	magnetischer Fluss
$\gamma = 1/\sqrt{1-\beta^2}$	–	Lorentz-Faktor (gamma)
$\boldsymbol{H}$	$\mathrm{A/m}$	magnetisierendes Feld
I	A	Stromstärke
I	$\mathrm{W/m^2}$	Intensität
$\boldsymbol{J}$	$\mathrm{A/m^2}$	Stromdichte
$\boldsymbol{k}$	$\mathrm{m^{-1}}$	Wellenvektor
$k = \lvert\boldsymbol{k}\rvert = 2\pi/\lambda$	$\mathrm{m^{-1}}$	Wellenzahl
λ	m	Wellenlänge (lambda)
λ_p, λ_n	$\mathrm{C/m}$	Linienladungsdichte
l, ℓ	m	Länge
L	H	Induktivität
m	kg	Masse
$\boldsymbol{M}$	A/m	Magnetisierung
n	–	Brechungsindex
$\hat{\boldsymbol{n}}$	–	Normalen-Einheitsvektor

Tabelle E.4 Liste häufig benutzter Symbole (Fortsetzung)

Symbol	SI-Einheiten	Name/Bedeutung
$\omega = 2\pi f$	s^{-1}	Kreisfrequenz (omega)
p	kg m/s	Impuls
P_{rad}	W	Strahlungsleistung
$\boldsymbol{P}$	C/m^2	dielektrische Polarisation
ψ	–	Wellenfunktion (psi)
Q, q	C	Ladung
R	Ω	Widerstand
r, R	m	Radius
ρ	C/m^3	räumliche Ladungsdichte (rho)
$\boldsymbol{S}$	W/m^2	Poyntingvektor
σ_{ob}	C/m^2	Oberflächen-Ladungsdichte (sigma)
σ_{spez}	$(\Omega\ m)^{-1}$	spezifische Leitfähigkeit
t, T	s	Zeit
U	V	Spannung
V	m^3	Volumen
v	m/s	Geschwindigkeit
w_{el}	J/m^3	Energiedichte des elektrischen Feldes
w_{mag}	J/m^3	Energiedichte des magnetischen Feldes
W	J	Arbeit (work)
Z	Ω	Impedanz oder Wellenwiderstand

Anhang F
Lösungen

In diesem Abschnitt sind kurzgefasste Lösungen ausgewählter Aufgaben zusammengestellt.

Kapitel 1

Aufg. 1.1 Parameter von Eisen: Dichte $\rho_{\text{Fe}} = 7874\,\text{kg/m}^3$, Ordnungszahl $Z = 26$, Molmasse 56 g. Masse einer Fe-Kugel von 5 mm Radius: $M_{\text{Kugel}} = (4\pi/3)\, r^3 \rho_{\text{Fe}} = 0{,}515\,\text{g}$, die Kugel enthält 0,009 Mole. Anzahl der Elektronen bzw. Protonen in der Kugel $N_e = N_p = 26 \cdot 0{,}009 \cdot N_A = 1{,}44 \cdot 10^{23}$, Ladung der Kugel $Q = N_p\, e\,(1-\delta) - N_e\, e$. Abstoßende Kraft zwischen den Kugeln für $d = 1$ m Abstand: $F = \frac{Q^2}{4\pi\varepsilon_0 d^2} = 4{,}79 \cdot 10^6\,\text{N}$.

Aufg. 1.2 Magnetfeld von Leiter 1 in $d = 8$ cm Abstand: $B = \mu_0 I(2\pi\, d)$. Kraft auf Leiter 2 pro Meter Länge ist $F' = I\, B = 250\,\text{N/m}$. Kraft ist abstoßend bei antiparallelen Strömen.

Aufg. 1.3 Zahl der Fe-Atome pro m^3: $N_{\text{Fe}} = 8{,}47 \cdot 10^{28}$. Sättigungsmagnetisierung: $M_{\text{sat}} = N_{\text{Fe}}\, 2\,\mu_B$, Sättigungsfeld: $B_{\text{sat}} = \mu_0 M_{\text{sat}} = 1{,}97$ Tesla.

Aufg. 1.4 Serienschaltung von L und C: $Z_{\text{ser}} = i\,\omega\, L - i\,/(\omega\, C)$. Parallelschaltung: $1/Z_{\text{par}} = -i/(\omega\, L) + i\,\omega\, C$. Für $\omega^2 = 1/(LC)$ folgt $Z_{\text{ser}} = 0$ und $1/Z_{\text{par}} = 0$, $Z_{\text{par}} = \infty$.

Aufg. 1.5 a) Bei gleichen Lastwiderständen gilt für die Summe der Ströme:

$$\begin{aligned} I_1 + I_2 + I_3 &= (U_1 + U_2 + U_3)/R_{\text{Last}} \\ &= U_0/R_{\text{Last}} \cdot [\cos(\omega t) + \cos(\omega t + 120°) + \cos(\omega t + 240°)] = 0\,, \end{aligned}$$

wie man durch Anwenden der Regel $\cos(\alpha + \beta) = \cos(\alpha)\,\cos(\beta) - \sin(\alpha)\,\sin(\beta)$ leicht beweisen kann. Bei symmetrischer Belastung der drei Phasen fließt im Null-Leiter kein Strom. b) Die Spannung zwischen R und S, zwischen R und T sowie zwischen S und T ist $\sqrt{3} \cdot 230 = 400\,\text{V}$, die Kochplatte brennt durch.

Aufg. 1.6 Induktivität $L = 0{,}001$ H, Periode $T = 1/f_0$, Kapazität $C = 1/(\omega_0^2 L) = 10$ nF. Dämpfungszeitkonstante $\tau = 100\,T$. Aus $\tau = 2L/R$ folgt: Widerstand $R = 1\,\Omega$.

$Q(t) = Q_0 \cos(\omega t)\exp(-t/\tau)$, $\omega = \sqrt{\omega_0^2 - R^2/(4L^2)} \approx \omega_0(1 - 1{,}27 \cdot 10^{-6})$.

Aufg. 1.7 Gespeicherte Energie $W_0 = C\,U^2/2 = 6{,}4 \cdot 10^4$ J. Aus $W_0 = mv^2/2$ folgt $v = 41$ km/h. Wähle $R = 0{,}016\,\Omega$, dann $I_0 = 1000$ A und $I(t) = I_0 \exp(-t/(RC))$, $U(t) = R\,I(t)$.

Aufg. 1.8 $L = 0{,}06$ H, $I_0 = 6000$ A, $W_{\text{mag}} = 1{,}08$ MJ. Masse $M = 10^4$ kg, Fallhöhe $h = W_{\text{mag}}/(M\,g) = 11$ m. $\Delta t = 0{,}001$ s, induzierte Spannung $U_{\text{ind}} = L\,I_0/\Delta t = 360$ kV.

Aufg. 1.9 $L = 3{,}12$ H, $I_0 = 6000$ A, $\Delta t = 0{,}5$ s. Aus $\exp(-\Delta t/\tau) = 0{,}01$ folgt $\tau = 0{,}109$ s. Entladewiderstand $R = L/\tau = 28{,}6\,\Omega$. $I(t) = I_0 \exp(-t/\tau)$.

Aufg. 1.10 Feld $B = \mu_0\mu_r N\,I/\ell = 1{,}257$ T, Induktivität $L = \mu_0\mu_r N^2\,a/\ell = 0{,}0063$ H, $W_{\text{mag}} = L\,I^2/2 = 0{,}013$ J. Energiedichte $w_{\text{mag}} = H\,B/2 = B^2/(2\mu_r) = 628$ J/m^3, $w_{\text{mag}}\,a\,\ell = 0{,}013$ J.

Kapitel 2

Aufg. 2.2 Das Potential lautet $\Phi(x, y) = -(A/3)\,(3x^2 y - y^3)$.

Aufg. 2.3 Nach Gl. (2.31) ist die Spannung zwischen Innen- und Außenleiter

$$U = \frac{Q}{2\pi\varepsilon_0 l}\ln(r_2/r_1)\,, \quad \Rightarrow \quad E_r(r) = \frac{U}{\ln(r_2/r_1)\,r} \quad \text{für} \quad r_1 \le r \le r_2.$$

$U = 100$ V, $r_1 = 25\,\mu$m, $r_2 = 10$ mm ergibt $E_r(r_1) = 1{,}08$ MV/m.

Aufg. 2.4 Die resultierende Feldstärke am Ort $(0, a)$ hat nur eine x-Komponente, die y-Komponenten heben sich weg.

$$E_x^{(1)}(x, y) = \frac{Q}{4\pi\varepsilon_0}\frac{1}{(x-a)^2 + y^2}\frac{(x-a)}{\sqrt{(x-a)^2 + y^2}}\,,$$
$$E_x^{(2)}(x, y) = -\frac{Q}{4\pi\varepsilon_0}\frac{1}{(x+a)^2 + y^2}\frac{(x+a)}{\sqrt{(x+a)^2 + y^2}}\,.$$

$E_x(0, a) = E_x^{(1)}(0, a) + E_x^{(2)}(0, a) = -635$ V/m.

$$\Phi(x, y) = \frac{Q}{4\pi\varepsilon_0\sqrt{(x-a)^2 + y^2}} - \frac{Q}{4\pi\varepsilon_0\sqrt{(x+a)^2 + y^2}}$$

Aus $E_x(x, y) = -\partial\Phi/\partial x$, folgt $E_x(0, a) = -635$ V/m.

Aufg. 2.5 Grundzustand des H-Atoms (1s-Zustand): $|\psi_{100}(r)|^2 = 1/(\pi a_0^3)e^{-2r/a_0}$. Negative Ladung in einer Kugel vom Radius r

$$Q_n(r) = -e \int_0^r |\psi_{100}(r)|^2 \, 4\pi r'^2 \, dr' = -e \left[1 - e^{-\frac{2r}{a_0}} \left\{ 2\frac{r^2}{a^2} + 2\frac{r}{a} + 1 \right\} \right]$$

Radiales Feld $E_r(r)$ im H-Atom: $E_r(r) = \frac{Q_n(r)}{4\pi\varepsilon_0 r^2} + \frac{e}{4\pi\varepsilon_0 r^2}$.

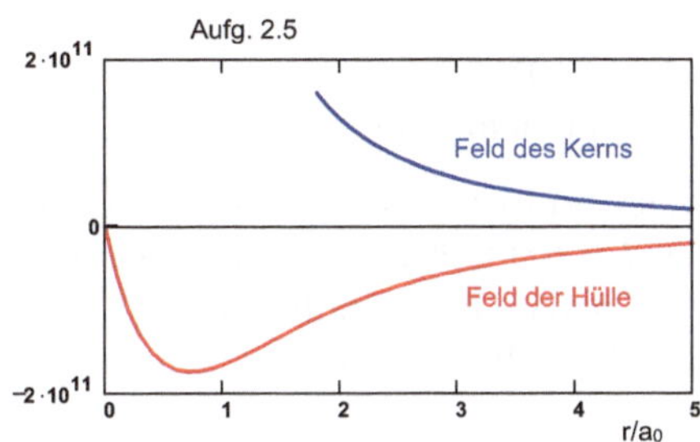

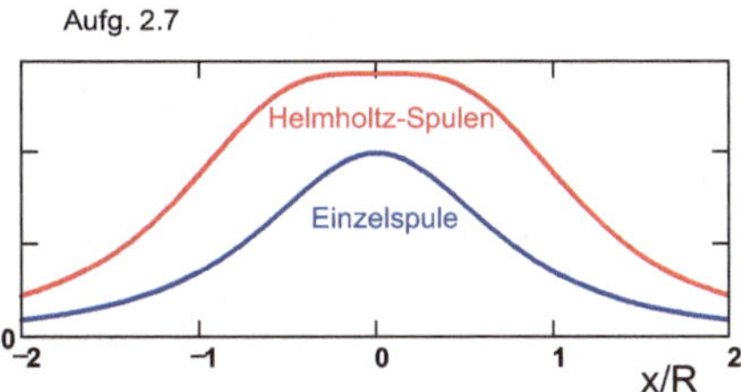

Aufg. 2.6 Für $-a < x < +a$ gilt div $\boldsymbol{E} = \frac{\partial E_x}{\partial x} = \frac{\rho_0}{\varepsilon_0} \Rightarrow E_x(x) = \frac{\rho_0}{\varepsilon_0}x$.
Die Bewegungsgleichung des Elektrons lautet

$$m_e \ddot{x} = -e\,E_x(x) = -\frac{e\,\rho_0}{\varepsilon_0}x\,, \quad \ddot{x} + \omega^2 x(t) = 0\,, \quad \omega = \sqrt{\frac{e\,\rho_0}{m_e\,\varepsilon_0}}\,.$$

Dies ist die Gleichung eines harmonischen Oszillators. Mit der Anfangsbedingung $x(0) = a/2$, $\dot{x}(0) = 0$ lautet die Lösung $x(t) = \frac{a}{2}\cos\omega t$.

Aufg. 2.7 Feld einer Ringspule, die sich bei $x = 0$ befindet: $B_1(x) = \mu_0 N I/2 \cdot R^2(R^2 + x^2)^{-3/2}$.
Feld der Helmholtz-Spulenanordnung: Addition der Felder der Einzelspulen bei $x = -R/2$ und $x = +R/2 \quad \Rightarrow \quad B_2(x) = B_1(x - R/2) + B_1(x + R/2)$.
Für $R = 10\,\text{cm}$, $N = 100$, $I = 10\,\text{A}$ ist der Maximalwert $B_2(0) = 9\,\text{mT}$.

Aufg. 2.8 Da $A_\varphi(r)$ nicht von φ und z abhängt, hat das Magnetfeld nach Gl. (A.46) nur eine z-Komponente:

$$B_z(r) = \frac{1}{r}\frac{\partial(rA_\varphi)}{\partial r} = B_0 \quad \text{für } 0 \le r \le R\,, \quad B_z(r) = 0 \quad \text{für } r > R$$

Geschlossener Weg C_1: Kreis mit Radius $r > R$.
$\oint_{C_1} \boldsymbol{A}\cdot d\boldsymbol{s} = B_0\,R^2/(2r)\cdot 2\pi r = B_0\,\pi R^2 = \phi_{\text{mag}}$.
Geschlossener Weg C_2: wie der Weg C in Abb. 3.9, das Ringintegral wird null.

Aufg. 2.9 Beschleunigung im elektrischen Feld: $m\,v^2/2 = q\,U$.
Ablenkung im Magnetfeld $m\,v = q\,R\,B$. Kombination der Gleichungen:

$$\frac{q}{m} = \frac{2\,U}{R^2\,B^2}\,.$$

Das Verhältnis $\frac{q}{m}$ ist nahezu gleich für Ne^+ ($q = +e$, $m_{Ne} \approx 20\, m_p$) und Ar^{++} ($q = +2e$, $m_{Ar} \approx 40\, m_p$).

Kreisbahn im elektrischen Feld eines Zylinderkondensators: $\frac{m\, v^2}{R} = q\, E(R)$.
Aus $m\, v^2 = 2\, q\, U$ folgt $E = \frac{2\, U}{R}$: weder q noch m noch $\frac{q}{m}$ sind bestimmbar.

Aufg. 2.10 Geschwindigkeit des Elektrons: $v = \sqrt{2\, e\, U/m_e} = 1{,}88 \cdot 10^7$ m/s.
Komponente in Feldrichtung $v_z = v\, \cos\alpha$, $z(t) = v_z\, t$.
Transversalgeschwindigkeit $v_\perp = v\, \sin\alpha$. Kreisbahn in xy-Ebene: $x(t) = R \cdot \cos\omega\, t$, $y(t) = R \cdot \sin\omega\, t$.
$R = \frac{m_e\, v_\perp}{e\, B_0} = 1{,}07\,\text{mm}$, $\omega = e\, B_0/m_e = 1{,}76 \cdot 10^9\, \text{s}^{-1}$.
Das Elektron durchläuft eine Schraubenlinie mit einem Radius von 1,1 mm.

Aufg. 2.11 Die Gleichung (2.38) gilt auch, wenn ein Eisenrohr den Strom umgibt, das Feld außerhalb des Rohrs ist also $B(r) = \mu_0 I/(2\pi r)$. Physikalische Erklärung: das Eisenrohr wird so magnetisiert, dass die Feldlinen im Rohr ringförmig sind. Das magnetisierte Rohr erzeugt das äußere azimutale Feld. Bei antiparallen Strömen ist $I_{in} = I_1 + I_2 = 0$, also $B = 0$ im Außenraum.

Kapitel 3

Aufg. 3.1 Magnetfeld in langer Solenoid-Spule: $B(t) = \mu_0\, N_1\, I(t)/l$.
Fluss durch die kurze Solenoid-Spule:

$$\phi_{mag}(t) = B(t)\, N_2 \cdot \begin{cases} \pi\, r_2^2 & \text{für} \quad r_2 = 0{,}5\, r_1\ , \\ \pi\, r_1^2 & \text{für} \quad r_2 = 2\, r_1 \quad \text{(kein Fluss für} \quad r_2 > r_1)\ . \end{cases}$$

Induzierte Spannung

$$U_{ind}(t) = -\frac{\phi_{mag}(t)}{dt} = \begin{cases} -9{,}87\,\text{mV} & \text{für} \quad r_2 = 0{,}5\, r_1 \\ -39{,}0\,\text{mV} & \text{für} \quad r_2 = 2\, r_1 \end{cases}$$

Aufg. 3.2 Induzierte Spannung: a) −0,063 V; b) und d) +0,063 V; c) und e) −0,126 V.

Aufg. 3.3 Zeitpunkt $t = 0$: Zentrum der Drahtschleife bei $x = -l/2$, die Schleife befindet sich am linken Rand des Magnetfeldes. Definiere folgende Zeitpunkte: $t_0 = 0$, $t_1 = l/v$, $t_2 = 2l/v$, $t_3 = 3l/v$. Zeitabhängiger magnetischer Fluss durch die Schleife und induzierte Spannung $U_{ind} = -d\phi_{mag}/dt$:

$$\phi_{mag}(t) = \begin{cases} B\, l\, v\, t & \text{für} \quad t_0 \le t \le t_1, \quad U_{ind} = -U_0 \\ B\, l^2 & \text{für} \quad t_1 < t \le t_2, \quad U_{ind} = 0 \\ B\, l\, (l - v\, (t - t_2)) & \text{für} \quad t_2 < t \le t_3, \quad U_{ind} = +U_0 \end{cases}$$

mit $U_0 = B\, l\, v = 0{,}2\,\text{V}$. Widerstand der Schleife $R = 0{,}014\,\Omega$, induzierter Strom $I_{ind} = 14{,}7\,\text{A}$, Lorentzkraft $F_x = -B\, l\, I_{ind} = -2{,}94\,\text{N}$. Aufgrund der Lenz-Regel zeigt die Kraft beim Hineinfahren und Herausfahren der Schleife in negativer x-Richtung (Wirbelstrom wirkt immer bremsend).

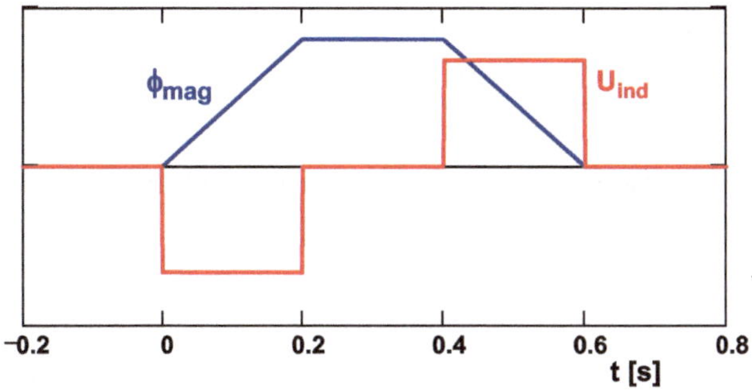

Aufg. 3.4 Maximaler Fluss $\phi_0 = B\,N\,a = 0{,}019\,\mathrm{V\,s}$. Induzierte Spannung $U_{\mathrm{ind}} = U_0\, \sin \omega t$, $U_0 = \phi_0 \omega = 0{,}24\,\mathrm{V}$.

Aufg. 3.5 Windungsverhältnis des Transformators: $N_1/N_2 = U_1/U_2 = 11{,}5$. Widerstand der Halogenlampe $R_2 = U_2^2/P_2 = 4\,\Omega$, transformierter Widerstand $R_1 = (N_1^2/N_2^2)\,R_2 = 529\,\Omega$.

Aufg. 3.7 Kapazität $C = \varepsilon_0\, \pi r_p^2/d = 0{,}28\,\mathrm{nF}$.

$$I_0 = \frac{dQ}{dt} = C\,\frac{dU}{dt} = C\,d\,\frac{dE}{dt} = \pi r_p^2\, J_V \quad \text{mit} \quad J_V = \varepsilon_0\,\frac{dE}{dt} = 318\,\mathrm{A/m^2}$$

$I_V = \pi r_p^2\, J_V = I_0 = 10\,\mathrm{A}$.

Aufg. 3.8 Mit $r = \sqrt{x^2 + y^2}$, $x = r\cos\varphi$ und $y = r\sin\varphi$ ergibt sich für die kartesischen Komponenten des Feldes

$$B_x = \frac{-\mu_0 I}{2\pi r}\sin\varphi = \frac{-\mu_0 I}{2\pi}\,\frac{y}{x^2+y^2}\,, \qquad B_y = \frac{\mu_0 I}{2\pi r}\cos\varphi = \frac{\mu_0 I}{2\pi}\,\frac{x}{x^2+y^2}\,,$$
$$B_z = 0\,.$$

Divergenz von $\boldsymbol{B}$ in kartesischen Koordinaten

$$\nabla\cdot\boldsymbol{B} = \frac{\partial B_x}{\partial x} + \frac{\partial B_y}{\partial y} + \frac{\partial B_z}{\partial z} = \frac{\mu_0 I}{2\pi}\left(-y\,\frac{(-2x)}{r^4} + x\,\frac{(-2y)}{r^4}\right) = 0\,.$$

Berechnung in Zylinderkoordinaten: das Magnetfeld hat nur eine Azimutalkomponente $B_\varphi(r) = \mu_0 I/(2\pi r)$. Die Divergenz in Zylinderkoordinaten lautet nach Gl. (A.45)

$$\nabla\cdot\boldsymbol{B} = \frac{1}{r}\,\frac{\partial B_\varphi}{\partial\varphi} = 0\,,$$

weil B_φ nur von r und nicht vom Winkel φ abhängt.

Da $B_z = 0$ ist und B_x und B_y nicht von z abhängen, verschwinden die x- und y-Komponenten von $\nabla\times\boldsymbol{B}$. Für die z-Komponente findet man

$$\nabla\times\boldsymbol{B}_z = \frac{\partial B_y}{\partial x} - \frac{\partial B_x}{\partial y} = \frac{\mu_0 I}{2\pi}\left(\frac{y^2-x^2}{x^2+y^2} - \frac{y^2-x^2}{x^2+y^2}\right) = 0\,.$$

In Zylinderkoordinaten ist es einfacher:

$$\nabla \times \boldsymbol{B}_z = \frac{1}{r}\frac{\partial(r B_\varphi)}{\partial r} = 0 \quad \text{da} \quad r\, B_\varphi = \text{const}\,.$$

Aufg. 3.9 Sei $\phi_0 = B_0 \pi R^2$ der gesamte magnetische Fluss durch die Spule. Dann ist wegen Gl. (2.50)

$$A_\varphi(r) = \frac{\phi_0}{2\pi r} \quad \text{für} \quad r > R\,, \quad A_\varphi(r) = \frac{\phi_0}{2\pi R} r \quad \text{für} \quad r \le R\,.$$

Dies ist ganz analog zum Magnetfeld eines zylindrischen Stroms, siehe Kap. 3.6.2 und Abb. 3.9. Innerhalb der Spule gilt $\nabla \times \boldsymbol{A} = \boldsymbol{B}_0$, außerhalb der Spule gilt $\nabla \times \boldsymbol{A} = 0$.

Kapitel 4

Aufg. 4.1 Die Feldstärke kann als Funktion von einer Variablen $u = y + c\,t$ geschrieben werden, analog zu Gl. (4.8). Die Wellengleichung ist daher erfüllt, dieser Puls kann sich im Vakuum ausbreiten und wandert mit Lichtgeschwindigkeit in Richtung der negativen y-Achse.

$$\frac{\partial E_z}{\partial y} = -\frac{\partial B_x}{\partial t} \Rightarrow B_x(y,t) = -\frac{E_0}{\sigma\, c} \cdot (y + c\,t) \exp\left(-\frac{(y + c\,t)^2}{2\,\sigma^2}\right).$$

$\boldsymbol{E}$ ist senkrecht zu $\boldsymbol{B}$ und beide senkrecht zu $\hat{\boldsymbol{y}}$.

Aufg. 4.2 Die numerische Auswertung für das Zeitprofil des Laserpulses, den erfassten Wellenlängenbereich und die zeitliche Propagation des Pulses werden in der Abbildung gezeigt.

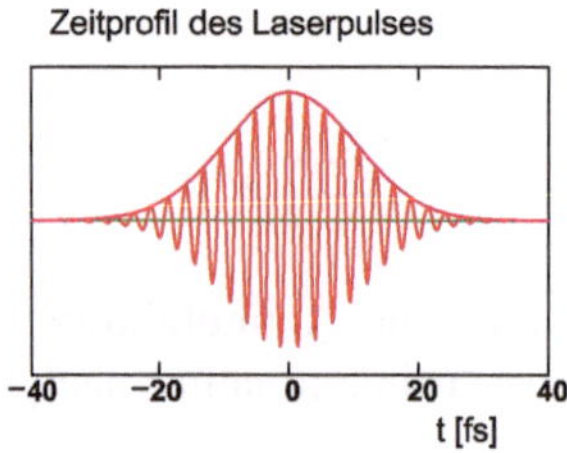

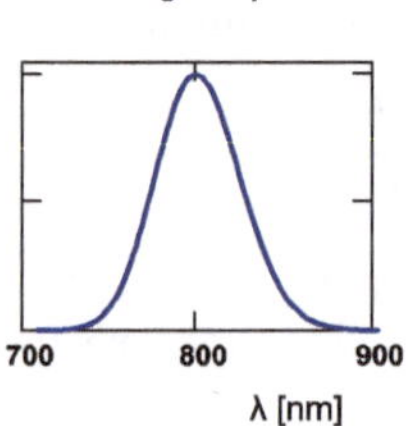

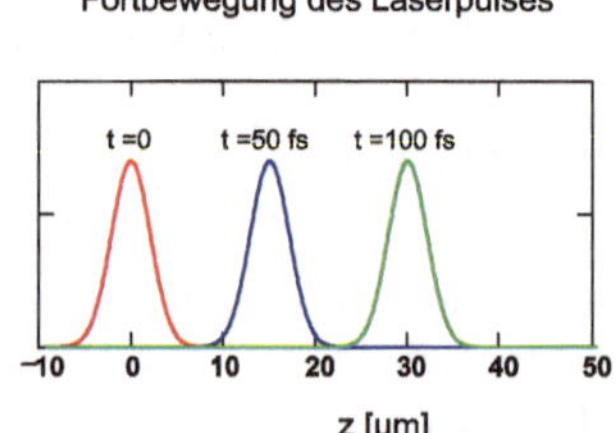

Aufg. 4.3 Das harmonisch schwingende Elektron ist ein Hertz'scher Dipol mit der Strahlungsleistung (4.37). Mit $d = 0{,}1$ nm und $\omega = 2\,\pi\, c/\lambda$ folgt: $P_{\text{rad}} = 2{,}01 \cdot 10^{-12}$ W für rotes Licht, $P_{\text{rad}} = 8{,}76 \cdot 10^{-12}$ W für blaues Licht.

Aufg. 4.4 Sendeleistung $P_S = 50$ kW, Intensität in $r_0 = 100$ km Abstand $I_0 = P_S/(4\pi r_0^2) = 3{,}98 \cdot 10^{-7}\,\text{W/m}^2$. Elektrisches und magnetisches Feld $E_0 = \sqrt{2 I_0/(\varepsilon_0\, c)} = 0{,}017$ V/m, $B_0 = E_0/c = 5{,}78 \cdot 10^{-11}$ T. Induzierte Spannung in Drahtschleife der Fläche $a = 0{,}28\,\text{m}^2$: $|U_{\text{ind}}| = a\,\omega\,B_0 = 10{,}3\,\text{mV}$. Der Normalenvektor der Schleife sollte parallel zum Magnetfeld sein.

Aufg. 4.5 $P_{\text{Sonne}} = 3{,}9 \cdot 10^{26}\,\text{W}$, Abstand Sonne–Erde $R = 1{,}5 \cdot 10^{11}\,\text{m}$. Intensität am Erdboden (klarer Himmel, Sonne im Zenit): $I_0 = P_{\text{Sonne}}/(4\pi R^2) \cdot 0{,}7 = 966\,\text{W/m}^2$. $E_0 = \sqrt{2I_0/(\varepsilon_0\,c)} = 853\,\text{V/m}$, $B_0 = E_0/c = 2{,}85 \cdot 10^{-6}\,\text{T}$.

Aufg. 4.6 $M_{\text{Sonne}} = 1{,}99 \cdot 10^{39}\,\text{kg}$. Masse und Querschnittsfläche der Kugel: $m = 4\pi\,\rho\,r^3/3$, $a = \pi r^2$. Graviationskraft und Strahlungs-Druckkraft für Abstand R zwischen Sonne und Kugel:

$F_{\text{grav}} = G \cdot (m\,M_{\text{Sonne}})/(4\pi R^2)$, $p_{\text{rad}} = P_{\text{Sonne}}/(4\pi R^2\,c)$, $F_{\text{rad}} = p_{\text{rad}}\,a$.

Der Abstand R kürzt sich beim Vergleich der Kräfte heraus. Kritischer Kugelradius r_k: aus $F_{\text{grav}} = F_{\text{rad}}$ folgt $r_k = 3\,P_{\text{Sonne}}/(4\,M_{\text{Sonne}}\,\rho\,c) = 2{,}45\,\mu\text{m}$.

Aufg. 4.7 Die Moleküle in der Atmosphäre werden durch das Sonnenlicht zu hochfrequenten Schwingungen angeregt und emittieren Strahlung. Wegen des Faktors ω^4 in Gl. (4.37) dominiert in der Streustrahlung das blaue Licht. Mittags beobachtet man das blaue Streulicht. Abends sieht man die direkte Strahlung nach Durchquerung einer dicken Luftschicht, wobei der der kurzwellige Anteil des Spektrums seitlich herausgestreut wird. Daher erscheinen Sonne und Abendhimmel rot.

Kapitel 5

Aufg. 5.1

a) Kapazität/Längeneinheit: $C' = 2\,\pi\,\varepsilon_0\,\varepsilon_r/\ln(r_2/r_1)$,
Induktivität/Längeneinheit: $L' = (\mu_0/2\,\pi)\,\ln(r_2/r_1)$
Wellenwiderstand: $Z = \ln(r_2/r_1)/(2\,\pi\,\varepsilon_0\,c\,\sqrt{\varepsilon_r}) = 76\,\Omega$
Phasengeschwindigkeit $v = 1/\sqrt{L'\,C'} = c/\sqrt{\varepsilon_r} = 2{,}12 \cdot 10^8\,\text{m/s}$

b) Keine Reflexion: Koaxialkabel am Ende mit $R = Z$ abschließen.
Wellenlänge im Kabel: $\lambda = c/(\sqrt{\varepsilon_r}\,f) = 2{,}12\,\text{m}$
$U(z,t) = U_0\,\sin(k\,z - \omega\,t)$, Leistung $P = U_0^2/(2\,Z) = 0{,}66\,\text{W}$.

Aufg. 5.2 Das elektrische Feld ist proportional zur Spannung und hat nur eine Radialkomponente, das Magnetfeld ist proportional zum Strom und hat nur eine Azimutalkomponente:

$$E_r(r,z,t) = \frac{U(z,t)}{\ln(r_2/r_1)\,r}\,, \quad B_\varphi(r,z,t) = \frac{\mu_0 I(z,t)}{2\pi\,r}\,.$$

Beide stehen senkrecht auf der Ausbreitungsrichtung (z-Achse) und senkrecht aufeinander (TE-Welle). Der Poyntingvektor hat deswegen nur eine z-Komponente. Im Bereich zwischen Innen- und Außenleiter sind die Felder und der Poyntingvektor

$$E_r(r) = \frac{U}{\ln(r_2/r_1)\,r}\,, B_\varphi = \frac{\mu_0 I}{2\pi\,r}\,, S_z(r) = \frac{E_r(r)\,B_\varphi(r)}{\mu_0} = \frac{U\,I}{2\pi\,\ln(r_2/r_1)\,r^2}\,.$$

Energiefluss durch das Kabel pro Zeiteinheit:

$$\int_{r_1}^{r_2} S_z(r)\, 2\pi\, r\, dr = \frac{U\, I}{\ln(r_2/r_1)} \int_{r_1}^{r_2} \frac{1}{r}\, dr = U\, I = 40\,\mathrm{W}\,.$$

Aufg. 5.3 Aus $A_H = (-e\, n_e)^{-1} = -5{,}3{\cdot}10^{-11}\,\mathrm{m}^3\,\mathrm{C}^{-1}$ folgt $n_e = 1{,}18{\cdot}10^{29}\,\mathrm{m}^{-3}$. Die Zahl der Cu-Atome pro m^{-3} ist $0{,}85 \cdot 10^{29}\,\mathrm{m}^{-3}$. Daher gibt es im Mittel 1,39 Leitungselektronen pro Cu-Atom. Aus $J = n_e e\, v_d = 10\,\mathrm{A/mm}^2$ ergibt sich $v_d = 0{,}53\,\mathrm{mm/s}$.

Aufg. 5.4 Rohr mit $l = 5\,\mathrm{m}$, $r = 5\,\mathrm{mm}$, $d = 0{,}1\,\mathrm{mm}$, $\sigma_{\mathrm{spez}} = 1{,}4{\cdot}10^6\,\Omega^{-1}\mathrm{m}^{-1}$ hat einen Widerstand $R = 1{,}137\,\Omega$. Stromdichte $J = I/(2\pi\, r\, d) = 6{,}37 \cdot 10^5\,\mathrm{A/m}^2$. Elektrisches Feld in Längsrichtung: $E_z = J/\sigma_{\mathrm{spez}} = 0{,}455\,\mathrm{V/m}$. Azimutales magnetisierendes Feld $H_\varphi = I/(2\pi r) = 63{,}7\,\mathrm{A/m}$. Der Poyntingvektor zeigt radial nach innen (vgl. Abb. 5.7) und hat den Betrag $S_r = E_z\, H_\varphi = 28{,}9\,\mathrm{W/m}^2$. Dissipierte Leistung im Rohr: $P = S_r\, 2\pi r\, l = 4{,}55\,\mathrm{W}$, dies ist identisch mit $I\, R^2 = 4{,}55\,\mathrm{W}$.

Aufg. 5.5 Rechteckhohlleiter, vertikal polarisierte TE-Welle (s. Kap. 5.2). Abschneidefrequenz $f_{\mathrm{cutoff}} = c\,/(2\,a) = 750\,\mathrm{MHz}$

$k_x = \pi/a = 15{,}7\,\mathrm{m}^{-1}$ und $k_z = \sqrt{\omega^2/c^2 - k_x^2} = 27{,}2\,\mathrm{m}^{-1}$ für $\omega = 2\,\omega_{\mathrm{cutoff}}$.

Phasengeschwindigkeit: $v_{\mathrm{ph}} = \omega/k_z = 3{,}46 \cdot 10^8\,\mathrm{m/s}$

Gruppengeschwindigkeit: $v_{\mathrm{g}} = k_z/\sqrt{k_x^2 + k_z^2} = 2{,}596 \cdot 10^8\,\mathrm{m/s}$, $v_{\mathrm{ph}} \cdot v_{\mathrm{g}} = c^2$.

Aufg. 5.6 Rechteckhohlleiter, horizontal polarisierte TE-Welle.

Lösungsansatz: $E_x(y,z,t) = E_0 \sin(k_y y) \sin(k_z z - \omega t)$, mit Randbedingung $E_x = 0$ für $x = 0$, $x = b$. Abschneidefrequenz $f_{\mathrm{cutoff}} = c\,/(2\,b) = 1500\,\mathrm{MHz}$.

$k_y = \pi/b = 31{,}4\,\mathrm{m}^{-1}$ und $k_z = \sqrt{\omega^2/c^2 - k_y^2} = 54{,}4\,\mathrm{m}^{-1}$ für $\omega = 2\,\omega_{\mathrm{cutoff}}$.

Phasengeschwindigkeit: $v_{\mathrm{ph}} = \omega/k_z = 3{,}46 \cdot 10^8\,\mathrm{m/s}$

Gruppengeschwindigkeit: $v_{\mathrm{g}} = k_z/\sqrt{k_y^2 + k_z^2} = 2{,}596 \cdot 10^8\,\mathrm{m/s}$, $v_{\mathrm{ph}} \cdot v_{\mathrm{g}} = c^2$.

Aufg. 5.7 Wellenausbreitung zwischen zwei parallelen Metallplatten. Bei vertikaler Polarisation gilt der gleiche Lösungsansatz wie in Gl. (5.14): $E_y(x,z,t) = E_0 \sin(k_x x) \sin(k_z z - \omega t)$ mit $k_x = m\,\frac{\pi}{a}$. Wenn der Plattenabstand $a < \lambda/2$ ist, gibt es exponentielle Abschwächung. Bei horizontaler Polarisation gibt es keine Randbedingungen. $E_x(z,t) = E_0 \sin(k_z z - \omega t)$ kann sich ungehindert zwischen den Platten ausbreiten.

Aufg. 5.9 Der Poyntingvektor ist im Prinzip nur für elektromagnetische Wellen definiert. In Kap. 5.4 haben wir ihn zwar im Gleichstromfall benutzt, aber die Begründung war, dass der Gleichstrom wegen des Ein- und Ausschaltens als extrem niederfrequenter Wechselstrom aufgefasst werden darf. Elektrisches und magnetisches Feld haben in den Beispielen von Kap. 5.4 die gleiche Quelle, die Spannung und den Strom einer Batterie, die ein- und ausgeschaltet wird. Die statischen Felder in Aufg. 5.8 hingegen haben verschiedene Quellen und können nicht als niederfrequenter Grenzfall einer elektromagnetischen Welle interpretiert werden. Für solche

Fälle ist der Poyntingvektor eine sinnlose Größe. Der Energiesatz hat mal wieder gewonnen, schade um unser Perpetuum Mobile!

Kapitel 6

Aufg. 6.1 $M_{\text{Erde}} = 5{,}97 \cdot 10^{24}\,\text{kg}$, $R_{\text{Erde}} = 6378\,\text{km}$. 1 Tag auf der Erde $T_{\text{Erde}} = 86400\,\text{s}$.

Gravitationseffekt:

$$T_\infty = T_{\text{Erde}} \left(1 - \frac{G\,M_{\text{Erde}}}{R_{\text{Erde}}\,c^2}\right)^{-1}, \quad T_{\text{GPS}} = T_\infty \left(1 - \frac{G\,M_{\text{Erde}}}{R_{\text{GPS}}\,c^2}\right).$$

Es folgt: $T_{\text{GPS}} - T_{\text{Erde}} = +45\,\mu\text{s}$.

Geschwindigkeitseffekt:

$$v_{\text{GPS}} = \sqrt{\frac{G\,M_{\text{Erde}}}{R_{\text{GPS}}}} = 3915\,\text{m/s}, \qquad T_{\text{GPS}} = T_{\text{Erde}}\sqrt{1 - (v_{\text{GPS}}/c)^2}\,.$$

$T_{\text{GPS}} - T_{\text{Erde}} = -7\,\mu\text{s}$.

Aufg. 6.2 Geschwindigkeit des Lichts in ruhendem Wasser: $u^* = c/n$. Nach Gl. (6.9) ist

$$u = \frac{v + c/n}{1 + v/(nc)} \approx (v + c/n)(1 - v/(n\,c)) \approx c/n + v - v/n^2\,.$$

Der Term $-v^2/(n\,c)$ wird vernachlässigt, da er extrem klein ist.

Aufg. 6.3 Die Formeln und Rechnungen in Kap. 6.5.4 sind anwendbar, wenn man folgende Ersetzungen macht: $m_\pi \to m_\gamma$, $m_\Lambda \to m_\Sigma$. Die minimale Energie des γ-Quants ergibt sich nach Formel (6.29) zu $(E_\gamma)_{\text{min}} = \left[(m_K + m_\Sigma)^2\,c^2 - m_p^2 c^2\right] / (2\,m_p) = 1041\,\text{MeV}$.

Aufg. 6.4

a) $\gamma_\pi = E_\pi/(m_\pi\,c^2) = 741$, $\tau^{\text{lab}} = \gamma_\pi\,\tau = 0{,}59 \cdot 10^{-13}\,\text{s}$.
   Mittlerer Zerfallsweg: $\langle z \rangle = \beta_\pi\,c\,\tau^{\text{lab}} = 17{,}8\,\mu\text{m}$.
   Gamma-Energie und -Impuls im Ruhesystem des π^0: $E_\gamma^* = m_\pi\,c^2/2$, $p_\gamma^* = m_\pi\,c/2$.
b) Die γ-Quanten haben im π^0-Ruhesystem nur eine Transversalkomponente (x-Richtung): $(p_\gamma^*)_x = m_\pi\,c/2$, $(p_\gamma^*)_z = 0$.
   Lorentz-Transformation in das Laborsystem: $(p_\gamma)_x = (p_\gamma^*)_x = m_\pi\,c/2$, $(p_\gamma)_z = \gamma_\pi\,\frac{\beta_\pi}{c}\,E_\gamma^* = \gamma_\pi\,\beta_\pi\,m_\pi\,c/2$, $E_\gamma^{\text{lab}} = \gamma_\pi\,E_\gamma^* = E_\pi/2 = 50\,\text{GeV}$, $\theta_\gamma^{\text{lab}} = \arctan\left[(p_\gamma)_x)/(p_\gamma)_z\right] = 0{,}077°$.

Aufg. 6.5 $\beta_K = 0{,}7$, $v_K = 0{,}7\,c$, $\gamma_K = 1{,}4$.

Energien und Impulse der $\pi^\pm$-Mesonen im Ruhesystem des K^0: $E^* = m_K c^2/2 = 249\,\text{MeV}$, $p^*\,c = \sqrt{E^{*2} - m_\pi^2\,c^4} = 206\,\text{MeV}$.

Geschwindigkeit der $\pi^\pm$ im K^0-Ruhesystem: $u^* = (p_\pi^*\,c)/E^* = 0{,}83\,c$.

$u_\parallel^* = u^* \cos\alpha$, $u_\perp^* = u^* \sin\alpha$. Transformation der Geschwindigkeiten mit Formeln (6.9) und (6.10):

$$u_\parallel(\alpha) = \frac{v + u_\parallel^*(\alpha)}{1 + v\,u_\parallel^*(\alpha)/c^2}\,, \quad u_\perp(\alpha) = \frac{u_\perp^*(\alpha)}{\gamma(1 + v\,u_\parallel^*(\alpha)/c^2)}$$

$\underline{\alpha = 0}$ π^+ $u_\parallel = 0{,}97c, u_\perp = 0$. π^- $u_\parallel = -0{,}30c, u_\perp = 0$.
$\underline{\alpha = \pi/4}$ π^+ $u_\parallel = 0{,}91c, u_\perp = 0{,}30c$. π^- $u_\parallel = 0{,}20c, u_\perp = 0{,}71c$.
$\underline{\alpha = \pi/2}$ π^+ $u_\parallel = 0{,}70c, u_\perp = 0{,}59c$. π^- $u_\parallel = 0{,}70c, u_\perp = 0{,}59c$.
Bei $\alpha = 0$ fliegt das π^- in Rückwärtsrichtung ($u_\parallel < 0$).
Lorentz-Transformation von Energie und Impuls

$$E(\alpha) = \gamma_K(E^* + v_K\,p_\parallel^*(\alpha)),\ p_\parallel(\alpha) = \gamma_K(p_\parallel^*(\alpha) + v_K\,E^*/c^2),\ p_\perp(\alpha) = p_\perp^*(\alpha).$$

Die Geschwindigkeiten sind $u_\parallel(\alpha) = c^2 p_\parallel(\alpha)/E(\alpha)$, $u_\perp(\alpha) = c^2 p_\perp(\alpha)/E(\alpha)$. Man erhält dieselben Werte wie in der obigen Liste.

Aufg. 6.6 Nach Kap. 6.3.3 gilt für die im Auto gemessene Frequenz: $f_{\text{Au}} = f_0\,\sqrt{\frac{c+v}{c-v}}$, $f_{\text{Au}} - f_0 = 1852\,\text{Hz}$.

Das Auto ist eine bewegte Quelle. Vom Radar-Empfänger wahrgenommene Frequenz: $f_{\text{Em}} = f_{\text{Au}}\,\sqrt{\frac{c+v}{c-v}}$, $\Delta f = f_{\text{Em}} - f_0 = 3706\,\text{Hz}$.

Geforderte Messgenauigkeit $\delta v/v = 0{,}02$. Die Frequenz f_{Em} muss mit einer Genauigkeit von $\delta f = (\delta v/v)\Delta f = 74\,\text{Hz}$ gemessen werden. Man erreicht diese Genauigkeit durch Mischen der empfangenen Frequenz mit der Senderfrequenz f_0, wobei die Differenzfrequenz Δf entsteht.

Aufg. 6.7 Die Galaxie entfernt sich von der Erde. Nach Formel (6.20) gilt $\lambda' = \lambda\,\sqrt{(1+\beta)/(1-\beta)} \quad \Rightarrow \quad v = 0{,}663\,c$.

Aufg. 6.8 $\gamma = \frac{E_K}{m_K\,c^2} = 20,26$ und $\beta = \sqrt{1 - 1/\gamma^2} = 0{,}999$.

Lebensdauer der K^+ im Laborsystem: $\tau^{\text{lab}} = \gamma\,\tau = 2{,}5 \cdot 10^{-7}\,\text{s}$

Halbwertszeit $T_{1/2}$, nach der die Hälfte der K^+ zerfallen sind: $N_0\,\exp(-T_{1/2}/\tau^{\text{lab}}) = N_0/2 \Rightarrow T_{1/2} = \tau^{\text{lab}}\,\ln 2 = 1{,}74 \cdot 10^{-7}\,\text{s}$.

Abstand des Detektors: $L = \beta\,c\,T_{1/2} = 52\,\text{m}$

Ohne Zeitdilatation: $N_0\,\exp(-L/(c\,\beta\,\tau)) = 79{,}9$, nur noch 80 K^+-Mesonen kämen am Detektor an.

Aufg. 6.9

a) Speicherring ist Schwerpunktsystem (CMS) der Reaktion. Gesamtenergie im CMS: $W = 3770\,\text{MeV}$. W^2 ist eine relativistische Invariante. Energie der Positronen, Elektronen $E_p = E_e = W/2 = 1885\,\text{MeV}$.

$E_D = 1885\,\text{MeV}$, $\gamma_D = E_D/(m_D c^2) = 1{,}008$, $v_D = 3{,}82 \cdot 10^7\,\text{m/s}$.
Mittlere Flugstrecke: $\langle l \rangle = v_D\,\tau = 40\,\mu\text{m}$.

b) Hochenergetische Positronen, ruhende Elektronen:
$P_p^\mu = (E_p, 0, 0, cp_p)$, $P_e^\mu = (m_e c^2, 0, 0, 0)$.
$(P_p + P_e)_\mu (P_p + P_e)^\mu = (E_p + m_e c^2)^2 - p_p^2 c^2 = 2m_e c^2 (m_e c^2 + E_p) = W^2$.
Die Laborenergie der Positronen müsste $E_p = 13930\,\text{GeV}$ betragen. Dies ist ein völlig utopischer Wert, die höchste bisher erreichte Energie betrug 107 GeV.

Aufg. 6.10 Zerfall $X^0 \to K^- + \pi^+$. Wir schreiben die Viererimpuls-Erhaltung in der Form $P_1^\mu = P_2^\mu + P_3^\mu$. Die Energien sind $E_2 \equiv E_K = \sqrt{\boldsymbol{p}_K^2 c^2 + m_K^2 c^4} = 4947\,\text{MeV}$, $E_3 \equiv E_\pi = \sqrt{\boldsymbol{p}_\pi^2 c^2 + m_\pi^2 c^4} = 646\,\text{MeV}$.

$P_{1\,\mu} P_1^\mu = m_X c^2$. Andererseits gilt: $P_{1\,\mu} P_1^\mu = (P_{2\,\mu} + P_{3\,\mu})(P_2^\mu + P_3^\mu) = (E_2 + E_3)^2 - (\boldsymbol{p}_2 + \boldsymbol{p}_3)^2 c^2$. Daraus folgt $m_X = 1864\,\text{MeV}$. Das Teilchen ist ein D^0-Meson. $E_X = E_K + E_\pi = 5593\,\text{MeV}$, $\gamma_X = E_X/(m_X, c^2) = 3$, $v_X = 2{,}83 \cdot 10^8\,\text{m/s}$.

Aufg. 6.11 $E = 900\,\text{GeV}$. $\gamma = E/(m_p c^2) = 957$. Impuls $p = \gamma m_p \beta c = 900\,\text{GeV/c}$. Ablenkung im supraleitenden Dipolmagneten: $p = e\,R\,B_0$, das Dipolfeld ist $B_0 = 5{,}13\,\text{T}$.

Quadrupolfeld. Für das Vektorpotential braucht man nur eine z-Komponente. Aus $\boldsymbol{B} = \nabla \times \boldsymbol{A}$ folgt $B_x = \frac{\partial A_z}{\partial y} = g\,y$. Dies kann man integrieren: $A_z = \int B_x(x, y)\,dy = \frac{1}{2} g y^2 + f(x)$. $B_y = -\frac{\partial A_z}{\partial x} = -f'(x) = +gx \quad \Rightarrow f(x) = -\frac{1}{2} g x^2$. Also wird $A_z(x, y) = \frac{g}{2}(-x^2 + y^2)$. Kraft auf das Proton:
$F_x = m\ddot{x} = -ev_z B_y = -evgx, \quad F_y = m\ddot{y} = ev_z B_x = +evgy.$

Für $g > 0$ hat man eine rücktreibende Kraft in x-Richtung und eine wegtreibende Kraft in y-Richtung, der Quadrupol wirkt also horizontal fokussierend und vertikal defokussierend. Für $g < 0$ drehen sich die Verhältnisse um.

Kapitel 7

Aufg. 7.1 Nach (7.11) gilt: $E_i(r, \theta) = \frac{e}{4\pi\varepsilon_0 r^2} \cdot \frac{(1-\beta_i^2)}{(1-\beta_i^2 \sin^2\theta)^{3/2}} \quad (i = 1, 2, 3)$

Für $r = 0{,}1\,\text{nm}$, $\theta = \frac{\pi}{2}$, $\beta_1 = 0{,}3$, $\beta_2 = 0{,}9$, $\beta_3 = 0{,}99$: $E_1 = 1{,}5 \cdot 10^{11}\,\text{V/m}$, $E_2 = 3{,}3 \cdot 10^{11}\,\text{V/m}$, $E_3 = 10{,}2 \cdot 10^{11}\,\text{V/m}$

Aufg. 7.2 $\gamma = E_p/(m_p c^2) = 3722$. Positive Linienladungsdichte $\lambda_p = N_p e/l_b$. Radiales elektrisches Feld und azimutales magnetisches Feld nach Gl. (2.35)

$$E_r(r) = \frac{\lambda_p}{2\pi\varepsilon_0 r}\left(1 - \exp\left(-\frac{r^2}{2\sigma^2}\right)\right), \quad B_\varphi(r) = \frac{v}{c^2} E_r(r)\,.$$

a) Mitfliegendes Proton: $F_{\text{el}}(r) = +e\,E_r(r)$ zeigt nach außen, $F_{\text{mag}}(r) = -e\,v\,B_\varphi(r)$ zeigt nach innen. $F_{\text{ges}}(r) = F_{\text{el}}(r) + F_{\text{mag}}(r) = F_{\text{el}}(r)/\gamma^2$, $F_{\text{ges}}(\sigma) = 1{,}8 \cdot 10^{-19}\,\text{N}$.

b) Entgegengesetzt fliegendes Proton: $F_{\rm el}(r) = +e\,E_r(r)$ zeigt nach außen, $F_{\rm mag}(r) = +e\,v\,B_\varphi(r)$ zeigt nach außen. $F_{\rm ges}(r) \approx 2F_{\rm el}(r)$, $F_{\rm ges}(\sigma) = 5 \cdot 10^{-12}\,\mathrm{N}$.

Aufg. 7.3 Nach Gl. (3.1) ist $2\pi r_0|\boldsymbol{E}| = \pi r_0^2\, d\overline{B}/dt$. Aus $p = e\,r_0 B_0$ und $dp/dt = e\,|\boldsymbol{E}| = (e\,r_0/2)\,d\overline{B}/dt$ folgt $B_0 = \overline{B}/2$.

Aufg. 7.4 Technische Grenze: Größe des Magneten. Physikalische Grenze: die Energieverluste durch Synchrotronstrahlung wachsen mit E^4 an, diese Verluste werden aber nicht durch die induktive Beschleunigung kompensiert. Daher verlässt das Elektron nach gewisser Zeit seine Sollbahn und spiralt nach innen gegen die Wand des Strahlrohrs.

Kapitel 8

Aufg. 8.1 Energie-Operator: $\mathrm{i}\,\hbar\,\frac{\partial\psi}{\partial t} = +\hbar\,\omega\,\psi \;\Rightarrow\; E > 0$.
Impuls-Operator: $-\mathrm{i}\,\hbar\,\frac{\partial\psi}{\partial z} = \hbar\,k\,\psi = p\psi$, Impuls geht in $+z$-Richtung.
Spin-Operator: $\widehat{S}_z\psi = +\frac{\hbar}{2}\,\psi$.
Prüfung der Dirac-Gleichung. Zu zeigen ist:

$$\mathrm{i}\,\hbar\,\frac{\partial\psi}{\partial t} = -\mathrm{i}\,\hbar\,c\,\alpha_3\,\frac{\partial\psi}{\partial z} + m_e c^2\,\beta\,\psi \quad\Rightarrow\quad E\,\psi = c\,p\,\alpha_3\,\psi + m_e c^2\,\beta\,\psi$$

$$\alpha_3\,\psi \sim \begin{pmatrix} 0 & 0 & 1 & 0 \\ 0 & 0 & 0 & -1 \\ 1 & 0 & 0 & 0 \\ 0 & -1 & 0 & 0 \end{pmatrix} \cdot \begin{pmatrix} 1 \\ 0 \\ \frac{c\,p}{E+m_e c^2} \\ 0 \end{pmatrix} = \begin{pmatrix} \frac{c\,p}{E+m_e c^2} \\ 0 \\ 1 \\ 0 \end{pmatrix}$$

Wegen $E^2 = p^2c^2 + m_e^2c^4$ folgt $E\psi = c\,p\,\alpha_3\,\psi + m_e c^2\,\beta\,\psi$, d.h. die Dirac-Gleichung ist erfüllt.

Aufg. 8.2 Energie-Operator: $\mathrm{i}\,\hbar\,\frac{\partial\psi_n}{\partial t} = -\hbar\,\omega\,\psi_n \;\Rightarrow\; E < 0$.
Impuls-Operator: $-\mathrm{i}\,\hbar\,\frac{\partial\psi_n}{\partial z} = -\hbar\,k\,\psi_n$, Impuls geht in $-z$-Richtung.
Spin-Operator: $\widehat{S}_z\psi_n = -\frac{\hbar}{2}\,\psi_n$.
Wellenfunktion des Positrons:

$$\mathrm{i}\,\beta\,\alpha_2 = \begin{pmatrix} 0 & 0 & 0 & 1 \\ 0 & 0 & -1 & 0 \\ 0 & -1 & 0 & 0 \\ 1 & 0 & 0 & 0 \end{pmatrix}, \qquad \psi_p(z,t) = A\,\mathrm{e}^{+\mathrm{i}\,k\,z}\,\mathrm{e}^{-\mathrm{i}\,\omega\,t} \begin{pmatrix} 1 \\ 0 \\ \frac{c\,p}{|E|+m_e c^2} \\ 0 \end{pmatrix}.$$

Energie-Operator: $\mathrm{i}\,\hbar\,\frac{\partial\psi_p}{\partial t} = +\hbar\,\omega\,\psi_p \;\Rightarrow\; E > 0$.
Impuls-Operator: $-\mathrm{i}\,\hbar\,\frac{\partial\psi_p}{\partial z} = +\hbar\,k\,\psi_p = p\psi$, Impuls geht in $+z$-Richtung.
Spin-Operator: $\widehat{S}_z\psi_p = +\frac{\hbar}{2}\,\psi_p$.

Deutung: ein „Elektron", das mit negativer Energie, negativem Impuls $p_z = -|p|$ und negativem Spin $-\hbar/2$ rückwärts in der Zeit läuft, entspricht einem Positron, das mit positiver Energie, positivem Impuls $p_z = +|p|$ und positivem Spin $+\hbar/2$ vorwärts in der Zeit läuft.

Ähnlich wie in Aufg. 8.1 zeigt man, dass die Dirac-Gleichung von ψ_n und ψ_p erfüllt wird.

Aufg. 8.3 Um zu beweisen, dass die obigen Dirac-Wellenfunktionen auch die Klein-Gordon-Gleichung erfüllen, muss man nur die Exponentialfunktionen betrachten, da die Spaltenvektoren multiplikative Konstanten sind, wenn man die zeitliche oder räumliche Ableitung bildet. Diese Exponentialfunktionen sind aber identisch mit den in Kap. 8 gefundenen Lösungen (8.3) der Klein-Gordon-Gleichung.

Aufg. 8.4

a) Emission eines Photons durch ein e^- im Vakuum: $e_1 \to e_2 + \gamma$.
   Annahme: der Impulssatz gelte: $\boldsymbol{p}_1 = \boldsymbol{p}_2 + \boldsymbol{p}_\gamma$.
   Im e_1-Ruhesystem: $\boldsymbol{p}_1^* = 0 = \boldsymbol{p}_2^* + \boldsymbol{p}_\gamma^*$.
   Die Photon-Energie muss in jedem System größer als null sein (denn sonst wird gar kein Photon emittiert): $E_\gamma^* = c\, p_\gamma^* > 0$ und daher $p_2^* \neq 0$ und $E_2^* > m_e\, c^2$.
   Daraus folgt $E_1^* = m_e c^2 < E_2^* + E_\gamma^*$, der Energiesatz ist verletzt.
   Analoge Betrachtung für $e + \gamma \to e$.
b) Teilchen-Antiteilchen-Vernichtung im Vakuum: $e^+ + e^- \to \gamma$.
   Betrachte CMS des Anfangszustands. Annahme: der Impulssatz sei gültig: $\boldsymbol{p}_{e^+}^* + \boldsymbol{p}_{e^-}^* = 0 \;\Rightarrow\; p_\gamma^* = 0$, und daher auch $E_\gamma^* = p_\gamma^*\, c = 0$. Andererseits muss $E_\gamma^* > 2 m_e c^2$ sein. Der Energiesatz ist also verletzt.
   Analoge Betrachtung für $\gamma \to e^+ + e^-$.

Aufg. 8.5 Geschwindigkeit und kinetische Energie der Neutronen:
$v_n = \frac{2\pi\hbar}{\lambda_n m_n} = 2{,}17 \cdot 10^3\,\text{m/s}$ $E_{\text{kin}} = \frac{m_n}{2}\, v_n^2 = 0{,}025\,\text{eV}$.
Die Durchlaufzeit durch den Magneten ist $\delta t = \ell/v_n = 6{,}9\,\mu\text{s}$. In dieser Zeit soll eine 2π- Phasendrehung stattfinden:
$\omega_L\, \delta t = \frac{2\mu_n B}{\hbar}\, \delta t = 2\pi \quad \Rightarrow \quad B = \frac{\pi\hbar}{\mu_n \delta t} = 5\,\text{mT}$.

Aufg. 8.6 Masse des Si-Plättchens $m_0 = 2{,}5\,\text{mg}$. Die Änderung der quadrierten Frequenz folgt aus $\Delta\omega^2(d) = K_{\text{Cas}}(d)/(0{,}3\, m_0)$.

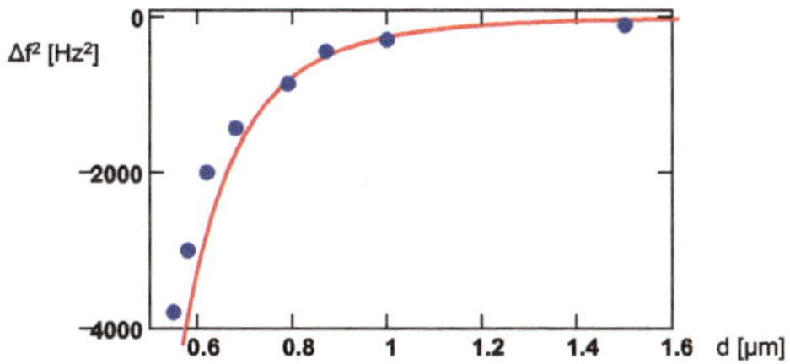

Literaturverzeichnis

1. Arnold Sommerfeld, *Elektrodynamik*, Akad. Verlagsgesellschaft Leipzig 1954, Harri Deutsch Verlag 2005
2. Richard P. Feynman, Robert B. Leighton, Matthew Sands, *The Feynman Lectures on Physics*, Addison-Wesley 1965. Deutsche Ausgabe: *Vorlesungen über Physik*, Oldenbourg 1991
3. W. Nolting, *Grundkurs Theoretische Physik 3, Elektrodynamik*, Springer 2004
4. John David Jackson, *Classical Electrodynamics*, Third Edition, John Wiley 1999
5. David J. Griffiths, *Introduction to Electrodynamics*, Prentice Hall 1999
6. Berkeley Physics Course Vol. 2, E.M. Purcell, *Electricity and Magnetism*, Education Development Center 1963
7. Peter Schmüser, *Superconductivity in High Energy Particle Accelerators*, Progress in Particle and Nuclear Physics 49 (2002) issue 1 und www.desy.de/∼pschmues, Datei Superconducting-accelerators.pdf
8. Werner Buckel, Reinhold Kleiner, *Supraleitung, Grundlagen und Anwendungen*, Wiley-VCH 2004
9. G. Möllenstedt und W. Bayh, *Kontinuierliche Phasenverschiebung von Elektronenwellen im kraftfeldfreien Raum durch das magnetische Vektorpotentials eines Solenoids*, Phys. Blätter **18**, 229 (1962)
10. Akira Tonomura, *Electron Holography*, Springer 1994
11. Peter Schmüser, *Feynman-Graphen und Eichtheorien für Experimentalphysiker*, Springer 1995
12. Dieter Meschede, *Optik, Licht und Laser*, Vieweg+Teubner 2008
13. Richard P. Feynman, *QED: Die seltsame Theorie des Lichts und der Materie*, Piper 2006
14. Paul A. Tipler, Gene Mosca, *Physik für Wissenschaftler und Ingenieure*, Spektrum Akademischer Verlag 2009
15. Helmut Rauch, *Neutronen-Interferometrie: Schlüssel zur Quantenmechanik*, Physik in unserer Zeit, 29. Jahrg. 1998, Nr. 2
16. Victor F. Weisskopf, *The development of field theory in the last 50 years*, Physics Today November 1981, p. 69
17. G. Bressi, G. Carugno, R. Onofrio, G. Ruoso, *Measurement of the Casimir Force between Parallel Metallic Surfaces*, Phys. Rev. Lett. **88**, 041804 (2002)
18. Siegfried Großmann, *Mathematischer Einführungskurs für die Physik*, 10. Aufl., Springer-Vieweg 2012

Sachverzeichnis